Innovationspotentiale in der Produktentwicklung

Das CAD-Referenzmodell in der Praxis

Herausgegeben von
Professor Dr. Olaf Abeln
Forschungszentrum Informatik Karlsruhe (FIZ)

Mit 93 Bildern

B. G. Teubner Stuttgart 1997

Die diesem Buch zugrundeliegenden Arbeiten wurden mit Mitteln des Bundesministeriums für Bildung, Wissenschaft, Forschung und Technologie (BMBF) unter der Projektträgerschaft Arbeit und Technik (DLR) gefördert.

Die Deutsche Bibliothek – CIP-Einheitsaufnahme

Innovationspotentiale in der Produktentwicklung:
das CAD-Referenzmodell in der Praxis / hrsg. von Olaf Abeln.
Stuttgart : Teubner, 1997
ISBN 3-519-06376-X

Printed in Germany
Gesamtherstellung: Präzis-Druck GmbH, Karlsruhe
Einbandgestaltung: Peter Pfitz, Stuttgart

Vorwort

Das Engineering gehört innerhalb der Prozeßkette industrieller Auftragsbearbeitung zu den wichtigsten und wertschöpfendsten Tätigkeiten. Es definiert neben den Funktionen zum größten Teil auch die Kosten und die Qualität unserer Produkte, wobei der Aufwand für diese Tätigkeit immer mehr zum zeitbestimmenden Faktor der gesamten Auftragsabwicklung wird. Dieses hebt sich inzwischen deutlich von den fortschreitenden Rationalisierungen vieler Arbeitsschritte in den Fabriken ab, die bisher im Brennpunkt der fortschreitenden Automatisierung standen.

Die Industrie bemüht sich seit mehr als zwei Jahrzehnten auch um die Rationalisierung des Engineerings mit Hilfe von computergestützten Entwurfs- und Konstruktionsmethoden. Diese Verfahren sollen nicht nur den technischen Dokumentationsprozeß deutlich verkürzen, sondern durch eine rechnerinterne Modellbildung und Simulation die Funktionen, Fertigungsmöglichkeiten und Qualität bereits möglichst früh aufzeigen und am Rechner überprüfbar machen. Auch können Daten für die anschließende Produktion und Auftragssteuerung erzeugt und direkt ohne Personalaufwand weitergeleitet werden.

Diesen durchaus positiven Zielen stehen die noch unzureichende Integration innerhalb der industriellen Prozesse und die oft beklagte, unbefriedigende Akzeptanz der Mitarbeiter bei immer aufwendigeren und schwerer bedienbaren Softwaresystemen eindeutig auf der Negativliste des Erfolgs gegenüber. Die langen Einführungszeiten und ständige Anpassungen und Datenumwandlungsprozesse vernichten derzeit vielfach die zu erwartenden Rationalisierungspotentiale. Gerade für die zuletzt genannten Problemfelder werden von den CAD-Anbietern bisher kaum Lösungen vorgestellt.

In dieses Umfeld ist das CAD-Referenzmodell in seiner zweiten Phase eingetreten, um in einem interdisziplinär gestalteten Entwicklungsprozeß wichtige innovative Arbeitsfelder entlang der Prozeßkette des Engineerings zu bearbeiten und menschengerechter zu gestalten. Interdisziplinär heißt: Arbeitswissenschaftler, Konstruktionsmethodiker und Informatiker haben sich in einem Verbundprojekt zusammengefunden, um Vorschläge für neue Organisationsformen und verbesserte computergestützte Arbeitsmethoden zu erstellen. Einbezogen sind eine deutsche CAD-Anbieterfirma, ein Lösungsanbieter für Produktengineering sowie eine Auswahl von mit ihnen verbundenen Anwenderfirmen, um die erarbeiteten Ergebnisse in allen Phasen einer industriellen Auftragsbearbeitung zu erproben und deren Erfolg unter Beweis zu stellen.

Das vorliegende Buch beschreibt die Ergebnisse dieser umfangreichen Entwicklung und versucht die für die beteiligten Firmen relevanten Ergebnisse auf allgemeingültige Auftragsprozesse anderer Firmen und Branchen zu übertragen. Dabei gliedern sich die folgenden Ausführungen weniger am Projektablauf, sondern an den stärksten Zielfeldern des Projektes, d. h. am Produktentstehungprozeß und am simultanen Engineering im globalen Netzverbund.

Schriesheim, im Dezember 1997 Olaf Abeln, Herausgeber

Inhaltsverzeichnis

Beteiligte Institutionen, Personen und ihre Arbeitsschwerpunkte

DLR
Projektträgerschaft
Arbeit und Technik
Südstraße 125
53175 Bonn

Projektträger

Herr Dr. Gerd **Ernst**

Prof. Dr. Olaf Abeln
Rieslingweg 2
69198 Schriesheim

Projektleitung

Prof. Dr. Olaf **Abeln**

Deutsche Waggonbau AG,
Werk Niesky
Am Waggonbau 11
02906 Niesky

Dipl.-Ing. Torsten **Weinhold**

Grote & Hartmann
GmbH & Co. KG
Am Kraftwerk 13
42369 Wuppertal

Dipl.-Ing. Thomas **Krautstein**
Klaus **Dannenberg**

Rohde & Schwarz
GmbH & Co. KG
Mühldorfstr. 15
81671 München

Dipl.-Inf. Rudolf **Schöller**
Dipl.-Inf. Stefan **Ullrich**

SIEMENS SIEMENS NIXDORF
Siemens Business Services

Siemens Business Services
Berliner Str. 95
80805 München

Dr. Klaus-Peter **Greipel**
Dipl.-Ing. **Gerhard Wetzel**

CAD/CAM strässle

CAD/CAM strässle
Informationssysteme GmbH
Vor dem Lauch 14
70567 Stuttgart

Prof. Klaus **Hennig**
Gernot **Meyer**
Klaus **Kraml**

TU Dresden
Institut für
Arbeitsingenieurwesen
Dürerstraße 26
01307 Dresden

Prof. Dr. Ing. habil
Eberhard **Kruppe**
Dipl.-Ing. Annette **Hirsch**

Gruppen- und Teamarbeit, Business Process Reengineering

ATG Arbeitsanalyse und
Technikgestaltung GmbH
Ludwig-Erhard-Str. 8
34131 Kassel

Dipl.-Ing. Hans-Jürgen **Widmer**

Aufbau- und Ablauforganisation, Gruppenarbeit, Prozeßoptimierung, computerunterstützte Kooperation/CSCW

Forschungszentrum Informatik
an der Universität Karlsruhe
Haid-und-Neu-Str. 10-14
76131 Karlsruhe

Dr.-Ing. Martin **Sommer**
Dipl.-Ing. Frank **Jenne**

Projektkoordination

Universität Kassel
Institut für Arbeitswissenschaft
Heinrich-Plett-Str. 40
34109 Kassel

Prof. Dr.-Ing. Hans **Martin**
Dipl.-Ing.-Thorsten **Siodla**

Prozeßkettenoptimierung, Arbeitsorganisation

Fraunhofer-Institut für
Graphische Datenverarbeitung
Wilhelminenstr. 7
64283 Darmstadt

Dr. Joachim **Rix**
Dr.-Ing. Uwe **Jasnoch**
Dipl.-Inf. Andre **Stork**
Dipl.-Inf. **Remco Quester**

Konfiguration, Benutzungsoberfläche, CSCW, Workflow-PDMS-Kopplung, Implementierungskoordination, WWW-Aufbereitung

Fraunhofer-Institut für
Produktionsanlagen und Konstruktionstechnik
Pascalstr. 8-9
10587 Berlin

Prof. Dr.-Ing. F.-L. **Krause**
Dipl.-Ing. Helmut **Jansen**
Dipl.-Ing. Haygazun. **Hayka**
Dipl.-Inf. Arno. **Vollbach**
Dipl.-Inf. Ralf **Schulz**

Produktdatenmanagement, Simultaneous Engineering, Verteilte kooperative Produktentwicklung, Systemintegration

TU Dresden
Lehrstuhl für Konstruktionstechnik / CAD
Mommsenstr. 13
01062 Dresden

Prof. Dr.-Ing. habil. Johannes **Klose**
Dipl.-Ing. Jens **Gitter**
Dipl.-Ing. Toralf **Maskow**
Dipl.-Ing. Andreas **Kille**

Business Process Reengineering, Gruppenarbeit, Berechnung, Simulation, Datenbankentwicklung

Universität Erlangen-Nürnberg
Lehrstuhl für
Konstruktionstechnik
Martensstr. 9
91058 Erlangen

Prof. Dr.-Ing. Harald **Meerkamm**
Dipl.-Ing. Stefan **Sander**
Dipl.-Inf. Dr.-Ing. Elmar **Storath**

Digitale Teilebibliotheken, Kontextsensitive Informationsbereitstellung, Teleengineering, Wissensverarbeitung

Universität Karlsruhe
Institut für Rechneranwendung
in Planung und Konstruktion
Kaiserstr. 12
76131 Karlsruhe

Prof. Dr.-Ing. Dr. h.c. Hans **Grabowski**
Dr.-Ing. Stefan **Rude**
Dipl.-Ing. Matthias **Gebauer**
Dipl.-Ing. Zsolt **Pocsai**

Produktentwicklung, Anforderungsmodellierung, Produktdatentechnologie, WWW-Datenbankanbindung im Intranet

Zentrum für Graphische Datenverarbeitung
Joachim-Jungius-Str. 9
18059 Rostock

Dr. Bernd **Kehrer**
Dipl.-Ing. Ute **Dietrich**
Dipl.-Ing. Ingo **Morche**

CSCW in der Produktentwicklung, CAD-Integration

1 Einführung

Die problematische Markt- und Wettbewerbssituation der Unternehmen in der Bundesrepublik Deutschland erfordert die Einführung neuer Arbeitsstrukturen und den Einsatz neuer Techniken, um im internationalen Konkurrenzkampf weiterhin den bisherigen Stellenwert der deutschen Industrie sicherzustellen. Unter diesen Randbedingungen gewinnen die Tätigkeiten im Engineering immer mehr an Bedeutung.

Das im Rahmen des Programms „Arbeit und Technik" geförderte Projekt CAD-Referenzmodell[1] hat die aktuellen Probleme der rechnerunterstützten Konstruktionsarbeit aufgegriffen und Vorschläge erarbeitet, wie das computerunterstützte Engineering der Zukunft aussehen kann. Erreicht werden sollte die Neugestaltung einer zukunftsorientierten, flexiblen und computerunterstützten Produktentwicklung, die dem Anspruch einer menschengerechten Arbeits- und Technikgestaltung im Konstruktionsprozeß genügt. Dadurch können qualitativ hochwertige Produkte schneller und billiger auf den Markt gebracht werden.

In der ersten Phase des Projektes wurden von bedeutenden Forschungsinstituten die wichtigsten Problem- und die daraus resultierenden Innovationsfelder heutiger computergestützter Engineeringsysteme analysiert und bewertet. Aus dieser fundierten Analyse wurde ein integriertes Organisations- und Technikkonzept entwickelt, aus dem Lösungsvorschläge für eine neue Systemarchitektur und neue Arbeitsweisen der computerunterstützten Konstruktionsarbeit abgeleitet wurden.

In einer zweiten Phase, deren Ergebnisse in diesem Buch dokumentiert sind, galt es, die Vorschläge bei den beteiligten Anbieterfirmen in Softwarelösungen umzuwandeln und bei einigen Anwenderfirmen unterschiedlicher Branchen in die Praxis umzusetzen. Durch diese modellhafte Umsetzung der erarbeiteten Konzepte wurde gezeigt, daß die zugrundeliegenden Lösungsvorschläge in besonderer Weise geeignet sind, die geforderten Ansprüche zu erfüllen, z. B.

- die Akzeptanz und den Umgang mit den verwendeten Systemen zu verbessern,
- die firmenspezifische Integration zu erleichtern,
- den Konstruktionsprozeß zu verkürzen und

---

[1] Verbundprojekt CAD-Referenzmodell - Phase II
Bundesministerium für Bildung, Wissenschaft, Forschung und Technologie (BMBF)
Projektträgerschaft Arbeit und Technik, DLR

- die Wirtschaftlichkeit zu erhöhen.

Der erste Teil des Buches faßt die Ergebnisse der ersten Phase - im wesentlichen das oben bereits genannte integrierte Organisations- und Technikkonzept - kurz zusammen, um so das Verständnis dieses Buches zu erleichtern.

Da bei der Bearbeitung des Projektes prozeßorientierte Gesichtspunkte der Produktentwicklung besonders berücksichtigt wurden, wird in einem weiteren einführenden Kapitel dieser Prozeß erläutert und in Zusammenhang gesetzt mit den Innovationsfeldern, wie sie in der ersten Phase erarbeitet wurden. Diese Innovationsfelder beschreiben verschiedene Schwerpunkte, wo und wie der Produktentwicklungsprozeß verbessert werden kann und muß.

Der Hauptteil des Buches beschreibt die Erfahrungen, die bei der Umsetzung des CAD-Referenzmodells in die betriebliche Praxis gewonnen wurden. Zunächst wird gezeigt, wie die Optimierung des Produktentwicklungsprozesses aussehen kann, indem der Prozeß ganzheitlich betrachtet wird und sowohl organisatorisch optimiert wie auch durchgängig durch entsprechende Werkzeuge unterstützt wird. Im folgenden Szenario wird beschrieben, welche Organisationsformen und Technikunterstützung gegeben sein müssen, um eine effiziente verteilte und kooperative Produktentwicklung zu ermöglichen. In einem weiteren Teil wird in verschiedenen Punkten genauer ausgeführt, welche systemtechnische Unterstützung notwendig ist, um den Ingenieur bei der Produktentwicklung optimal zu unterstützen.

Die Erfahrungen, die bei der beispielhaften Umsetzung in den Anbieter- und Anwenderfirmen gemacht wurden, werden in einem separaten Kapitel beschrieben.

Als Arbeitshilfe für die Umsetzung ähnlicher Optimierungsprojekte wird im darauffolgenden Kapitel eine Fragensammlung vorgestellt, die als Grundlage für eine analytische Erhebung der Ist-Situation konzipiert ist. Neben einer Beschreibung der Anwendungsgebiete werden die Funktion und der Aufbau der Erhebungsteile erläutert. Zusätzlich werden einige Hinweise zur Vorbereitung, Durchführung und Auswertung der Untersuchung gegeben.

In einem abschließenden Kapitel wird zusammengefaßt, welchen Nutzen Dritte, die nicht direkt am Projekt beteiligt waren, von der Durchführung des Verbundprojektes CAD-Referenzmodell haben.

2 Das CAD-Referenzmodell auf dem Weg in die Praxis

2.1 Ergebnisse der Phase 1

In der ersten Phase des Verbundprojektes wurde die gegenwärtige CAD-Technik kritisch analysiert. Das Ergebnis dieser Ist-Analyse war sowohl die Aufdeckung der Defizite heutiger CAD-Systeme als auch die Erfassung des Bewährten als Anforderung für zukünftige Systementwicklungen. Diese Untersuchung im ersten Teilprojekt hat gezeigt, daß die auftretenden Probleme wie z. B. Aktzeptanz, Durchdringung, Integration und mangelnder Bedienungskomfort der auf dem Markt verfügbaren Systeme einen effektiven Einsatz im Umfeld der Konstruktion verhindern.

Die Beschreibung dieser Problemfelder führte zur Formulierung von Anforderungen an die Konstruktionsarbeit und die Rechnerunterstützung der Zukunft, die die Ansprüche an eine menschengerechte und effektive Arbeitsgestaltung im gesamten Engineeringprozeß erfüllt. Aus diesen Anforderungen wurde ein integriertes Organisations- und Technikkonzept entwickelt, aus dem Lösungsvorschläge für eine neue Systemarchitektur und neue Arbeitsweisen der computerunterstützten Konstruktionsarbeit abgeleitet wurden.[2]

2.1.1 Menschengerechte Gestaltung der Konstruktionsarbeit

Um eine Neugestaltung des Engineerings zu erreichen, muß der Mensch mit seinen unterschiedlichen Kenntnissen und Fähigkeiten im Mittelpunkt der Betrachtung stehen. In der ersten Phase des Verbundprojektes wurden daher auf der Basis von arbeitswissenschaftlichen Gestaltungsgrundlagen Ansätze und Wege zu neuen Organisationsformen mit arbeitsorientierter Technikgestaltung erarbeitet. Für die klassischen Betriebstypen des Maschinenbaus wurden anhand von Szenarien die Aufbauorganisation und der Auftragsablauf dargestellt.

---

2 Die Ergebnisse sind in folgendem Buch dokumentiert:
Olaf Abeln (Hrsg.), CAD-Referenzmodell, Verlag B. G. Teubner, Stuttgart

Der Kern dieses Organisationskonzeptes beinhaltet eine technisch-organisatorische Alternative zu den hierarchisch konventionellen und verrichtungsorientierten Organisationsformen - die Produktentwicklungsgruppe. Die Produktentwicklungsgruppe ist ein wesentlicher Bestandteil einer aus arbeitswissenschaftlicher Sicht definierten integrierten Produktentwicklung. Ein Merkmal dieser Organisationsform ist die selbständige Gruppenarbeit mit Mischarbeit und qualifizierter Assistenz. Die Aufbau- und Ablauforganisation ist flach ausgebildet, die Entscheidungszentralisation gering ausgeprägt, und bei der aufgabenbezogenen und bereichsübergreifenden Kooperationsbeziehungen werden die zwischenmenschlichen Kontakte berücksichtigt. Es können ganzheitliche Arbeitsaufgaben mit entsprechendem Handlungs- und Zeitfreiraum geschaffen werden.

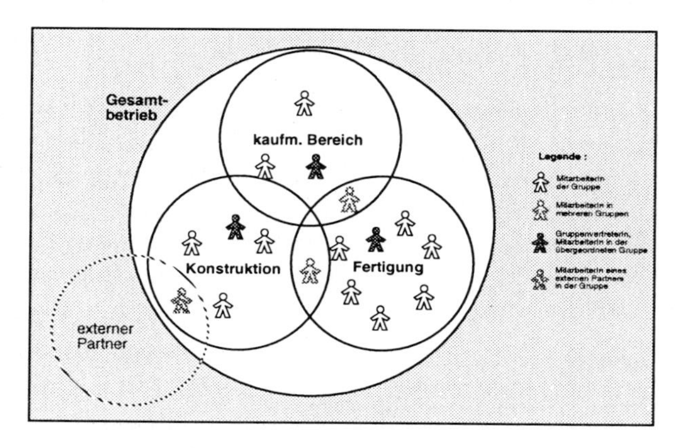

Bild 1.1 Beispiel für selbständige Gruppenarbeit im Kleinbetrieb [Abeln 1995]

Das integrierte Organisations- und Technikkonzept ist als Modellvorschlag zu verstehen. Auf dem Weg in Richtung einer solchen Ideallösung können viele Zwischenstufen konzipiert werden, was, betriebsspezifisch gesehen, auch notwendig ist. Die praktische Einführung und Umsetzung dieser innovativen Organisationsformen ist außerordentlich komplex. Sie erfordert detaillierte Kenntnisse der jeweiligen Arbeitsabläufe sowie der formellen und informellen Informationswege und -beziehungen. Insofern wird deutlich, daß eine Anpassung dieser Organisationskonzepte stets nur betriebsspezifisch erarbeitet und durchgeführt werden kann.

Die entwickelten Kriterien, Modelle und Konzepte gingen als wesentliche Bestandteile in die Anforderungsliste ein, die aus arbeitswissenschaftlicher, konstruktionstechnischer und systemtechnischer Sicht Ziele formuliert, wie der Engineeringprozeß von den Anwendungssystemen unterstützt werden muß.

2.1.2 Grundstruktur der Referenzarchitektur

Die Anforderungsliste wurde anschließend als Basis für die Entwicklung einer Referenzarchitektur herangezogen, die als Grundlage für eine neue CAD-Systementwicklung dienen soll. Wichtig hierbei ist, daß die Systemtechnik nicht vorwiegend als Automatisierungsmittel verstanden wird, sondern als arbeitsorientiertes Werkzeug entwickelt und angewendet wird und somit alle Akteure bei der qualifizierten Arbeit unterstützen soll. Diese Referenzarchitektur soll durch ihre offene, modulare, flexible und anpaßbare Konzeption eine benutzer- und aufgabenangepaßte Unterstützung für den integrierten Produktmodellierungsprozeß ermöglichen.

Die Architektur wird insbesondere folgenden Anforderungen gerecht:

- Aufzeigen von Lösungswegen für die erkannten allgemeinen Schwachstellen von CAD-Systemen in den Bereichen Offenheit, Konfigurierbarkeit, Integrationsfähigkeit/Integrierbarkeit, Benutzerfreundlichkeit, Kommunikationsfähigkeit, Migrationsfähigkeit, Modularität und Flexibilität.
- Berücksichtigung internationaler Standards, Industriestandards und aktueller Forschungsarbeiten.
- Nutzung aktueller Technologien der Informationstechnik (objektorientierte Methodologie, Netzwerktechniken, Client-Server-Technik, Datenbanktechnologien, Telekooperationstechnologien/ CSCW).

Die entwickelte Referenzarchitektur vermittelt dabei einen Überblick über die zugrundegelegten Auffassungen von Struktur, Arbeitsweise und Dienstleistungen. Die Entwicklung der Architektur erfolgte dabei in mehreren Ebenen, die sich durch ihren Detaillierungs- und Formalisierungsgrad unterscheiden und so eine umfassende Beschreibung der Funktionalität ermöglichen.

Die Referenzarchitektur gliedert sich in vier Hauptkomponenten:

- **Anwendungsteil:** Der Anwendungsteil repräsentiert die anwendungsabhängigen Komponenten, die in einem CAD-System zur Realisierung konstruktionsspezifischer Funktionalität verfügbar sind.
- **Systemteil:** Der Systemteil definiert die systemspezifischen Dienste, die für die Ausführung der Komponenten des Anwendungsteils benötigt werden. Er setzt dabei auf eine Grundfunktionalität auf, die durch das Betriebssystem und vorhandene Netzwerkdienste bereitgestellt wird.
- **Produktmodell:** Das Produktmodell umfaßt in Anlehnung an STEP das Produktinformationsmodell und die Produktdaten zur Beschreibung eines Produktes über seinen gesamten Lebenszyklus. Im Rahmen des CAD-Referenzmodells werden allerdings nur die Produktinformationen betrachtet, die die Entwicklungsphase betreffen.

- **Anwendungsspezifisches Wissen:** Diese Komponente enthält das allgemeine anwendungsbezogene Wissen, durch dessen Verarbeitung oder Präsentation der Konstrukteur bei der Lösung konstruktiver Aufgaben unterstützt wird. Die konstruktionsspezifischen Inhalte dieser Komponente sind damit die Basis für Werkzeuge, die der Konstrukteur bei der Lösungsfindung und bei der Lösungsbeurteilung benötigt.

Die deutliche Trennung der Anwendungs- und Systemkomponenten in der Referenzarchitektur unterstützt die Austauschbarkeit und Erweiterbarkeit sowohl der anwendungsbezogenen als auch der anwendungsunabhängigen Komponenten. In Bild 2.2 ist die Grobspezifikation der Referenzarchitektur abgebildet, deren Komponenten im weiteren kurz erläutert werden sollen.

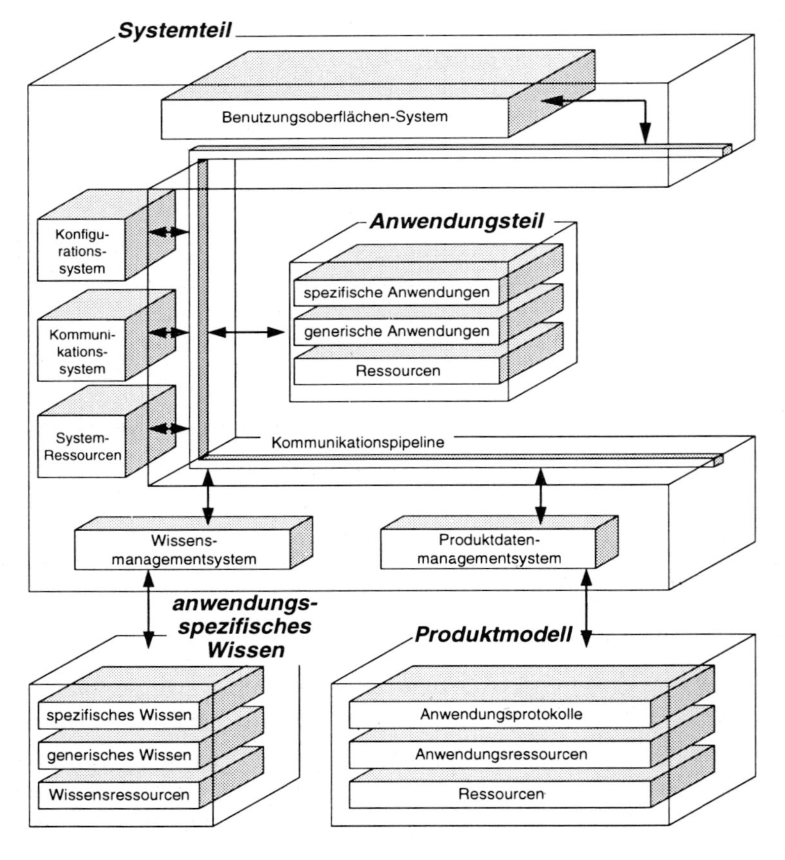

Bild 2.2 Grobspezifikation der Referenzarchitektur

Anwendungsteil

Die Komponenten des Anwendungsteils können in drei hierarchische Schichten unterteilt werden:

- **Spezifische Anwendungen:**
  produkt-, benutzer- bzw. unternehmensspezifische Anwendungen
- **Generische Anwendungen:**
  problembezogene Funktionen zur Umsetzung von CAD-Teilaufgaben
- **Ressourcen:**
  allgemeingültige, anwendungsunabhängige CAD-Basisfunktionen

Der Anwendungsteil ist in die Dienste des Systemteils eingebettet, d. h., alle Anwendungskomponenten haben über eine Kommunikationsschnittstelle Zugriff auf die Dienste des Systemteils. Die Kommunikation der Komponenten miteinander sowie mit den Komponenten des Systemteils erfolgt dabei, wie im Systemteil, durch ein Versenden und Empfangen von Nachrichten unter Zuhilfenahme der Dienste des Kommunikationssystems.

Systemteil

Der Systemteil definiert die systemspezifischen Dienste, die für die Ausführung der Komponenten des Anwendungsteils benötigt werden. Folgende Funktionalitäten werden durch den Systemteil bereitgestellt:

- einheitliche und konsistente Benutzerführung und -unterstützung über alle Applikationen hinweg
- anwendungsspezifische Konfigurierbarkeit des Gesamtsystems (Komponenten des *Anwendungs- und Systemteils*)
- Kommunikation und Kooperation zwischen Applikationen, Systemkomponenten und Benutzern
- Funktionalität zur Fehlerbehandlung, Recovery, Hilfestellung, Konvertierungen usw.
- Verwaltung und Koordinierung (Synchronisation)

Der Systemteil setzt dabei auf eine Grundfunktionalität auf, die durch die Dienste des Betriebssystems sowie vorhandene Netzwerkdienste bereitgestellt werden.

Die Trennung von verschiedenen anwendungsunabhängigen Aufgabenkomplexen der CAD-Referenzarchitektur und deren Realisierung in modularisierten Subsystemen erlaubt die Umsetzung von offenen, flexiblen CAD-Systemkonzepten, die erweiterbar und austauschbar gehalten werden.

Der Systemteil enthält die folgenden sechs verschiedenen Subsysteme:

- **Benutzungsoberflächensystem**:
  ermöglicht eine einheitliche, konsistente und ergonomische Unterstützung benutzergesteuerter Aktionen zur Realisierung einer Konstruktionsaufgabe
- **Konfigurationssystem:**
  stellt die Funktionalität zur aufgaben- bzw. benutzerangepaßten Konfigurierung des Systems bereit und verwaltet die im System vorhandenen Komponenten sowie das nötige Konfigurationswissen
- **Kommunikationssystem**:
  stellt allen Komponenten Dienste zur Kommunikation und Kooperation zur Verfügung und realisiert die koordinierte Interaktion der Komponenten
- **Systemressourcen:**
  beinhalten Funktionalität zur Fehlerbehandlung und zum Recovery und stellen die im System verwendeten anwendungsunabhängigen Tools und Ressourcen (z. B. OSF/Motif, Grafiksysteme usw.) bereit
- **Wissens-Managementsystem:**
  organisiert und realisiert den Zugriff auf die Daten des anwendungsspezifischen Wissens und bietet Dienste zur Verarbeitung und Erweiterung des Wissens an
- **Produktdaten-Managementsystem:**
  organisiert und realisiert den Zugriff auf die Daten des Produktmodells. Es bietet Dienste, wie die Generierung der Modellschemata, Konsistenzsicherung und Bereitstellung differenzierter Zugriffsmöglichkeiten, entsprechend den verschiedenen Modellsichten, an.

Die Komponenten des Systemteils kommunizieren miteinander und mit den Komponenten des Anwendungsteils durch das Versenden und Empfangen von Nachrichten, die vom Kommunikationssystem an den jeweiligen Kommunikationspartner vermittelt werden. Der Transport der Nachrichten erfolgt in Form typisierter Kommunikationsobjekte über die Kommunikationspipeline. Der Systemteil ist, wie der Anwendungsteil, über das Konfigurationssystem konfigurierbar, wobei jedoch eine Grundfunktionalität (z. B. Kommunikationssystem, Systemressourcen) in jeder Systemkonfiguration sichergestellt werden muß und somit nicht frei konfigurierbar ist.

Produktmodell

Der Begriff Produktmodell wird im CAD-Referenzmodell in Anlehnung an die Normungsergebnisse der ISO 10303 (STEP) als Einheit von Produktinformationsmodell und Produktdaten zur Beschreibung einer Klasse von Produkten über den gesamten Produktlebenszyklus definiert. Im Rahmen des CAD-Referenzmodells werden dabei nur die Produktinformationen betrachtet, die die Produktentwicklungsphase betreffen.

Ausgehend von den CAD-spezifischen Anforderungen an ein Produktmodell wurden alle übergreifenden, den Lebenszyklus umfassenden spezifischen Anforderungen und Eigenschaften eines Produktes betrachtet, um die Integration mit anderen Prozessen im Rahmen der computerunterstützten Fertigung zu ermöglichen. Das Produktmodell sollte somit generell als erweiterungsfähig in Richtung Produktions- und Unternehmensmodell angesehen werden, um so langfristig beliebige Komponenten der CIM-Welt zusammenführen und Migrationskonzepte unterstützen zu können.

Der Aufbau eines Produktmodells, abgestimmt mit dem STEP-Ansatz, ist wie folgt strukturiert:

- **Generische Ressourcen:**
  unabhängig von einem Anwendungsgebiet spezifizierte Basismodelle (z. B. Geometric and Topological Representation, Form Feature, Materials etc.)
- **Anwendungsressourcen:**
  auf anwendungsunabhängige Basismodelle aufbauende, unter Berücksichtigung anwendungsbezogener Funktionen entwickelte Basismodelle
- **Anwendungsprotokolle:**
  beschreiben einen Ausschnitt aus mehreren Basismodellen und geben vor, wie dieser Ausschnitt abhängig von bestimmten Anwendungen zu verwenden ist.

Die Interaktion der Anwendungen mit dem Produktmodell und die Pflege der Daten im Produktmodell erfolgt grundsätzlich über das Produktdaten-Managementsystem, mit dem es eine funktionale Einheit bildet. Jede Anwendung besitzt ein einheitliches Daten-Manager-Interface, wodurch sie ihre Datenanforderungen unter Zuhilfenahme der Dienste des Kommunikationssystems dem Produktdaten-Managementsystem mitteilt. Weiterhin ist eine problemspezifische Konfiguration des Produktmodells über das PDMS möglich.

Anwendungsspezifisches Wissen

Die Komponente „Anwendungsspezifisches Wissen“ enthält das allgemeine anwendungsbezogene Wissen, durch dessen Verarbeitung oder Präsentation der Konstrukteur bei der Lösung konstruktiver Aufgaben unterstützt wird. Die konstruktionsspezifischen Inhalte der Komponente sind die Basis für Werkzeuge, die der Konstrukteur bei der Lösungsfindung und bei der Lösungsbeurteilung und somit bei der Bewältigung seiner Aufgabe im Produktentwicklungsprozeß benötigt.

Die Anforderung nach der Strukturierung und Modularisierung der Komponente bzw. der Wissensinhalte wird auf oberster Ebene durch die Unterteilung in drei hierarchische Schichten erfüllt:

- **Spezifisches Wissen:**
  benutzer- bzw. unternehmensspezifisches Wissen (z. B. Firmenstandards)

- **Generisches Wissen:**
  problem- und anwendungsbereichsabhängiges Wissen (z. B. Wissen über Drehteil-, Blechteilkonstruktion)
- **Wissensressourcen:**
  allgemeines, anwendungsbereichsunabhängiges Wissen (z. B. Werkstoffnormen)

Die Wissensinhalte nehmen von der unteren zur oberen Schicht an Allgemeingültigkeit ab und an Problemspezifik zu. So werden die gesamten Wissenskomponenten der unteren Schicht für eine Vielzahl von konstruktionsspezifischen Problemen in einer Vielzahl von Unternehmen benötigt. Das *spezifische Wissen* hingegen ist beispielsweise auf die Konstruktion eines speziellen Produktes in einem ganz bestimmten Unternehmen abgestimmt.

2.2 Zielsetzung der Phase 2

Als zentrales Ziel verfolgt das Forschungsvorhaben mit dem CAD-Referenzmodell die Stärkung der „Human Ressources" und des gesamten Engineering-Bereichs in der Industrie, um dem internationalen Wettbewerb in zunehmend globalen Märkten wirkungsvoller begegnen zu können.

In dieser zweiten Projektphase sollte das in Phase 1 erarbeitete integrierte Organisations- und Technikkonzept unter konkreten betriebsspezifischen Bedingungen beispielhaft umgesetzt werden. Aus diesem Grund waren an dem Projekt mehrere mittelständische Firmen aus Anbieter- und Anwendersicht beteiligt, die zusammen mit den Forschungsinstituten in einem interdisziplinären Team die innovativen Konzepte in die Praxis übertrugen. Auf diese Weise sollte gezeigt werden, daß diese auch unter den Randbedingungen des betrieblichen Alltags umsetzbar sind und tragfähige Lösungen darstellen.

Bei der konkreten Umsetzung in den Betrieben wurden dabei sowohl die arbeitsorientierten Konzepte und die Optimierung des Produktentwicklungsprozesses als auch die Anpassung der entsprechenden Systemtechnik durch die Anbieterfirmen und Forschungsinstitute berücksichtigt.

Für diejenigen Teilbereiche des CAD-Referenzmodells, die in den einzelnen Anwenderfirmen keine Umsetzungsmöglichkeit fanden, sollte mit Hilfe von betriebsunabhängigen Prototypen die Realisierbarkeit der Konzepte gezeigt werden. Die Struktur des Projektes und die einzelnen Realisierungsschritte werden im nächsten Kapitel genauer aufgeführt.

2.3 Struktur des Projektes und Realisierungsschritte

Um den Anspruch erfüllen zu können, ein Referenzmodell mit integrativem Charakter als Grundlage für zukünftige Engineering-Systeme und -Lösungen zu schaffen, arbeiten neben drei mittelständischen Anwenderfirmen und zwei System- und Dienstleistungsanbietern neun verschiedene Forschungsinstitute der Fachrichtungen Arbeitswissenschaft, Konstruktionstechnik und Informationstechnologie in einem interdisziplinären Team zusammen[3].

Im Mittelpunkt der Arbeiten standen dabei die Anwender- und Anbieterfirmen, die bei der Umsetzung der Konzepte von den Forschungsinstituten unterstützt wurden (s. Bild 2.3).

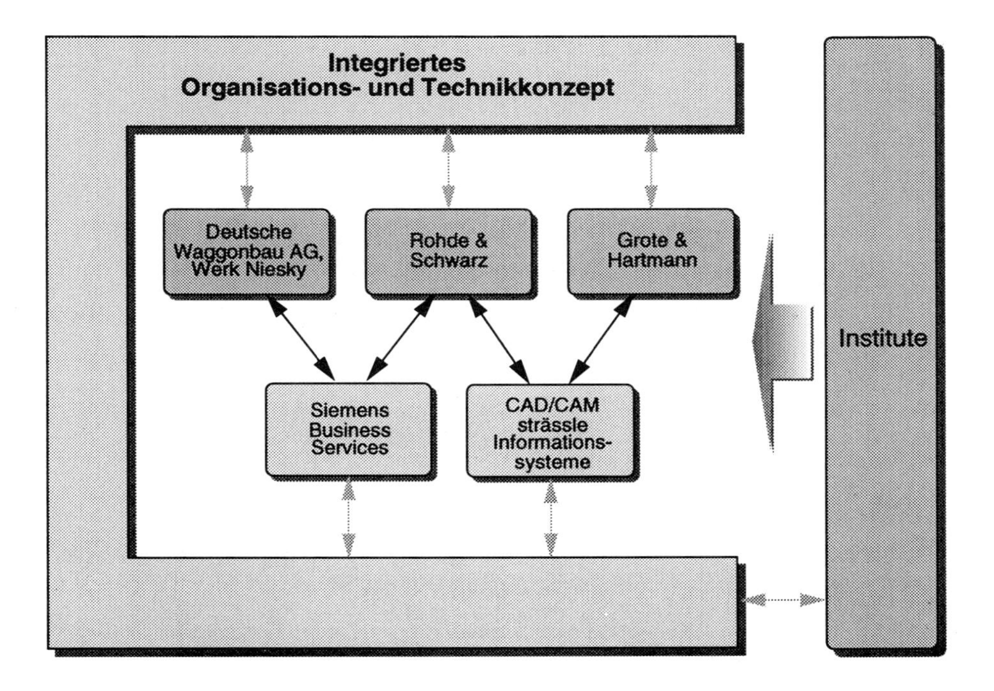

Bild 2.3 Projektstruktur des Verbundprojektes

---

3 Eine Auflistung der beteiligten Firmen und Institute finden Sie am Anfang dieses Buches.

Die Anwenderbetriebe haben einzelne Schwerpunkte des CAD-Referenzmodells in ihren betrieblichen Alltag umgesetzt, um so den Engineering-Prozeß zu verbessern und durch angepaßte Systemtechnik möglichst optimal zu gestalten. Unterstützt wurden sie hierbei von den Anbieterfirmen, die die Anforderungen des CAD-Referenzmodells aufgegriffen und Teile der Architektur und Konzepte in ihren Produkten und Dienstleistungen umgesetzt haben.

Die Aufgabe der Forschungsinstitute war es, die Firmen bei der Umsetzung des CAD-Referenzmodells in die Praxis zu begleiten und durch ihr wissenschaftliches Know-How, ihre Neutralität und ihr methodisches Verständnis zu helfen. Dort und in Bereichen, die in den Firmen nicht angewendet werden konnten, haben sie das CAD-Referenzmodell in beispielhaften betriebsunabhängigen Basisdiensten und Handlungshilfen weiter konkretisiert.

Die zweite Phase des Verbundprojektes CAD-Referenzmodell gliedert sich in zwei Projektabschnitte:

- die betriebsunabhängige und
- die betriebsspezifische Umsetzung

des integrierten Organisations- und Technikkonzeptes.

Betriebsunabhängige Umsetzung

Im betriebsunabhängigen Projektabschnitt wurden mit Hilfe von ausgewählten und angepaßten, anwenderneutralen Analysemethoden bei den beteiligten Unternehmen alle notwendigen Daten für die betriebsspezifische Umsetzung und Einführung des integrierten Organisations- und Technikkonzeptes auf der Basis des CAD-Referenzmodells interdisziplinär erhoben. Ein im Rahmen des Projektes entwickeltes Hilfsmittel, um die Erhebung dieser Daten möglichst effektiv durchzuführen, ist das Analyseinstrument, das in Kapitel 6 vorgestellt wird.

Parallel hierzu erfolgte eine erste beispielhafte Realisierung eines offenen, modularen und konfigurierbaren Systemrahmens auf der Basis des CAD-Referenzmodells. Um die betriebliche Umsetzung und Einführung zu beschleunigen, wurde diese Implementierung zunächst möglichst anbieter- und anwenderneutral durchgeführt.

Außerdem erfolgte eine Analyse der von den beteiligten Systemanbietern bereitgestellten CA-Anwendungskomponenten hinsichtlich ihrer Integrierbarkeit in das Rahmenkonzept und gegebenenfalls eine Anpassung dieser Komponenten an die Anforderungen des CAD-Referenzmodells.

Betriebsspezifische Umsetzung

Im zweiten Projektabschnitt der betriebsspezifischen Umsetzung sollten die ausgearbeiteten Anforderungen unter Berücksichtigung der firmenneutralen Konzepte umgesetzt werden. Die wesentlichen Aktionen in diesem Arbeitsschritt gingen dabei von den Anwenderbetrieben aus.

Nach einer ausführlichen Betriebsanalyse wurden zunächst die betrieblichen Realisierungskonzepte erstellt. Hierfür wurden die zur Lösung der Konstruktionsaufgaben benötigten Anwendungen und Wissensgebiete ausgewählt, angepaßt oder neu entwickelt. Grundlage der durchzuführenden Implementierungsarbeiten waren die an die Erfordernisse der Referenzarchitektur angepaßten anwendungsspezifischen Komponenten der im Projekt involvierten Anbieterfirmen bzw. die in der betreffenden Anwenderfirma vorhandenen Softwareprodukte. Anschließend wurden die erarbeiteten Konzepte umgesetzt.

Anhand der Erfahrungen, die bei der Umsetzung des Konzeptes in den einzelnen Betrieben und bei der Entwicklung der Basisdienste gewonnen wurden, erfolgte in einem letzten Schritt die Evaluierung und Optimierung des Organisations- und Technikkonzeptes.

3 Die Innovationsfelder im Produktentwicklungsprozeß

3.1 Die Produktentwicklung als Prozeßkette

Die Aktivitäten zum CAD-Referenzmodell waren anfangs unter dem Gesichtspunkt ins Leben gerufen worden, unter CAD-Anwendern, -Entwicklern und -Forschern eine Bewegung in einem abgesteckten Rahmen der rechnerunterstützten Konstruktion mit dem Ziel hervorzurufen, Verbesserungen auf allen defizitären Gebieten der die Praxis nur unzureichend unterstützenden CAD-Technologie zu bewirken. Im Laufe der Projektbearbeitung ergaben sich zwangsläufig Korrekturen und Erweiterungen der ersten Vorgaben aufgrund fortschreitender Erkenntnisse, die eine Veränderung des Wirkungsbereichs der mit dem CAD-Referenzmodell erarbeiteten Ergebnisse zur Folge hatten. Zur besseren Transparenz des Definitionsbereichs der Arbeiten des CAD-Referenzmodells innerhalb des gesamten Produktlebenszyklus sind im folgenden einige Ausführungen zur Einordnung des CAD-Referenzmodells hinsichtlich der Begriffe Produktentwicklung, Produktentstehung und Produktlebenszyklus dargelegt. Darauf aufbauend werden die Innovationsschwerpunkte des Projektes im einzelnen hergeleitet und erläutert.

Die Produktentwicklung verkörpert nach [Spur, Krause 1997] innerhalb des Produktlebenszyklus den der Fertigung vorgelagerten Anteil der Produktentstehung, der die Phasen Produktplanung, Produktkonstruktion, einschließlich Produktionsvorbereitung und Produkterprobung umfaßt. Im Rahmen dieser Definition umfaßt die Produktplanung alle Aufgaben, die zu einer Festlegung des Gestaltungsrahmens für ein herzustellendes Produkt gehören und die zur Abwicklung der Produktentwicklung organisatorisch erforderlich sind [Wiendahl 1996]. Basierend auf Marktanalysen erfolgt unter Einschluß potentieller Konkurrenzfabrikate eine Produktdefinition nach Funktionalität, Werkstoffen, Fertigungsverfahren, Qualität und Kosten. Die Produktplanung umfaßt neben der Produktfindung auch die zeitliche Vorgabe, Koordination und Überprüfung der Produktentwicklung. In Analogie zu Vorgängen in der Fertigung werden hier Funktionen der Zeitplanung und Terminverfolgung wahrgenommen. Diese Notwendigkeit ergibt sich aus der Anforderung, mit einem Produkt so früh wie möglich auf dem Markt zu sein [Golm 1996].

Die Produktkonstruktion wird als zielorientierter, darstellender Prozeß der Gestaltung von Teilfunktionen und deren Zusammensetzung zur Gesamtfunktion verstanden [Krause 1996]. Im Sinne einer Realisierung durch materielles Erzeugen umfaßt die Produktkonstruktion damit auch die fertigungstechnische Planung eines Produkts [Spur 1994, Spur 1996]. Die Konstruktion kann als Gestaltung unter funktionalen Anforderungen, die der Fertigungsplanung als Gestaltung unter fertigungstechnischen Anforderungen gesehen werden. Unter diesem Gesichtspunkt werden die rechnerunterstützten Tätigkeiten der Konstruktion gemeinsam mit denen der Fertigungsplanung unter dem Begriff CAD als rechnerunterstützte Konstruktion und Fertigungsplanung zusammengefaßt [Krause 1996].

Die Phase der Produkterprobung schließt den Produktentwicklungsprozeß ab. In der Serien- und Massenfertigung werden dazu ein oder mehrere Prototypen hergestellt und erprobt. In der Einzel- und Kleinserienfertigung sind Prototypen wegen des zeitlichen Rahmens und der hohen Kosten nur schwer zu realisieren. Mit der Erprobung von Prototypen wird die Realisierbarkeit der geforderten Produktqualität überprüft und damit erste Erkenntnisse über die Qualität der bisher erzielten Arbeitsergebnisse im Produktentwicklungsprozeß gewonnen. Erkannte Fehler oder Mängel werden über einen Rückkopplungsprozeß in die verursachenden Bereiche zurückgeführt und dort korrigiert, wodurch sich das Produktwissen erweitert und zukünftig Fehler der gleichen Art vermeidbar werden.

Der Begriff der Produktentwicklung hat sich in seiner Bedeutung im Laufe der Zeit gewandelt. Wesentlichen Anteil hieran hat die Informationstechnik, deren ständige Neuerungen die Produktentwicklung in vielfältiger Hinsicht kontinuierlich bereichert haben. Der Wirkungshorizont konnte so eine Erweiterung erfahren, die durch die Einbeziehung möglichst sämtlicher produktrelevanten Einflußgrößen eine ganzheitliche Betrachtungsweise mit dem Ziel der Optimierung ermöglicht [Spur, Krause 1997].

Hinsichtlich Zeit-, Kosten- und Qualitätsoptimierung in Produktionsprozessen ist die Produktentwicklung von entscheidender Bedeutung, da in dieser Phase bereits weitgehend Fakten geschaffen werden, die sich in den folgenden Prozeßschritten oft nur noch unter erheblichem Aufwand verändern lassen. Bestrebungen zur Stärkung der Produktivität und Innovationsfähigkeit von Unternehmen zielen daher meist darauf ab, die Bedingungen, unter denen Produkte entwickelt werden, durch technische und organisatorische Unterstützung zu verbessern.

Verschiedene Erfahrungswerte bezüglich Entwicklungskosten, Produktionskosten und Lieferzeit zeigen, daß neben den Faktoren Qualität und Flexibilität, die Kosten im Entwicklungsbereich langfristig ein Senkungspotential zwischen 30% und 50% beinhalten [Bürgel 1995], aber schon die Entwicklungszeitverkürzung allein das entscheidende Erfolgsargument liefert. So resultiert aus Untersuchungen [Meerkamm 1995, Schmelzer 1990, Schacher 1992, Ebert, et al. 1992], daß die Entwicklungszeit eines Produktes den Gewinn bzw. den Verlust eines Unternehmens stärker als die Entwicklungs- und Produktionskosten beeinflußt [Weule 1996]. Maßnahmen zur Stärkung der Wettbewerbsfähigkeit werden also vornehmlich im Bereich der Produktentwicklung ihre größte Wirkung entfalten können, wenn sie darauf ausgerichtet sind, den Produktentstehungsprozeß zu beschleunigen.

Das Organisations- und Technikkonzept des CAD-Referenzmodells bietet Lösungsvorschläge für Probleme an, die in erster Linie im Bereich der Produktentwicklung anzusiedeln sind. Die Produktentwicklung selbst repräsentiert den planungsbezogenen-, gestaltungsorientierten- und organisatorischen Anteil der Produktentstehung, gegliedert in die Einzelschritte Produktplanung, Produktkonstruktion und Produkterprobung [Spur, Krause 1997]. Im CAD-Referenzmodell fußen alle Überlegungen auf dem Prinzip, daß die Produktentwicklung als integraler Bestandteil des Produktlebenszyklus auch daten- und prozeßbezogen in den Gesamtablauf eingebettet sein muß. Demzufolge definieren sich die im Organisations- und Technikkonzept verankerten Lösungsansätze prinzipiell auch für den gesamten Produktlebenszyklus (Bild 3.1).

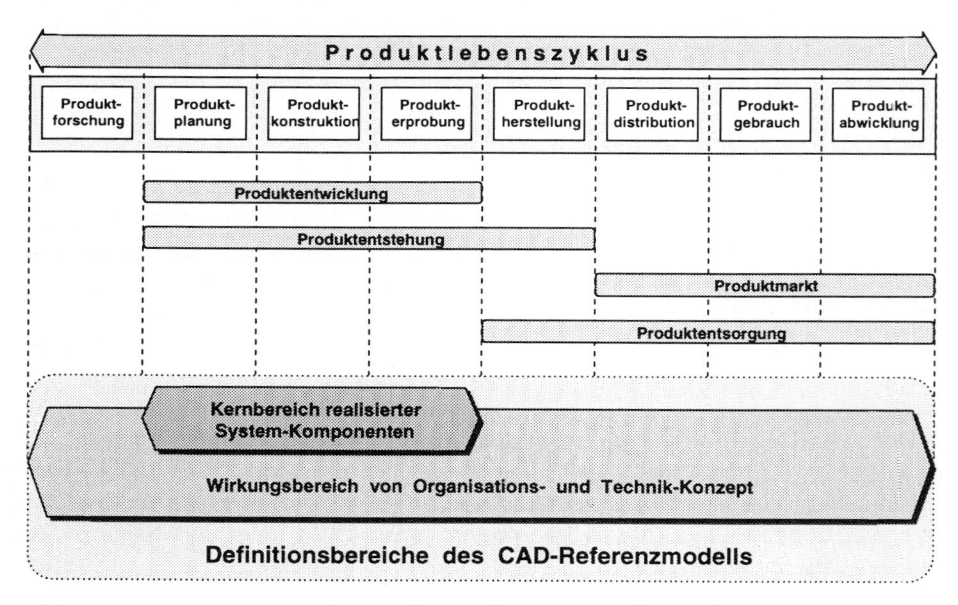

Bild 3.1 *Einordnung des CAD-Referenzmodells in den Produktlebenszyklus nach [Spur, Krause 1997]*

3.2 Defizite in rechnerunterstützten Produktentwicklungsprozessen

Die Defizite in rechnerunterstützten Produktentwicklungsprozessen resultieren häufig aus überalterten Systemkonzepten der für solche Aufgaben eingesetzten Systeme. Diese beeinträchtigen sowohl die Effizienz, als auch die Arbeitsqualität, da meist nur Teilaspekte von Produktentwicklungsprozessen unterstützt werden. Ein wesentlicher Kernpunkt der Kritik richtet sich aber auch auf die in der Regel noch überwiegend konventionelle, das heißt durch sequentielle Arbeitsschritte und unproduktive Arbeitsteilung gekennzeichnete Vorgehensweise in Produktentwicklungsprozessen [Jansen 1997]. Die Produktentwicklung leidet unter zu vielen Iterationsschleifen, vor allem in Verbindung mit Wartezeiten, die sich aus der sequentiellen Bearbeitung ergeben und die aus Fehlern resultieren, die infolge mangelnder Information wegen Abstimmungs- und Koordinationsproblemen entstehen. Nachfolgende Arbeitsschritte setzen auf solche Fehler auf, Defizite werden prozeßbedingt erst spät registriert und so steigt der Änderungsaufwand erheblich [Milberg 1992]. Darüber hinaus ist die sequentielle Arbeitsweise allein dadurch nachteilig für den Produktentwicklungsprozeß, daß der Wissensrückfluß und damit eine Kumulierung von Erfahrung nur unzureichend möglich ist [Milberg, Koepfer 1992].

Eine wesentlicher Ansatz für Verbesserungsmaßnahmen bezieht sich auf die Produktentwicklung als eine zusammenhängende Abfolge von Einzelschritten der Produktentstehung. In der Praxis erfolgt die Aufgabenbearbeitung je nach Eignung einzeln oder kooperativ. Durch Letzteres kann sich häufig eine zumindest partielle Parallelität von Arbeitsschritten ergeben. Heutige Unterstützungssysteme für die Produktentwicklung berücksichtigen derartige Sachverhalte nur sehr lückenhaft.

Ein weiteres Hauptproblem der technischen Unterstützung von Unternehmensprozessen besteht in einer unzureichenden Informationsbereitstellung für die am Auftragsdurchlauf beteiligten Experten. Diese ist oftmals nicht an den Prozeßbedürfnissen orientiert, d. h. nicht bedarfsgerecht hinsichtlich Umfang der Daten und Zeitpunkt ihrer Bereitstellung. Gründe hierfür sind Mängel in der Strukturierung der Datenmengen und eine ungenügende Beachtung der prozeßorientierten Informationsbedürfnisse bei Konzeption, Implementierung und Einführung von DV-Systemen. Ebenso existieren die im Prozeßverlauf von unterschiedlichen Experten genutzten DV-Systeme mehrheitlich als Insellösungen. Infolge dieser mangelnden Integration werden unproduktive Aufwände zur manuellen Übertragung der Daten verursacht, wodurch die Wahrscheinlichkeit von Übertragungs- oder Interpretationsfehlern wächst. Bezüglich der Funktionalität der DV-Werkzeuge für die Produktentwicklung bestehen nach wie vor Defizite hinsichtlich der Vollständigkeit, der Durchgängigkeit der Unterstützung und der Angepaßtheit an die spezifische Problemstellung.

Die damit vornehmlich aus technischer Sicht angesprochenen Problempunkte werden zusätzlich durch organisatorische Schwachstellen in Produktentwicklungsprozessen überlagert und verstärkt. Sie bestehen hauptsächlich aus folgenden Faktoren, die den Produktentwicklungsprozeß in unterschiedlichem Maße beeinträchtigen können [Eversheim 1995]:

- hohe Anzahl von Änderungen,
- hoher Termindruck,
- mangelnde Zusammenarbeit,
- fehlende Planungshilfsmittel,
- unzureichende Zielvorgaben,
- unklare Planungsgrundlage,
- ungeklärte Kompetenz- und Aufgabenverteilung,
- lange Durchlaufzeiten,
- mangelnde Transparenz,
- fehlende bzw. wechselnde Prioritäten,
- unzureichender Informationsfluß.

Die Ausprägung dieser Schwachstellen ist aufgrund der jeweilig individuellen Rahmenbedingungen in jedem Unternehmen unterschiedlich gewichtet. Gründe für diese Situation sind in der unzureichenden Prozeßorientierung der über Jahre gewachsenen Unternehmensstrukturen und in Problemen des Technikeinsatzes zu suchen. Hinsichtlich der Defizite von Unternehmensstrukturen kann die gegenwärtige Situation aus organisatorischer Sicht folgendermaßen umrissen werden.

Aufbau- und Ablauforganisation sind infolge ihrer mehrheitlich funktionalen Ausprägung häufig inflexibel und statisch, wodurch notwendige Kooperationsbeziehungen und Informationsflüsse behindert werden. Als wesentliche Gründe hierfür werden physische und psychische Mauern zwischen den am Unternehmensprozeß beteiligten Bereichen benannt [Ehrlenspiel 1995, Eversheim 1995], weswegen auch von "Over The Wall-Engineering" gesprochen wird. Dieser Zustand der bisher vorwiegend praktizierten Organisation der Produktentwicklung wird von [Groth 1994] mit den unten aufgeführten Begriffen assoziiert:

- sequentiell,
- phasenorientiert,
- fachbereichsorientiert,
- technikorientiert,
- arbeitsteilig tayloristisch.

Andererseits behindern eine insbesondere in größeren Unternehmen vorzufindende Hierarchietiefe, welche oft mit einer gering ausgeprägten Delegation von Entscheidungsbefugnissen verbunden ist, sowie eine relativ stark ausgebildete Arbeitsteilung die Zusammenarbeit und schnelle, flexible Reaktion auf Störfaktoren oder Markteinflüsse. Weiterhin besteht bei einer funktional orientierten Organisationsform immer die Gefahr des Verlustes einer ganzheitlichen Betrachtungsweise bezüglich des Gesamtprozesses, sowohl bei der operativen Bearbeitung, als auch bei der Durchführung von Verbesserungsmaßnahmen.

Aufgrund dieser organisatorischen Defizite werden folgende Verhaltensprobleme begünstigt, die nach [Eversheim 1995] mehr als die Hälfte aller in der Produktentwicklung relevanten Schwachstellen umfassen:

- mangelndes Verantwortungsbewußtsein,
- umständliche Entscheidungsfindung,
- ungenügendes Kommunikationsverhalten,
- fehlende Teamfähigkeit,
- Hierarchie- und Abteilungsdenken.

Letztlich werden organisatorische Optimierungsansätze infolge der einseitig technikorientierten Herangehensweise oftmals vernachlässigt, mit der Folge, daß bei der Einführung von DV-Systemen die bestehende Organisationsstruktur verfestigt und angestrebte Effizienzsteigerungen verfehlt werden.

3.3 Innovationsfelder des CAD-Referenzmodells in Produktentwicklungsprozessen

Die Innovationsfelder des CAD-Referenzmodells repräsentieren das Gerüst der Forschungs- und Entwicklungsarbeiten, in dem wesentliche organisatorische und technische Neuerungen für die Produktentwicklung aufgegriffen werden. Ausgehend von acht Problemfeldern, die in der ersten Projektphase als charakteristisch und bestimmend für die defizitäre Situation im Bereich der Unterstützung von Produktentwicklungsprozessen identifiziert wurden [Abeln 1995], haben sich die Projektarbeiten auf weitere wichtige, im Projektverlauf als zukunftsweisend adressierte Themenfelder ausgedehnt. In den begleitenden Grundlagenarbeiten sowie insbesondere in den Anwendungs- und Umsetzungsprojekten mit Industrieunternehmen kristallisierten sich drei Innovationsschwerpunkte heraus, die technische und organisatorische Innovationsfelder mit jeweils unterschiedlicher Gewichtung und Zusammensetzung enthalten. Im einzelnen sind dies die in Bild 3.2 gezeigten Schwerpunkte.

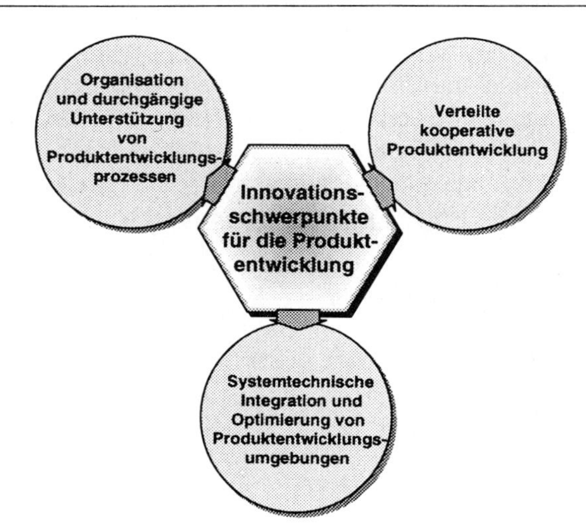

Bild 3.2 Schwerpunkte der Umsetzung von Innovationsfeldern für die Produktentwicklung

Der Innovationsschwerpunkt „Organisation und durchgängige Unterstützung von Produktentwicklungsprozessen" wird im Kapitel 4.1 genauer behandelt. Kapitel 4.2 enthält die Ergebnisse zum Innovationsschwerpunkt „Verteilte kooperative Produktentwicklung" und in Kapitel 4.3 werden die den Systemrahmen der CAD-Referenzmodellarchitektur bildenden innovativen Projektergebnisse der „Systemtechnischen Integration und Optimierung von Produktentwicklungsumgebungen" dargestellt. Darüber hinaus wurde im Rahmen der organisatorischen Problembearbeitung ein Analyseinstrument entwickelt und für die aktive Nutzung im Vorfeld von organisatorischen und technischen Maßnahmen zur Reorganisation von Unternehmensabläufen präpariert, das im Kapitel 6 vorgestellt und detailliert beschrieben wird.

Im Innovationsschwerpunkt „Organisation und durchgängige Unterstützung von Produktentwicklungsprozessen" beziehen sich die Maßnahmen für Verbesserungen auf die Gestaltung der Organisationsstrukturen und Prozeßabläufe einerseits sowie auf die Gestaltung der technischen Unterstützungshilfsmittel andererseits. Abzuwägen ist bei der Gewichtung der Priorität und der Auswahl von umzusetzenden Maßnahmen eine Abschätzung des Aufwand-Nutzen-Verhältnisses unter Berücksichtigung der jeweils firmenspezifischen Probleme und Rahmenbedingungen.

Aufgrund der gegebenen Problematik in diesem Innovationsschwerpunkt kristallisierten sich insbesondere die Innovationsfelder

- Organisation des Konstruktionsablaufs,
- Gruppenorientierte Auftragsabwicklung,

- Anforderungsmodellierung,
- Wissensbasierte Lösungsfindung,
- Integriertes Produktmodell und
- Analyse, Berechnung, Simulation

als maßgebend für die Optimierung einer durchgängigen Prozeßunterstützung heraus (Bild 3.3). Die dabei in praktischen Umsetzungen mit Industriebetrieben gewonnenen Erkenntnisse und Erfahrungen zeigen die Relevanz der mit diesen Innovationsfeldern eingebrachten Neuerungen für die Verbesserung der Unterstützung des Anwenders im operativen Einsatz. Detaillierte Beschreibungen hierzu sind im Kapitel 4.1 zu finden.

Bild 3.3 Innovationsfelder im Schwerpunkt „Organisation und Durchgängigkeit der Produktentwicklung"

Der Innovationsschwerpunkt „Verteilte kooperative Produktentwicklung" ist in der Hauptsache durch Forderungen nach einer merklichen Verkürzung von Produktentwicklungszeiten zur Steigerung der Wettbewerbsfähigkeit von Unternehmen geprägt. Die konsequente Verfolgung von strategischen Konzepten zur Entwicklungszeitverkürzung erzwingt daher die Ablösung der traditionellen, am Taylorismus orientierten abteilungsspezifischen und begrenzten Aufgabenbearbeitung durch fachübergreifendes, kooperatives Handeln [Milberg 1992, Ochs 1992].

Die Notwendigkeit für verteilte kooperative Arbeitsformen in der Produktentwicklung bestätigt sich nicht nur innerbetrieblich durch die Bildung von fachübergreifenden Arbeitsgruppen, sondern infolge des Trends zur Verringerung der Entwicklungstiefe (Outsourcing) in einem Unternehmen zunehmend auch überbetrieblich zwischen miteinander kooperierenden Unternehmen, wie Hersteller und Zulieferer [Jansen 1997]. Dabei ist es wichtig, daß Mitarbeiter aus den unterschiedlichsten Arbeitsphasen des Produktlebenszyklus schon zu einem frühen Zeitpunkt zusammenarbeiten, um die Zahl der späteren Änderungen zu minimieren.

Die Integration der verschiedenen Prozesse im Produktlebenszyklus unter dem Aspekt des Concurrent Engineering führt zunächst zu der Problematik, daten- und prozeßbeschreibende Werkzeuge der Unternehmensmodellierung mit solchen der Produktentstehung zusammenzuführen. Unter dem Begriff des Business Reengineering wurde in diesem Zusammenhang mittels einer offenen Schnittstelle eine durchgängige informationstechnische Lösung entwickelt, die eine flexible Kopplung von unternehmensbezogenen Daten und Prozessen mit den Daten und Workflows eines PDM-Systems erlaubt. Die Schwierigkeit der Kopplung eines prozeßorientierten Modellieransatzes mit einem datenorientierten Ansatz besteht u. a. darin, bestimmte Inkompatibilitäten beider Ansätze auszuschalten.

Die verteilte kooperative Bearbeitung von Produktentwicklungsaufgaben stellt sowohl in organisatorischer, als auch in technischer Hinsicht neue Anforderungen an den Einsatz von Hilfsmitteln. Die diesen Innovationsschwerpunkt vornehmlich beeinflussenden Innovationsfelder resultieren daher aus technischen und organisatorischen Bereichen (Bild 3.4):

- Organisation des Konstruktionsablaufs,
- CSCW (Computer Supported Cooperative Work),
- Business Reengineering,
- Simultaneous Engineering,
- Produktdatenmanagement,
- Integriertes Produktmodell sowie
- Integration.

Der Einsatz innovativer Technologien, wie das verteilte kooperative Arbeiten, stellt für Anwendungen in der Praxis insbesondere bei klein- und mittelständischen Unternehmen (KMU) häufig eine schwer zu überwindende Anfangsbelastung dar, da in der Regel weder von der systemtechnischen Ausstattung, noch von den arbeitsorganisatorischen Voraussetzungen und noch weniger von der Vertrautheit mit den neuen Arbeitstechniken und -abläufen her gesehen eine adäquate Möglichkeit zur sukzessiven Eingewöhnung vorgesehen ist, so daß i.a. ein direkter Übergang von der konventionellen zu der angestrebten verteilten kooperativen Arbeitsweise kaum möglich ist. Hier ist die Umsetzung einer gestuften Vorgehensweise sinnvoll, die in systemtechnischer und arbeitsorganisatorischer Hinsicht ein Hinführen zu dem anvisierten Arbeitsziel gestattet. In Kapitel 4.2 werden zu dieser innovativen Thematik die erarbeiteten und realisierten Kooperationsstufen für die verteilte kooperative Modellierung nach dem Prinzip des „Application Sharing“ und nach dem „Replizierten Ansatz“ beschrieben.

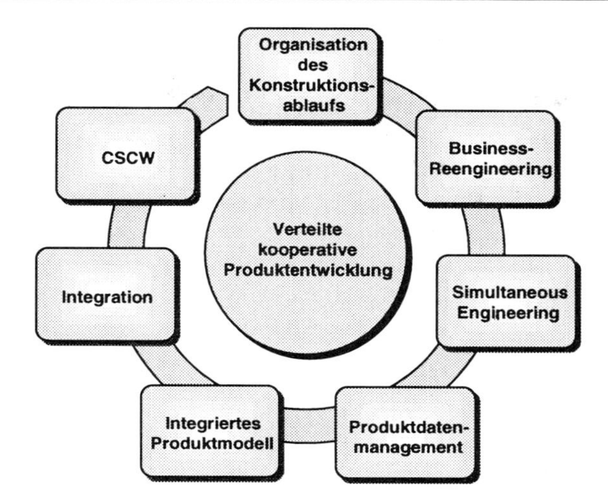

Bild 3.4 *Innovationsfelder im Schwerpunkt „Verteilte kooperative Produktentwicklung"*

Die eindeutige Abbildung von Teilmodellen, die mit Hilfe von CAx-Systemen generiert werden, auf die Strukturen eines integrierten Produktmodells ist eine Grundanforderung für eine erfolgreiche Implementierung von kooperativen Produktentwicklungstechniken. Das integrierte Produktmodell repräsentiert die vollständige Beschreibung des Produktes und der Produktkomponenten und enthält damit sämtliche produktbezogenen Informationen, die während des Produktlebenszyklus anfallen [Krause, Hayka, Jansen 1994]. Dies ist wiederum die entscheidende Voraussetzung für eine erfolgreiche Integration von fachspezifischen Teilprozessen der Produktentwicklung, wie beispielsweise die elektrische und mechanische Produktentwicklung im Bereich mechatronischer Produkte. Die Prozeßkette elektromechanische Produktentwicklung beinhaltet per se eine große Fülle von parallelen Entwicklungsschritten, die wegen der großen Abhängigkeiten zwischen der elektrischen und mechanischen Entwicklung beiden Seiten ein enormes Abstimmungsbewußtsein und eine große Verständigungsdisziplin abverlangen. Hier liegt naturgemäß ein erhebliches Potential für verteiltes kooperatives Arbeiten, was aber mangels geeigneter systemtechnischer Unterstützung bislang kaum ausgeschöpft wurde. In Kapitel 4.2.3 werden zu diesem Themenkomplex innovative Entwicklungen vorgestellt, die auf der Parallelisierung der elektromechanischen Prozeßkette und der Abbildung dieser Prozeßkette auf ein Produktdaten-Managementsystem, das parallele Zugriffe zuläßt, beruhen. Die Produktmodellintegration bildet damit einen wichtigen Ausgangspunkt für eine Arbeitsweise nach den Prinzipien des Concurrent Engineering, das seinerseits wiederum verteiltes kooperatives Arbeiten impliziert [Jansen 1997, Hayka, Morche 1996].

Ein weiterer wichtiger Innovationsschwerpunkt resultiert aus den Realisierungen der innerhalb des Systemrahmens der CAD-Referenzmodellarchitektur angesiedelten Werkzeuge zur systemtechnischen Optimierung von Produktentwicklungsumgebungen. Die hier angesprochenen Innovationsfelder repräsentieren die wichtigsten systemspezifischen Dienste, die innerhalb der Basisarbeiten zum CAD-Referenzmodell entwickelt und realisiert wurden. Mit diesen Diensten wird die Möglichkeit eröffnet, Produktentwicklungsumgebungen bereitzustellen, die nach Prinzipien, wie Offenheit, Flexibilität, Modularität, Erweiterbarkeit und Austauschbarkeit aufgebaut sind. Die diesen Innovationsschwerpunkt bildenden systemtechnischen Innovationsfelder bestehen aus folgenden Komponenten (Bild 3.5):

- Benutzungsoberfläche und Benutzerunterstützung,
- Anwendungsbezogene Systemkonfiguration,
- Systemkommunikation,
- Produktdatenmanagement,
- Produktmodell und
- Aufgabenrelevantes Wissen.

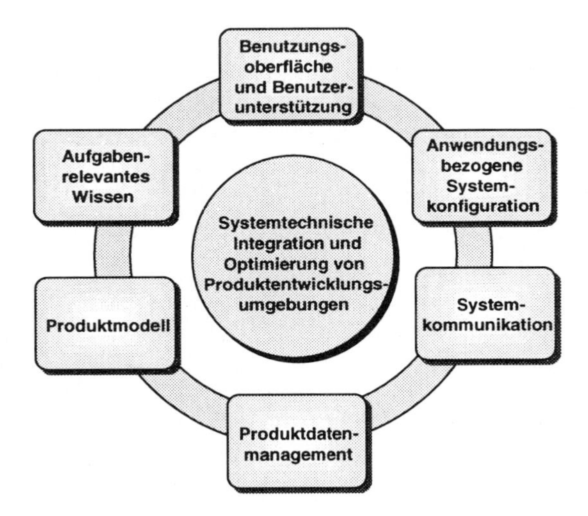

Bild 3.5 Innovationsfelder im Schwerpunkt „Systemtechnische Optimierung von Produktentwicklungsumgebungen“

Die innerhalb der genannten Innovationsfelder entwickelten Dienste dienen einesteils der Generierung einzelner Systembausteine, wie beispielsweise das Benutzungsoberflächenmodul, sowie andernteils der Integration von Systemkomponenten zu einer Gesamtumgebung, wie beispielsweise der Baustein zur Systemkommunikation bzw. Konfiguration. In Kapitel 4.3 werden die einzelnen Innovationsfelder mit den zugehörigen systemtechnischen Bausteinen näher erläutert.

Die Verfügbarkeit von Werkzeugen zur systemtechnischen Optimierung von Produktentwicklungsumgebungen reflektiert den ständigen Wunsch nach Möglichkeiten, die im praktischen Einsatz der Produktentwicklungsarbeiten erforderlichen zugeschnittenen Systemumgebungen flexibel und problemangepaßt bereitstellen zu können. Die Entwicklung und Umsetzung der Werkzeuge erfolgte dabei unter Einbeziehung von gegenwärtig aktuellen Technologien und Standards, wie beispielsweise des CORBA-Standards, einer plattformübergreifenden Middleware zur Kommunikation verteilter Objekte, innerhalb des Kommunikationssystems, womit z. B. netzweit verteilte Systemdienste unterschiedlicher Hersteller verfügbar gemacht werden können. Weiterhin wird das Problem der Benutzungsoberfläche mit der Bereitstellung eines Werkzeugs zur Gestaltung von grafischen Benutzungsoberflächen nach den Prinzipien von Individualisierbarkeit, Konfigurierbarkeit und Anpaßbarkeit an Benutzer und Einsatzbedingungen aufgegriffen. Darüber hinaus werden unter dem Gesichtspunkt von integrierten Prozeßketten mit der Entwicklung eines spezifischen Produktdatenmanagementwerkzeugs (PDMS) Möglichkeiten angeboten, wie die Zugriffsmöglichkeiten auf den gesamten Datenbestand unter den Aspekten STEP-basierte Produktdatenverwaltung, Unterstützung von Concurrent Engineering über PDMS sowie Konsistenzsicherung bei parallelen Zugriffen auf Produktdaten erfolgen können. Zum Spektrum der angebotenen Optimierungswerkzeuge gehört ferner ein Baustein zur Konfiguration, mit dem eine Produktentwicklungsumgebung zur Laufzeit dynamisch um neue Funktionalitäten entsprechend einem geänderten Aufgabenprofil erweitert werden kann. Wissensverarbeitungsbausteine zur vereinfachten Lösungsfindung auf der Basis von Anwendungswissen runden das erweiterte Spektrum der Optimierungswerkzeuge ab.

Insgesamt werden mit den vorgestellten Innovationsschwerpunkten und den darin behandelten Innovationsfeldern sehr wesentliche Stoßrichtungen gegenwärtiger und zukünftiger Prinzipien der Produktentwicklung vorgezeichnet. Hierbei werden Themen, wie die Durchgängigkeit von Produktentwicklungsprozessen, die ihrerseits wiederum einen starken Fokus auf eine praxisgerechte Unterstützung der frühen Phasen von Produktentwicklungsprozessen mit Hilfe von Werkzeugen zur Anforderungsmodellierung oder wissensbasierten Lösungsfindung beinhalten, eine besondere Aufmerksamkeit durch die Praxis erfahren. Die Forderung nach Durchgängigkeit spricht allerdings auch die systemtechnische Seite dieses Problembereichs an. Hier finden verstärkt Themen der Integration ihren Niederschlag. Beispielhaft können in diesem Kontext Integrationsbestrebungen mittels EDM/PDM-Technologie aufgeführt werden. Die Arbeiten zum Innovationsschwerpunkt „Verteilte kooperative Produktentwicklung“ berühren neben der zur Zeit vermehrt ins Zentrum der Aufmerksamkeit von Anwendern gerückten CSCW-Problematik durch die Arbeiten zum Produktdatenmanagement auf der Basis integrierter Produktmodelle ebenfalls sehr konkret diesen Integrationsaspekt. Dieser erfährt seinen besonderen Reiz durch die Möglichkeit des parallelen Zugriffs auf PDM-Daten unter Concurrent Engineering-Gesichtspunkten.

Durch die breite Vielfalt der im Rahmen des CAD-Referenzmodells insbesondere in praxisbezogenen Industrieprojekten vorangetriebenen Entwicklungen, wird eine Unterstützung des gesamten Problembereichs „Produktentwicklung" deutlich, dessen Schlagrichtung eindeutig in die Richtung einer „Virtuellen Produktentwicklung" zielt. Hierzu sind nachfolgend einige weiterführende Erläuterungen gegeben, die in [Spur, Krause 1997] ausführlich dargestellt sind.

Unter dem Begriff „Virtuelle Produktentwicklung" summieren sich seit geraumer Zeit sehr vielversprechende Ansätze zur Entwicklung neuer Produktentwicklungsstrategien, die über Regelkreise der Informationsverarbeitung zur verbesserten Informationsbereitstellung und Abstimmung, Parallelisierung und schnellen Entscheidungsfindung eine Produktivitätssteigerung anstreben. Beispiele für solche Strategien sind Concurrent Engineering sowie der Aufbau integrierter Prozeßketten. Das vollständig virtuelle Produkt und die damit verbundene Anwendung virtueller Methoden und Techniken in der Produktentwicklung sind eine notwendige Antwort auf die sich immer schneller wandelnden Anforderungen des Marktes.

Der Begriff des „Virtuellen Produkts" bezeichnet die Schlüsseltechnologie für die Produktentwicklung der Zukunft, da sie Strategien industrieller Produktentwicklung mit den Innovationen der Informations- und Kommunikations-Industrie vereint (vgl. [Rix, Kress, Schroeder 1995]). Neben anderen kursiert auch der Begriff des „Digital Mock-Up" (DMU) quasi als Synonym für das „Virtuelle Produkt", wobei bis heute noch nicht eindeutig definiert ist, inwiefern mit dieser Begriffsschöpfung partielle oder ganzheitliche Konzepte, Entwicklungsstrategien und Forschungsgegenstände bzw. konkrete kommerzielle Produkte verbunden sind. Zielsetzung des DMU ist die aktuelle, konsistente Verfügbarkeit multipler Sichten auf Produktgestalt, -funktion und technologische Zusammenhänge, auf deren Basis die Modellierung und Simulation zur verbesserten Gestaltung der Auslegung eines Produktes durchgeführt und kommuniziert werden können. Das primäre, digitale Auslegungsmodell wird auch als virtuelles Produkt bezeichnet, welches spezifisch für die Entwicklungsphase und die Disziplinen der Auslegung die Referenz der Produktentwicklung darstellt. Damit wird deutlich, daß sich gegenwärtige CAD-Systeme von konventionellen Arbeitsplatzsystemen zu Integrationssystemen wandeln müssen, die als Unterstützungswerkzeuge vom ersten konzeptionellen Layout bis zur Gestaltung von Recyclingprozessen dienen und zu einer optimierten Produktgestaltung hinsichtlich der unternehmerischen Erfolgsfaktoren führen.

4 Optimierung des Produktentwicklungsprozesses

Das Verbundprojekt CAD-Referenzmodell hat sich zum Ziel gesetzt, den Engineeringprozeß ganzheitlich und in allen Phasen zu verbessern und zu unterstützen. Um dieses Ziel zu erreichen, wurden die Ergebnisse der ersten Phase in sehr vielen Bereichen der einzelnen Unternehmen umgesetzt. Genau so vielseitig wie die Unternehmen, die Menschen darin und die einzelnen Prozesse sind aus diesem Grund die Ergebnisse und Erkenntnisse, die bei der Umsetzung in die Praxis gemacht wurden. Um die vielen Aspekte und Themen des CAD-Referenzmodells übersichtlich darstellen zu können, wurden drei Schwerpunkte ausgewählt, die verdeutlichen, wie verbesserte Engineeringprozesse der Zukunft gestaltet und unterstützt werden können.

Im ersten Schwerpunkt soll gezeigt werden, wie der Engineeringprozeß ganzheitlich gesehen und verbessert werden muß. Dazu gehören neben organisatorischen Maßnahmen zur Verbesserung der Aufbau- und Ablauforganisation die Unterstützung der Konstrukteure durch angepaßte Systeme in allen Phasen der Produktentwicklung. Wie das aussehen kann, wird anhand einiger Beispiele gezeigt.

In einer Zeit, in der die Märkte globaler werden, wird sich auch das Engineering dieser Entwicklung nicht entziehen können. Die Produktentwicklung der Zukunft wird sich immer mehr auf unterschiedliche Standorte verteilen und trotzdem schnell und effektiv sein müssen. Wie diese Herausforderung der verteilten kooperativen Produktentwicklung bewältigt werden kann, dafür werden im zweiten Schwerpunkt Vorschläge gemacht und viele wertvolle Hinweise gegeben.

Um das Kapitel abzuschließen, werden im dritten Schwerpunkt einige Möglichkeiten beschrieben, wie verschiedene Aspekte des CAD-Referenzmodells systemtechnisch umgesetzt werden können, um die rechnergestützte Engineeringarbeit möglichst effektiv und anwenderfreundlich gestalten zu können.

4.1 Organisation und durchgängige Unterstützung

Zur Sicherung der Wettbewerbsfähigkeit der Unternehmen unter heutigen Marktbedingungen ist die Optimierung der Unternehmensprozesse, insbesondere in der Produktentwicklung, dringend erforderlich. Zielgrößen sind in diesem Zusammenhang die Verkürzung der Durchlaufzeiten, die Senkung der Kosten, die Verbesserung von Produkt- und Prozeßqualität sowie die Erhöhung der Flexibilität bei der Reaktion auf veränderte Wettbewerbsbedingungen. Maßnahmen zur Umsetzung dieser Ziele betreffen gleichberechtigt die folgenden Schwerpunkte:

- Gestaltung der Organisationsstrukturen und -abläufe
- Gestaltung der DV-technischen Unterstützungsmittel

Beide Bereiche stellen Rahmenbedingungen für das Handeln im Unternehmen dar und beeinflussen somit die Realisierung der zu lösenden Aufgaben. Zur Durchsetzung einer höchstmöglichen Effizienzverbesserung ist eine integrierte und abgestimmte Gestaltung dieser Themenfelder notwendig.

Diesem Prinzip folgend, werden im Kapitel 4.1 Ansätze zur Optimierung der Organisation des Produktentwicklungsprozesses und zur Verbesserung der technischen Unterstützung der Konstruktionsarbeit vorgestellt. Aus Organisationssicht stehen dabei die Verbesserung der Koordination des Prozesses, die Integration der an der Produktentwicklung beteiligten Experten sowie die Sicherstellung der Kommunikations- und Informationsflüsse durch prozeßorientierte Strukturen und Arbeitsweisen im Mittelpunkt. Schwerpunkte auf DV-technischem Gebiet umfassen Möglichkeiten zur Verbesserung von Durchgängigkeit und Vollständigkeit der Unterstützung des Produktentwicklungsprozesses. Teilaspekte hierbei sind die Bearbeitung früher Konstruktionsphasen am Beispiel der Anforderungsmodellierung, die kontextsensitive Wissenbereitstellung sowie aufgabenangepaßte Konstruktionswerkzeuge für Berechnung/Simulation unter Beachtung von Integrationserfordernissen.

4.1.1 Innovative Organisationskonzepte

4.1.1.1 Motivation

Bislang sind die Bemühungen zur Prozeßoptimierung vorrangig auf die Fertigungsbereiche ausgerichtet. Erhebliche ungenutzte Potentiale bestehen in den Bereichen der Produktentwicklung. Zudem kommt der Produktentwicklung eine Schlüsselposition zu, da hier in entscheidendem Maße Kriterien wie Innovationsgrad, Qualität und Kosten für die Effizienz der betrieblichen Folgeprozesse festgelegt werden.

Konventionelle Organisationsstrukturen, insbesondere in mittelständischen Unternehmen, sind größtenteils gekennzeichnet durch eine Gliederung nach Verrichtungen oder Funktionen.

Die wesentlichen Vorteile der funktionalen Struktur bestehen in der Möglichkeit der Konzentration von Spezialisten in einer funktionalen Einheit. Die Zusammenarbeit der Experten innerhalb einer Unternehmensfunktion wird erleichtert, da sie einen gemeinsamen Wissenshintergrund besitzen. Die oftmals gleiche oder ähnliche Fachausbildung fördert die Kommunikation innerhalb der einzelnen Funktionen infolge der gemeinsamen Fachsprache. In solchen Arbeitsgruppen liegt aufgrund der fachlichen Ergänzung, die Synergieeffekte bewirken, ein hohes Leistungspotential. In der unternehmerischen Praxis rekrutieren sich Führungskräfte häufig aus dem gleichen Fachbereich und besitzen damit in ihrer Leitungsfunktion auch Fachkompetenz, was wiederum die Führung und Kontrolle der Fachabteilung und die Zusammenarbeit mit den unterstellten Mitarbeitern begünstigt.

Das Grundproblem der verrichtungsorientierten Organisation besteht in der fehlenden Ausrichtung auf den Auftrag. Durch eine strukturell bedingte ungenügende Vernetzung zwischen den unterschiedlichen Sichtweisen und Interessen kann es zu Kommunikationsdefiziten zwischen den verschiedenen Funktionen kommen. Es werden übergeordnete Stellen und Gremien erforderlich, die die Koordinations- und Transaktionsaktivitäten zwischen den einzelnen Funktionen wahrnehmen. Damit entstehen Strukturen mit mehreren Hierarchien, die lange Informationswege sowie Informations- und Kommunikationsdefizite zur Folge haben. Ein weiteres Problem der funktionalen Gliederung ist der Verlust der Ganzheit, d. h. diese steht einer ganzheitlichen, fachbereichsübergreifenden Denk-, Handlungs- und Arbeitsweise entgegen. Die selektive Beschäftigung und Wahrnehmung der eigenen Facharbeit fördert das Desinteresse und die Gleichgültigkeit an parallelen oder/und übergreifenden Prozessen und Aufgaben. Die Tätigkeitsbereiche sind jeweils vordergründig an der Leistungsmaximierung ihres Beitrages interessiert.

Die Industrie sieht sich aufgrund der verschärften Wettbewerbssituation vor dem Zwang nach bester Kundenorientierung und Produktqualität und der Senkung der Produktentwicklungs- und lieferzeiten. Hieraus ergeben sich Zielstellungen wie die Flexibilisierung der Prozesse, die Verkürzung von Entscheidungswegen und der Abbau von Kooperationsdefiziten zwischen den Experten. Mit den tradierten Unternehmensstrukturen sind die genannten Zielstellungen kaum zu erfüllen. Vor dem Hintergrund der geänderten Marktgegebenheiten und den resultierenden Anforderungen an die Unternehmen zur Effizienzverbesserung besteht die Notwendigkeit, innovative, angepaßte und flexible Unternehmensstrukturen zu entwickeln.

4.1.1.2 Allgemeiner Lösungsansatz

Ein Lösungsansatz, der die Fokussierung der Unternehmensaktivität und -ressourcen auf die Optimierung ihrer Wertschöpfungsprozesse sicherstellen kann, ist die prozeßorientierte Organisation. Die Prozeßorientierung betrachtet den Durchlauf des Auftrages durch das Unternehmen. Bei der Prozeßorientierung müssen alle Einzelaufgaben und Einzelabschnitte in ihrer Zusammensetzung und ihrem Zusammenwirken gemeinsam auf das Erfüllen der Markt- und Kundenanforderungen ausgerichtet sein. Kernziel ist die Maximierung der Wertschöpfung des Gesamtprozesses, das bedeutet eine Abkehr von einer vom Absatzmarkt und Wettbewerberverhalten losgelösten Optimierung von Einzelaufgaben.

Es sind Abläufe so zu modifizieren, daß der Auftrag bei Einhaltung der geforderten Qualität möglichst schnell und ressourcenschonend durch das Unternehmen läuft.

Mit der Ausrichtung auf den Objektbezug kommt es durch eine integrierte Produkterstellung zur Überwindung von Problemen der heutigen, stark arbeitsteiligen Vorgehensweise. Mit der gemeinsamen Verantwortung unterschiedlicher Experten für einen Auftrag können durch frühzeitige Beratung und die Zusammenarbeit aller zur Auftragsbearbeitung benötigten Experten nichtproduktive Aufwände vermieden werden, wie z. B. Doppelarbeiten durch vermeidbare Änderungen.

Dies führt letztlich zur Verbesserung der Produktqualität und durch den Abbau von Kommunikations- und Kooperationsdefiziten zu einer Beschleunigung der Produktentwicklung; Fachbereiche arbeiten nicht streng sequentiell, sondern sind über den Auftragsbezug miteinander verflochten und im Sinne einer Quasiparallelisierung ihrer Arbeitstätigkeiten gemeinsam am Produkterfolg direkt beteiligt.

Bekannte und erfolgreich eingesetzte Methodiken sind z. B. Simultaneous Engineering und Qualitätsmanagement, Kaizen etc., welche selbst wieder aus Einzelmethoden bestehen. Eine dieser Methodiken ist die Gruppen- oder Teamorganisation.

Das Modell der Gruppenarbeit kann schon fast als ein klassisches Konzept bezeichnet werden. Antoni [Antoni 1994] spricht von einer Renaissance der Gruppenarbeit, da die Unternehmen in großem Maße auf der Suche nach Möglichkeiten sind, auf die neuen Markt- und Kundenanforderungen (Veränderung der Wirtschaft von Verkäufer- hin zu Käufermärkten) zu reagieren.

Merkmale der Gruppenarbeit nach Antoni [Antoni 1994] sind:

- die Gruppe setzt sich aus mehreren Personen zusammen
- es erfolgt die Bearbeitung einer aus mehreren Teilaufgaben bestehenden Gesamtarbeitsaufgabe
- die Gruppe trägt gemeinsam die Verantwortung und besitzt eine gemeinsame Zieldefinition
- über einen definierten Zeitraum hinweg arbeiten die Gruppenvertreter direkt und unmittelbar an der Durchführung der gemeinsam zu verantwortenden Aufgabe

Ist die Gruppe zielorientiert mit der Bearbeitung einer gemeinsamen Aufgabe beschäftigt, so wird in der Fachliteratur meist der Begriff Team verwendet [vgl. Ehrlenspiel 1995]. Diese Teams werden zur Lösung eines Problemes gebildet und bleiben meist nur für das gewisse Projekt bestehen.

In der ersten Phase des Forschungsverbundprojektes "CAD-Referenzmodell" [Abeln 1995] wurde ein theoretisches Konzept für Gruppenstrukturen in der Produktentwicklung erarbeitet, das im konkreten Fall an betriebsspezifische Belange und Randbedingungen anzupassen ist (s. Bild 4.1).

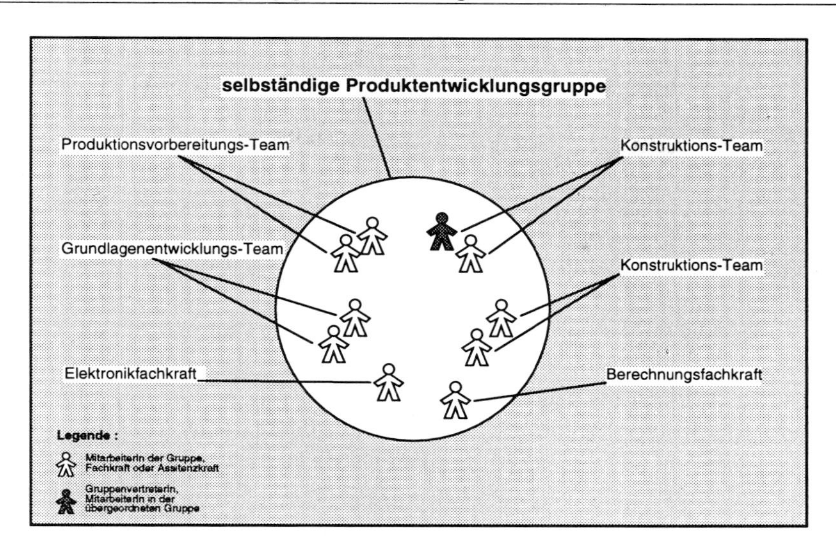

Bild 4.1 *Produktentwicklungsgruppe nach [Abeln 1995]*

Eine Grundlage dieser Organisation bildet das Konzept der selbständigen Gruppenarbeit [Brödner 86]. Die Gruppen sind dabei sowohl mengenteilig als auch arbeitsteilig organisiert. Die Aufgaben im Entwicklungsprozeß, die früher von den funktional ausgerichteten Fachbereichen übernommen und arbeitsteilig spezialisiert bearbeitet wurden, werden nach dem Konzept in die gemeinsame Verantwortung der Produktentwicklungsgruppe gegeben. Diese ist heterogen zusammengesetzt und besteht aus Mitarbeitern unterschiedlicher Qualifikation und Fachbereiche. Externe Vertreter, wie z. B. Zulieferer oder auch Kunden, können bei Bedarf in die Gruppe einbezogen werden. Wesentlich für die Erfüllung des gemeinsamen Auftrags ist die Einräumung eines angemessenen Handlungs- und Entscheidungsspielraums. Dazu zählen Möglichkeiten zur selbständigen Planung, Steuerung und Kontrolle des gruppeninternen Ablaufs und die Übertragung von Entscheidungsbefugnissen auf einzelne Gruppenmitglieder. Die Gruppe ist damit in der Lage, Feinabläufe eigenverantwortlich zu koordinieren und auf interne Probleme selbst zu reagieren. Die Vertretung der Gruppe in der nächsten Hierarchieebene bzw. Organisationsebene wird durch ein Mitglied der Gruppe wahrgenommen. Diese Vertreter ersetzen nicht den klassischen Abteilungsleiter, da die Entscheidungen gemeinsam in der Gruppe gefällt werden. Außerdem können Entscheidungsbefugnisse für bestimmte Bereiche auch an einzelne Gruppenmitglieder übertragen werden.

Obwohl das Thema Prozeßorientierung und Gruppen- bzw. Teamarbeit momentan fast inflationär diskutiert wird [vgl. Ehrlenspiel 1995, Eversheim 1995], sind praktikable, übertragbare Konzepte für kreative Bereiche, wie für die Produktentwicklung, kaum vorhanden. Zum einen beschäftigt sich der überwiegende Teil der Forschung, die an Praxisbeispiele angelehnt ist, mit der Einführung von Gruppenstrukturen in direkten

Bereichen, d. h. vorrangig existieren Erfahrungen aus dem Bereich der Fertigung und/oder der Verwaltung [s. z. B. Antoni 1994]. Hier gelten andere, auf den Entwicklungsbereich nicht übertragbare Randbedingungen. Der zweite Kritikpunkt bezieht sich auf vorhandene allgemeingültige Konzepte [s. Abeln 1995, Brödner 1985 u. a.], die idealtypisch beschrieben sind, aber so in der Praxis nicht umgesetzt werden können. Mit nachstehendem Fallbeispiel soll exemplarisch beschrieben werden, welche Strukturen, Mechanismen und Instrumentarien für die Prozeßoptimierung in der Produktentwicklung entwickelt und in Ansätzen bereits umgesetzt worden sind.

4.1.1.3 Fallbeispiel Deutsche Waggonbau AG, Werk Niesky

Betriebliche Rahmenbedingungen

Das Werk Niesky gehört zum Konzern der Deutschen Waggonbau AG (DWA) und hat die Größe eines mittelständischen Unternehmens. Das Werk ist spezialisiert auf die Entwicklung und Fertigung von Güterwagen. Das Unternehmen ist als kundenspezifischer Auftragsfertiger zu charakterisieren. Entwicklung und Fertigung der Güterwagen erfolgt in mittleren Seriengrößen. Eine weitere Spezifik sind Projekte mit relativ kurzen Entwicklungszeiten.

Das Unternehmen ist einer verschärften Wettbewerbssituation ausgesetzt. Die angespannte Marktsituation hat zur Auslagerung von Unternehmensbereichen geführt. In der Folge existieren eine Vielzahl von Beziehungen zu Lieferanten, welche koordiniert werden müssen. Die Sicherstellung des Know-How-Transfers und die Kooperation mit den Lieferanten wird zum überwiegenden Teil durch das Engineering geleistet.

Um sich den veränderten Bedingungen stellen zu können, hat das Unternehmen in der Vergangenheit bereits Rationalisierungspotentiale erschlossen und Maßnahmen eingeleitet. Diese bezogen sich allerdings im wesentlichen auf die Einführung von DV-technischen Unterstützungsmöglichkeiten. Reorganisationsmaßnahmen betrafen vorrangig den Bereich der Fertigung. Die Produktentwicklung als ein Kernbereich war bislang von Reorganisationen und innovativen Strukturen nicht betroffen. Das Werk hat dieses offene, enorme Rationalisierungspotential erkannt und entsprechende Konzepte für die Verbesserung der Prozesse in der Produktentwicklung erarbeitet [Gitter, Hirsch, Maskow, Weinhold 1997].

Methodisches Vorgehen

Das Vorgehen gliedert sich in die drei Teile: betriebsspezifische Analyse, Konzepterarbeitung und Umsetzung und Evaluierung des Konzeptes.

Zielstellung der Analyse war die Ermittlung des Ist-Zustandes des Prozeßablaufes in der Produktentwicklung, beginnend mit der Konstruktion und endend mit dem Start der Fertigung. Dafür waren Arbeitsaufgaben und Tätigkeiten, Kooperations- und Kommunikationsbeziehungen, Informations- und Datenflüsse sowie technische Unterstützungsmittel zu erfassen und abzubilden. Des weiteren erfolgte die Ermittlung von Schwachstellen und eine erste Ursachenforschung bezüglich bekanntgewordener Probleme. Das im Rahmen des Verbundprojektes entwickelte Analyseinstrumentarium (s. Kapitel 6) wurde zu Teilen als Methodik in der Analysephase eingesetzt. Aufgrund der Komplexität der zu erhebenden Sachverhalte ist die Analyse in mehreren Stufen durchgeführt worden. In Vorgesprächen zur Vorbereitung der Analyse wurden Problemschwerpunkte des Unternehmens erfaßt, anhand derer ein für die Grobanalyse speziell zugeschnittenes Analyseinstrumentarium in Form von Leitlinien für strukturierte Interviews erarbeitet wurde. Hierfür sind vorhandene Instrumentarien, auf die konkreten Problemstellungen adaptiert und ergänzt worden. Die Grobanalyse erfolgte in Form von Interviews mit Mitarbeitern aus den Bereichen Erzeugniskonstruktion, Betriebsmittelkonstruktion, Arbeitsvorbereitung und einiger ausgewählter angrenzender Bereiche.

Aufbauend auf den Ergebnissen der Grobanalyse, sind in einer Feinanalyse, welche mittels speziell adaptierter Fragespiegel durchgeführt wurde, die Erkenntnisse aus der ersten Phase untersetzt worden. Dabei bezog sich die Erhebung auf detailliertere und quantifizierbare Aussagen einerseits zu Arbeitsinhalten, Informationsflüssen und Kooperationsbeziehungen, andererseits zu Umfang von und Gründen für Änderungen. Die Ergebnisse wurden zusammengefaßt, dokumentiert und dienten sowohl zur Bestimmung der weiteren Vorgehensweise als auch zur Erstellung des Soll-Konzeptes für die Optimierung. Begleitend zu diesen Erhebungen wurde die Analyse des Entwicklungsablaufes eines für das Unternehmen typischen Finalerzeugnisses durchgeführt. Grundlage dafür waren verfügbare Unterlagen wie Hauptterminpläne, Konstruktionsablaufpläne, Zeichnungssätze und Stücklisten sowie Zeiterfassungsbelege. Die Ergebnisse der Analyse werden im nächsten Abschnitt kurz umrissen.

Aufgrundlage der Analyseergebnisse wurde ein erstes Grobkonzept erarbeitet, welches in Teilen an einem laufenden Auftrag umgesetzt und darauf aufbauend modifiziert wurde. Die aus der ersten Umsetzungsphase gewonnenen Erkenntnisse sind in das modifizierte, detaillierte Konzept eingeflossen.

Analyse

Die Aufbaustruktur des Werkes Niesky der DWA ist funktional gegliedert. Die Aufbauorganisation im Bereich der Produktentwicklung ist charakterisiert durch eine starke Untergliederung, d. h. aus der historischen Entwicklung resultieren viele Hierarchieebenen, welche eine erhöhte stellenübergreifende Koordination erfordern und die Informations- und Entscheidungswege verlängern und erschweren. Außerdem kommt es infolge der verrichtungsorientierten Organisationsform zu Kommunikationsdefiziten zwischen den verschiedenen Bereichen, die in deren ungenügender Vernetzung begründet sind.

Der Auftragsdurchlauf erfolgt sequentiell. Es besteht eine fachbereichsorientierte Arbeitsteilung (insbesondere zwischen Konstruktion und Arbeitsvorbereitung) mit teilweise großem Zeitversatz (s. Bild 4.2).

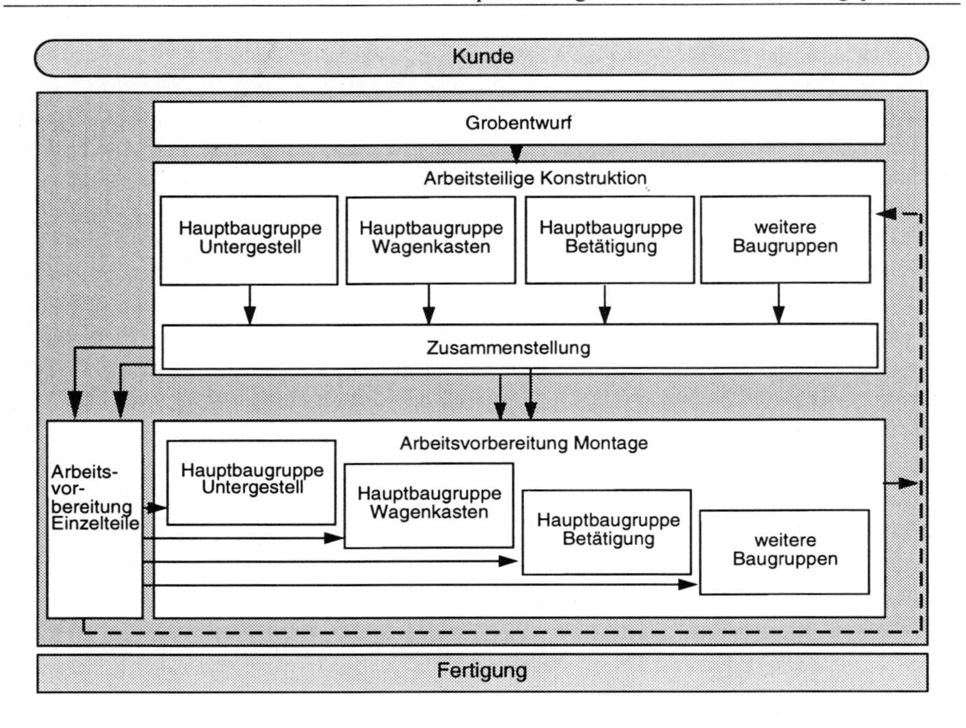

Bild 4.2 Ist-Ablauf in der Produktentwicklung

Eine weitere Erkenntnis aus der Analyse war die parallele Bearbeitung einer Vielzahl von Arbeitsaufgaben in der Produktentwicklung, die nicht alle in direktem Bezug zur Entwicklung stehen, u. a. zählen hierzu Querschnittsaufgaben und Aufgaben der Fertigungsbetreuung.

Bisher eingeleitete Maßnahmen betreffen im wesentlichen die Auftragsabwicklung zum Zeitpunkt der Fertigung und beinhalten einerseits die übergreifende Koordinierung aller Funktionen im Rahmen eines auftragsbezogenen Gremiums sowie andererseits die Betreuung der Fertigung durch die produktionsvorbereitenden Bereiche. Die in diesem Zusammenhang zu bearbeitenden Aufgaben haben sowohl fachinhaltlichen als auch administrativen Charakter. Sie umfassen die Abstimmung mit dem Kunden, die terminliche Koordinierung der Arbeiten, die Bearbeitung notwendiger Änderungen sowie das Einweisen und die Kontrolle der Fremdfertiger.

Der Hauptanteil der Arbeitsaufwände zur Produktbetreuung wird von den Fachabteilungen der Produktentwicklung geleistet. Die Ursache hierfür liegt in der gesamtbetrieblichen Personalsituation. In der Folge resultiert eine lange Bindung der fachlich hochqualifizierten Spezialisten aus Arbeitsvorbereitung und Konstruktion. Der zeitliche Rahmen bemißt sich aus der Produktionsdauer. Die kapazitätsbezogene Bindung variiert und ist abhängig vom definierten Aufgabengebiet sowie dem tatsächlichen Umfang der zu leistenden Koordinierungs- und Betreuungsaufgaben. Im allgemeinen werden die Aufwände zur Realisierung dieser operativen Koordinierungsaufgaben jedoch als hoch eingeschätzt.

Unter Beachtung der aktuellen Personalsituation in den Abteilungen Konstruktion und Arbeitsvorbereitung führt dieses Abstellen von Mitarbeitern für die Absicherung von Koordinierungsaktivitäten zu einer Überlastung, gebundene Kapazitäten fehlen zur Bearbeitung der eigentlichen Aufgaben. Aufgrund dieses Zustandes wird das Aufkommen an Änderungen negativ beeinflußt, wodurch es in späteren Abschnitten wiederum zu einer Erhöhung des Betreuungsaufwandes kommt.

Ein weiteres Effizienzproblem resultiert aus der bisher praktizierten Trennung von Entwicklungs- und Betreuungsverantwortung. Aufgrund der personellen Schnittstellen zwischen Produktbetreuern und den bis dahin verantwortlichen Bearbeitern bzw. Abteilungs-/Gruppenleitern werden Informationsverluste und Einarbeitungsaufwände verursacht, die die kapazitive Belastung der Bereiche und die Effizienz der Produktbetreuung beeinträchtigen sowie den Rückfluß von Erkenntnissen aus der Produktrealisierung in den Entwicklungsbereich erschweren.

Zusammengefaßt existieren nachfolgende grundsätzliche Probleme:

- Koordinationsdefizite trotz hoher Aufwände zur Sicherstellung der Koordination
- lange, komplizierte Entscheidungswege
- unflexible Prozeßabläufe durch langwierige Informationsverteilung
- hohe Änderungsaufwände
- unzureichender Know-How-Transfer

Zu hohe Prozeßkosten und lange Durchlaufzeiten sind letztlich die Konsequenz [Hirsch, Gitter, Weinhold 1996].

Konzept

Die Unternehmensorganisation im Bereich der Produktentwicklung ist zu optimieren und entsprechend den gegebenen Erfordernissen anzupassen. Besondere Bedeutung hat in diesem Zusammenhang die Sicherstellung der auftragsbezogenen Koordinierung bei gleichzeitiger Bewahrung von Vorteilen der funktionalen Spezialisierung. Wesentliche weitere Anforderungen sind die Entlastung der Produktentwicklung von administrativen Aufgabengebieten und die Minimierung des Aufwands zur Fertigungsbetreuung.

Um die unter den Analyseergebnissen diskutierten Probleme zu lösen, wurden entsprechende Lösungsansätze erarbeitet. Im Mittelpunkt steht dabei die Verbesserung der Kooperation innerhalb der Produktentwicklung. Es wurde eine Projektorganisation in Form von Produktentwicklungsgruppen vorgeschlagen. Um diese Projektorganisation durchsetzen zu können, wird aufgrund der kapazitiven Situation eine Reorganisation der Aufbaustruktur der Produktentwicklung erforderlich. Um die Produktentwicklung von den Aufgaben der Fertigungsbetreuung zu entlasten, ist die Einrichtung einer Produktmanagementstelle vorgesehen. Weiterhin sind für die Verbesserung der Koordination und Kommunikation der Produktentwicklung im gesamtbetrieblichen Rahmen entsprechend angepaßte Koordinierungsinstrumentarien erforderlich. Das Organisationskonzept gliedert sich demzufolge wie folgt [Gitter, Hirsch, Maskow, Weinhold 1997]:

- Projektorganisation durch Produktentwicklungsgruppe
- Auftragsbezogene Koordinierung durch Produktmanagementstelle
- Gesamtprozeßkoordinierung durch Koordinierungsteam

In Anlehnung an [Gitter, Hirsch, Maskow, Weinhold 1997] werden nachfolgend diese Konzeptbausteine näher vorgestellt.

Projektorganisation durch Produktentwicklungsgruppe

Wesentlicher Bestandteil des Konzeptes ist die erzeugnisbezogene und gruppenorientierte Auftragsbearbeitung im Bereich der Produktentwicklung des Werkes Niesky. Hauptmotivation für die Einführung von Gruppenstrukturen in der Produktentwicklung ist die Verbesserung der Koordination zwischen den Mitarbeitern, die in gemeinsamer Verantwortung an der Entwicklung eines Erzeugnisses arbeiten.

Zu den Aufgaben in der Produktentwicklung gehören alle Aktivitäten, welche die Konstruktion des Erzeugnisses, die Arbeitsvorbereitung, die Konstruktion der Betriebsmittel, die Lösung von Berechnungsaufgaben und die Pflege der konstruktions- und technologierelevanten Daten im SAP-System betreffen. Für den gesamten Bereich (bezogen auf den Auftrag) ist die Produktentwicklungsgruppe verantwortlich, die sich aus den entsprechenden Spezialisten zusammensetzt.

Die Bearbeitung der oben aufgeführten Aufgaben wird in Form von projektbezogener Gruppenarbeit realisiert. Die Produktentwicklungsgruppe setzt sich aus Spezialisten für Konstruktion, Arbeitsvorbereitung, Betriebsmittelkonstruktion und Statik zusammen. Aufgrund der relativ kurzen Entwicklungszyklen, der starken Schwankungen hinsichtlich Zeitpunkt, Zeitdauer und Kapazitätsbedarf einzelner Funktionen ist eine statische Zuordnung von Mitarbeitern über den gesamten Zeitraum jedoch nicht sinnvoll. Daher werden die Produktentwicklungsgruppen auftragsbezogen gebildet und mit Projektabschluß wieder aufgelöst. Spezialisten oder Bearbeiter von Aufgaben mit Servicecharakter leisten für die Produktentwicklungsgruppe Zuarbeiten bzw. werden nur über den erforderlichen Zeitraum in die Gruppenarbeit einbezogen. Bild 4.3 verdeutlicht die Aufgabenbearbeitung und -verteilung der Kapazitäten über den Gesamtprozeß. Im Resultat bilden in der Phase bis zum Konstruktionsabschluß die Entwicklungskonstrukteure den Kern der Produktentwicklungsgruppe. Mit verringerter Kapazität werden Vertreter der Arbeitsvorbereitung, Betriebsmittelkonstruktion und der Statik zur Lösung fachspezifischer Aufgaben in die Bearbeitung einbezogen.

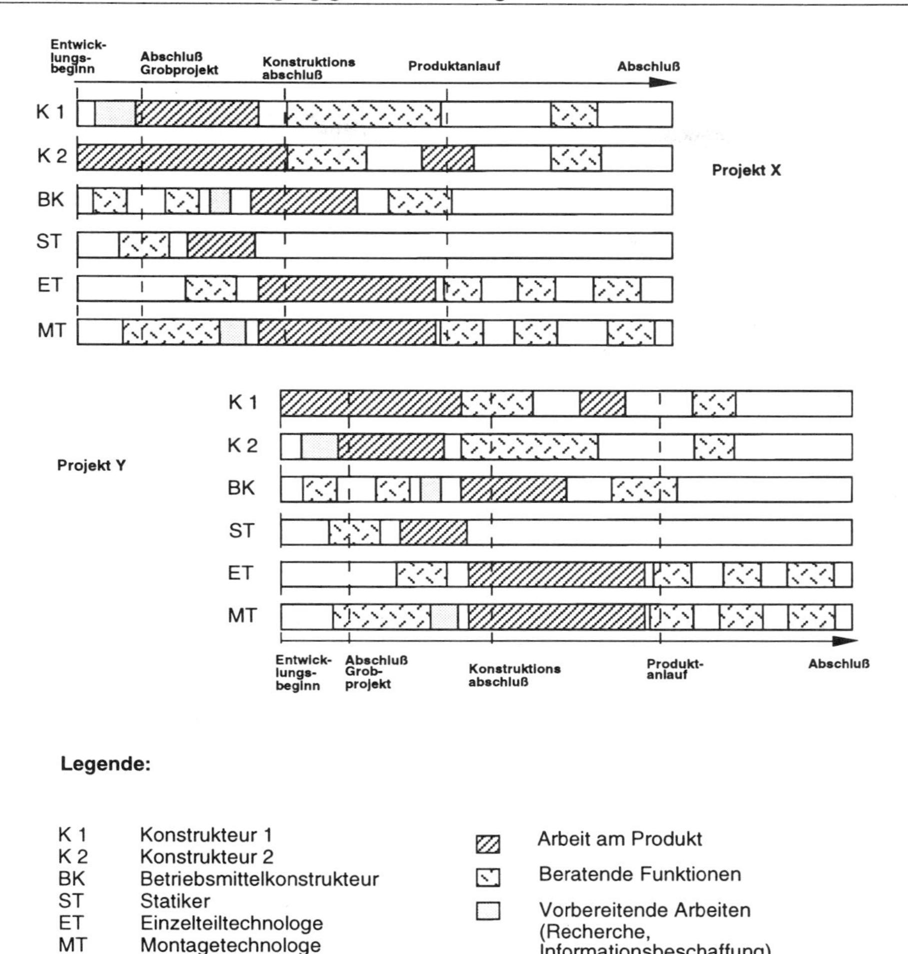

Bild 4.3 Aufgabenbearbeitung über den Gesamtprozeß

In der Phase der technologischen Bearbeitung der Projekte werden demgegenüber die Mitarbeiter der Entwicklungskonstruktion mit verringerter Kapazität in die Auftragsbearbeitung einbezogen.

Der Produktentwicklungsgruppe werden Handlungs- und Entscheidungsfreiräume zur inhaltlichen und zeitlichen Feinplanung eingeräumt. Feinplanungsaktivitäten und fachinhaltliche Abstimmung des Auftragsablaufs erfolgen bei Beachtung des vorgegebenen zeitlichen Rahmens entsprechend des Hauptterminplans in eigener Verantwortung der Gruppe. Damit kann die auftragsbezogene Koordination und Kommunikation auf

Bearbeiterebene verbessert werden. Im Ergebnis kommt es zur Verkürzung von Informationswegen. Außerdem kommt es durch die direkte Kommunikation zu einer Minimierung von beeinflußbaren Änderungen, welche ansonsten hauptsächlich aus den Kommunikations- und Koordinationsdefiziten resultieren.

Durch die Ausrichtung der unterschiedlichen Experten auf die Entwicklung eines Produktes in gemeinsamer Verantwortung werden außerdem sowohl Motivationspotentiale erschlossen, die sich durch die gemeinsame (produktbezogene) Identifikation ergeben, als auch auf das Produkt als Ganzes bezogene Zielsetzungs- und Lösungsfindungsprozesse initiiert.

Geführt und koordiniert wird die Produktentwicklungsgruppe durch den Projektleiter Entwicklung (PL). Der Verantwortungsbereich des PL reicht von der Entwicklungsfreigabe bis zur Serieneinführung. Der Projektleiter Entwicklung wird durch die Geschäftsführung zum frühestmöglichen Zeitpunkt, spätestens aber bei Entwicklungsfreigabe bestimmt. Dazu werden im Vorfeld aus dem Mitarbeiterbestand potentielle Projektleiter ausgewählt und vordefiniert.

Der Projektleiter Entwicklung hat fachinhaltliche Aufgaben und Führungsaufgaben zu übernehmen. Zu den fachlichen Aufgaben gehört u. a. die federführende Erarbeitung des Grobprojektes. Mit der dadurch erworbenen Detailkenntnis kann er einen Vorschlag zur Gruppengröße und -zusammensetzung erarbeiten und den Haupttterminplan zeitlich konkreter untersetzen. Für die Leitung und Koordination hat der Projektleiter in regelmäßigen Abständen Teamberatungen anzuberaumen. Inhalt dieser Beratungen sind die teaminterne Abstimmung zu den arbeitsteilig zu erstellenden Konstruktionslösungen, der Informationstransfer hinsichtlich Abstimmungsergebnissen mit Externen und die Koordination im gesamten Produktentwicklungsbereich. Der Projektleiter Entwicklung vertritt außerdem in der von ihm verantworteten Phase das Projekt in Kooperation mit dem Vertrieb gegenüber dem Kunden und ist mitverantwortlich für Verhandlungen und Absprachen mit Lieferanten. Er verteilt die erhobenen Informationen an die betroffenen Fachbereiche und sorgt in Zusammenarbeit mit diesen für eine vollständige Zieldefinition. Der Projektleiter Entwicklung hat den Projektverlauf und -fortschritt bis zur Übergabe zu protokollieren und zu dokumentieren. Dabei sind neben den Protokollen zu Beratungen wesentliche Konstruktionsentscheidungen und Gründe für diese festzuhalten.

Dem PL werden von der übergeordneten Instanz für die Dauer der Projektleitung fachliche Weisungskompetenzen gegenüber den Mitarbeitern eingeräumt, die am Projekt beteiligt sind. In disziplinarische Entscheidungen wird er einbezogen. Bei Kapazitätsengpässen infolge gleichzeitig notwendiger verrichtungsorientierter Arbeiten in den Funktionsbereichen oder auch infolge konkurrierender anderer Entwicklungsprojekte sollte zunächst eine Klärung mit den Funktionsmanagern bzw. mit den anderen Projektleitern gesucht werden. Für nicht selbständig zu lösende Konflikte muß die Entscheidung auf der übergeordneten Instanz herbeigeführt werden.

Aufgrund der zeitlichen Befristung des Bestehens der Produktentwicklungsgruppen ist auch eine statische Struktur des Produktentwicklungsbereiches notwendig. Zur Minimierung der daraus resultierenden Probleme, insbesondere bei der Entwicklung, ist eine Reorganisation der statischen Aufbaustruktur in der Produktentwicklung erforderlich. Mit der Aufgabenneuverteilung sollen Hierarchiestufen abgebaut und Stellen zusammengefaßt werden. Die Reorganisation der funktionalen Aufbaustruktur sieht die Bildung von vier Stellen vor:

- Entwicklungskonstruktion
- Dienstleistungsstelle
- Angebotsprojektierung
- Arbeitsvorbereitung

In der Stelle Entwicklungskonstruktion werden alle Aufgaben konzentriert, welche direkt in Bezug zur Auftragskonstruktion (Entwurf und Konstruktion der Produkte) und der Vorlaufentwicklung stehen. Aufbaustrukturell besitzt diese Stelle keine Instanz, ist also sozusagen eine "virtuelle Stelle". Aus dem Mitarbeiterbestand dieser Organisationseinheit werden jeweils die verantwortlichen Projektleiter Entwicklung benannt. Die Leitung wird von diesen wahrgenommen. Diese Maßnahme verfolgt zum einen den Zweck der Erhöhung der Verantwortlichkeit und Kompetenz des Projektleiters Entwicklung, zum anderen sollen Mehrfachunterstellungen vermieden werden.

Es wird eine Dienstleistungsstelle eingerichtet, in welcher alle Aufgaben konzentriert sind, die den Charakter von Querschnittsaufgaben oder Serviceleistungen für die eigentliche Konstruktion und Arbeitsvorbereitung haben. Somit werden in diese Struktureinheit die Stellen der heutigen Dienste (SAP-Pflege), der Betriebsmittelkonstruktion und Statik zugeordnet. In den Verantwortungsbereich entfallen ebenfalls Aufgaben zur konstruktiven Fertigungsbetreuung. Mit der Schaffung der Dienstleistungsstelle werden Kapazitäten konzentriert.

Die Aufgaben der Bereiche Arbeitsvorbereitung und Angebotsprojektierung bleiben im wesentlichen bestehen. Die Angebotsprojektierung ist verantwortlich für die Erstellung der technischen Angebotsteile und für die Kundenbetreuung bei technischen Fragen der Angebotsbearbeitung. Die Arbeitsvorbereitung hat die auftragsbezogene Fertigungsplanung zu leisten und technologisch orientierte Querschnittsaufgaben auszuführen.

Auftragsbezogene Koordinierung durch Produktmanagementstelle

Eine weitere wesentliche Forderung ist die Entlastung des Entwicklungsbereiches von Aufgaben der Produktbetreuung bei gleichzeitiger Verbesserung der auftragsspezifischen Koordination ab dem Zeitpunkt der Serieneinführung. Zur Realisierung dieser Maßnahme wird eine Produktmanagementstelle eingerichtet. Die Mitarbeiter der PM-Stelle (Produktmanager - PM) tragen die Verantwortung für die Auftragskoordinierung und -

betreuung. Der PM ist zum frühstmöglichen Zeitpunkt zu benennen, um schon vor Beginn der Fertigungsbetreuung einen Informationsfluß zu gewährleisten.

Zum Aufgabenbereich des Produktmanagers gehören die Durchführung der Auftragsbetreuung, die Bearbeitung und Koordinierung der Einarbeitung von Konstruktionsänderungen, die Abwicklung der Fertigungsbetreuung, die Koordination mit dem Kunden, die Regelung der unternehmensinternen Koordinierung der eingebundenen Funktionen und die Einweisung und Kontrolle von Fremdfertigern. Da das Produktentwicklungsteam mit Beginn der Auftragsabwicklung aufgelöst ist, hat der Produktmanager für die Einarbeitung von konstruktiven Änderungen in der Fertigungsbetreuungsphase mit der vorgesetzten Instanz der Entwicklungskonstruktion und den Instanzen der Servicestelle und der Arbeitsvorbereitung zu klären, welche Kapazitäten für diese Aufgaben erforderlich sind und von ihren Bereichen zur Verfügung gestellt werden können.

Die Produktmanagementstelle ist als Stabsstelle der Werksleitung ausgeführt. Die Mitarbeiter der Stabsstelle besitzen im klassischen Sinne keine Weisungskompetenz, sondern beraten die ihnen vorgesetzte Instanz und sind hierarchisch dem Linienvorgesetzten unterstellt. Zu den Funktionsmanagern unterhält der Produktmanager Informationsbeziehungen. Die Funktionsmanager haben entsprechend der Weisung der vorgesetzten Instanz Ressourcen für den Produktmanager zur Verfügung zu stellen.

Als Stabsstelle der Werkleitung hat der Produktmanager in definiertem Zeitrahmen Bericht zu erstatten. In Abweichung vom klassischen Stab-Linien-Prinzip können dem Produktmanager punktuell fachliche Weisungsbefugnisse gegenüber den Mitarbeitern der Instanzen erteilt werden. Disziplinarische Befugnisse verbleiben bei den Funktionsmanagern.

Das Problem der Trennung von Entwicklungs- und Betreuungsverantwortung konnte nicht gelöst werden, da ansonsten Spezialisten aus der Entwicklung zeitlich zu lang mit Betreuungsaufgaben gebunden wären. Um Informationsverluste, die aus der weiterhin bestehenden Trennung von Entwicklungs- und Betreuungsverantwortung resultieren können, so gering wie möglich zu halten, protokolliert der Projektleiter Entwicklung wesentliche Entscheidungen. Bei der Übergabe der Verantwortlichkeiten an den Produktmanager werden diese um alle anderen auftragsrelevanten Dokumente, wie z. B. Angebotsunterlagen, Terminpläne und Protokolle zu Kundenverhandlungen komplettiert. Des weiteren ist das Vorliegen von definierten internen und externen Freigaben (z. B. statische Berechnungen und Zeichnungsgenehmigungen) Voraussetzung für die Entlastung des Projektleiters Entwicklung. Zur Vereinfachung der Übergabe und Sicherstellung der direkten Kommunikation zwischen den Verantwortlichkeiten ist eine Überlappung der Tätigkeitszeiträume von PL und PM vorgesehen. Die Verantwortlichkeiten von PL und PM verdeutlicht Bild 4.4.

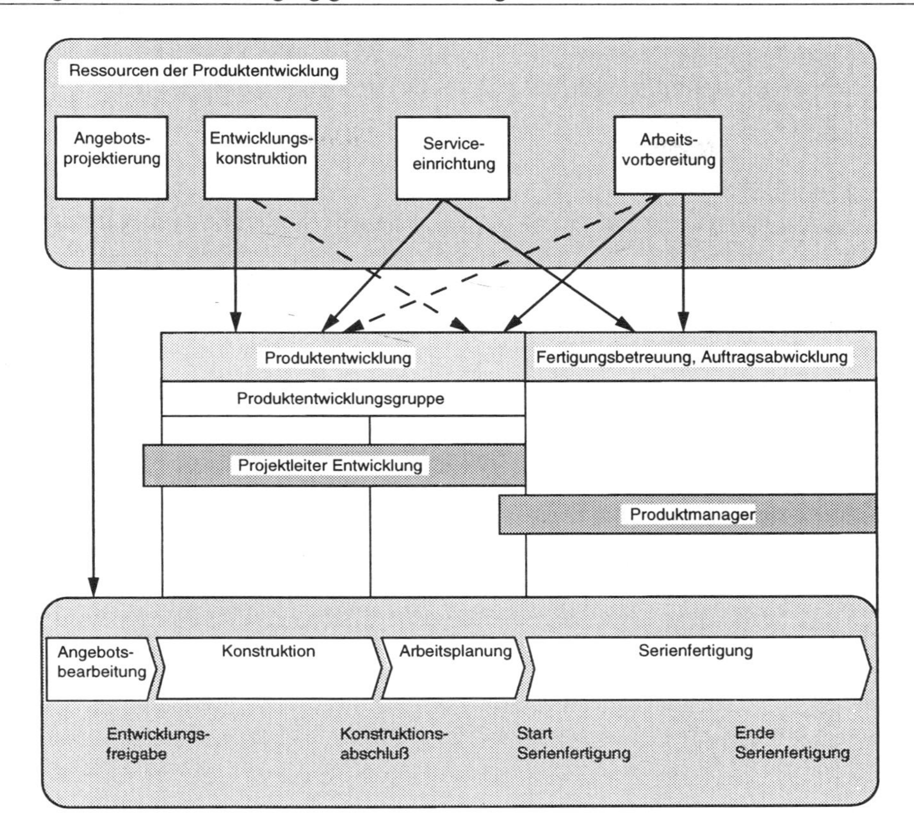

Bild 4.4 Verantwortlichkeiten über den Gesamtprozeß

Gesamtprozeßkoordinierung durch Koordinierungsteam

Der Produktentwicklungsprozeß ist eingebunden in den betrieblichen Gesamtprozeß, d. h. es bestehen vielfältige Wechselwirkungen mit angrenzenden Unternehmensbereichen. Damit ist die Sicherstellung der bereichsübergreifenden Koordinierung notwendig. Während Deshalb Produktentwicklungsteam gemeinsam für alle Arbeiten zur Vorbereitung der Fertigung verantwortlich ist, wird für die auftragsbezogene Koordinierung und Abstimmung aller Aktivitäten im Gesamtprozeß sowie zur Gewährleistung des Wissens- und Informationstransfers ein Koordinierungsteam eingerichtet. Darin sind Vertreter aus allen angrenzenden Unternehmensbereichen in das Koordinierungsgremium einzubeziehen. Dazu gehören Vertreter der Bereiche Vertrieb, Einkauf, Produktionsplanung und -steuerung, Fertigung, Qualitätswesen und Controlling (s. Bild 4.5). Das Koodinierungsteam wird in der Zeit vom Entwicklungsbeginn bis zur Serieneinführung durch den Projektleiter Entwicklung geleitet und koordiniert. Mit Beginn der Serieneinführung übernimmt der Produktmanager die Leitung des Koordinierungsteams.

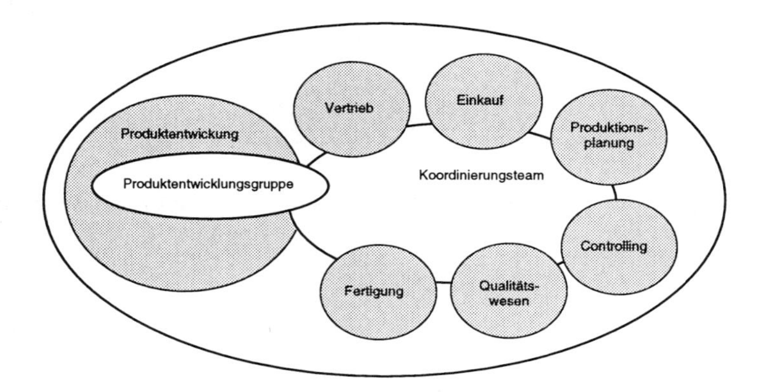

Bild 4.5 Gesamtbetriebliche Einbindung der Produktentwicklung

Umsetzung und Ergebnisse

Dieses Konzept wurde zunächst in Teilen an einem zeitkritischen aktuellen Entwicklungsauftrag im Unternehmen umgesetzt. Aufgrundlage der gewonnenen Erfahrungen dieses ersten Pilotprojektes erfolgte gemeinsam mit den Mitarbeitern eine kritische Bewertung von Vor- und Nachteilen der neuen Struktur. Mit diesen Erkenntnissen konnte das Konzept untersetzt und zusammen mit Vertretern der Produktentwicklung, angrenzender Fachbereiche und der Geschäftsführung modifiziert und detailliert werden.

Die Konzepterarbeitung erfolgte in vielen Iterationszyklen und mußte zum Teil auch an veränderte betriebliche Rahmenbedingunen angepaßt werden. Bereits nach der ersten Evaluierungsphase waren Verbesserungen bezüglich des Kommunikations- und Informationsflusses zu erkennen. Die Mitarbeiter hatten die Grundsätze der neuen Organisationsform verinnerlicht und aktiv umgesetzt. Dies ist zurückzuführen auf die erreichte Akzeptanz der Mitarbeiter gegenüber den Optimierungsmaßnahmen, die ihren Ausdruck in einer aktiven Mitarbeit bei der Umsetzung und veränderten Verhaltensweisen während der Projektbearbeitung fand.

In allen Phasen war eine interdisziplinäre und partizipative Zusammenarbeit mit den Mitarbeitern der beteiligten Bereiche der Produktentwicklung erforderlich und erwies sich sowohl bei der Auswertung der Analysen, als auch bei der Diskussion, Detaillierung und Spezifizierung des Konzeptes als unabdingbar. Durch die sehr gründliche Analyse und Analyseauswertung konnte die Grundlage für die Akzeptanz bei den Mitarbeitern und die Bereitschaft zur aktiven Mitarbeit an der Lösungserarbeitung gelegt werden.

Wesentliche Ergebnisse und Erkenntnisse aus der Sicht des Unternehmens sind in Abschnitt 5.3. nachzulesen.

Es hat sich als praktikabel erwiesen, daß sowohl in der Phase der Spezifizierung der Konzepte wie auch in der Umsetzungsphase die Bearbeitung in vielen Zwischenschritten erfolgte, da die praktische Einführung und Umsetzung innovativer Organisationsformen außerordentlich komplex ist und von den jeweils betroffenen Mitarbeitern mitgestaltet werden muß.

4.1.2 Durchgängige Unterstützung des Produktentwicklungsprozesses

Für die Optimierung der Unternehmensprozesse ist, neben der in Kapitel 4.1.1 beschriebenen Gestaltung von Organisationsstrukturen und -abläufen, gleichermaßen die Verbesserung von Gestaltung und Einsatz der im Auftragsablauf verwendeten DV-Werkzeuge von Bedeutung. Schwerpunkt bei der Betrachtung dieses Bereiches bildet in Kapitel 4.1.2 das Themengebiet einer durchgängigen und möglichst umfassenden informationstechnischen Unterstützung der Produktentwicklung. Die folgenden Abschnitte sollen jedoch nicht die Darstellung einer vollständigen Unterstützung der Prozeßkette des Engineering zum Inhalt haben - dies ist aufgrund von Komplexität und Heterogenität dieser Aufgabenstellung auch nicht möglich -, sondern es werden für ausgewählte Problembereiche unterschiedliche, teilweise auch inhaltlich überlappende, Lösungsansätze vorgestellt. Kapitel 4.1.2.1 behandelt Möglichkeiten zur Unterstützung früher Konstruktionsphasen durch DV-Werkzeuge zum Erfassen und Verarbeiten von Produktanforderungen und einer ersten Lösungssuche. Das Kapitel 4.1.2.2 widmet sich der bedarfsgerechten Informations- und Wissensbereitstellung am Beispiel von Lösungselementen, wobei zur Einschränkung der Lösungsmenge Anforderungen als Suchkriterien verwendet werden. Vorgestellt werden des weiteren Möglichkeiten zum Aufbau sowohl firmeninterner als auch firmenübergreifender Lösungsbibliotheken. Kapitel 4.1.2.3 befaßt sich mit dem Innovationsfeld Analyse/Berechnung/Simulation, insbesondere dem Nutzen von Spezialanwendungen für branchenspezifische Simulations- und Berechnungsaufgaben, und diskutiert Probleme der Entwicklung solcher Software. Des weiteren wird ein Lösungsansatz zur Vereinfachung von deren Integration mit weiteren Anwendungen sowie in das CAD-Umfeld vorgestellt. Voraussetzung hierfür ist die Aufbereitung, Abbildung und Verwaltung der relevanten Produktdaten, z. B. Anforderungen, sowie die Integration aller Anwendungen auf Daten- und Funktionsebene.

4.1.2.1 Anforderungsmodellierung

Unter Anforderungsmodellierung wird die rechnerunterstützte Erfassung und Verarbeitung von Anforderungen verstanden. Während der Angebotsbearbeitung werden die charakteristischen Merkmale des Produkts festgelegt. Dabei werden die vom Kunden explizit genannten Produktanforderungen (Kundenanforderungen) erfaßt und um weitere implizite Anforderungen (unternehmensinterne Anforderungen) ergänzt. Diese Anforderungen können mit Hilfe des Anforderungsmodellierers sofort auf Vollständigkeit und Widerspruchsfreiheit überprüft werden. Die vollständige Erfassung und folgerichtige Verarbeitung von Produktanforderungen ermöglicht eine schnelle und erfolgreiche Produktentwicklung, weil auf Erfahrungswissen mittels eines Rechners zurückgegriffen werden kann.

Anforderungen müssen aus sämtlichen Produktlebensphasen erkannt und an den richtigen Stellen der Produktentwicklung beachtet werden. Ziel eines jeden Unternehmens muß es sein, das Erfahrungswissen, das zur Verarbeitung bzw. Interpretation der Anforderungen notwendig ist, zu erfassen und jedem Mitarbeiter zur Verfügung zu stellen. Dieses Erfahrungswissen stellt eine Form von Konstruktionswissen dar. Weiterhin muß es in Zukunft möglich sein, Lösungen anhand ihrer Anforderungen zu identifizieren, um ein möglichst hohes Maß an Wiederverwendung bekannter Lösungen zu erreichen (siehe *Kapitel 4.1.2.2*). Die mit Hilfe der Anforderungen gefundenen Lösungen müssen zum frühst möglichen Zeitpunkt während des Produktentwicklungsprozesses evaluiert werden, damit Fehler reduziert und Kosten gesenkt werden können (siehe *Kapitel 4.1.2.3*). Um diese erste Teilaufgabe zu erfüllen wurde im Rahmen der zweiten Phase des Verbundprojektes CAD-Referenzmodell ein System entwickelt, das den Konstrukteur bei der Verarbeitung bzw. Interpretation von Anforderungen unterstützt (Anforderungsmodellierer).

Lösungsansatz

Die Konstruktionsmethodik beschreibt Vorgehensmodelle zum Entwickeln und Konstruieren technischer Systeme. Diese Modelle werden durch Analyse des Konstruktionsprozesses und des menschlichen Denkprozesses sowie auch durch Erfahrung mit verschiedenen Anwendungen gewonnen [Roth 1994], [Pahl, Beitz 1997].

Die unterschiedlichen Tätigkeiten des Konstrukteurs in den verschiedenen Lebensphasen eines Produkts müssen möglichst umfassend DV-technisch unterstützt werden. Hierbei stehen die Lebensphasen der Produktentstehung, insbesondere der Konstruktion, im Vordergrund der Betrachtungen. Entsprechend der ablauforientierten, konstruktionsmethodischen Vorgehensweise kann eine Aufteilung der Konstruktion in die Phasen Anforderungsmodellierung, Funktionsmodellierung, Prinzipmodellierung und Gestaltmodellierung vorgenommen werden (siehe Bild 4.6).

Die Phase der Anforderungsmodellierung dient der rechnerinternen Abbildung der Konstruktionsvorgaben, u. a. Konstruktionsauftrag, der Beschreibung von Aufgabenstrukturen und der Definition von Produktanforderungen in Form von Solleigenschaften des zukünftigen Produkts. Die Phase der Funktionsmodellierung befaßt sich mit der Festlegung von Funktionen, ihrer Zerlegung in Teilfunktionen und mit der Beschreibung funktionaler Abhängigkeiten zwischen den Teilfunktionen. Das Resultat dieser Phase ist die Funktionsstruktur. Die Prinzipmodellierung dient der Festlegung des physikalischen Prinzips der Konstruktionslösung. Diese umfaßt die Festlegung der physikalischen Effekte mit den sie beschreibenden Gleichungen und der zugehörigen Effektträger in Form von Wirkräumen und Wirkflächen. Die Phase der Gestaltmodellierung beschreibt die geometrische Ausgestaltung der Wirkräume in Einzelteilen, die zu einer Baustruktur zusammengefaßt werden. Darüber hinaus wird die Festlegung der mikrogeometrischen, technologischen Eigenschaften der materiebegrenzenden Flächen und die Beschreibung der inneren Struktur inhomogener Werkstücke (z. B. gehärteter Metalle oder glasfaserverstärkter Kunststoffe) durchgeführt [Roth 1994].

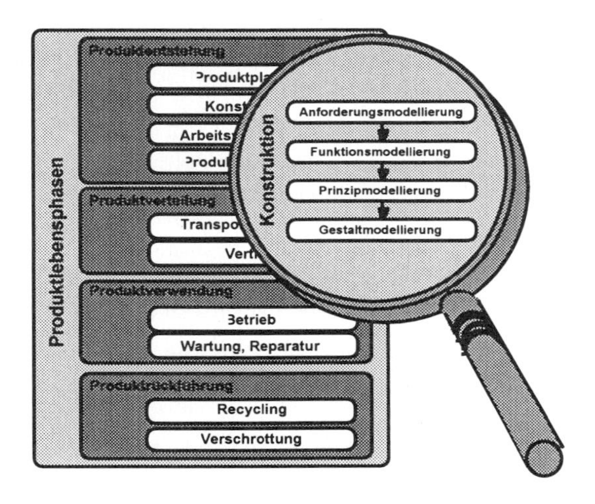

Bild 4.6 Lebensphasen eines Produktes [Polly 1996]

Aus konstruktionswissenschaftlicher Sicht wird ein idealtypischer Konstruktionsprozeß in seinen Grundzügen als sukzessive Konkretisierung eines zu entwickelnden, technischen Objekts angesehen. Dabei werden die beschriebenen Modellierungsphasen bzw. -ebenen nur in idealisierter Form linear durchlaufen. Die praktische Durchführung erfordert jedoch grundsätzlich Iterationszyklen und Sprünge sowohl innerhalb einer Modellierungsebene, als auch modellierungsebenenübergreifend. Dies wird von einem integrierten Produktmodell gewährleistet, das sämtliche während der Entwicklung eines Produkts erarbeiteten Informationen speichert und anderen Anwendungen zur Verfügung stellt. Für die Aufgabenbereiche der Konstruktion müssen Werkzeuge entwickelt werden, die den gesamten Konstruktionsprozeß - von der Definition der Anforderungen bis zur Gestaltung - unterstützen. Auch die Modelle dieser Anwendungen müssen im Produktmodell integriert sein. Durch die Integration der Teilmodelle ins Produktmodell ist gewährleistet, daß Produktinformationen redundanzfrei im Modell gehalten werden und diese ohne Informationsverluste den einzelnen Anwendungen zur Verfügung stehen [Grabowski, Gebauer, Langlotz 1997].

Die Konstruktionsmethodik empfiehlt, am Anfang des Konstruktionsprozesses die Aufgabenstellung (d. h. die Beschreibung des Ziels der Konstruktionstätigkeit) zu klären, zu präzisieren und abgrenzbare Teilziele als *Anforderungen* zu formulieren. Die Anforderungen werden im Verlauf des Konstruktionsprozesses zur Überprüfung des Erreichten und zur Festlegung des weiteren Vorgehens verwendet.

Der Lösungsansatz läßt sich in drei wesentliche Punkte gliedern:

- Das Anforderungsmodell
  - Das Anforderungsmodell muß in der Lage sein sämtliche "Arten" von Anforderungen abzubilden. Es hat die Aufgabe die bei der Modellierung von Anforderungen festgelegten Informationen rechnerintern abzubilden.
- Wissensbasierter Ansatz
  - Mit wissensbasierten Methoden werden die Zwischenanforderungen automatisch oder interaktiv zerlegt bis hin zu Elementaranforderungen.
- Modellintegration
  - Durch Integration des Anforderungsmodells in ein Produktmodell wird ein verlustfreier Informationsfluß zwischen Vertrieb und Konstruktion erreicht.

Auf Basis dieses Lösungsansatzes wurde ein Prototyp zur Anforderungsmodellierung entwickelt [Grabowski, Gebauer, Rzehorz 1997].

Klären der Aufgabenstellung bzw. Erarbeiten einer Anforderungsliste

In der ersten Phase des Konstruktionsprozesses müssen Aufgaben geklärt und die Ziele der Konstruktion definiert werden. Unter *Klären der Aufgabenstellung* versteht man das Zusammentragen aller Informationen, die über ein gewünschtes Ereignis in der Zukunft bekannt sind. Ferner wird auseinandersortiert, *was* in der Zukunft geschehen soll, *wie* es geschehen soll und welche Randbedingungen dabei jeweils zu beachten sind.

Aus der Anfrage des Kunden werden die Anforderungen an das zu konstruierende Produkt identifiziert, welche anschließend strukturiert, überprüft und gegebenenfalls ergänzt oder auch geändert werden. In den meisten Fällen ist dem Auftraggeber nicht klar, welche Informationen der Konstrukteur im Detail benötigt, bzw. der Konstrukteur weiß nicht recht, worauf es dem Auftraggeber ankommt. Es liegt ein typisches *Kommunikationproblem* vor: Man muß sich verständigen, Fragen und Antworten austauschen. Das soll effektiv geschehen. Es soll möglichst nichts vergessen werden, was hinterher Anlaß zu Qualitätsbeanstandungen, Nacharbeit, Zeitverzögerungen oder Kostenerhöhung und damit zu Ärger und Auseinandersetzungen zwischen Kunden und Hersteller führen könnte. Sowohl aus technischer Sicht (Voraussetzung für eine erfolgreiche technische Klärung) aber auch aus wirtschaftlicher Sicht (Vermeidung von Änderungskosten und Regressansprüchen, Einbußen durch Imageverlust) kommt der Ermittlung von Anforderungen besondere Bedeutung zu. Werden Fehler oder Mängel eines Produkts erst vor Auslieferung oder Inbetriebnahme erkannt, so entstehen hohe Folgekosten. Je später im

Produktlebenszyklus eine Anforderung erkannt wird, desto aufwendiger und teurer sind die erforderlichen Änderungen.

Die Ergebnisse der Aufgabenklärung werden in einer *Anforderungsliste* festgehalten, in welcher erste Spezifikationen des zu konstruierenden Produkts festgelegt sind (z. B. technische Daten, Anschlußmaße usw.). Die Anforderungsliste geht insofern über etwaige Lastenhefte, Pflichtenhefte o.ä. der Auftraggeber hinaus, als nach dem Zusammentragen aller Informationen über das künftige Produkt deren Verarbeitung und Festlegung in einer den Arbeitsschritten und Entscheidungskriterien des Produktentwicklungsprozesses angepaßten Ordnung erfolgt. Im Laufe des weiteren Entwicklungsprozesses können neue Erkenntnisse hinzukommen, die diese Anforderungen weiter konkretisieren. Bei den während des Konstruierens ablaufenden Entscheidungsprozessen können die Anforderungen als Kriterien zur Bewertung und Auswahl verschiedener Lösungsalternativen verwendet werden. Vor dem Hintergrund, daß nachträgliche Änderungen und Ergänzungen bestehender Konstruktionen, vor allem bei komplexen Themenstellungen, in der Praxis aus einer nicht ausreichend geklärten Aufgabenstellung herrühren und kostspielig und arbeitsintensiv sind, ist der Erstellung von Produktanforderungslisten größte Sorgfalt zu widmen [Kläger 93].

Unter dem Aspekt der *Rechneranwendung* ist das Ziel der Aufgabenklärung die Übersetzung der im Lasten- und Pflichtenheft enthaltenen Informationen in die formale Repräsentationsform der Anforderungsliste. Das Anforderungsmodell ist ein Hilfsmittel und wird für die Modellierungsmethode *Anforderungsmodellierung* benötigt.

Anforderungen stellen die Soll-Eigenschaften eines Produktes dar. Ziel der Konstruktion ist es solche Produkte zu entwickeln, deren Ist-Eigenschaften (also Produktmerkmale, vgl. *Kapitel 4.1.2.2)* mit den geforderten Soll-Eigenschaften übereinstimmen. Bei der schrittweisen Konkretisierung während des Konstruktionsprozesses ist es Aufgabe des Konstrukteurs solche Lösungen zu finden, die den gestellten Anforderungen entsprechen. Dabei müssen Anforderungen aus sämtlichen Prduktlebensphasen berücksichtigt werden.

Das Anforderungsmodell

Das Anforderungsmodell muß in der Lage sein, sämtliche *Arten* von Anforderungen abzubilden. Es hat die Aufgabe, die bei der Modellierung von Anforderungen festgelegten Informationen rechnerintern abzubilden. Hierzu müssen entsprechende Modellierungsverfahren zur Verfügung gestellt werden, die es ermöglichen, Produktanforderungen weiter zu konkretisieren, systematisch zu strukturieren, auf Vollständigkeit, Eindeutigkeit und Konsistenz zu prüfen, ggfs. zu ergänzen und schließlich in einer *Anforderungsstruktur* festzuhalten.

Grundlage für die zu entwickelnden Modellierungsverfahren ist die Unterscheidung von Anforderungen nach den folgenden Kriterien [Kläger 1993]:

- *Festforderung* und *Wunschforderung*: Anforderungen unterscheiden sich in ihrer Gewichtung. Mußforderungen müssen unter allen Umständen und ohne jegliche Einschränkung in vollem Umfang erfüllt und eingehalten werden (z. B. Leistungsdaten, Qualitätsforderungen). Wunschforderungen sind im Hinblick auf eine möglichst optimale Lösung nach Möglichkeit (eventuell auch mit einem begrenzten Mehraufwand an Entwicklung) zu berücksichtigen (z. B. größere Wartungsintervalle).
- *Qualitative Anforderung*: Eine Produktanforderung wird als qualitativ bezeichnet, wenn sich die durch sie implizierte Lösungseigenschaft eines zu entwickelnden Produkts nicht explizit durch ein Produktmerkmal und einen numerischen (diskreten) Wert oder Wertebereich angeben läßt. Qualitäten sind daher nicht direkt meßbare Größen. Beispiele hierfür sind Forderungen nach „Korrosionsbeständigkeit", „möglichst kostengünstige Teilefertigung" oder Eigenschaften wie „ästhetisch" oder „formschön".
- *Quantitative Anforderungen*: Eine Produktanforderung wird als quantitativ bezeichnet, wenn sich die durch sie implizierte Lösungseigenschaft eines zu entwickelnden Produkts explizit und eindeutig durch die Angabe eines Produktmerkmals und eines numerischen Wertes oder Wertebereiches einschließlich dessen dazugehöriger Einheit beschreiben läßt. Quantitative Anforderungen sind grundsätzlich meßbare Größen. Folgende quantitative Anforderungstypen lassen sich unterscheiden:
  - *Punktforderungen*
    - werden beschrieben durch die Angabe eines Produktmerkmals und eines Festwerts,
  - *Bereichsforderungen*
    - *einschließender Art* werden charakterisiert durch die Angabe eines Produktmerkmals und eines für die Lösung definierten (erlaubten) Wertebereichs,
    - *ausschließender Art* werden charakterisiert durch die Angabe eines Produktmerkmals und eines für die Lösung nicht definierten, d. h. einen bestimmten Gültigkeitsbereich ausschließenden Wertebereichs,
  - *Optimalitätsforderungen* werden beschrieben durch die Angabe eines Produktmerkmals und eines Optimalitätswerts (anzustrebender Wert), sowie eines gültigen Wertebereichs.
- *Explizite* und *implizite* Anforderungen: Explizite Anforderungen sind vom Kunden vorgegebene Anforderungen. Implizite Anforderungen sind vom Konstrukteur zusätzlich formulierte oder abgeleitete, weiterführende Anforderungen zur Ergänzung der Anforderungsliste.
- *Herkunft aus unterschiedlichen Produktlebensphasen*: Das Wissen über die ursprünglichen Herkunftsbereiche einer Anforderung, d. h. die eigentliche Begrün-

dung ihrer Existenz, ist eine notwendige Information in bezug auf eine hohe Transparenz und gute (leichte) Nachvollziehbarkeit einer Konstruktionslösung. Herkunftsbereiche lokalisieren einerseits den Ort (Bereich, Gebiet), aus dem eine Anforderung herrührt, und geben Aufschluß über die Ursache einer Anforderung (Welcher Sachverhalt aus welchem Bereich der *Produktlebensphase*? Welche Umgebungssysteme? Welche Wissensgrundlage?). Das Produkt beeinflußt sowohl seine Umgebung, wie es andererseits auch von ihr beeinflußt wird: Fremdeinwirkungen (z. B. Kurzschluß, Blitz, Hochwasser, Verschmutzung oder Bedienungsfehler) wirken auf das Produkt; Geräusch, Schwingungen, stoffliche Emissionen sind Auswirkungen des Produkts auf seine Umgebung.

- *Zwischenanforderung* und *Elementaranforderung*: Zwischenanforderungen beinhalten weitere Anforderungen, Elementaranforderungen sind nicht weiter zerlegbar. Vor dem Hintergrund einer möglichst hohen Operationalität müssen Anforderungen einen möglichst hohen Konkretisierungsgrad besitzen. Dies bedeutet, daß übergeordnete Anforderungen, die gleichzeitig mehrere Aspekte beschreiben, in ihre jeweils konkreteren Elementaranforderungen aufgegliedert werden müssen. Durch den grundsätzlich hierarchischen Zusammenhang einer zusammengesetzten Anforderung mit einer elementaren Anforderung ist eine Zweck-Mittel-Beziehung derart gegeben, daß eine untergeordnete Anforderung (z. B. geringe Teilevielfalt, geringe Teilekomplexität, viele Zukaufteile) immer ein Mittel zur Erfüllung der hierarchisch höher stehenden Anforderung (z. B. einfache Teilefertigung) darstellt, welche selbst wiederum eines der Mittel ist, um letztlich die darüberstehende Gesamtanforderung (z. B. einfache Herstellung) zu erfüllen. Auf diese Weise wird der zielgerichtete Aufbau hierarchischer Anforderungsstrukturen ermöglicht.

Wissensbasierter Ansatz

Durch die Verwendung eines wissensbasierten System wird die vollständige Erfassung und die korrekte Verarbeitung von Anforderungen gewährleistet. Aufgabe des Systems ist es die Wechselwirkungen zwischen Anforderungen und Konstruktionsergebnissen zu verarbeiten und konsistent zu halten. Dies sind notwendige Voraussetzungen für eine erfolgreiche Produktentwicklung. Mit wissensbasierten Methoden werden die Zwischenanforderungen automatisch oder interaktiv zerlegt bis hin zu Elementaranforderungen. Dies gewährleistet eine vollständige, widerspruchsfreie und korrekte Verarbeitung von Anforderungen. Smart Elements der Firma Neuron Data bestehend aus Nexpert Object und Open Interface wurde als wissensbasiertes System verwendet (vgl. *Kapitel 4.1.2.2*).

Wissensbasis

Zur Repräsentation des notwendigen Wissens wurde ein regelbasierter Ansatz (Nexpert Object) gewählt. Dieser Ansatz erleichtert den Aufbau der Wissensbasis, da Experten gerne ihr Wissen in Form von "wenn - dann" Regeln formulieren. Diese Regeln lassen sich inhaltlich zusammenfassen und in einzelne modulare Wissensbasen bündeln, die zur Laufzeit geladen und abgearbeitet werden. Die einzelnen Wissensbasen bestehen aus einer Vielzahl von "wenn - dann" Regeln, die in unterschiedlichster Form zu sog. "Hypothesen" verknüpft sind. Durch sog. Meta-Wissen hat der Anwender die Möglichkeit die Problemlösungsstrategie (das Verhalten) einzustellen.

Mit Hilfe der Wissensbasis werden die verschiedenen Zwischenanforderungen weiter konkretisiert. Zum einen geschieht dies automatisch durch Ableitungsmechanismen, zum anderen kann die Interaktion mit dem Benutzer notwendig werden. Dabei werden die geforderten Produkteigenschaften sukzessive festgelegt. Mit Hilfe des wissensbasierten Systems können widersprüchliche Anforderungen aufgezeigt werden. Wurde eine Anforderung ermittelt und im Modell gespeichert (instantiiert), so kommen Methoden zum Einsatz, die den Zugriff auf diese Eigenschaften überwachen. Wird im weiteren Verlauf der Wissensverarbeitung auf diese Anforderungen zugegriffen, so meldet sich das System eigenständig. Beide Regeln, die zu unterschiedlichen Schlüssen führten, werden identifiziert und angezeigt. Jetzt ist es Aufgabe des Benutzers diesen Widerspruch aufzulösen und die richtige Anforderung für diesen Anwendungsfall vorzugeben.

Wissensakquisition

Für das hier vorgestellte wissensbasierte System zur Anforderungsmodellierung (Anforderungsmodellierer) wurde eine Wissensbasis zur Verarbeitung von Produktanforderungen aus dem Bereich des Waggonbaus erstellt. Dieser Prozeß wird als Wissensakquisition bezeichnet (Bild 4.7). Dazu wurden aus unterschiedlichen Informationsquellen, die vorhandenen Richtlinien und Vorschriften analysiert und ausgewertet.

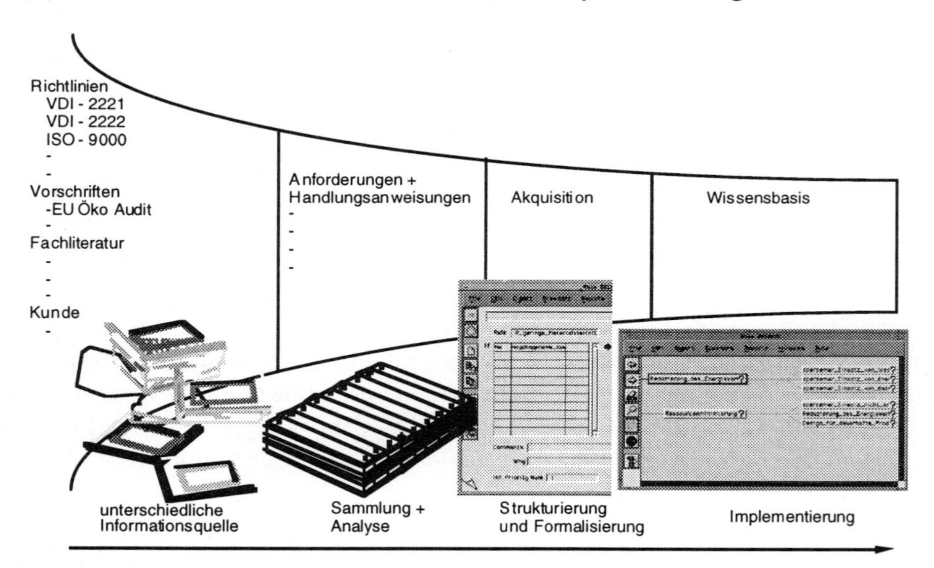

Bild 4.7 Prozeß der Wissensakquisition

Ein Ergebnis dieser Analyse ist, daß das Material sehr viele Redundanzen aufweist. Die Ursache dafür ist in der zu einfachen Handhabung der Anforderungen (Aufzählung) zu sehen, die der Komplexität der Aufgabe nicht gerecht wird. So läßt sich aus den Aufzählungen von Anforderungen nur schwer erkennen, welche Anforderungen (als Elementaranforderung) sich aus einer weiteren Anforderung (als Zwischenanforderung) ableiten läßt. Daher sind diese Aufzählungen für die Konstruktion nicht geeignet und mußten in einem Prozeß der Wissensakquisition strukturell aufbereitet werden. Des weiteren ist die Gefahr bei dieser konventionellen Vorgehensweise, nämlich der Sammlung nur schriftlicher Informationen, daß die Verantwortung nur an die Konstruktion weitergegeben wird.

Modellintegration

Durch die Integration des Anforderungsmodells in ein integriertes Produktmodell wird ein verlustfreier Informationsfluß zwischen Vertrieb und Konstruktion erreicht. Die Schnittstelle zwischen Vertrieb und Konstruktion ist in den meisten Unternehmen zum gegenwärtigen Zeitpunkt ein grosser Schwachpunkt, d. h. der Vertriebsingenieur und Konstrukteur haben sich nicht auf ein gemeinsames Vokabular geeinigt.

Die Komplexität heute ausgeführter Produktmodelle mit mehreren hundert bis weit über tausend Informationseinheiten zeigt, daß die Entwicklung solcher Modelle nur durch die Gliederung in Partialmodelle und durch die Aufteilung der notwendigen Arbeiten in einem Team möglich ist. Dadurch entsteht die Notwendigkeit der Integration der Partialmodelle (vgl. *Kapitel 4.3.3*). Die Partialmodelle sind hierbei Teile des Produktmodells mit disjunkten Mengen von Informationseinheiten und stellen in der Regel abgeschlossene Miniwelten mit eigener Systematik in bezug auf die Begriffs- und Modellbildung dar, wie beipielsweise das Partialmodell zur Anforderungsmodellierung [Grabowski 1995], [Polly 1996], [Grabowski; Anderl, Polly 1993].

Einführung in die rechnerunterstützte Anforderungsmodellierung

Das folgende Kapitel beschreibt die rechnerunterstützte Anforderungsmodellierung im Bereich der Angebotsbearbeitung innerhalb eines Unternehmens.

Einführung in die Angebotsbearbeitung

Unter dem Begriff der Angebotsbearbeitung wird der Prozeß verstanden, der bei vorliegender Anfrage eines potentiellen Kunden zur Erstellung eines fertigen, individuellen Angebotes innerhalb eines Unternehmens führt. Für die Bearbeitung eines Angebotes sind mehrere unterschiedliche Tätigkeiten innerhalb der Angebotsbearbeitung durchzuführen.

Die Erstellung kundenindividueller Angebote ist ein Kommunikations- und Akquisitionsprozeß, in dessen Verlauf eine Vielzahl von Informationen zwischen den Fachabteilungen des Anbieters, des Nachfragers und gegebenenfalls der Zulieferer ausgetauscht werden. Dabei handelt es sich um technische Detailfragen, Kostenaspekte, Kundeninformationen, Liefertermine und -bedingungen. Diese zeichnen sich durch unterschiedliche Inhalte und durch ihr differenziertes Erscheinungsbild aus. Ein gezielter und schneller Zu- bzw. Rückgriff auf vorhandene und erzeugte Informationen ist dabei notwendige Voraussetzung für einen reibungslosen und aufwandsarmen Ablauf der Angebotsbearbeitung. Die zur Bearbeitung von Teilaufgaben benötigten Daten und Informationen sind entweder in firmeninternen Archiven und Datenbanken verfügbar (z. B. Produkt- und Kundendaten) oder müssen durch Einsatz geeigneter Hilfsmittel extern beschafft werden (z. B. Anfragedaten, Informationen über Wettbewerbs- und Marktsituation). Informationen, die nicht DV-technisch erfaßt sind, werden bei komplexen Aufgabenstellungen häufig im Rahmen von bereichsübergreifenden Treffen durch das Fachwissen einzelner Experten zusammengetragen. Effektivität, Qualität und Aufwand der Angebotsbearbeitung sind in jedem Fall davon abhängig, inwieweit benötigte Informationen, die direkt oder indirekt in die Bearbeitung eines Angebotes einfließen, zum richtigen Zeitpunkt zur Verfügung stehen.

Im Rahmen der Angebotsbearbeitung sind vor allem Informationen, die sich aus dem Kundenkontakt ergeben, in geeigneter Weise umzusetzen. Beispielsweise müssen aus den Daten der Anfrageerfassung, welche die Kundenwünsche beschreiben, präzise Produktanforderungen abgeleitet werden, die im weiteren Verlauf die Informationsbasis für den gesamten Bearbeitungsprozeß darstellen. Nur diese Vorgehensweise gewährleistet eine vollständige Bearbeitung sämtlicher Anforderungen.

Bei der Anfrageerfassung muß der Anbieter das Kundenproblem erkennen, um es anschließend verarbeiten und eine entsprechende Problemlösung vorschlagen zu können. Es müssen möglichst viele Informationen festgehalten werden, die für die Ausarbeitung der Problemlösung und die Erstellung des Angebots erforderlich und wichtig sind. Jede Rückfrage beim Kunden führt zu einer unnötigen Zeitverzögerung bei der Angebotsbearbeitung und muß deshalb weitgehend vermieden werden. In Bereich der technischen Aufgabenklärung, müssen alle relevanten Anforderungen an das Produkt erkannt und modelliert werden. Zukünftig müssen Unternehmen sehr schnell in der Lage sein auf eine individuelle Kundenanfrage, in Form einer detailierten Anforderungsliste zu reagieren. Im Rahmen der Anfragebewertung werden vor allem gesicherte Informationen über den Anfrager benötigt. Diese Informationen entstammen entweder eigenen Datenarchiven (Kundendatenbank) oder müssen im Falle von Erstanfragern extern beschafft werden. Beispielsweise ist das Wissen darum, ob es sich um ein Vergleichsangebot, welches möglicherweise der Konkurrenz zur Sondierung der Marktsituation seitens der Anbieter dient, oder ob es sich um ein Angebot für einen Stammkunden handelt, eine wichtige Voraussetzung für das richtige Einschätzen einer Anfrage.

Für den Bereich der technischen Lösungsfindung bzw. Lösungssuche kommt dem Rückgriff auf vorhandene Lösungen eine besonders wichtige Bedeutung zu. Innerhalb dieses Bereiches sollten keine Lösungen unnötigerweise neu konzipiert werden, nur weil Informationen fehlen oder nicht schnell genug auffindbar sind. Bevor eine neue Lösung erarbeitet wird, gilt es eine vorhandene Lösung zu finden, die der vom Kunden im aktuellen Bearbeitungsfall geforderten Lösung ganz oder annähernd entspricht. Je mehr auf bereits vorliegende (Teil-)Lösungen zurückgegriffen werden kann, um so wirtschaftlicher wird die Angebotsbearbeitung und eine eventuelle Auftragsabwicklung sein (vgl. *Kapitel 4.1.2.2*).

Unterstützung der Angebotsbearbeitung durch den Anforderungsmodellierer

In den folgenden Unterkapiteln wird der Ablauf der rechnerunterstützten Angebotsbearbeitung unter Zuhilfenahme des Anforderungsmodellierers beschrieben. Bild 4.8 stellt den Ablauf der Angebotsbearbeitung von der Kundenanfrage bis zur Angebotserstellung dar.

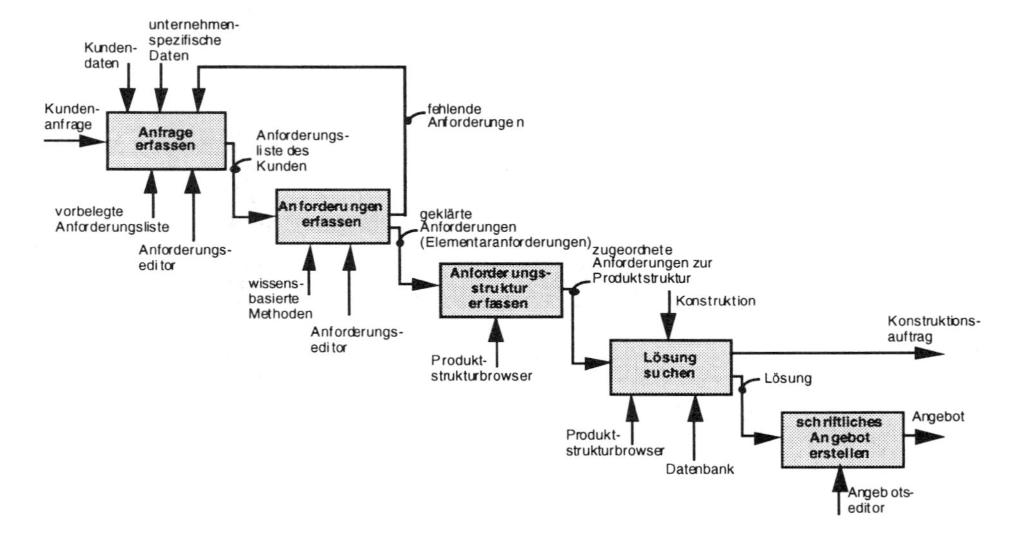

Bild 4.8 Ablauf der rechnerunterstützten Angebotsbearbeitung

Als konkretes Produktbeispiel wurde ein Schiebewandwaggon der Firma Deutsche Waggonbau AG, Werk Niesky ausgewählt. Die Erfassung und Klärung der Anfrage, die Erfassung der Anforderungen, die Bearbeitung der Anforderungstruktur, die Lösungssuche und die Erstellung eines schriftliches Angebotes wird näher betrachtet.

Anfrage erfassen und klären

Der erste Schritt der Angebotsbearbeitung ist die Anfrageerfassung und -klärung. Ein Kunde stellt eine Anfrage an ein Unternehmen und verbindet damit eine konkrete Sicht auf das von ihm gewünschte Produkt, d. h. welche Eigenschaften sein individuelles Produkt erfüllen soll. Diese Eigenschaften muß der Produktanbieter erkennen und bei der Abgabe seines Angebots an den Kunden berücksichtigen.

Diese Informationen möchte er in einer klaren und verständlichen Form bekommen, damit er auf dem Markt verschiedene Anbieter miteinander vergleichen kann, um für sich zu entscheiden, welches Produkt seinen Anforderungen genügt. Somit hat eine nicht genau erfaßte Kundenvorstellung zur Folge, daß der Produktanbieter dem Kunden ein falsches Produkt anbietet und dieser sich für einen anderen Anbieter entscheidet. Das Unternehmen erhält keinen Auftrag und es sind nur Kosten entstanden. Bei der Anfrageerfassung sind verschiedene Informationen zu unterscheiden, die erfaßt und später verarbeitet werden müssen. Grundsätzlich läßt sich folgende Aufteilung der Informationen durchführen in administrative Daten, kundenbezogene Daten, produkt- oder leistungsbezogene Daten und organisatorische Daten.

Eine Kundenanfrage wird an das Unternehmen geschickt und von dem verantwortlichen Sachbearbeiter bearbeitet. Dieser prüft den Inhalt der Anfrage und entscheidet sich, für diese Anfrage ein kundenspezifisches Angebot oder eine Absage zu erstellen.

Anforderungen erfassen

Nun beginnt die technische Klärung der Angebotsbearbeitung. Der Sachbearbeiter beginnt mit der Anforderungsmodellierung. Aus dem Anfragetext (bzw. in einem persönlichen Gespräch mit dem Kunden) werden die relevanten Anforderungen ermittelt. Der Bearbeiter bedient sich einer produktspezifischen Wissensbasis, die notwendige Anforderungen und zu klärende Bereiche enthält. Diese Anforderungen stellen offene und zu klärende Bereiche dar, die im Vorfeld einer Entwicklung festgelegt werden müssen.

Beim Erfassen von Anforderungen muß bereits geklärt werden, ob eine Anforderung eine Muß- oder eine Wunschanforderung ist. Bei der Weiterverarbeitung von Zwischenanforderungen wird diese Information an die daraus abgeleiteten Anforderungen weitergegeben. Dazu werden Zwischenanforderungen erfaßt und mit wissensbasierten Methoden zerlegt. Standardmäßig wird jede neue Anforderung als Zwischenanforderung behandelt. Die Inferenzmaschine prüft, ob Regeln vorhanden sind, damit Zwischenanforderungen auf weiterführende implizite Anforderungen untersuchen werden können, bis sich in der Anforderungsliste nur noch Elementaranforderungen befinden. Mit wissensbasierten Methoden werden die Zwischenanforderung auf implizite Anforderungen untersucht und weiter konkretisiert. Zusätzliche Anforderungen werden der Anforderungsliste hinzugefügt. So entsteht eine Anforderungsliste, die nach und nach ergänzt wird.

Die Elementaranforderungen werden in einem sogenannten Anforderungseditor spezifiziert. In diesem Editor spiegelt sich das Anforderungsmodell wider, das es erlaubt unterschiedliche "Arten" von Anforderungen abzubilden. Elementaranforderungen lassen sich unterscheiden in quantifizierbare Anforderungen und Anforderungen, die nur qualitativ beschreibbar sind. Der Anforderungseditor bietet die Möglichkeit, vertriebsrelevante Anforderungen verbal zu beschreiben. Somit besteht die Möglichkeit der Nutzung eines Werkzeuges durch den Sachbearbeiter, so daß die Anforderungen des Kunden individuell beschrieben werden können. Diese Beschreibungen werden automatisch in das Angebot übernommen und erleichert die Arbeitsweise des Bearbeiters wesentlich (siehe Bild 4.9).

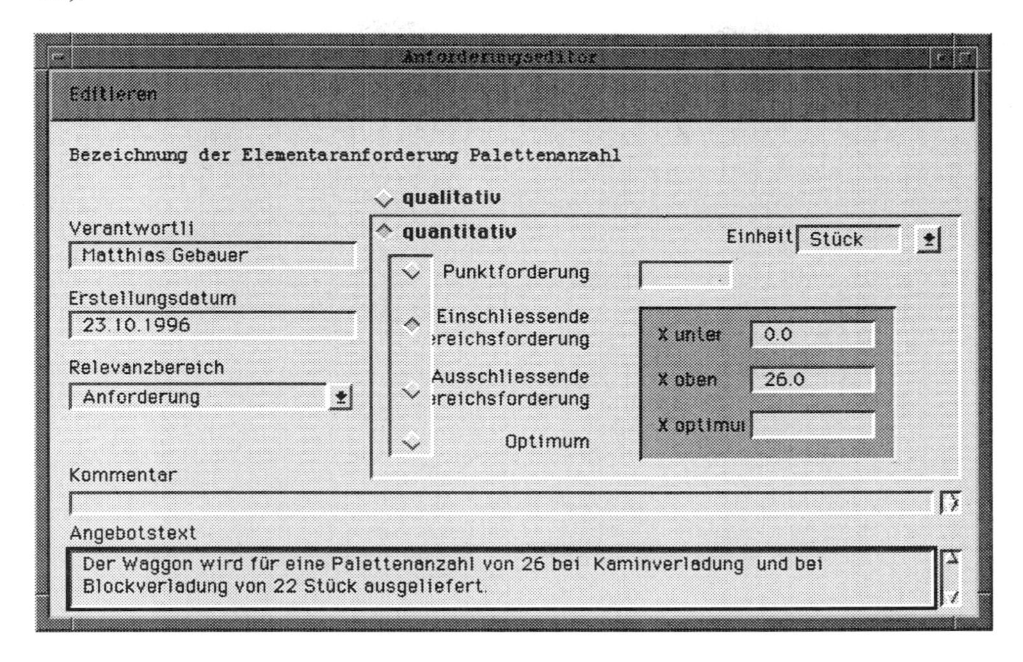

Bild 4.9 Anforderungseditor zur Spezifikation einer Elementaranforderung

Anforderungsstruktur bearbeiten

Der nächste Arbeitsgang ist das Aufbrechen der Anforderungsliste zu einer Anforderungsstruktur. Die erfaßten Elementaranforderungen werden den entsprechenden Baugruppen bzw. Komponenten des Produkts zugeordnet. Somit erfüllt jede Komponente bestimmte Anforderungen. Eine Anforderung kann selbstverständlich mehreren Baugruppen bzw. Komponenten zugewiesen werden. Damit sind die Voraussetzungen geschaffen, komponentenweise nach anforderungsgerechten Lösungen zu suchen. Es kann eine strukturierte Suche auf Basis von Anforderungen erfolgen. Nun ist die Elementaranforderung *Palettenzahl* der Baugruppe *Wagenaufbau* zugeordnet (siehe Bild 4.10).

Die Struktur des Produktes ist mit seinen wichtigsten Hauptgruppen in der Unternehmensdatenbank vorgegeben. Diese Strukturen können aus PDM bzw. PPS-Systemen übernommen werden. Diese Struktur ist nur ein Skelett einer Produktstruktur, um die Anforderungen korrekt zuordnen zu können. Sie kann auch interaktiv modifiziert werden.

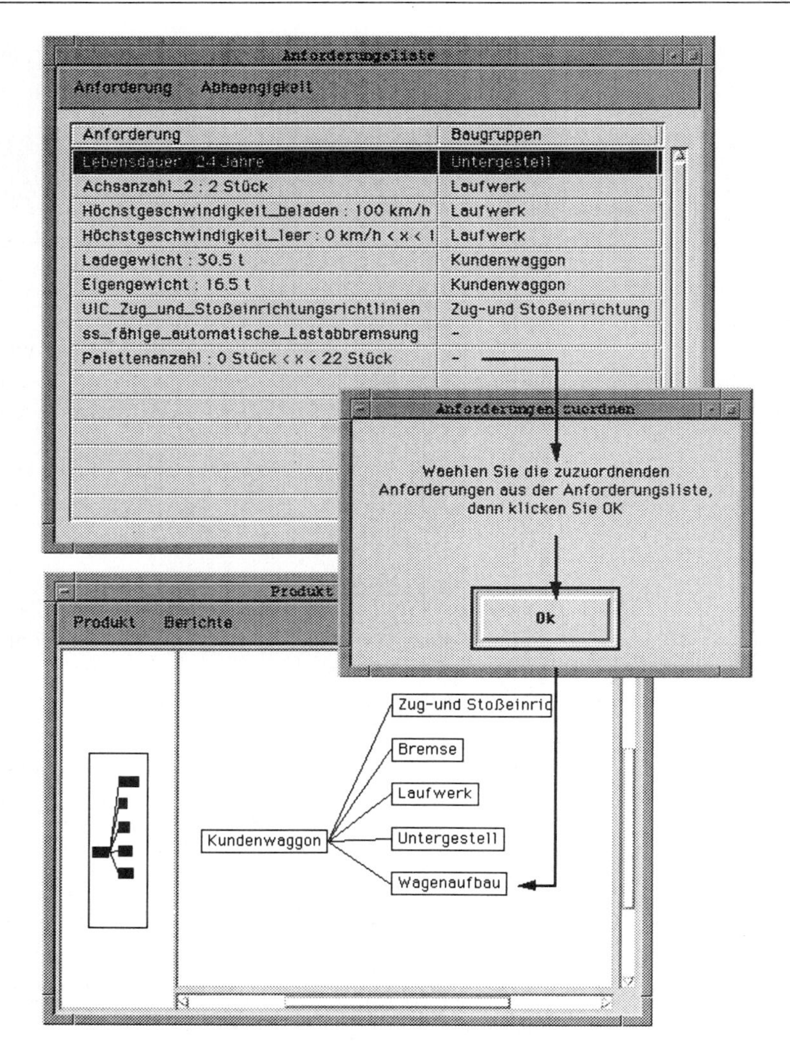

Bild 4.10 Zuordung einer Anforderung an die Produktstruktur

Lösung suchen

Nachdem der Vertriebsingenieur in Zusammenarbeit mit dem Kunden die Kundenvorstellungen bzw. Kundenwünsche aufgenommen und zu Anforderungen spezifiziert hat, kann hierfür eine technische Lösung gesucht werden. Unter der Spezifizierung von Anforderungen wird das Erfassen und Bearbeiten der Anforderungen, Aufbau der Produktstruktur, Zuordnung der Anforderungen zur Produktstruktur verstanden.

Dabei besteht die Möglichkeit nach komplexen Produkten zu suchen, die sämtliche Anforderungen erfüllen. War die Lösungssuche nicht erfolgreich, so ist es nun möglich nach einzelnen Baugruppen oder Einzelteilen zu suchen und damit ein Produkt zu konfigurieren. Die gefundenen Lösungen können mit Hilfe eines Browsers eingesehen werden. Aus der entsprechenden Produktstruktur kann man nun die gewünschten Baugruppen durch "Anklicken" übernehmen. Dabei werden sämtliche Komponenten der Baugruppe in die aktuelle Produktstruktur des Kunden übernommen. Die geometrische Verträglichkeit muß überprüft und gegebenenfalls der Aufwand für die Anpassung abgeschätzt werden (vgl. Kapitel 4.1.2.3).

Werden innerhalb der Datenbank keine Anforderungen bzw. passende Komponenten gefunden, besteht die Möglichkeit einen Konstruktionsauftrag anzustossen, um diese oder mehrere Anforderungen für das zukünftige Produkt zu gewährleisten. Hierbei entsteht für das Unternehmen ein leistungsstarkes Instrumentarium zur innovativen Produktentwicklung. Der Konstrukteur kann sich voll und ganz auf die Problemstellungen des zukünftigen Produktes konzentrieren und aufgrund der Zeitersparnis zu neuen Anforderungen bzw. neuen Produktideen kommen.

Schriftliches Angebot erstellen

Innerhalb des Anforderungseditors besteht die Möglichkeit für den Sachbearbeiter Anforderungstexte zu hinterlegen. Diese Anforderungstexte bilden das Grundgerüst eines Angebotes und entlasten den Bearbeiter von den Routinetätigkeiten des Alltages. Das Grundgerüst läßt sich automatisch für ein Angebot ableiten. Dieses enthält eine Beschreibung der Hauptbaugruppen mit ihren Anforderungen. Dabei wird der Angebotstext aus dem Anforderungseditor übergeben. Aus dem Angebot läßt sich ein HTML-Dokument ableiten. Mit der entsprechenden Zugangsberechtigung kann damit ein Kunde sehr schnell auf sein Angebot zugreifen.

Integration des Anforderungsmodellierers in eine indutrielle DV-Umgebung

Die Tätigkeiten der Angebotsbearbeitung, angefangen von der Kundenanfrage bis zur Lösungssuche bzw. Angebotsbearbeitung, lassen sich mittels des Zugriffes auf Informationen, die innerhalb eines Unternehmens in der Regel in einem PDM- bzw. PPS-System abgespeichert sind, sehr effektiv unterstützen.

Der vorgestellte Anforderungsmodellierer ist ein Hilfsmittel, um Anforderungen aufzunehmen und sie zu verarbeiten. Mittels einer Datenbankanfrage an ein PDM- oder PPS-System kann der Vertriebsingenieur in Zusammenarbeit mit dem Kunden vor Ort, mit Hilfe des Anforderungsmodellierers, die Anfrage technisch klären und eine Anforderungsstruktur erarbeiten, die anschließend dem Konstrukteur zur Verfügung gestellt wird, wenn keine bekannte Lösung gefunden worden ist.

Zuerst wird die im Anforderungsmodellierer erzeugte Anforderungsstruktur (Anforderungen, Anforderungswert, Muß-/Wunschanforderung) an das PPS-System zur technischen Lösungssuche übergeben. Mit dieser Struktur wird nach bereits realisierten Lösungen gesucht, d. h. die Datenbank des PPS-Systems beinhaltet alle realisierten Lösungen mit den dazugehörigen Anforderungen bzw. Anforderungswerten.

Produktdaten sind sowohl in einem PDM- als auch PPS-System vorhanden, wobei im PDM-System zusätzlich noch die nicht realisierte Lösungen, z. B. Lösungen die aus Kostengründen oder durch Ablehnung des Kunden verworfen wurden, gespeichert sind. Diese Produktdaten sind innerhalb des PPS-Systems nicht verfügbar müssen aber bei einer Lösungssuche dem Bearbeiter ebenfalls zugänglich gemacht werden.

Mit Hilfe einer prototypenhaften Implementierung einer Kopplung zwischen dem Anforderungsmodellierer und der Standardsoftware SAP R/3 konnte der Nachweis erbracht werden, daß der vorgeschlagene Lösungsansatz ein praktikabler Weg für den Einsatz des Anforderungsmodellierers im industriellen Alltag von Unternehmen ist. Mit der Verfügbarkeit von Produktstrukturen des Systems SAP R/3 im Anforderungsmodellierer und Ablage der Anforderungen an die Baugruppen und Einzelteile lassen sich die Ziele der anforderungsgerechten Konstruktion bzw. der anforderungsgerechten Lösungssuche im Modellierer realisieren.

Zukünftig wird die rechnergestützte Erfassung von Anforderungen und Verarbeitung bis hin zu Anforderungsstrukturen immer wichtiger für ein Unternehmen. Beispielsweise wird auf der Basis dieser Anforderungsstrukturen die praktische Bedeutung des Umgangs mit Anforderungen für eine erfolgreiche verteilte Produktentwicklung verdeutlicht. Die Anforderungsmodellierung bildet die Basis für eine verteilte Produktentwicklung innerhalb eines Unternehmens. Dazu werden Teilmengen aus der Anforderungsstruktur herausgelöst, um diese parallel zu bearbeiten. Nachdem die Teilaufgaben bearbeitet wurden, werden die Teilkomponenten zu einem Gesamtprodukt und Gesamtanforderungsstruktur zusammengeführt. Durch den rechnergestützten Umgang mit Anforderungsstrukturen wird erreicht, daß alle Projektbeteiligten anforderungsgetrieben auf ein gemeinsames Ziel - ein anforderungsgerechtes Produkt - zuarbeiten. Dabei kann die Produktentwicklung parallel und an verschiedenen Orten erfolgen und bildet damit die Grundlage für eine verteilte kooperative Produktentwicklung [Grabowski, Rude, Gebauer, Rzehorz 1996].

In dem folgenden Kapitel "Kontextsensitive Bereitstellung von Lösungselementen" steht die Lösungssuche anhand der mit Hilfe des Anforderungsmodellierers erfassten Anforderungen an das Produkt einerseits, sowie allgemeingültig implementierte Regelwerke (Normen, Werknomen, Richtlinien und Gesetze) im Vordergrund der Betrachtung. Dies gewährleistet ein möglichst hohes Maß an Wiederverwendung bekannter Lösungen innerhalb des Unternehmens.

4.1.2.2 Kontextsensitive Bereitstellung von Lösungselementen

Die kontextsensitive Bereitstellung von Lösungselementen in allen Phasen des Konstruktionsprozesses kann erheblich dazu beitragen, Zeit und Kosten bei der Produktentwicklung einzusparen und eine hohe Qualität der entwickelten Produkte sicher zu stellen. Durch die wiederholte Verwendung bewährter Lösungen für konstruktive Aufgabenstellungen spart der Konstrukteur Zeit für die Entwicklung einer neuen Lösung ein. Die Zeiteinsparung wirkt sich auch auf die Fertigung aus, da beispielsweise Arbeitspläne, Werkzeuge oder NC-Programme bereitsvorhanden sind. Eine Kosteneinsparung ergibt sich einerseits durch die Verkürzung der Entwicklungszeiten und andererseits auch durch die Reduzierung der Teilevielfalt, die einen hohe Verwaltungsaufwand und damit auch erhebliche Kosten verursacht (vgl. Kap. 5.5).

Ein Problem vieler Konstruktionsabteilungen ist es, daß im Unternehmen vorhandenes Konstruktionswissen nicht allen Konstrukteuren gleichermaßen zur Verfügung steht. Vielmehr hat jeder Konstrukteur seine persönliche Informationssammlung, die anderen Konstrukteuren in der Regel nicht zugänglich ist. Die Qualität der Entscheidungen und Festlegungen eines Konstrukteurs und damit die Qualität des entwickelten Produktes, wird jedoch entscheidend von den ihm zur Verfügung stehenden Informationen beeinflußt. Die effiziente Bereitstellung von Konstruktionswissen in Form von bewährten konstruktiven Lösungen stellt daher einen wesentlichen Schritt in der Verkürzung der Entwicklungszeiten und der Verbesserung der Qualität der entwickelten Produkte dar.

Durch die Einführung der EDV in der Konstruktion wird die Informationsbeschaffung für den Konstrukteur nicht automatisch erleichtert. Das Problem bei der rechnergestützten Informationsbereitstellung liegt nicht mehr im eigentlichen Auffinden der Information, sondern im Selektieren der richtigen Information. Durch die Fülle von Daten, die ein Rechner verarbeiten und dem Benutzer präsentieren kann, droht der Mensch in Informationen zu ertrinken.

Für eine effiziente Suche nach konstruktiven Lösungen ist es daher von besonderer Bedeutung, daß nur die momentan in Frage kommenden Lösungen bereitgestellt werden. Welche Lösung relevant ist, wird durch den aktuellen Anwendungskontext definiert. Das Wissen muß also kontextsensitiv zur Verfügung gestellt werden. Im Produktentwicklungsprozeß kann der Kontext aus unterschiedlichen Quellen ermittelt werden. Die aktuelle Konstruktionsphase stellt sicherlich eine der wichtigsten Kontextarten dar. Je nachdem, ob der Konstrukteur gerade beim Planen, Konzipieren, Entwerfen oder Ausarbeiten ist, benötigt er unterschiedliche Lösungen, angefangen von physikalischen Effekten, über Prinziplösungen, bis hin zu konkreten Bauteilen oder Produkten. Die Produktkategorie, welcher die bearbeitete Konstruktion zugeordnet werden kann, schränkt die Menge der anwendbaren Lösungen ebenfalls ein. Darüber hinaus schränken die Anforderungen an eine Konstruktion das Spektrum der möglichen Lösungen für die Umsetzung ein und bilden somit einen gewissen Kontext. Schließlich geben auch Gesetze, Normen und Richtlinien, die für die aktuelle Konstruktion gültig sind, Hinweise darauf, welche Lösungselemente anwendbar sind und welche nicht (vgl. Kapitel 4.1.2.1).

Um das Lösungsspektrum für eine konstruktive Aufgabenstellung zu erweitern, ist es sinnvoll, auch von externen Wissensquellen Gebrauch zu machen. In diesem Zusammenhang sind vor allem digitale Zulieferkataloge von Bedeutung. Der Einsatz von Zulieferkomponenten ermöglicht neben einer Erweiterung des Lösungsspektrums auch eine Reduzierung der Entwicklungszeiten und der Kosten. Wichtig ist, daß auch auf das Anwendungswissen (wie und wo kann die Lösung eingesetzt werden, welche Randbedingungen müssen erfüllt werden, usw.) des Zulieferers zurückgegriffen werden kann. Voraussetzung für die Integration von externen Wissensquellen ist ein standardisiertes Format für den Informationsaustausch. Ein solches Format bietet die ISO 13584 PLIB (Parts Library) für Wissen über konstruktive Lösungen. Damit der Verwaltungsaufwand für die Pflege von Zuliefererdaten nicht beim Anwender liegt, ist es sinnvoll und wünschenswert, auf Teilebibliotheken externer Zulieferer über Engineering-Netze Zugriff zu haben.

Im Rahmen der 2. Phase des Verbundprojektes wurde ein System zur kontextsensitiven Suche anforderungsgerechter Lösungen (KONSUL) umgesetzt. Die Lösungsbibliothek wurde in Zusammenarbeit mit Rohde & Schwarz entwickelt. Als Implementierungsplattform diente dabei das objektorientierte PDM-System Metaphase. Das nächste Kapitel gibt einen Überblick über das Systemkonzept. Seine systemtechnische Umsetzung beschreibt Kapitel 4.3.5.

KONSUL – Ein System zur kontextsensitiven Suche anforderungsgerechter Lösungen

Das Ziel des Systems ist es, dem Konstrukteur eine Hilfestellung bei der Suche nach Lösungen für bestimmte konstruktive Aufgaben zur Verfügung zu stellen. Dabei kann nicht allein nach Bauteilen gesucht werden, sondern auch nach physikalischen Effekten und Prinziplösungen. Als Auswahlkriterium dienen in erster Linie die Anforderungen an das Produkt. Der Benutzer kann ein konstruktives Problem in einer rechnerinterpretierbaren Sprache, bestehend aus definierten Merkmalen, beschreiben und bekommt vom Rechner eine oder mehrere geeignete konstruktive Lösungen - sofern in der Bibliothek geeignete Lösungen enthalten sind (merkmalorientierte Suche). Damit alle geeigneten Lösungen gefunden werden ist es notwendig, daß die Lösungssuche teilefamilienübergreifend stattfindet. Die angebotenen Lösungen sind von bestimmten Anforderungen an die Lösung und Randbedingungen abhängig. Dabei handelt es sich beispielsweise um:

- Kundenanforderungen an das Produkt,
- Hausvorschriften des Unternehmens oder
- Gesetzen, Normen und Richtlinien.

Die relevanten Bedingungen können bei der Beschreibung der gesuchten Lösung angegeben werden. Die konventionelle Suche über Suchfamilien (familienorientierte Suche) wird ebenfalls unterstützt, da sie unter Umständen schneller zum Ziel führt. Dies ist dann der Fall, wenn der Konstrukteur bereits eine relativ konkrete Vorstellung von der Art der gesuchten Lösung hat.

Die angebotenen Lösungen können einerseits von einem Konstrukteur erarbeitet worden sein und über diesen Weg den anderen Konstrukteuren des Unternehmens zugänglich gemacht werden. Andererseits ist auch die Einbindung von verschiedenen externen Zulieferern in die firmenspezifische Teilebibliothek möglich. Der Aufwand für die komplette Erstellung einer Lösungsbibliothek im eigenen Unternehmen ist zu hoch und gibt daher keinen Sinn. Es ist wesentlich effizienter, auf gefüllte Teilebibliotheken eines Zulieferers zurückzugreifen. Deren Inhalt muß allerdings an die firmeninternen Anforderungen angepaßt werden können. Solche Anpassungen können beispielsweise darin bestehen, daß den Elementen weitere Merkmale, wie etwa eine firmenspezifische Sachnummer, zugeordnet werden. Die Anbindung verschiedener externer Zulieferer ist nur dann problemlos möglich, wenn der Informationsaustausch auf der Basis eines standardisierten Formats erfolgt, auf das auch sämtliche Zulieferer zurückgreifen. Aus diesem Grund berücksichtigt die Lösungsbibliothek das Konzept und Format der ISO 13584 PLIB. Dadurch ist es möglich, auf einfache Art externe Zulieferer einzubinden und die Kompatibilität zu zukünftigen Standards (STEP, IEC 1360) und den Bezug auf eine einheitliche Begriffswelt zu gewährleisten. Darüber hinaus wird dadurch die Unabhängigkeit von bestimmten Hard- und Softwaresystemen sichergestellt.

Die Voraussetzung für die Bereitstellung intern erarbeiteter Lösungen ist, daß die Bibliothek zur Laufzeit des Systems erweiterbar ist. Die Erweiterung der Bibliothek ist auf einfache und schnelle Art möglich. Durch komfortable Drag & Drop Funktionalitäten ist der Aufwand für die Beschreibung und Integration neuer Lösungen auf ein Minimum beschränkt.

Als Inhalte für die Bibliothek dienen Lösungselemente für die Realisierung bestimmter mechanischer Funktionen bei der Entwicklung von elektronischen Geräten für Flugzeuge. An solche Geräte und deren Komponenten werden sehr hohe Anforderungen gestellt. Diese Anforderungen sind in umfangreichen ARINC-Dokumenten niedergeschrieben. Es handelt sich dabei beispielsweise um Anforderungen an:

- die Entflammbarkeit,
- die Magnetisierbarkeit,
- die Geometrie oder
- die verwendeten Werkstoffe.

Hierarchische Suche nach Bauteilen

Konventionelle Teileverwaltungssysteme strukturieren das Teilespektrum eines Unternehmens in Form eines hierarchischen Baumes. Zur Suche nach einem Teil muß der Konstrukteur an der Wurzel beginnend menügeführt durch die Struktur navigieren und sich an jedem Knoten entscheiden, auf welchem Pfad er seine Suche fortsetzen will. Der Vorteil dieser Systeme ist ihre verhältnismäßig einfache Strukturierung und Implementierung. Sie sind aufgrund ihrer relativ allgemeingültigen Struktur ohne größere Modifikationen übertragbar und in vielen Unternehmen einsetzbar. Für den Aufbau der Hierarchie kann oftmals auf genormte Sachmerkmalleisten zurückgegriffen werden. Hat der Konstrukteur eine genaue Vorstellung der Lösung, die gesucht wird, so führt die hierarchische Suche schnell zum Ziel.

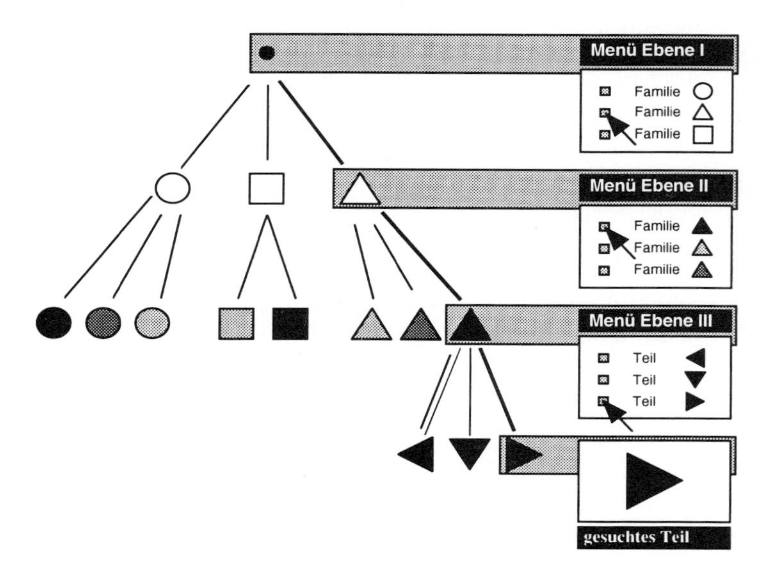

Bild 1.11 Familienorientierte Suche

Die realisierte Lösungsbibliothek bietet daher die Möglichkeit der hierarchischen Suche über eine Metaphase-Menü-Kaskade. Als Grundlage für die Strukturierung diente das Klassifizierungssystem für elektronische und mechanische Bauteile der Firma Rohde & Schwarz.

Merkmalorientierte Suche

Der größte Nachteil familienorientierter Suchsysteme ist, daß bei einem Suchlauf immer nur genau ein Teil gefunden werden kann. Der Konstrukteur muß sich entscheiden, ob er dieses Teil für seine Konstruktion einsetzen möchte oder nicht. Bei der merkmalorientierten Suche beschreibt der Benutzer eine konstruktive Problemstellung mit einer rechnerinterpretierbaren „Sprache„. Der Rechner liefert daraufhin alle in Frage kommenden Lösungen.

In einem Datenbanksystem werden nicht physische, also greifbare Objekte, sondern Objekt-Beschreibungen oder Objekt-Modelle verwaltet. Nach Roth und Müller [Roth 1988][Müller et al 1992] ist ein Modell „ein dem Zweck entsprechender Repräsentant des Originals“. Modelle sind die logische Grundlage jeder Datenverarbeitung. Sie bilden Objekte (im vorliegenden Falle also Teile und Lösungen), Problemstellungen oder allgemein Sachverhalte in formale, zur rechnerinternen Darstellung geeignete Beschreibungen ab. Im Konstruktionsbereich ist eine ganze Reihe von Modellen bekannt: mentale Modelle, Informationsmodelle, rechnerinterne Modelle [Pahl, Beitz 1993].

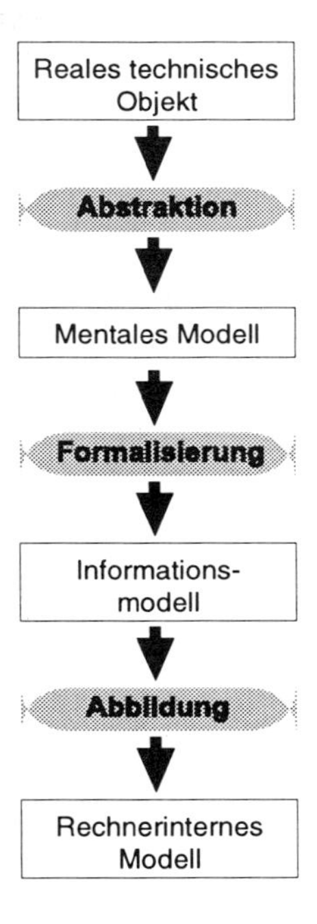

Bild 1.12 Modelle für technische Objekte [Pahl 1993]

Während seiner schöpferischen Tätigkeit entwickelt der Konstrukteur eine Vorstellung, ein sog. mentales Modell, davon, wie die ihm gestellte Aufgabe gelöst werden kann. Er beschreibt diese Lösung gedanklich durch ihre Eigenschaften (z. B. Geometrie, Funktion, Verwendungszweck, usw.), also mit Hilfe von Begriffen seiner Fachsprache.

Demgegenüber wird zur Speicherung von Informationen in Datenbanksystemen ein Modell mit völlig anderen Eigenschaften benötigt: Spezielle Bitmuster und Manipulationsalgorithmen beschreiben Objekte in einer für die Speicherung und Verarbeitung geeigneten Weise. Für dieses rechnerinterne Modell finden die speziellen Anforderungen der digitalen Informationstechnik Berücksichtigung. Für den Menschen ist dieses Modell völlig unverständlich.

Die Schwierigkeit bei der Nutzung von Datenbanksystemen zur Unterstützung des Konstrukteurs (Suchsysteme, CAD-Systeme, ...) besteht nun gerade in der mangelnden Kongruenz beider Modelle. Will der Konstrukteur auf den Datenbestand zugreifen, muß seine Begriffswelt (mentales Modell) in die Begriffswelt des Datenbanksystems (rechnerinternes Modell) transformiert werden.

Diese Transformation oder Übersetzung ist möglich, wenn zwischen das mentale Modell des Konstrukteurs und das rechnerinterne Modell ein weiteres Modell, das sog. Informationsmodell, zwischengeschaltet wird. Dieses Modell geht durch Formalisierung, also letztlich durch Einschränkung der erlaubten Beschreibungen, aus dem mentalen Modell hervor. Erlaubte Beschreibungen sind Schlüsselwörter, die vom Rechner verstanden werden und für den Konstrukteur inhaltliche Bedeutung tragen. Sie sollten aus Gründen der Praktikabilität der Fachterminologie des Konstrukteurs entstammen.

Vorbedingung für die merkmalorientierte Suche ist die Schaffung dieser formalen, künstlichen Beschreibungssprache. Sie soll die erforderliche Übersetzungsfunktion übernehmen und von beiden Seiten „verstanden" werden. Dazu muß sie folgenden Anforderungen genügen:

- Vollständigkeit: Die Vokabeln, welche die formale Sprache zur Verfügung stellt, müssen zur Beschreibung aller Objekte ausreichend sein. Diese Forderung kann nicht (und muß sicherlich auch nicht) ultimativ realisiert werden. Sie wird sicherlich immer nur für den konkreten Fall und unter Berücksichtigung des Unternehmensumfeldes umgesetzt werden können.
- Eindeutigkeit: Die Forderung nach Eindeutigkeit meint die Möglichkeit zu ausreichender Differenzierung der Beschreibungen. Dies vor allem im Hinblick auf die Notwendigkeit, ähnliche Objekte (z. B. innerhalb von Teilefamilien) gegeneinander abzugrenzen und voneinander zu unterscheiden.
- Semantik: Diese Anforderung an die Sprache nach möglichst sinnfälliger Bedeutung der Vokabeln leitet sich unmittelbar aus der Forderung ab, daß der Konstrukteur Suchanfragen an das System durch ihm vertraute Begriffe formulieren kann. Sie impliziert, daß das Vokabular der künstlichen Sprache eine Teilmenge der Fachsprache des Konstrukteurs ist.

Im technischen Bereich sind für die hinreichend vollständige formale Beschreibung (Modellbildung) von Objekten im allgemeinen

- geometrische,
- technologische,
- organisatorische und
- funktionale Angaben

erforderlich. Analysiert man konventionelle Teileverwaltungssysteme unter diesem Gesichtspunkt, stellt man fest, daß fast ausschließlich die drei erstgenannten Typen von Eigenschaften zur Beschreibung verwendet werden. Die Beschreibung gestaltet sich dadurch insofern relativ einfach, als derartige Angaben (z. B. Abmaße, Werkstoff oder Änderungsstand und Erstellungsdatum) unmittelbar der zugehörigen technischen Zeichnung entnommen werden können. In datentechnischem Sinne sind derartige Angaben für das Objekt fundamental, zu seiner Definition und Verwaltung unbedingt erforderlich.

Sie werden benötigt, um Organisationsstrukturen aufzubauen oder gegeneinander abzugrenzen.

Zentrale Forderung an die Lösungsbibliothek ist aber, daß der Konstrukteur Suchanfragen in seiner, im wesentlichen von funktionalen Beschreibungen geprägten, Begriffswelt formulieren kann. Anders als voranstehend beschriebener Typ müssen funktionale Beschreibungen entsprechend dem Wissen und der Erfahrung des Konstrukteurs zugewiesen werden (z. B. Funktion, Verwendung in Baugruppen, ...). Sie sind ergänzend und somit nicht fundamental, d. h. ihr Fehlen oder zusätzliches Hinzufügen verändert die Identität eines Teiles nicht. Die Möglichkeit, derartige Eigenschaften zur Beschreibung von Objekten zu verwenden, bieten konventionelle Systeme nicht. Es lassen sich somit zwei strukturell verschiedene Arten von Eigenschaften zur Beschreibungen von Objekten unterscheiden:

Attribute

- Sie dienen zur Beschreibung von Gestalt, Organisation und Technologie, z. B.: Ersteller, Version, Datum der letzten Änderung
- Sie definieren ein Objekt eindeutig und sind somit statisch
- Sie dienen dem Aufbau von Familien-Hierarchien. Eines der verwendeten Attribute dient dabei als klassifizierendes Attribut.
- Durch die Abänderung auch nur einer Attributausprägung eines Objektes wird ein anderes, vom ursprünglichen verschiedenes Objekt beschrieben

Merkmale

- Sie dienen der Beschreibung funktionaler Aspekte eines Objektes, z.B „nicht magnetisierbar", „entflammbar".
- Sie können redundant sein, d. h. sie können auch mehreren Objekten zugewiesen werden.
- Das Hinzufügen oder Entfernen eines Merkmales von einem Objekt stellt einen Zuwachs an Know-how dar; hinsichtlich der Repräsentation des Objektes hat dies keine Konsequenzen.
- Anders als Attribute sollen semantische Merkmale interaktiv durch den Nutzer dem betreffenden Objekt zugewiesen werden können.

Alle Merkmale zur Beschreibung einer Lösung werden vom System fest vorgegeben werden. Dies ist für das effiziente Funktionieren des Systems von großer Bedeutung. Ein Problem vieler Klassifizierungssysteme ist es, daß verschiedene Konstrukteure oft ein und dasselbe Bauteil auf unterschiedliche Art und Weise benennen, klassifizieren und beschreiben. Dies betrifft sowohl die Benennung von Bauteilen, als auch von Merkmalen für deren Beschreibung. Um die damit entstehenden Probleme zu vermeiden, ist die Vorgabe von Merkmalen für die Beschreibung und Suche von zentraler Bedeutung. Für gewisse Merkmale ist es darüber hinaus auch sinnvoll, ihre möglichen Ausprägungen fest vorzugeben.

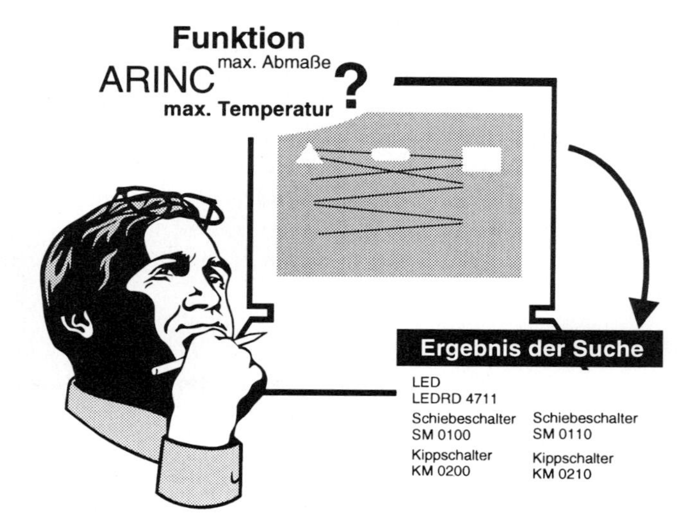

Bild 1.13 Merkmalorientierte Suche

Das System liefert dem Konstrukteur bei der merkmalorientierten Suche als Ergebnis seiner Suchanfrage alle Lösungen, die gegenwärtig in der Bibliothek vorhanden sind. Dies ist der wesentliche Unterschied zu familienorientierten Suchsystemen, die als Ergebnis höchstens eine Lösung finden.

Suche nach Lösungen

Die in Bild 1.11dargestellte familienorientierte Suche bietet gegenüber konventionellen Systemen keine neuen Funktionalitäten. Die Teilehierarchie ist jedoch grundlegende Voraussetzung für den zweiten Ast der Struktur, der Lösungshierarchie. Diese setzt auf die Teilehierarchie auf, bildet eine zweite, abstrakte Schicht der Lösungen über der konkreten Schicht der Bauteile.

Ziel des Systems ist es, dem Nutzer ein möglichst umfangreiches und breites Spektrum an Lösungselementen anzubieten. Für ihre schnelle Auswahl ist es entscheidend, daß die vielfältigen Informationen eindeutig beschrieben und klassifiziert werden können. Bislang sind in der einschlägigen Literatur keine Ansätze zum Aufbau von Referenzhierarchien für Lösungen erkennbar, wie sie in vielfältiger Weise für Teile und Baugruppen (vgl. KTS o.ä.) existieren. Die Struktur, die zur Implementierung der „Lösungsobjekte" verwendet wird, ist somit zunächst frei wählbar. Die wichtigste Anforderung ist dabei die Eindeutigkeit der Gliederungsstruktur.

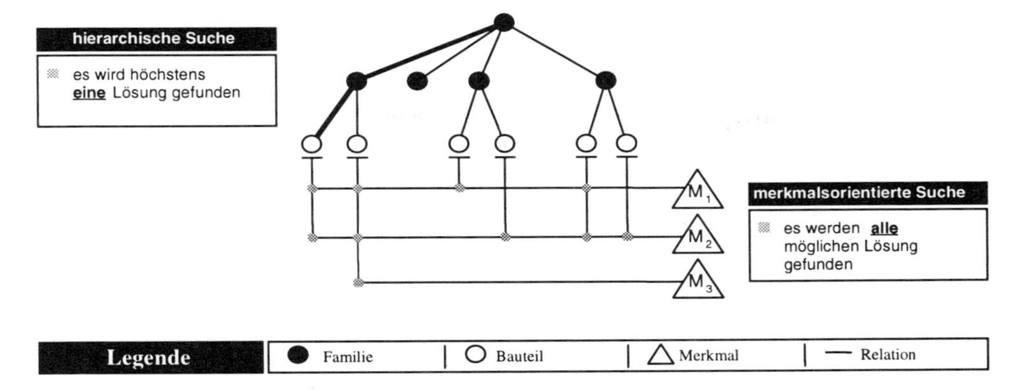

Bild 1.14 Gegenüberstellung der hierarchsichen und merkmalorientierten Suche

Sehr gute Ansatzpunkte zur Schaffung einer derartigen Struktur bieten die Abhandlungen von Pahl und Beitz [Pahl, Beitz 1993] und die Vorschläge der VDI-Richtlinie 2221 [VDI 1986]. Zur Strukturierung der Lösungshierarchie wurde ein, nicht zuletzt im Hinblick auf die Realisierung von Kontextsensitivität, hybrider Ansatz gewählt. Der für die Implementierung der Lösungshierarchie gewählte Ansatz vereinigt Ideen und Ansätze mehrerer Autoren. In einem ersten Schritt werden im folgenden zunächst Möglichkeiten zur Klassendefinition diskutiert (Hier fließen insbesondere die Ansätze von Pahl und Beitz ein). Daran anschließend wird eine Klassenhierarchie aufgebaut. Sie wird sich weitgehend an die Vorschläge der VDI-Richtlinie 2221 anlehnen.

Die Forderung nach weitgehender Offenheit der Struktur für zukünftige Erweiterungen und Ergänzungen impliziert nahezu zwangsläufig eine Begriffsbildung auf vergleichsweise hohem Abstraktionsniveau. Beide oben zitierte Quellen bedienen sich dazu eines Ansatzes, der seinen Ursprung in der Systemtechnik hat. Die Problematik stellt sich unter systemtechnischen Gesichtspunkten wie folgt dar:

- Es wird ein Vokabular zur Beschreibung einer Lösung für eine konstruktive Aufgabe gesucht.
- In technischen Systemen findet im allgemeinen ein Umsatz von Energie, Materie und/oder Information statt (Bild 1.15).
- Ein System wird beschrieben durch Eingangs- und Ausgangsgrößen.
- Es besteht ein eindeutiger, reproduzierbarer Zusammenhang zwischen Eingangs- und Ausgangsgrößen des Systems.
- Das nach außen hin sichtbare Verhalten des Systems wird durch seine Funktion beschrieben, also durch die Operation, welche die Eingangs- in die Ausgangsgrößen transformiert.

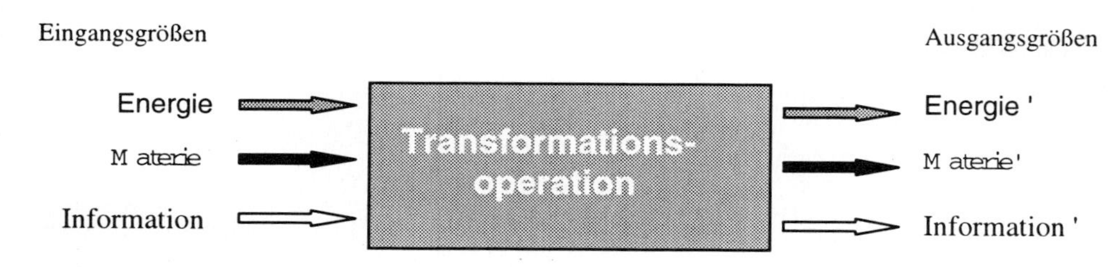

Bild 1.15 Systemmodell technischer Systeme

Es liegt daher nahe, als klassifizierendes Attribut die Operation zwischen Eingangs- und Ausgangsgröße (Funktion) zu übernehmen. Eine ganze Reihe namhafter Autoren [Roth 1982], [Pahl, Beitz 1993][Ehrlenspiel 1994] hat - wenn auch letztlich mit anderer Zielsetzung - die Vielzahl möglicher Operationen, die Eingangsgrößen in Ausgangsgrößen transformieren, auf fünf Elementaroperationen zurückgeführt und folgende Gliederung vorgeschlagen:

Speichern

Einspeichern und Aufbewahren einer Stoff-, Energie- oder Nachrichtenmenge an einem abgegrenzten Ort, so daß der eingebrachte Stoff, die zugeführte Arbeit bzw. die eingegebene Information später entnommen werden kann.

Leiten

Versetzen einer Stoff-, Energie- oder Nachrichtenmenge an einen anderen Ort, ohne daß dabei ein Wandeln, Umformen oder Speichern erfolgt.

Umformen

Ändern der Darstellungsform einer Allgemeinen Größe, meist verbunden mit einer Ortsänderung

- bei Stoff der äußeren Form des Teiles,
- bei Energie der die Arbeit bzw. Leistung beschreibenden Größe,
- bei Nachricht der Codedarstellung (nicht des Codes).

Wandeln

Ändern der Art der Allgemeinen Größe

- bei Stoff der Stoffart,
- bei Energie der Energieart,
- bei Nachricht der Code.

Verknüpfen

summativ: Vereinigen von zwei Flüssen zu einem; gleiche oder ungleiche Größen möglich;

distributiv: Teilen eines Flusses in zwei Flüsse; gleiche oder ungleiche Größen möglich;

Je weiter der Konstrukteur in seiner Arbeit voranschreitet, desto konkreter werden auch die Suchanfragen an die Datenbank erfolgen. Dies impliziert umgekehrt die Notwendigkeit, Lösungsobjekte in adäquater Weise beschreiben zu können. Zu diesem Zweck wird die Lösungshierarchie ausgebaut und die Klassen für die fünf Grundoperationen werden durch folgende Attribute weiter verfeinert:

physikalischer Effekt

Die Beschreibung der Lösung, die bislang nur durch die Angabe der Funktion, die sie erfüllt, geschehen konnte (in Form der Abbildung der „Black-Box" durch Eingangs-/Ausgangsgröße und Elementaroperation) wird nun durch die Angabe des physikalischen Effektes weiter konkretisiert. Beispiele für physikalische Effekte sind: Reibungseffekt, Hebeleffekt, Ausdehnungseffekt, usw. Rodenacker [Rodenacker 1991] und Koller [Koller 1985] haben diesbezüglich gute Vorarbeit geleistet und eine Vielzahl derartiger Effekte zusammengestellt.

Wirkprinzip

Das Wirkprinzip stellt den Lösungsgedanken für eine Funktion auf erster konkreter Stufe dar. Es spezifiziert den physikalischen Effekt näher, konkretisiert ihn weiter. Wirkprinzipien beispielsweise für den physikalischen Effekt „Reibung" können, je nach Art der Aufbringung der Normalkraft, ein Schrumpfverband oder eine Klemmverbindung sein.

Bezeichnung der Lösung

Mit dem Attribut „Bezeichnung der Lösung" wird das Lösungsobjekt benannt. Unter diesem Namen soll es als Icon in den Browsern dargestellt werden. Die Bezeichnung muß sich aus einem Substantiv und einem Verb zusammensetzen (z. B. „Drehmoment wandeln", „Information speichern"). Anhang E enthält eine Liste technischer Verben, die zur Bezeichnung von Lösungen erlaubt sind. Sie geht zurück auf die Arbeiten von Roth [Roth 1982].

Kontextsensitive Suche

Zur eindeutigen Beschreibung von Bauteilen und Lösungen wird eine ganze Reihe von Merkmalen benötigt. Nicht alle sind bei einer bestimmten Konstruktionsaufgabe gleichermaßen von Bedeutung. Darüber hinaus bestehen zwischen den einzelnen Merkmalen Abhängigkeiten, die je nach Art und Schärfe der Restriktionen und konstruktiven

Randbedingungen, variieren und sich in unterschiedlicher Weise darstellen werden. So impliziert z. B. die Forderung, daß ein Gerät entsprechend den Vorschriften der ARINC 752 konstruiert wird, daß alle verwendeten Teile „nicht magnetisierbar“ und „selbstverlöschend“ sind. Am Anwendungsbeispiel JETCALL ist eine ganze Reihe derartiger Abhängigkeiten feststellbar.

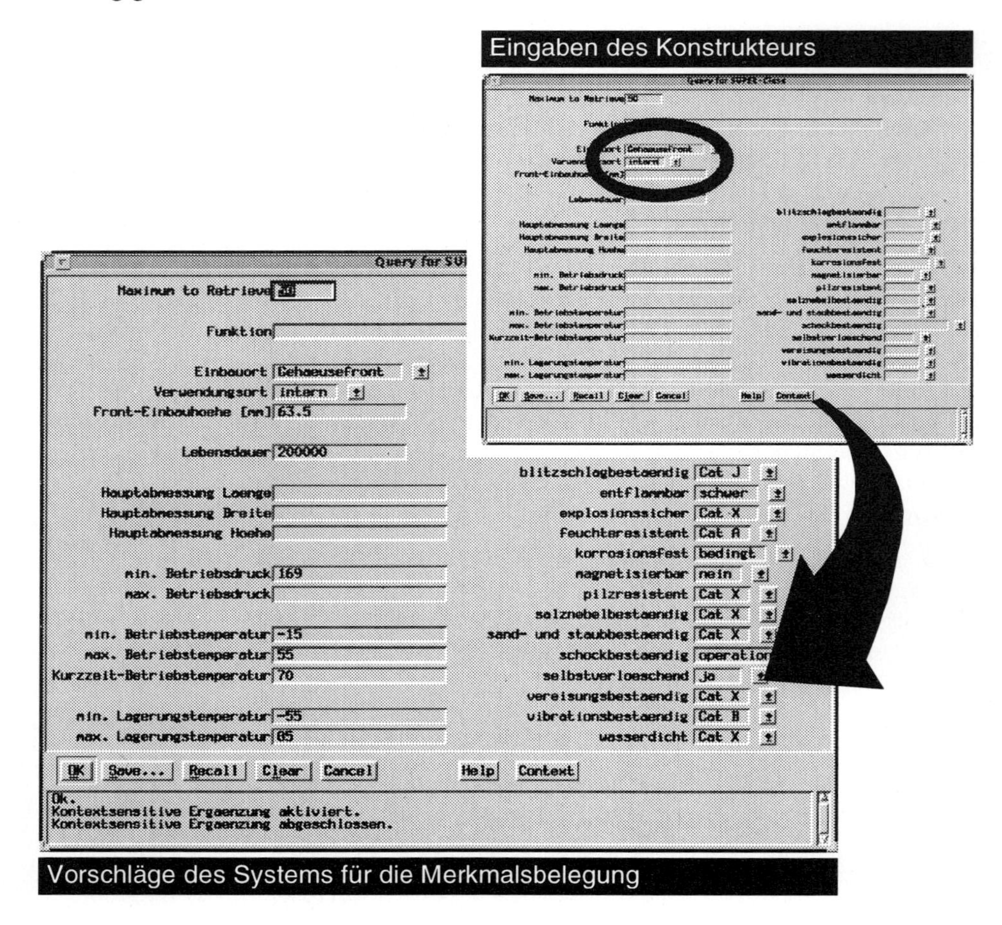

Bild 1.16 Kontextsensitive Ergänzung von Merkmalsausprägungen

Die Angabe sämtlicher Merkmale bedeutet einen hohen Eingabeaufwand bei der Lösungssuche und stellt eine potentielle Fehlerquelle dar. Darüber hinaus ist dem Konstrukteur oft nicht bewußt, welche Merkmale die von ihm gesuchte Lösung tragen muß. Dies ist umso häufiger der Fall, je mehr Anforderungen, Richtlinien und gesetzliche Vorschriften bei der Entwicklung eines Produktes beachtet werden müssen. Die Forderung nach weitgehender Reduktion der zu belegenden Merkmale läßt sich durch Zerlegung der Vorgaben der Anforderungsliste einer Konstruktionsaufgabe in Elementaranforderungen durch ein Expertensystem erfüllen. Ziel dieses Expertensystems ist es, bei Bedarf die unvollständigen Eingaben des Konstrukteurs auszulesen und anhand implementierter Wissensbasen durch Regelverarbeitung die Suchmaske unter Berücksichtigung der konstruktiven Randbedingungen und Restriktionen zu komplettieren. Der Konstrukteur muß dem System lediglich mitteilen, welche einschlägigen Normen, Werksvorschriften oder speziellen Kundenwünsche im besonderen zu berücksichtigen sind.

Dies zu leisten, ist Aufgabe eines wissensbasierten Systems, das ein weiteres Modul des Systems darstellt. Es enthält die oben genannten Restriktionen als formalisierte Regelwerke. Diese Regelwerke werden, wie Bauteile und Lösungen auch, als Objekte im PDM-System verwaltet. Zu Beginn seiner Konstruktionstätigkeit legt der Benutzer ein sog. Restriktionsobjekt an. Diesem werden durch eine komfortable Drag&Drop Funktionalität alle für die aktuelle Aufgabe gültigen Wissensbasen zugeordnet. Bei der Kontextermittlung werden alle relevanten Wissensbasen geladen und für die Komplettierung der Merkmalsliste zur Lösungssuche ausgewertet.

Strukturierung des Inhalts der Bibliothek

Die Datenbank gliedert sich in zwei grundlegende Strukturen. Neben der Struktur zur Organisation des Teilespektrums wird eine weitere für Lösungselemente wie z. B. physikalische Effekte oder Prinziplösungen aufgebaut. Die Elemente auf der Lösungsseite sind ebenfalls hierarchisch strukturiert. Oben befinden sich abstraktere Elemente (Prinzipien), nach unten nimmt die Konkretisierung zu. Die Verbindung der beiden getrennten Strukturen erfolgt über Relationen. So können beispielsweise die Bauteile „Mutter", „Scheibe" und „Schraube" über drei entsprechende Relationen zur Lösung „Schraubenverbindung" (aus der Struktur für Lösungen) verbunden werden.

Die grundlegende Idee zur Realisierung der merkmalorientierten Suche besteht darin, alle beschreibenden Eigenschaften von Teilen, die nicht zum Aufbau der Struktur oder zur Familienbildung benötigt werden, innerhalb der Bibliothek als eigenständige Elemente zu verstehen. Sie stellen somit die dritte Struktur innerhalb der Lösungsbibliothek dar. Soll beispielsweise das Bauteil „Schalter" durch die Eigenschaft „nicht entflammbar" beschrieben werden, so wird das selbständige Merkmal „entflammbar" mit der Ausprägung „nicht" über eine Relation mit dem Bauteil verbunden. Auch Lösungen sind auf diese Weise beschreibbar. Durch die Umsetzung dieser Strategien ergeben sich folgende Konsequenzen:

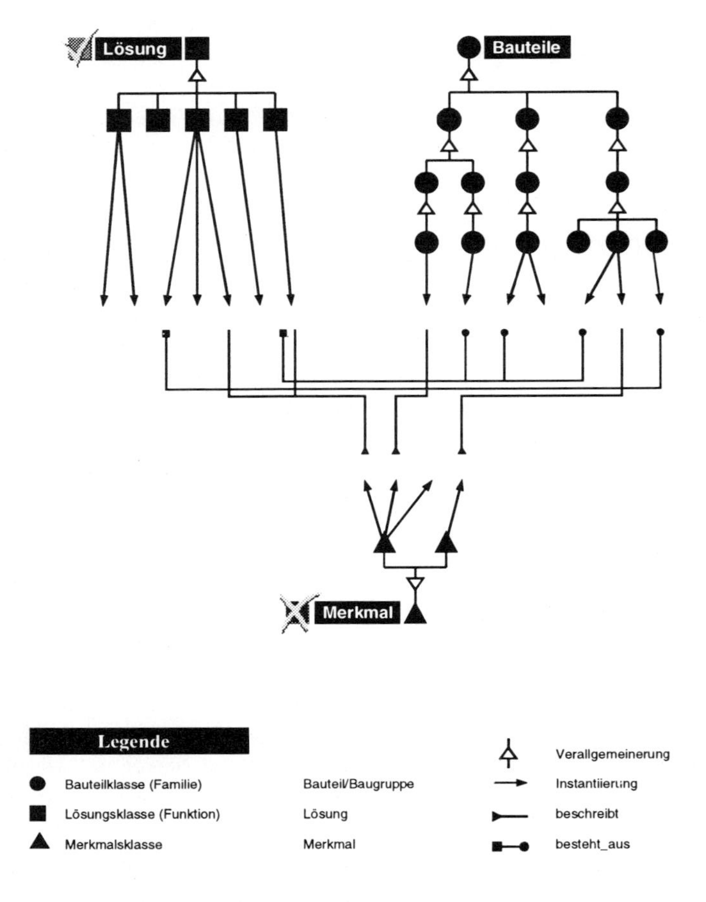

Bild 1.17 Struktur der Lösungsbibliothek

Semantische Merkmale: Alle Merkmalselemente zusammen bilden den „Wortschatz" einer künstlichen Sprache. Dieses Vokabular (Gesamtheit aller Merkmale) steht zur Beschreibung der Elemente der Lösungsbibliothek zur Verfügung. Zudem bietet dieses Vorgehen den Vorteil, daß die Bauteilbeschreibung - anders als bei dem starren Ansatz der Sachmerkmalleisten - bei Bedarf sehr leicht erweiterbar ist. Falls erforderlich, kann einem Bauteil oder einer Lösung zu jedem beliebigen Zeitpunkt ein ergänzendes Merkmal zugewiesen werden.

Kontextsensitive Unterstützung: Nicht alle Merkmale sind für den Konstrukteur in jedem Arbeitsschritt gleichermaßen relevant. Je nach Arbeitsfortschritt und Konkretisierungsgrad werden die Anzahl und der Präzisierungsgrad der Merkmale unterschiedlich sein. In der Entwurfsphase sind gewöhnlich nur einige wenige Merkmale bekannt und können vom Konstrukteur angegeben werden. Das System soll ihn hier bei der Suche nach physikalischen Effekten und Prinziplösungen unterstützen. Je mehr Merkmale im weiteren Konstruktionsprozeß bekannt sind oder durch andere implizit vorbestimmt werden, desto konkreter und spezieller kann gesucht werden. Die vom Konstrukteur gewünschte Lösungsmenge besteht dann aus konkreten Bauteilen und Produkten.

Die Anbindung an das WWW

Die Metaphase-Architektur läßt den Zugriff auf die Inhalte der Lösungsbibliothek lediglich innerhalb eines LANs oder WANs von mit OMF-Clients ausgestatteten Rechnern aus zu. Durch die Anbindung an das WWW kann jedoch ein globaler Zugriff über mit WWW-Clients ausgestatteten Rechnern ermöglicht werden. Dieser globale Zugriff birgt einige Vorteile in sich. Für den Anwender ist die Bedienung des Systems einfacher, da ihm nur die Funktionalität angeboten wird, die er zur Erledigung seiner Aufgaben benötigt. Die Lizenzkosten für Metaphase-Clients entfallen, da WWW-Browser deren Funktion übernehmen. Damit ist auch der Vorteil der Plattformunabhängigkeit gegeben.

Darüber hinaus besteht durch diese Anbindung die Möglichkeit, einige im Aufbau des OMF begründete Schwächen in der Bedienbarkeit der Lösungsbibliothek zu beheben. Die Darstellung der Bauteilhierarchie als Menükaskade ist unübersichtlich. Metaphase besitzt jedoch keine Funktionalität zur vollständigen, interaktionsfreien Abbildung einer Baumstruktur. Auch im *Tree View* kann jeweils nur ein Knoten um eine Ebene erweitert werden. Innerhalb der WWW-Oberfläche wird die Bauteilhierarchie als Baumstruktur abgebildet. Ein schrittweises Verkleinern der gefundenen Lösungsmenge ist in Metaphase nicht möglich. Ist die Lösungsmenge aufgrund einer zu allgemeinen Anforderungsspezifikation zu umfangreich, wäre es hilfreich, durch zusätzliche Einschränkungen die Lösungsmenge schrittweise verkleinern zu können. Diese Möglichkeit ist innerhalb der WWW-Oberfläche gegeben.

Die WWW-Oberfläche 3Womf („WWW-omf„, „World Wide Web - Object Management Framework - Kopplung„) ist modular aufgebaut. Für jede der Suchstrategien (hierarchisch und merkmalorientiert) steht jeweils ein Modul zur Verfügung, welches wiederum aus mehreren Komponenten besteht.

Zur übersichtlichen Gestaltung der WWW-Oberfläche für familienorientiertes Suchen wurde das Fenster des WWW-Browsers in drei Rahmen (*Frames*) aufgeteilt. Im oberen Frame befinden sich Buttons, um zwischen den drei Suchstrategien zu wechseln. Der linke Frame beinhaltet den Hierarchiebaum, wobei Teilefamilien als Hyperlinks dargestellt sind. Durch Anklicken einer Teilefamilie erhält der Benutzer im rechten Frame die Eingabemaske zur genaueren Spezifizierung der Eigenschaften des gesuchten Bauteils. Das Suchergebnis wird aus Gründen der Übersichtlichkeit in einem neuen Browser dargestellt. Darüber hinaus können dadurch bei einer zu großen Anzahl gefundener Bauteile die Auswahlkriterien in der Eingabemaske weiter eingegrenzt werden. Dadurch ist ein schrittweises Verkleinern der Ergebnismenge möglich.

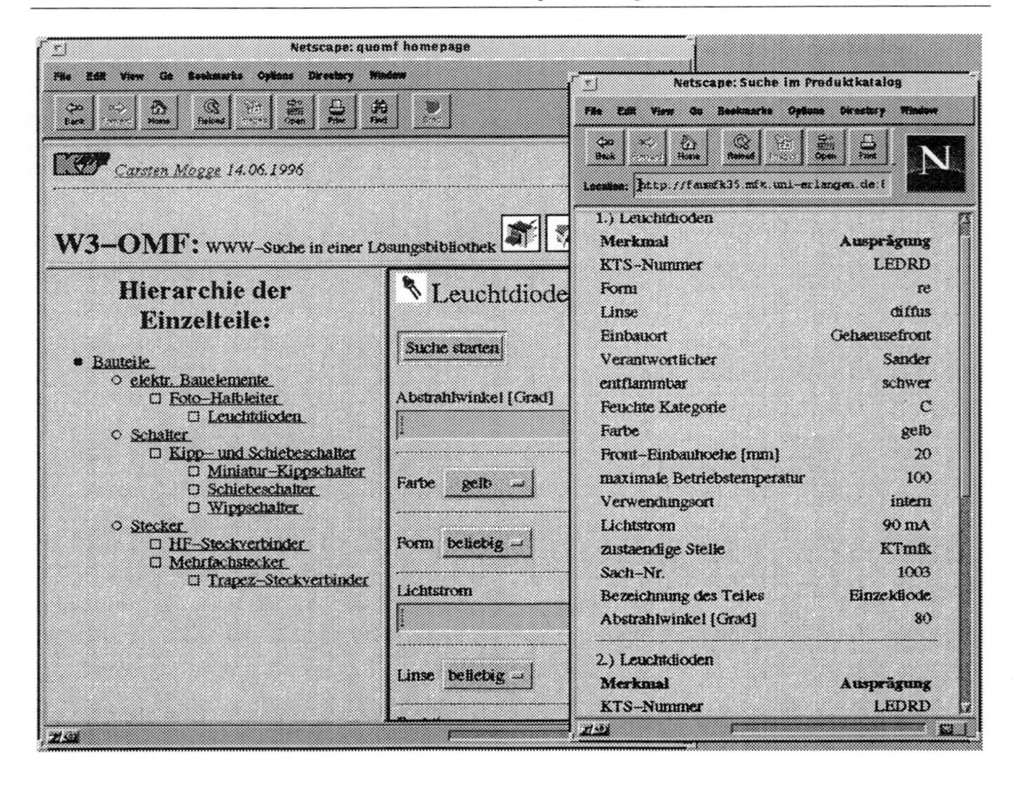

Bild 1.18 3Womf Benutzungsoberfläche

4.1.2.3 Berechnungsseitige Unterstützung des Konstruktionsprozesses

Problembeschreibung

Bei der Gestaltung eines Produktes spielen u. a. solche Untersuchungen eine zentrale Rolle, die sich auf Berechnungen und Simulationen stützen. Sie kommen in allen Phasen des Konstruktionsprozesses zum Einsatz und dienen den verschiedensten Zwecken. Die Bandbreite reicht dabei von der Auslegung von Bauteilen über die rechnerische Überprüfung der verlangten Funktionsparameter bis hin zum Nachweis der Bauteilfestigkeit. Die zur Durchführung dieser Untersuchungen verfügbaren Verfahren sind in der Regel entsprechend spezifischer Rahmenbedingungen auf Produkte oder deren Bestandteile zugeschnitten bzw. für die jeweiligen Branchen vordefiniert. Positiver Aspekt dieses Sachverhaltes ist die hohe Problemspezifik und Aufgabenangepaßtheit der Algorithmen sowie das Vorhandensein von Vergleichswerten.

Zur Verbesserung der DV-technischen Konstruktionsunterstützung ist die Verfügbarkeit von problemspezifischen und aufgabenangepaßten Anwendungen notwendig [Klose, Gitter, Meerkamm, Storath 94]. Zum einen wird dadurch die Vollständigkeit der für die Problemlösung erforderlichen Konstruktionswerkzeuge sichergestellt und somit die Durchgängigkeit der DV-Lösung erhöht. Zum anderen gewährleistet deren Implementierung in hohem Maße die Berücksichtigung von spezifischen Arbeitsaufgaben in den einzelnen Abschnitten der Produktentwicklung und von konstruktionstypischen Sichtweisen. Nicht zuletzt unterstützen solche Anwendungsfunktionen die konkreten betriebsspezifischen Abläufe und Problemstellungen. Die daraus resultierenden Vorteile aus Sicht der Anwender werden im folgenden aufgeführt:

- Die Entlastung von zeitraubenden Routineaufgaben schafft Freiräume für die kreative Entwicklung innovativer Lösungen.
- Der Einsatz von DV-Werkzeugen ist oft mit einer Reduzierung der zur Bearbeitung benötigten Zeit verbunden. Dadurch entstehen Möglichkeiten für die Ausarbeitung und Testung von mehreren Varianten, wodurch die Qualität der Lösung verbessert und Fehler minimiert werden können.
- Aufgrund der erweiterten Analysemöglichkeiten wird die Prozeßqualität positiv beeinflußt, d. h., unproduktive Aufwendungen zur Fehlerbeseitigung werden reduziert. Dies bringt Vorteile hinsichtlich Durchlaufzeit und Kosten.
- Durch die Verlagerung von Optimierungszyklen in frühere Phasen des Produktentwicklungsprozesses können schon zu diesem Zeitpunkt gesicherte Ergebnisse an andere Prozeßbeteiligte weitergegeben werden. Dies ist eine notwendige Voraussetzung zur Parallelisierung des Prozesses im Sinne von Simultaneous Engineering.

Nachteile, insbesondere für eine DV-technische Unterstützung, resultieren aus dem eingeschränkten Geltungsbereich der Verfahren [Klose, Gitter, Abeln 94]. Obwohl ein Großteil in Normen oder allgemein anerkannten Nachschlagewerken verankert und gut zu handhaben ist, ist deren rechentechnische Umsetzung und tatsächliche Anwendung noch nicht sehr weit fortgeschritten. Als wichtigste Ursachen für diese Diskrepanz sind aus Anwendersicht die folgenden Gründe zu nennen:

- Aufgrund der derzeit unzureichenden Integration von Spezialanwendungen ist ein hoher manueller Eingabeaufwand vorhanden, dem oft keine adäquate Dokumentation der Ergebnisse gegenübersteht. Auch eine Übertragung der Ergebnisse in das unternehmensinterne Archivierungssystem ist oft nicht gegeben.
- Der Nutzer muß sich mit dem Programm vertraut machen. Insbesondere wenn dies unter Zeitdruck erfolgt, verbleibt Unsicherheit zur Verläßlichkeit der Ergebnisse. Da die Problemlösung in der Regel auch von Hand durchführbar ist, wird diese Vorgehensweise subjektiv oft als sicherer empfunden.

- Der Aufwand zum Auffinden des zur Problemlösung benötigten Programmes ist relativ hoch. Dem gegenüber ist die Wahrscheinlichkeit gegeben, daß dieses trotz Suche nicht gefunden wird bzw. nicht geeignet ist.

Diese Sachverhalte spiegeln aber nur eine Seite der Problematik wider. Ebenso bedeutsam sind folgende Gründe, die aus Anbietersicht eine Entwicklung von Anwendungen für spezifische konstruktive Probleme schwierig erscheinen lassen:

- Spezialanwendungen finden aufgrund ihres Geltungsbereiches nur einen eingeschränkten Nutzerkreis. Wegen des daraus resultierenden Kostendrucks ist ein hohes Maß an Effizienz bei der Implementierung derartiger Anwendungen notwendig.
- Spezialanwendungen besitzen in der Regel eine weit geringere Verbreitung als kommerziell verfügbare Standardanwendungen. Daraus ergibt sich, daß die Spezialanwendungen an solche Systeme angepaßt werden müssen, wodurch der potentielle Nutzerkreis eingeschränkt und die Wartung der Programme erschwert wird.
- Bei der Erstellung dieser Anwendungen ist es in der Regel unumgänglich, daß sich der Entwickler in die spezifische Problemstellung einarbeitet. Dieses stellt einen erheblichen Zeit- und Kostenfaktor dar.

Die aus Anwendersicht genannten Probleme liegen zum überwiegenden Teil nicht in den spezifischen Anwendungen selbst begründet, sondern in deren Einbettung in das Umfeld des rechnerunterstützten Produktentwicklungsprozesses. Obwohl zum Teil derselbe Datenbestand benötigt wird, muß der Anwender diesen für jede Anwendung aus der derzeit verfügbaren Version der Produktbeschreibung extrahieren. Dabei geht der unmittelbare Bezug dieser Daten zur Produktbeschreibung verloren, wodurch bei Änderungen widersprüchliche Datenbestände entstehen können. Dies gilt auch, wenn die Anwendung es ermöglicht, die Eingangsdaten separat abzuspeichern, da in jedem Fall nur der Nutzer die inhaltliche Übereinstimmung der an unterschiedlichen Orten gespeicherten Informationen kontrollieren kann. Bei Widersprüchen muß der für die Anwendung relevante Datensatz gefunden und entsprechend der Veränderung angepaßt werden. Im Anschluß daran ist eine wiederholte Ausführung der Anwendung und die Rückübertragung der Ergebnisse in die Produktbeschreibung notwendig.

Ein Lösungsansatz zur Minimierung oder Beseitigung der oben angeführten Probleme muß sowohl die Anwendersicht als auch die Anbietersicht, also die des Softwareentwicklers, berücksichtigen.

Anforderungen an die Berechnungsunterstützung

Aus den genannten Problemen lassen sich die nachfolgend beschriebenen Anforderungen und zu beachtenden Randbedingungen für die Entwicklung und Integration von konstruktionsunterstützender Software ableiten.

Die Produktdatenhaltung muß so gestaltet werden, daß sie als integrierender Rahmen für den Einsatz der zur Erstellung dieses Produktes benötigten Anwendungen dienen kann. Neben der Entwicklung von spezifischen Anwendungen ist somit deren daten- und funktionsseitige Integration eine weitere Aufgabe. Für diese Integration ist dabei eine größtmögliche Offenheit zu bewahren, die nachträgliche Modifikationen, d. h. hauptsächlich die Einbindung zusätzlicher Anwendungen, erlaubt.

Das zu erstellende Tool muß in der Lage sein, mit der im konkreten Unternehmen vorhandenen Hard- und Software zusammenzuarbeiten. Des weiteren sind für die Struktur der Anwendung auch die Merkmale des Produktspektrums von Bedeutung.

Bei größeren Projekten ist aufgrund des Entwicklungsumfangs, des Zeitrahmens und der Aufgabenkomplexität sowohl eine arbeitsteilige (Spezialisierungserfordernisse) als auch mengenteilige Bearbeitung erforderlich. Daraus ergibt sich die Notwendigkeit zu einer umfassenden Informationsbereitstellung für alle an einem Produkt beteiligten Bearbeiter. Die einzelnen Spezialisten sollten dabei nicht nur die Möglichkeit erhalten, die zur Lösung ihrer Aufgaben benötigten Ausgangsinformationen zu beziehen, sondern sich auch über die Arbeitsergebnisse anderer Prozeßbeteiligter informieren können. Dazu müssen die Anwender in die Lage versetzt werden, die Ergebnisse ihrer Arbeit zentral abzulegen und somit den anderen Bearbeitern zur Verfügung zu stellen.

Aus diesen Punkten und Randbedingungen ergeben sich folgende Anforderungen an den Leistungsumfang des Tools:

- Abbildung der Baugruppenstruktur mit zugeordneten Eigenschaften und Anforderungen
- Bereitstellung unabhängiger Sichten für verschiedene Mitarbeiter
- Verwaltung und Bereitstellung der Daten über den gesamten Prozeß
- Integration spezifischer Anwendungen in das CAD-Umfeld, insbesondere Berechnungen und spezifische Simulationen
- Sicherstellung der Erweiterbarkeit durch die Gewährleistung einer größtmöglichen Offenheit

Umsetzung

Zur Realisierung oben genannter Anforderungen wurde das Programmsystem EDACON entwickelt. Die Umsetzung erfolgte beispielhaft für Aufgaben eines Projektpartners aus dem Schienenfahrzeugbau. Basierend auf den Gegebenheiten des konkreten Unternehmens waren daher firmenspezifische Rahmenbedingungen zu beachten.

So ist aufgrund der Größe und Komplexität der Erzeugnisse eine relativ starke Gliederung in Baugruppen und Unterbaugruppen typisch. Kernbaugruppen unterliegen einer internationalen Standardisierung, die deren Funktionstüchtigkeit und Austauschbarkeit sicherstellen soll. Zu diesen Elementen müssen eine Vielzahl von Berechnungen durchgeführt werden, die dem Nachweis für einen sicheren Betrieb dienen und gleichzeitig die Grundlage für die Zulassung durch die entsprechenden Behörden bilden. Die Auslegungs- und Berechnungsvorschriften für Standardbaugruppen sind in Normen hinterlegt, was deren rechentechnische Umsetzung begünstigt.

Sollen spezifische Anwendungen sowohl effizient entwickelt als auch effizient eingesetzt werden können, so ist zur Auflösung der beschriebenen Problematik ein Lösungsansatz notwendig, der folgende Aspekte berücksichtigt [Klose, Steger 92]:

- Erfassung, Aufbereitung, Abbildung und Verwaltung der für die Spezialanwendungen relevanten Produktdaten
- Integration der zu implementierenden Anwendungen auf Daten- und Funktionsebene sowie in das CAD-Umfeld
- Gewährleistung einer größtmöglichen Offenheit durch Trennung von Anwendung und Daten

Das System EDACON umfaßt demnach zwei Bereiche Zum einen gehören zum Funktionsumfang die spezifischen konstruktionsunterstützenden Anwendungen. Diese müssen in Abhängigkeit von den konkreten Produkt-, Unternehmens- und Aufgabenerfordernissen entwickelt werden. Des weiteren stellt das System eine Komponente zur zentralen Datenverwaltung bereit, über welche die Integration der verschiedenen Anwendungen realisiert wird. Erst durch diese Integration der einzelnen Tools untereinander und in die CAD-Umgebung wird die durchgängige Unterstützung der Konstruktionstätigkeit erreicht [Gitter, Hirsch, Maskow, Weinhold 97].

Die Abbildung der produktbeschreibenden Daten erfolgt in einer hierarchischen Baumstruktur, die sich an der Untergliederung technischer Gebilde in Baugruppen, Unterbaugruppen und Einzelteile orientiert. Die Produktbeschreibung kann somit durch die Abbildung unterschiedlicher Abstraktionsgrade erfolgen. Dabei werden den übergeordneten Baugruppen meist neben der sie beschreibenden Geometrie auch funktionelle Daten zugeordnet. Diese ergeben sich aus der Funktion der Unterelemente, z. B. Einzelteile, bzw. in bestimmten Fällen aus deren stofflich-geometrischer Beschreibung. Umgekehrt ist es mit dem System auch möglich, auf oberem Abstraktionsniveau, das beispielsweise bei der Festlegung der Baugruppen endet, Festlegungen zu verankern, die dann die Randbedingungen für die weitere Detaillierung bilden.

In Anlehnung an die Hauptfortschrittsrichtung im Konstruktionsprozeß erfolgt die Modellierung vom Abstrakten zum Konkreten. Diese Vorzugsstrategie schließt Iterationen und Rücksprünge nicht aus. Die Entwicklung verläuft demnach von der Definition der Zielwerte zur Definition der Produktgestalt. Aus den Anforderungen an das Gesamtprodukt, die beispielsweise mit der im Abschnitt 4.1.2.1 beschriebenen Anforderungsmodellierung erfaßt wurden, können somit Festlegungen zu den funktionellen und stofflich-geometrischen Eigenschaften des Produkts, der Baugruppen und der Einzelteile getroffen werden.

Das Programmsystem zeigt Gestaltungs- und Lösungsmöglichkeiten für die in Kap. 3 aufgezeigten Innovationsfelder des CAD-Referenzmodells. Hauptaugenmerk liegt auf der Einbeziehung der Gebiete Analyse/Berechnung/Simulation, Integration und Produktmodell. Dazu werden schwerpunktmäßig die Konzepte zur Gestaltung des Anwendungsteils der Referenzarchitektur berücksichtigt und unter Beachtung von Integrationsaspekten in Teilbereichen umgesetzt.

Aufgrund der beschriebenen Randbedingungen des Unternehmens stellt das Tool für die Datenverwaltung eine Speziallösung dar. Die offene Konzeption der EDACON-Datenverwaltung eröffnet jedoch bei einer entsprechenden Weiterentwicklung die Möglichkeit, diese auf ein Produktdaten-Managementsystem aufzusetzen.

Datenmodell

Zur Erläuterung von Eigenschaften und Arbeitsweise des Systems ist die Beschreibung des zugrundegelegten Datenmodells erforderlich. Dieses setzt sich aus der Elementehierarchie, den Elementen, den Eigenschaften, den Werten und den Anforderungen zusammen. Der Einsatz dieser Objekte ermöglicht den Aufbau eines Modells, das die produktbeschreibenden Daten enthält, beim Entwicklungsprozeß kontinuierlich erweiterbar ist und die Prüfung der Übereinstimmung von Soll- und Ist-Werten ermöglicht. Erweitert werden kann diese Struktur durch integrierte Anwendungen, die entweder mit einem Element verknüpft oder auch völlig separat existieren können.

Elementehierarchie

Die Elementehierarchie entsteht durch das Verknüpfen der einzelnen Elemente zu einer hierarchischen Baumstruktur. Diese Baumstruktur spiegelt die Unterteilung des Produktes in Baugruppen, Unterbaugruppen und Einzelteile wider. Sie ermöglicht eine übersichtliche Darstellung der Produktstruktur und gewährleistet einen einfachen Zugriff auf die produktbeschreibenden Daten. Der Aufbau der Elementehierarchie erfolgt Top-Down von dem das Gesamtprodukt darstellenden Element hin zu den in diesem enthaltenen Baugruppen und Einzelteilen. Die eigentlichen produktbeschreibenden Daten sind mit den Elementen verbunden.

Elemente

Elemente dienen der Abbildung der Produktbestandteile in der Datenstruktur. Infolge der hierarchischen Strukturierung kann ein Element sowohl ein Produkt als Ganzes als auch dessen Einzelteile repräsentieren.

Die Elemente stellen somit die Verknüpfung zwischen der übergeordneten Struktur und den produktbeschreibenden Daten dar. Diese Daten liegen in den Werten vor, die im folgenden beschrieben werden. Da es zur Vermeidung von Redundanzen notwendig werden kann, einen Wert mehreren Elementen zuzuordnen, und außerdem eindeutig definiert werden muß, welche Bedeutung der Wert in diesem Element hat, erfolgt die Zuordnung der Werte zu den Elementen über die Eigenschaften.

Eigenschaften

Die Eigenschaften werden den Elementen zugeordnet und definieren bezüglich der Datenstruktur die Bedeutung eines Wertes in diesem Element. Die tatsächliche Ausprägung dieser Eigenschaften erfolgt durch die Werte. Mit jeder Eigenschaft ist also genau ein Wert verbunden. Es ist aber möglich, einen Wert mehreren Eigenschaften zuzuordnen. Diese mehrfache Zuordnung eines Wertes zu unterschiedlichen Eigenschaften ermöglicht die Verknüpfung von Elementen auf Datenebene. Zur Sicherstellung unterschiedlicher Auswertemechanismen für die Elemente wurden die Eigenschaften in drei Ebenen untergliedert.

- Standardeigenschaften

Die Standardeigenschaften werden bei allen neu erstellten Elementen identisch erzeugt. Art, Anzahl und Bedeutung der Standardeigenschaften können an die Bedürfnisse der Anwender angepaßt werden. Da ein Datenaustausch nur zwischen Modellen möglich ist, bei denen die Standardeigenschaften identisch definiert sind, sollte eine Definition unternehmensweit verwendet werden. Die Standardeigenschaften ermöglichen die Erstellung zentraler Auswertemechanismen, wie z. B. die Ermittlung des Gesamtgewichtes eines Produktes.

- Elementeigenschaften

Die Elementeigenschaften beschreiben das Bauteil oder die Baugruppe. Über sie ist somit die Generierung der spezifischen Sicht auf das Strukturelement möglich. Durch die Wahl dieser Eigenschaften können die verschiedenen Abstraktionsgrade ausgedrückt werden. Die Werte, auf die diese Eigenschaften verweisen, können als Datenbasis für Spezialanwendungen dienen.

- Benutzerdefinierte Eigenschaften

Diese Eigenschaften sind für jedes Element frei definierbar. Sie sind in erster Linie zur Bereitstellung von Informationen für den Bearbeiter des entsprechenden Elementes geeignet. Sie stellen die notwendige Flexibilität und Erweiterbarkeit des Modells sicher.

Werte

Die Werte stellen die Ausprägungen der Eigenschaften dar, d. h., sie enthalten die eigentlichen produktbeschreibenden Daten. In EDACON liegt jeder Wert nur einmal in einer verketteten Liste vor. Diese Liste ist aus Übersichtsgründen alphabetisch geordnet, trägt aber ansonsten den Charakter einer losen Datensammlung, die keine Rückschlüsse auf die Beziehung der Werte zueinander ermöglicht. Es wurden die folgenden Wertetypen definiert:

- Zahlenwert, bestehend aus einer float-Zahl
- Informationswert, bestehend aus einem String zur Darstellung einer Information
- Dateiwert, bestehend aus zwei Strings, in denen ein Dateiname und das zur Bearbeitung dieser Datei benötigte Programm enthalten sind
- Koordinatenwert, bestehend aus drei float-Zahlen für die X-, Y- und Z- Koordinate
- Datumswert, bestehend aus einem String, der das Datum enthält und zu dem verschiedene Datumsoperationen definiert sind.

Zu den Werten stehen umfangreiche Manipulationsfunktionen zur Verfügung, die ihrer Verknüpfung mit den Eigenschaften der Elemente dienen.

Anforderungen

Anforderungen stellen Soll-Werte für Produktmerkmale dar und können sowohl mit Eigenschaften als auch direkt mit Werten verknüpft werden. Sie definieren den Bereich, in dem der zuzuordnende Wert verändert werden kann. Die Art der Anforderung ist abhängig von dem Wertetyp, mit dem sie verbunden werden soll.

Integrierte Anwendungen

Anwendungen können direkt den Elementen zugeordnet oder auch völlig separat implementiert werden. Ein direkte Zuordnung zu den Elementen hat den Vorteil, daß die entsprechende Berechnung sofort mit dem Einfügen dieses Elementes zur Verfügung steht und die Verknüpfung der Berechnungswerte mit den produktbeschreibenden Werten schon hergestellt ist. Bei einer separaten Anwendung muß dies durch den Anwender vorgenommen werden.

Prinzipiell besteht eine Anwendung aus dem Datenteil und dem Funktionsteil. Der Datenteil besteht, ähnlich wie bei den Elementen, aus Eigenschaften, mit denen die produktbeschreibenden Werte verknüpft werden. Die Werte können dabei sowohl als Eingangswerte als auch als Ausgangswerte fungieren. Über den Datenteil erfolgt also die Verknüpfung der Anwendung mit der Datenbasis.

Der Funktionsteil enthält die spezifische Funktionalität zur Unterstützung des Anwenders. Die Inhalte der Anwendungen richten sich nach den unternehmensspezifischen Problemstellungen. Bei der Nutzung von Berechnungskomponenten ist es unerheblich, ob diese Berechnungen den Charakter von Auslegungs- oder Nachrechnungen haben. Sollte die Berechnung auf noch nicht endgültig festgelegten bzw. geschätzten Daten beruhen, so können deren Ergebnisse als Anforderungen definiert werden und so im weiteren Verlauf der Konstruktion die Einhaltung von Eckdaten sicherstellen.

Eigenschaften und Arbeitsweise

Merkmale und Arbeitsweise des Programmsystems EDACON sollen im folgenden anhand eines praktischen Beispiels aus einem der Anwenderbetriebe erläutert werden. Das Szenario umfaßt dabei die Angebotsbearbeitung inklusive der detaillierten Auslegung einer Baugruppe.

Die Auftragsbearbeitung beginnt mit dem Eingang einer Kundenanfrage, zu der ein Angebot angefertigt werden muß. Der Angebotsbearbeiter erstellt in einem ersten Schritt eine grobe Produktstruktur. Diese kann einerseits vollkommen neu definiert werden, indem die Elementehierarchie, beginnend auf dem Level des Produktes und verfeinert über Baugruppen bis zu Einzelteilen, modelliert wird. Dazu wird im Hauptfenster des Systems EDACON schrittweise eine Produktstruktur aufgebaut. Diese besteht aus frei definierbaren Elementen oder aus vorgepflegten Elementen und Baugruppen, die aus Listen ausgewählt werden (siehe Bild 1.19).

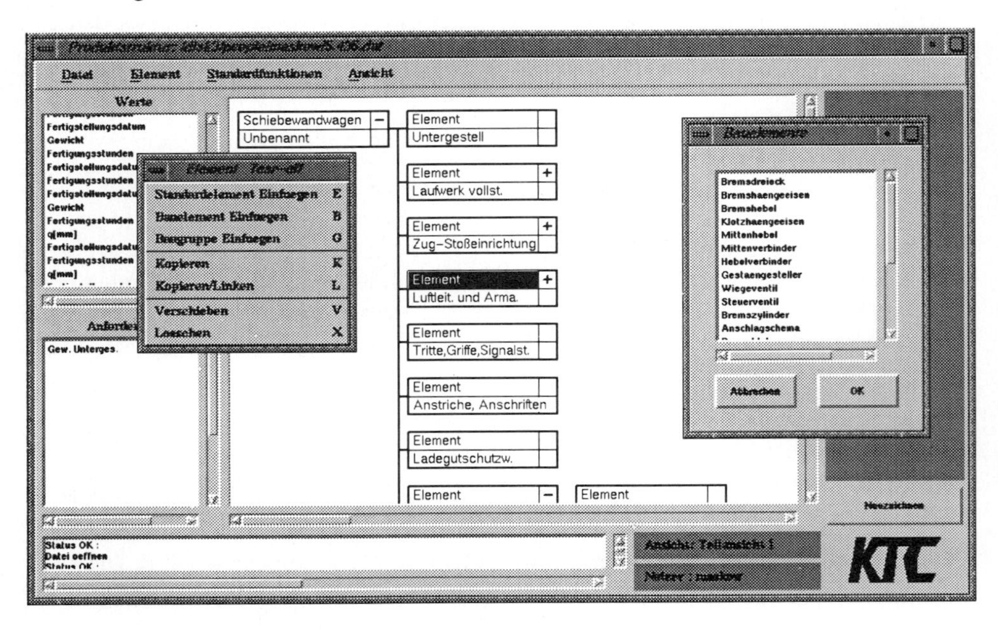

Bild 1.19 Hauptfenster mit Liste der einfügbaren Elemente

Zum anderen kann aber auch die bereits existierende Struktur eines ähnlichen Erzeugnisses geladen und entsprechend der aktuellen Randbedingungen modifiziert werden. Die Detaillierungstiefe der Produktstruktur ist von der konkreten Problemstellung abhängig.

Die Festlegungen zu den Elementen der Produktstruktur können weiter detailliert werden, indem eine Spezialisierung anhand vorgepflegter Elementtypen (z. B. Produkttypen) erfolgt oder vordefinierte Instanzen ausgewählt werden. Dabei werden diesen Instanzen zugeordnete Ausprägungen von Eigenschaftswerten sofort übernommen.

Zu diesem Zeitpunkt schon bekannte Eigenschaftsausprägungen (Werte) können in einem nächsten Schritt in das System eingegeben werden. Entsprechend der jeweiligen Kategorie können dabei Aussagen zu den Standard-, elementtypspezifischen und nutzerdefinierten Eigenschaften getroffen werden (Bild 1.20).

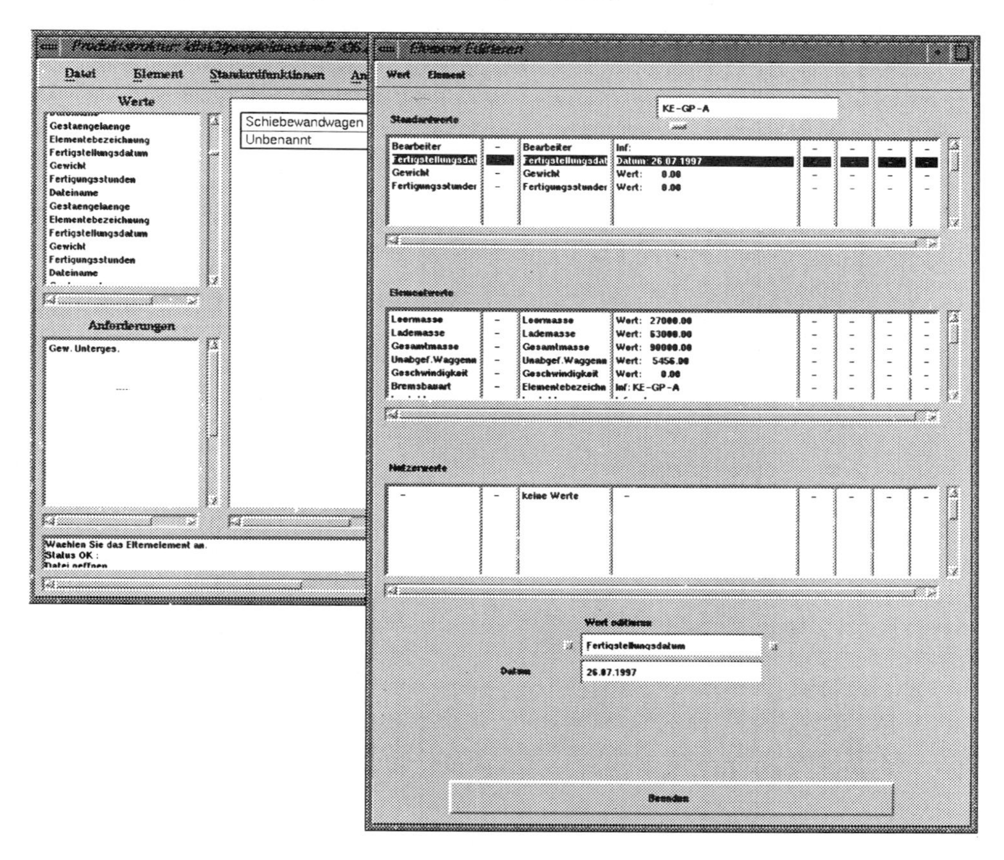

Bild 1.20 Fenster zum Editieren der Elementmerkmale

EDACON stellt hierfür u. a. Funktionalität zum Erzeugen, Löschen, Ersetzen, Linken und Umgruppieren zur Verfügung. Die Verknüpfung von Elementeigenschaften erfolgt dabei auf Ebene der Werte, d. h. eine Verbindung über Formeln ist derzeit nicht gegeben. Eine Mehrfachverknüpfung könnte zeitgesteuert realisiert werden.

Das Editieren von Eigenschaften kann einerseits elementbezogen vorgenommen werden, andererseits erscheinen die den Elementeigenschaften zugeordneten Werte in der Werteliste und sind auf diesem Wege auch außerhalb der Elemente zugreifbar.

Anforderungen an das Produkt oder dessen Bestandteile, die beispielsweise im Lastenheft des Kunden enthalten sind oder aufgrund von Erfahrungen ergänzt werden können, werden im folgenden den Eigenschaften von Strukturelementen oder deren konkreten Ausprägung zugewiesen und miteinander verknüpft (Bild 1.21).

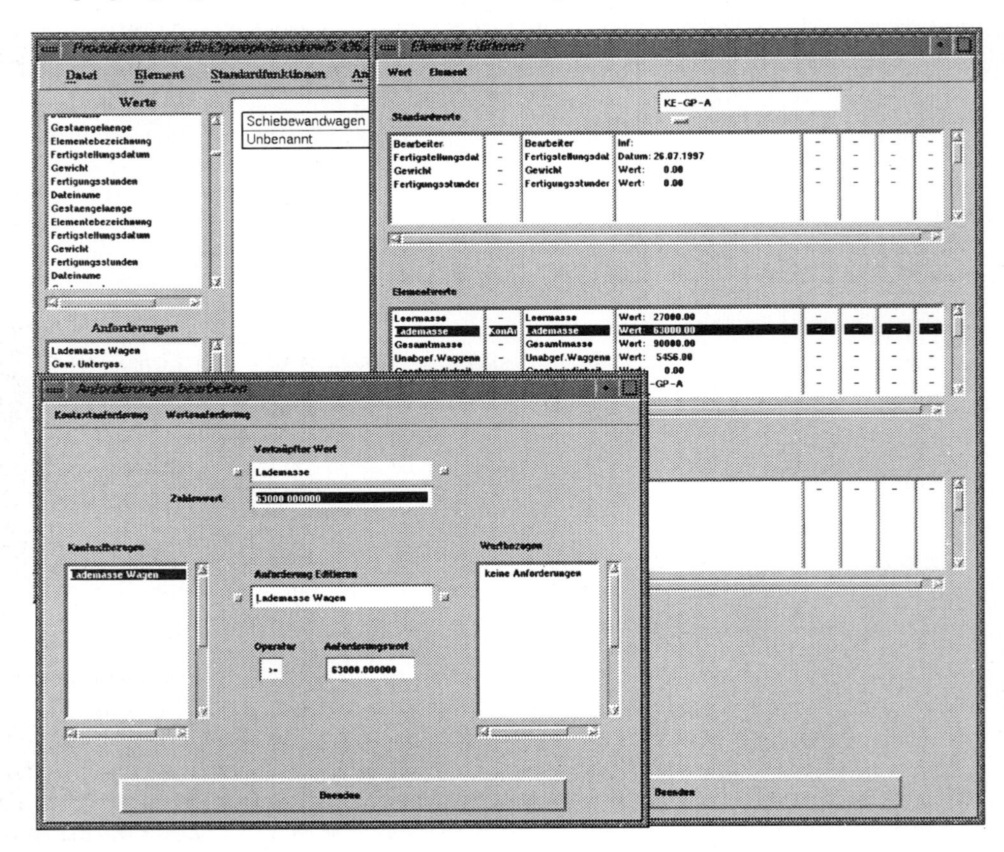

Bild 1.21 Fenster zum Definieren und Verknüpfen von Anforderungen

Die hier eingelasteten Anforderungen stellen Soll-Werte für die Eigenschaftsausprägungen dar und dienen sowohl als zu realisierende Zielvorgaben für die Konzepterstellung als auch als Kontrollkriterien zur Einschätzung der Lösungsgüte. Die automatische Übernahme von Anforderungen aus der in Kap. 4.1.2.1 beschriebenen Anforderungsmodellierung ist bei entsprechender Integration der Lösungen prinzipiell möglich.

Im Ergebnis dieser Aktivitäten entsteht eine erste Version des Datenbestandes zu einer Anfrage bzw. zu einem Auftrag, die auf Basis weiterer Untersuchungen ergänzt, detailliert, verifiziert und modifiziert werden muß.

Während der Angebotsbearbeitung ist im allgemeinen die Erstellung eines ersten Lösungskonzeptes zur Befriedigung der Kundenanforderungen notwendig. Dabei sind insbesondere die Schwerpunkte zu untersuchen, die entweder von besonderem Kundeninteresse sind oder für die Gewährleistung wesentlicher funktioneller und wirtschaftlicher Kriterien Bedeutung besitzen. Die Prüfung dieser Merkmale kann oft aufgrund des dazu erforderlichen Spezialwissens nicht vom Angebotsbearbeiter durchgeführt werden, sondern fällt in den Aufgabenbereich der entsprechenden Experten. Die Durchführung dieser Machbarkeitsstudie kann als der Beginn der konstruktiven Bearbeitung aufgefaßt werden und wird dann abgebrochen, wenn die zur Beantwortung der Kundenanfrage notwendigen Festlegungen getroffen werden können und der Bearbeiter aufgrund seiner Erfahrung in der Lage ist, die Realisierbarkeit der Lösungsvariante zu bestätigen. Bei der Durchführung seiner Aufgaben verwendet der Spezialist die vom Angebotsbearbeiter rudimentär ausgeprägte Produktstruktur und detailliert diese weiter. Die Arbeit der Spezialisten wird durch die von EDACON bereitgestellten, konstruktionsunterstützenden Spezialanwendungen erleichtert. Diese basieren auf dem zu diesem Zeitpunkt vorhandenen Datenbestand. Bei eventuellen Änderungen der Daten müssen nur die Berechnungen oder Simulationen wiederholt werden, nicht jedoch die Eingabe der Daten. Dies wird durch die Möglichkeit zur direkten Verknüpfung der Eingangsdaten der Anwendung mit diesen sich eventuell ändernden Eigenschaftsausprägungen sichergestellt. Damit ist die Durchführung von Iterationszyklen mit verhältnismäßig geringem Aufwand möglich.

Am Beispiel der Baugruppe Waggonbremse sollen die derzeit in EDACON implementierten Spezialanwendungen und ihre Integration dargestellt werden. Die Bremsanlage besteht aus dem pneumatischen Teil und einem Hebelmechanismus (Mitten- und Achsbremsgestänge), wobei deren Eigenschaftsausprägungen in gegenseitiger Abhängigkeit stehen. Aufgrund des Vorhandenseins von unterschiedlichen, teilweise konkurrierenden oder in Wechselwirkung stehenden Parametern liegt, wie oft in der Konstruktion, ein mehrdimensionales Problem vor. Dieser Sachverhalt erfordert eine iterierende Lösungssuche unter flexibler Anwendung unterschiedlicher Algorithmen. Zur wirkungsvollen Unterstützung dieser Aufgaben ist die Bereitstellung von aufgabenangepaßten Konstruktionswerkzeugen somit aus inhaltlicher Sicht sinnfällig und notwendig. Andererseits zählt diese Baugruppe wegen ihrer Bedeutung für Betriebssicherheit und Austauschbarkeit zu den standardisierten Produktkomponenten. Damit sind Eigenschaften und funktionsbestimmende Parameter, deren Zusammenhänge und auch Auslegungsalgorithmen hinreichend bekannt, so daß es sinnvoll und möglich ist, für diese Baugruppe und ihre Untergliederungen vorgepflegte Elemente zu definieren. Diese Vordefinition der Daten stellt auch die Voraussetzung zur Implementierung und Integration spezieller Anwendungsprogramme dar, die im Ergebnis direkt über die Elementehierarchie abrufbar sind. Die Verfügbarkeit derartiger Programme wird durch ein Pluszeichen im rechten unteren Feld des Elementesymbols verdeutlicht.

Für die Auslegung der Baugruppe Bremse ist die Untersuchung von folgenden zwei Themenfeldern von Bedeutung:

- Dimensionierung der Komponenten des pneumatischen Teils in Relation zur Kraftübersetzung durch den mechanischen Teil der Bremse - dies betrifft die Auswahl der Bauelemente Bremszylinder, Steuerventil und von Baugruppen zur automatischen Bremskraftregelung
- Simulation des Verhaltens der Baugruppe Achsbremsgestänge in Abhängigkeit vom Verschleiß der Bremsklötze und des Radreifens sowie bei Öffnen und Schließen des Mechanismus

Zur Unterstützung des Konstrukteurs wurden für diese Aufgaben Spezialanwendungen entwickelt und in EDACON integriert. Die im folgenden kurz vorgestellten Anwendungsfunktionen basieren direkt auf den im Datenmodell verwalteten Werten. Die Wahl der Reihenfolge des Tool-Einsatzes liegt in der freien Entscheidung des Bearbeiters, üblicherweise wird jedoch mit der Auslegung der Bremsanlage begonnen. EDACON stellt dafür die Spezialanwendung Bremsenberechnung bereit. Diese gestattet die Berechnung des Bremsverhaltens in Abhängigkeit von den Eigenschaften der ausgewählten Bauelemente. Die Anwendung nutzt dazu den von EDACON verwalteten Datenbestand zu den relevanten Elementen. Zur Vereinfachung können wesentliche Baugruppen und deren beschreibende Parameter vorgepflegt werden. Durch schrittweise Variation dieser treibenden Parameter entwickelt der Bremsenspezialist die für das konkrete Erzeugnis optimale Konfiguration dieser Baugruppe (siehe Bild 1.22). Nach Beendigung der Arbeiten besteht die Möglichkeit zur Dokumentation der Ergebnisse. Dazu wird automatisch eine CAD-Datei erzeugt, in der die Resultate in einem standardisierten Zeichnungslayout übersichtlich dargestellt werden. Die Ansteuerung des CAD-Systems erfolgt unter Nutzung der dort verfügbaren Programmierschnittstelle.

Die Simulation des Achsbremsgestänges (Bild 1.23) umfaßt die Untersuchung der Geometrie des Hebelsystems in nutzerdefinierten Relativlagen. Einflußgrößen hierfür sind die Anschlagpunkte der Hebel, der Raddurchmesser, die Abnutzung der Bremsklötze, der Abstand zwischen Rad und Bremsklotz sowie die Einfederung. Die in EDACON integrierte Anwendung Achssimulation bietet Funktionalität zur Variation dieser Parameter und steuert die Durchführung der Bewegungssimulation im CAD-System. Anhand der dort dargestellten Ergebnisse wird der Bearbeiter in die Lage versetzt, die Funktionsfähigkeit des Achsbremsmechanismus zu beurteilen. Zur Dokumentation der Konstruktionsergebnisse dienen sowohl die erzeugte CAD-Datei als auch die im Rahmen der Problemlösung in EDACON eingelasteten oder modifizierten Daten.

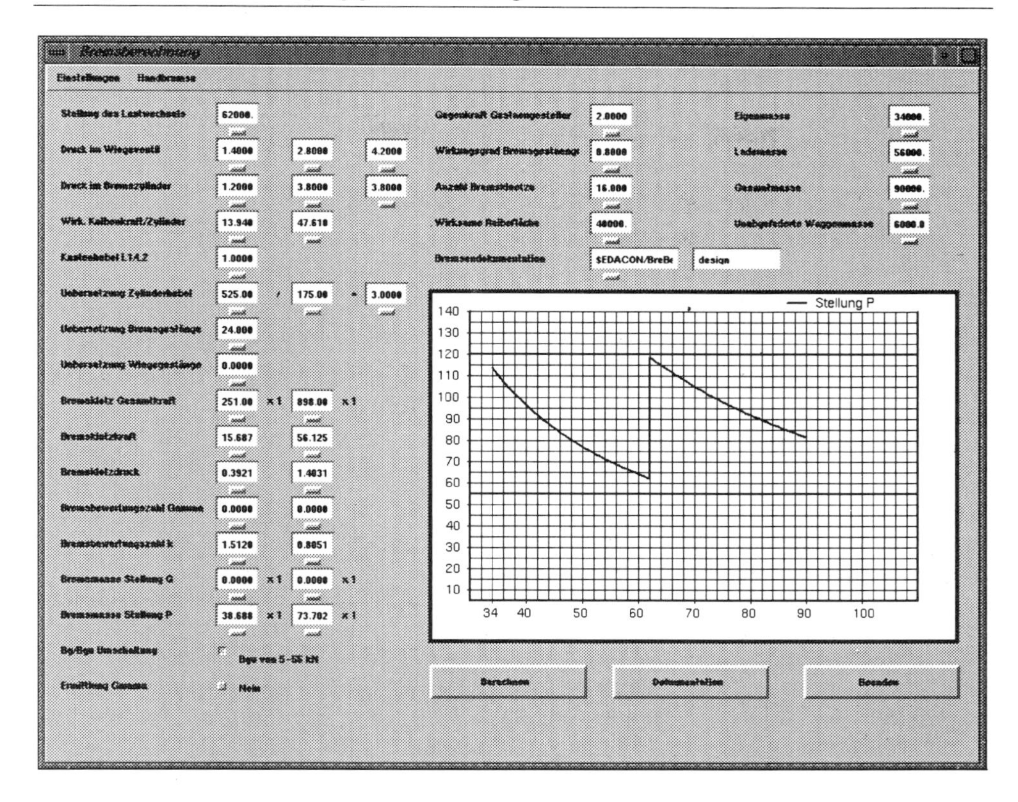

Bild 1.22 Fenster der Anwendung Bremsberechnung

Damit sind die Ergebnisse der Untersuchungen des Spezialisten in EDACON verfügbar, und deren Zuordnung zur Produktstruktur ist gesichert. Der Angebotsbearbeiter kann diese somit ohne weitere Aufwendungen zur Erstellung des Angebotsbestandteiles Technische Beschreibung nutzen.

Neben der Funktionalität oben beschriebener Spezialanwendungen bietet EDACON Standardfunktionen zur Auswertung des Datenbestandes (Bild 1.24). Hierzu zählen u. a. Möglichkeiten zur Überprüfung der Einhaltung von Anforderungen. Dabei werden der während der Bearbeitung spezifizierte Ist-Wert der Eigenschaft mit dem Vorgabewert bzw. -bereich (Anforderung) verglichen. Bei Feststellung von Widersprüchen werden die betreffenden Elemente durch Veränderung ihres Layouts hervorgehoben und können somit durch den Nutzer leicht ermittelt werden.

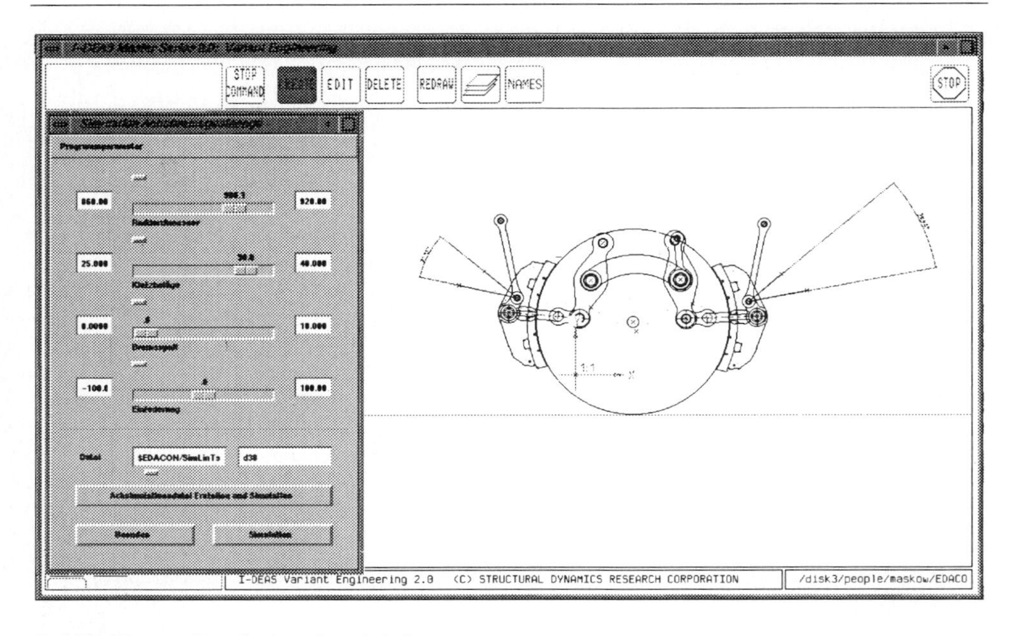

Bild 1.23 Simulation des Achsbremsgestänges

Durch die in EDACON verfügbaren Standardfunktionen ist ebenfalls eine Auswertung der für jedes Element fest definierten Standardeigenschaften „Bearbeiter", „Gewicht", „Fertigungsstunden" und „Fertigstellungsdatum" möglich. Die Ergebnisse werden dabei direkt in der Produktstruktur angezeigt. Für die Auswertung von hierarchisch verknüpften Eigenschaften (Gewicht, Fertigungsstunden) erfolgt eine automatische Summation der Werte von untergeordneten Elementen und die Zuordnung des Ergebnisses zum Element in der jeweils übergeordneten Ebene.

Die Prozesse von Angebotsbearbeitung und Produktentwicklung werden wegen ihrer Komplexität und ihres Umfangs in der Regel arbeits- und mengenteilig durchgeführt. Dies erfordert zum einen die Parallelisierung von Arbeitsaufgaben sowie zum anderen die Realisierung einer ausreichenden Kommunikation und engen Kooperation aller Prozeßbeteiligten. Daher ist EDACON für einen Mehrbenutzer-Betrieb ausgelegt, d. h., es ist ein gleichzeitiger, verteilter Zugriff unterschiedlicher Anwender auf das Datenmodell sichergestellt. Dies wird durch eine strenge Trennung zwischen Modell und Modelldarstellung gewährleistet. Die Änderungen an einem Modellbestandteil werden in Echtzeit an alle diesen Modellbestandteil darstellenden Elemente übertragen. Damit ist das simultane Bearbeiten von unterschiedlichen Stellen des Modells durch verschiedene Bearbeiter prinzipiell möglich. Da Veränderungen in Echtzeit allen Nutzern angezeigt werden, ist eine sofortige Benachrichtigung aller Prozeßbeteiligten zu Modifikationen an Elementen oder deren Eigenschaften sichergestellt. Widersprüche mit anderen Bearbeitern werden sofort sichtbar und können durch Absprachen ausgeräumt werden. Ob der simultane Modellzugriff standortübergreifend oder im selben Büro erfolgt, ist dabei bedeutungslos. Entscheidend ist, daß für die Bearbeiter immer der aktuelle Entwicklungsstand sichtbar wird. Das in Zusammenhang mit paralleler Bearbeitung existierende Konfliktpotential, welches aus einer möglichen Konkurrenzsituation bezüglich gemeinsam bearbeiteter Daten und Modellabschnitte resultiert, kann als gering eingeschätzt werden, da die unterschiedlichen Bearbeiter in der Regel an verschiedenen Baugruppen tätig sind. Zur Einschränkung des dargestellten Informationsumfangs besteht für jeden Anwender die Möglichkeit zur Festlegung einer eigenen Sicht auf das Datenmodell, die die zur Lösung der Arbeitsaufgabe notwendigen Modellabschnitte enthält. Des weiteren kann durch jeden Nutzer die Vordefinition derjenigen Daten erfolgen, bei deren Modifikation er eine Information erhalten möchte.

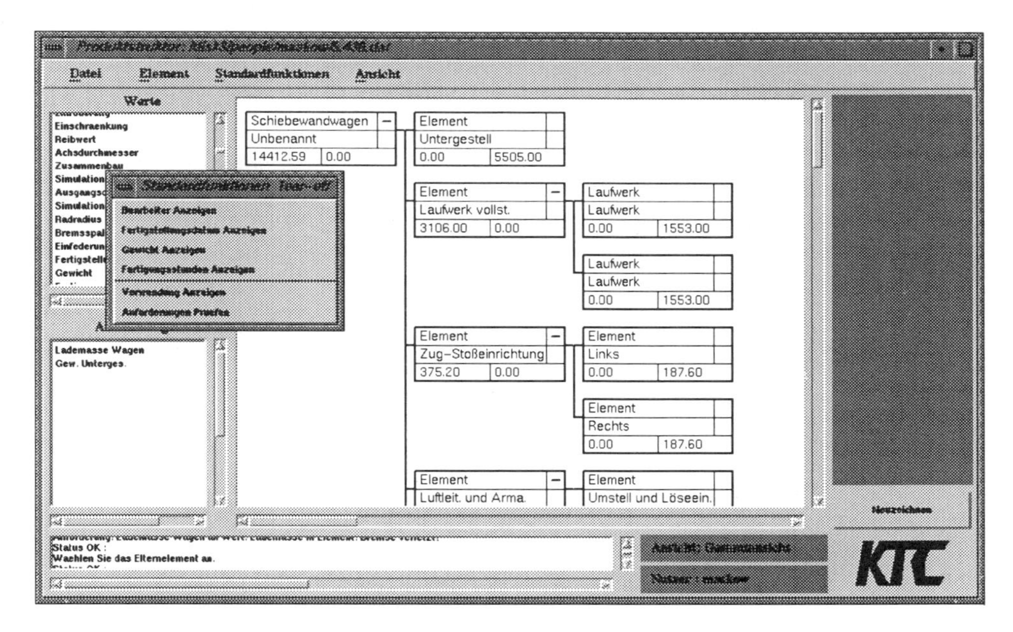

Bild 1.24 Standardfunktionen von EDACON

Das Einsatzgebiet des vorgestellten Programmsystems ist nicht auf die Angebotsbearbeitung beschränkt. Sowohl die EDACON-Komponente zur Datenverwaltung als auch die Spezialanwendungen können im weiteren Prozeßverlauf eingesetzt werden. Damit sind die während der Angebotsbearbeitung in das System eingepflegten Daten auch in anderen Prozeßabschnitten verfügbar. Resultierend werden einerseits die Angebotsbearbeitung und ihre Ergebnisse nachvollziehbar, andererseits stehen bei Auftragserhalt deren Ergebnisse für eine weitere konstruktive Bearbeitung als Anfangsinformationen zur Verfügung.

Das vorgestellte System dient zur Verwaltung der produktbeschreibenden Daten und stellt somit die Integration der Spezialanwendungen sicher. Die notwendige Flexibilität des Tools wird durch die Trennung von Anwendung und Daten sowie die hierarchische Abbildung der Baugruppen und Einzelteile erreicht.

Für die Überführung von EDACON in andere Bereiche ist eine unternehmensspezifische Anpassung erforderlich. Diese umfaßt sowohl die Vordefinition von Bauelementen und Baugruppen als auch die Erstellung der für die spezifischen Problemstellungen benötigten Anwendungsprogramme.

4.1.2.4 Zusammenfassung

Konzepte zur DV-technischen Konstruktionsunterstützung, deren Schwerpunkt die Verbesserung von Vollständigkeit und Durchgängigkeit ist, müssen die folgenden Gesichtspunkte berücksichtigen:

- Bereitstellung bisher nicht verfügbarer Werkzeuge für frühe Konstruktionsphasen und zur Lösung von spezifischen Arbeitsaufgaben
- Bereitstellung von Funktionalität zur Unterstützung der wesentlichen Tätigkeitsarten im Konstruktionsprozeß, d. h. von Gestalten, Simulation/Berechnung und Informieren, und deren Zusammenfassung in entsprechende Anwendungen
- Lösung der Integrationsproblematik, sowohl hinsichtlich der Daten als auch der prozeß- und funktionsseitigen Einbindung der konstruktionsunterstützenden Werkzeuge

In den voranstehenden Kapiteln wurden für dieses Themengebiet und bezogen auf ausgewählte Problembereiche Lösungsansätze vorgestellt.

Zur Unterstützung der frühen Produktentwicklungsphasen besitzt die rechnerunterstützte Anforderungserfassung eine große Bedeutung, da diese einerseits die Voraussetzung für eine möglichst fehlerfreie Auftragsbearbeitung darstellt und andererseits der vollständigen Abbildung der produktbeschreibenden Informationen dient. Die Anforderungserfassung ist ebenfalls eine wesentliche Grundlage zur Realisierung der angestrebten positiven Effekte, die aus den Möglichkeiten zu einem anforderungsgetriebenen Vorgehen bei der Lösungsfindung und zur Kontrolle der Entwicklungsergebnisse anhand von Anforderungen resultieren. Im Ergebnis wurde eine prototypische Lösung implementiert, die Mechanismen zur Anforderungserfassung und -detaillierung verdeutlicht.

Die Wissensbereitstellung ist im gesamten Entwicklungsprozeß ein sehr wichtiges Thema. Eine wesentliche Anforderung zur Steigerung der Effizienz ist die Einschränkung der angebotenen Informationsmenge. Dies wird durch die Kontextsensitivität der Informationsbereitstellung realisiert. Die Vorteile sind vielfältig. Neben einer Zeitersparnis bei der Lösungssuche ist vor allem auch die Möglichkeit der vollständigen Berücksichtigung komplexer Anforderungen an die Lösung zu nennen. Nicht zuletzt kann dadurch auch die Qualität der Produkte verbessert werden. Im Rahmen eines Demonstrators wurde das System KONSUL zur kontextsensitiven Suche nach anforderungsgerechten Lösungen implementiert. Dabei zeigte sich auch die Wichtigkeit von Standardisierungsbemühungen für den Austausch von Konstruktionswissen. Einen vielversprechenden Standard bildet die ISO 13584 PLIB. Diese Norm könnte ein wichtiger Schritt sein zur Überwindung der Kommunikations- und Integrationsdefizite zwischen Zulieferern und Kunden.

Untersuchungen, die Aktivitäten zur Berechnung und Simulation von Produkteigenschaften beinhalten, werden in jeder Phase der Entwicklungsprozesses benötigt. Die Effizienz der diesbezüglichen Werkzeuge wird wesentlich durch den Grad der Aufgabenangepaßtheit, die Datenintegration und die Gestaltung der Benutzungsoberfläche beeinflußt [Siodla, Gitter, Hirsch, Maskow 97]. Die Realisierung von problemspezifischen Anwendungen verbessert den Grad der DV-technischen Unterstützung der Konstruktion. Damit werden die Nutzer in die Lage versetzt, die Lösungsqualität bei gleichzeitig sinkendem Zeitbedarf zu verbessern. Dies stellt eine wichtige Grundlage zur Umsetzung simultaner Vorgehensweisen dar, da zu einem früheren Zeitpunkt gesicherte Ergebnisse an neben- und nachgelagerte Prozeßbeteiligte weitergegeben werden können. Das implementierte System EDACON stellt ein effektives Hilfsmittel zur Verwaltung von produktbeschreibenden Daten, eine Basis zur Integration von Spezialanwendungen und ein Tool zur Überprüfung der Einhaltung von Anforderungen dar. Bei dessen Entwicklung wurde Wert auf eine größtmögliche Offenheit gelegt, d. h., eine Erweiterung um anwenderspezifische Applikationen und Bauelemente sowie die Integration in das PDMS-Umfeld ist konzeptionell vorgesehen. Die im Rahmen des Projektes implementierten Spezialanwendungen stellen Lösungen für ausgewählte Problembereiche dar. Deren Nutzen für den Entwicklungsprozeß konnte anhand der Evaluierung in der industriellen Praxis nachgewiesen werden.

Die hier aufgeführten Lösungsansätze zeigen Möglichkeiten zur Umsetzung oben genannter Zielstellungen auf. Zur Realisierung einer vollständigen Unterstützung der Prozesse sind jedoch weitere Anstrengungen notwendig. Dazu zählen, neben der Weiterentwicklung der dargestellten Systeme und Werkzeuge, die Entwicklung von Anwendungen für andere Problembereiche und die Integration der Werkzeuge in die Prozeßketten des Engineerings. Von großer Bedeutung hierfür ist die Verfügbarkeit normierter Basistechnologien, für die in Kapitel 4.3 Lösungsansätze und erste Umsetzungsergebnisse beschrieben werden.

4.2 Verteilte kooperative Produktentwicklung

Die gegenwärtigen Produktentwicklungsprozesse sind durch verstärkte Zusammenarbeit sowohl betriebsintern als auch mit externen Partnern bis hin zur Bildung von Geschäftsverbünden oder virtuellen Unternehmen gekennzeichnet. Bekannte Gründe hierfür sind die in vielen Bereichen gestiegene Komplexität der Produkte und das Bestreben nach kürzeren Produktentwicklungszyklen. Erhöhtes Outsourcing in vielen Unternehmensbereichen gekoppelt mit neuen Formen der Arbeitsorganisation, wie Telearbeit vor dem heimischen Rechner, verstärken diesen Zustand.

Eng verbunden mit dem Trend zur immer stärkeren Verteilung von Produktentwicklungsprozessen ist die Methodik, diese Abläufe zu parallelisieren. Diese Strategie wird heute mit den bekannten Begriffen Simultaneous bzw. Concurrent Engineering (SE bzw. CE) bezeichnet. Obwohl die Bezeichnung Concurrent Engineering stärker auf Aspekte der Kooperation und Abstimmung fokussiert, können beide Begriffe durchaus als Synonym verwendet werden [Spur, Krause 97]. Wesentliche Ziele dieser Strategien sind neben der eigentlichen Parallelisierung der Prozesse deren Integration sowie die Standardisierung.

Die Einführung von Techniken des Simultaneous Engineering bzw. von Werkzeugen zu dessen Unterstützung ist jedoch nur unter genauer Kenntnis der organisatorischen Randbedingungen innerhalb eines Unternehmens bzw. eines Verbundes erfolgreich durchzuführen. In der Regel ist sie selbst mit umfassenden organisatorischen Auswirkungen verbunden. Entsprechend ihrer Bedeutung werden daher die Aspekte der Organisationsentwicklung sowie deren Auswirkungen innerhalb der Anwenderfirmen des Projektes in Kapitel 4.2.1 vorangestellt.

Die oben beschriebene Situation erfordert zugleich die Entwicklung und Nutzung verschiedenartiger informationstechnischer Werkzeuge zur Unterstützung unternehmensinterner und -übergreifender Kooperation und Kommunikation. Verschiedene Arbeiten innerhalb des Gesamtprojektes beschäftigten sich mit Problemen der Prozeßoptimierung durch Parallelisierung, Integration und Kooperation der Arbeitsabläufe. Die in diesem Zusammenhang in den verschiedenen Teilprojekten entstandenen innovativen Konzepte und deren Einführung bzw. Anwendung werden innerhalb des Kapitels vorgestellt. Die Abfolge der Arbeiten dieses Kapitels stellt dabei deren mögliche Einordnung in einen informationstechnisch unterstützten Produktentwicklungsprozeß dar. Kapitel 4.2.2 beschreibt Konzept und Umsetzung der Überführung von Unternehmensprozessen in den operativen Betrieb und befaßt sich mit der Integration datentechnisch bisher nicht gekoppelter Systeme. Die Geschäftsprozesse werden hier in Workflows überführt, wie sie z. B. in PDM-Systemen zur Prozeßsteuerung verwendet werden. Kapitel 4.2.3 widmet sich der Parallelisierung verteilter Entwicklungsprozesse bzw. deren Unterstützung durch PDM-Systeme. Dazu werden Anforderungen an die Funktionalität solcher Systeme und umgesetzte Erweiterungen innerhalb des Anwendungsfalls einer elektromechanischen Konstruktion beschrieben. In Kapitel 4.2.4 wird das Potential der Einführung von standardkonformen Datenaustauschprozessen sowie deren Einbettung in Unternehmensabläufe dargestellt. Kapitel 4.2.5 widmet sich verstärkt dem Thema Kooperation in einer verteilten Entwicklungsumgebung, indem flexibel nutzbare Werkzeuge zum gleichzeitigen kooperativen Modellieren in CAD sowie deren Umsetzung beim Anwender beschrieben werden.

4.2.1 Organisation der Produktentwicklung

Von zahlreichen Unternehmen wird zur Erlangung von Zeit- und Kostenvorteilen eine verteilte kooperative Produktentwicklung als neue Form der Arbeitsorganisation angestrebt. Diese stützt sich auf informationstechnische Werkzeuge und Dienste. Ein in den letzten Jahren zunehmend forciertes Verfahren zur Verkürzung der Produktenwicklungszeiten ist das Simultaneous bzw. Concurrent Engineering, welches im nachfolgenden Abschnitt kurz beschrieben wird. Weiterhin zeigt sich, daß in der Industrie der Bedarf besteht, die bisherigen Prozeßketten unternehmensübergreifend - also verteilt und kooperativ - zu analysieren und zu optimieren. Dazu sind sowohl organisatorische Ansätze, wie sie im übernächsten Abschnitt beschrieben werden, als auch informationstechnische Werkzeuge notwendig (siehe Kapitel 4.2.2 bis 4.2.5).

Simultaneous Engineering

Statt einer herkömmlichen, sequentiellen Bearbeitung wird mit Simultaneous bzw. Concurrent Engineering eine integrierte, zeitparallele Bearbeitung der Entwicklungsaufgaben angestrebt [Ehrlenspiel 1991; Eversheim 1995], um auf die Anforderungen der Absatzmärkte schneller reagieren zu können. SE/CE überwindet damit die klassische organisatorische Trennung der Abteilungen mit Ingenieurarbeiten [Abeln 1990], indem Entwicklungs- und Konstruktionsaufträge entsprechender Größe von Projektgruppen in Form von Projekten bearbeitet werden.

Die Parallelität, die mit SE/CE im Produktentwicklungsprozeß erreicht werden soll, bezieht sich auf

- die koordinierte Durchführung mehrerer Entwicklungsprojekte zur gleichen Zeit,
- die zeitparallele Durchführung einzelner Arbeitsschritte innerhalb eines Entwicklungsprojektes und
- die überlappende Durchführung sequentiell angeordneter Arbeitsschritte (Bild 4.25).

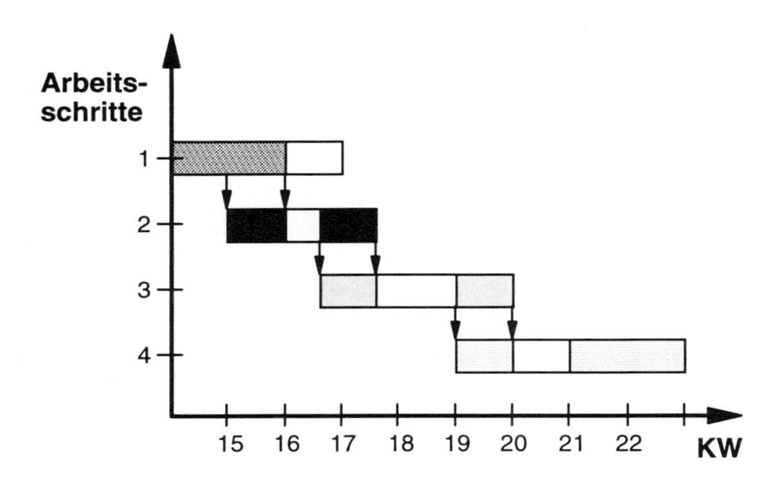

Bild 4.25 Ablaufplan zum SE/CE mit sich überlappenden Arbeitsschritten

Das Konzept des SE/CE erfordert im wesentlichen systematische Vorgehensweisen

- zur Koordination von Projektgruppen durch geeignetes Projektmanagement,
- zur prozeß- und datentechnischen Integration möglichst aller CAE-Anwendungen (siehe Kapitel 4.2.4) und
- zum effizienten Informationsmanagement für die transparente Verwaltung und Bereitstellung aller benötigten Produkt- und Projektdaten [Gausemeier, Frank und Genderken 1994].

Von besonderer Bedeutung ist die enge Zusammenarbeit der an der Entwicklung beteiligten Personen und Gruppen sowie deren Koordination und Information. Eine enge Kooperation kann durch arbeitsorganisatorische Maßnahmen (z. B. Projektgruppenarbeit) und qualifikatorische Maßnahmen (z. B. fachübergreifende Qualifizierung) erreicht werden. Im Unternehmen GHW (siehe Kapitel 5.4) wird die Koordination durch aufeinander abgestimmte Gremien und die Informationstransparenz durch eine auftragsbezoge Informationsbereitstsellung mittels einer Datenbank verbessert.

Als Unterstützung der Koordination und Information kommen z.T. EDV-Systeme zum Einsatz (u. a. Projektplanungssoftware, PDMS, Konferenzsysteme). Einige dieser EDV-Systeme sind in den Kapiteln 4.2.2 bis 4.2.5 aufgeführt. Der massive Einsatz von EDV birgt aber auch Gefahren, z. B. wenn nachfolgende Arbeitsschritte (z. B. NC-Programmierung) erst bei vollständigen Datensätzen gestartet werden, und nicht - wie konventionell - "auf Zuruf" erfolgen können. So stellt z. B. die Datenübergabe zwischen den elektronischen und mechanischen CAD-Systemen, in denen voneinander abhängige

Konstruktionsdaten erzeugt werden, eine grundlegende Problematik bei R&S (Kapitel 5.5) dar, welche im Rahmen des Projektes bearbeitet wurde.

SE/CE wird auch dadurch erreicht, daß Zulieferer stärker in die Entwicklung eingebunden werden. So sind die Zulieferer bereits zu einem früheren Zeitpunkt an der Entwicklung beteiligt, indem sie bei Bedarf mit einem kompetenten Fachmann vor Ort bei dem Abnehmer vertreten sind (z. B. im Forschungs- und Informationszentrum bei BMW). GHW (Kapitel 5.4) ist als Automobilzulieferer eng in die Produktentwicklung seiner Kunden eingebunden. Nicht nur der Vertrieb, sondern auch die Konstrukteure haben sich z.T. auf einzelne Kunden spezialisiert und arbeiten mit Fertigungsplanern, Controlling usw. in Projektgruppen zusammen.

Die Zulieferer übernehmen umfangreichere Aufgaben und bringen ihr Fertigungswissen in die Produktentwicklung ein. Dies wird durch Grundverträge zwischen Abnehmer und Zulieferer abgesichert, in denen eine langfristige Zusammenarbeit vorgesehen ist und Vorleistungen abgegolten werden [Freudiger, Reinmann und Tomaschett 1993]. Eine entsprechende Vertragsgestaltung erlaubt es sogar, auf eine explizit erstellte Angebotskonstruktion des Zulieferers zu verzichten und auf diese Weise Entwicklungszeit einzusparen. Der schnelle Abgleich von Entwicklungsdaten findet z.T. mittels DFÜ (Datenfernübertragung) statt.

Prozeßkettenoptimierung

Während Simultaneous Engineering im Kern darauf abzielt, die Entwicklungszeiten durch parallele Bearbeitung zu reduzieren, geht die Prozeßkettenoptimierung darüber hinaus und bezieht die Verbesserung der Kooperation, der Schnittstellen usw. mit ein. Prozeßketten bestehen aus Einzelprozessen, die zusammen einen gemeinsamen Zweck verfolgen [Richter 1990] und durch den Trend zur Reduzierung der Fertigungstiefe häufig unternehmensübergreifend sind. Dadurch ergibt sich die Notwendigkeit zu intensiver Kooperation mit den Zulieferern.

Über die Fertigung hinaus ist die Entwicklungsprozeßkette im Automobilbau durch die Aufteilung der Entwicklungsaufgabe zwischen Hersteller und Zulieferer bereits unternehmensübergreifend erprobt und eingeführt. Bei GHW (Kapitel 5.4) zeigt sich dies u. a. durch die zunehmende Übernahme von Entwicklungsaufgaben, Prüfverantwortung und den steigenden Produktdatenaustausch. Im Maschinenbau findet eine derartige Neuorientierung, d. h. die Einbeziehung der Zulieferer in den Entwicklungsprozeß erst statt [Welp 1996].

Die Auslagerung der Entwicklungsleistung bedingt, daß es vermehrt zwischenmenschliche und technische Schnittstellen und die dazugehörigen Probleme gibt. In Entwicklungsprozessen sind, einer Untersuchung von Reichwald und Schmelzer [1990] zufolge, die auftretenden Probleme zu über 50 % auf das menschliche Verhalten zurückzuführen. Ein Ansatz der Prozeßkettenoptimierung ist es daher, Verfahren und Werkzeuge zu entwickeln, welche die Schnittstellen zwischen Zulieferer und Hersteller identifizieren und genau definieren [Frieling und Schmitt 1996]. So sollen die Kommunikation und die Abstimmungsvorgänge verbessert werden, um Zeit-, Kosten- und Qualitätsziele einzuhalten.

Methoden zur Optimierung der Prozeßkette sind neben dem SE/CE, das Projektmanagement und der gezielte Einsatz von Informations- und Kommunikationstechniken, wie sie in den Kapitel 4.2.2 bis 4.2.5 vorgestellt werden.

Für das Management komplexer Projekte, wie es auch zunehmend im Maschinenbau notwendig ist, werden zu einem gemeinsamen Zweck (dem Projektziel) von den Entscheider- und Beratergremien ein Projektteam und ein Projektleiter benannt [Rienäcker 1993]. Der Projektleiter ist für Projektplanung, -steuerung und -controlling, also die Strukturierung des Projektes, die Moderation, die Überwachung von Kosten, Terminen und Qualität usw. zuständig.

Das Projektteam wird bei größeren Projekten z.T. in ein inneres und ein äußeres Projektteam aufgeteilt. Das innere Projektteam unterstützt den Projektleiter bei seinen Planungs-, Steuerungs- und Controllingaufgaben, z. B. durch die Übernahme der Verantwortung für die Fachgebiete. Das äußere Projektteam ist für die Sachbearbeitung im jeweiligen Spezialgebiet zuständig. Die Abstimmung untereinander erfolgt in Treffen des Projektteams und auf Sachebene in bidirektionaler Zusammenarbeit. Diese Projektstruktur hat sich bei R&S (Kapitel 5.5) für die Entwicklung komplexer Anlagen bewährt.

Den Informations- und Kommunikationstechniken wird bei der Optimierung der Prozeßketten ein hohes Potential beigemessen [Welp 1996]. Durch die Einführung und Anwendung von CSCW (Computer Supported Cooperative Work, z. B. Videokonferenzen, verteilte Büroanwendungen), gemeinsamer Datenbanken, Intranet (plattformübergreifende Informations- und Kommunikationssysteme) und Produktdatenaustausch soll die Arbeit im Produktentwicklungsprozeß unterstützt werden. Es entstehen neue Formen der Zusammenarbeit, welche ohne die technische Unterstützung nicht denkbar wären. Allerdings werden herkömmliche Projekttreffen und Besprechungen nicht vollständig abgelöst, sondern ergänzt. Routineaufgaben werden mit der neuen Informationstechnologie bewältigt. Für komplizierte Abstimmungen, wie sie in fast jedem Produktentwicklungsprozeß vorkommen, werden, wie es im Sinne einer kooperativen Arbeit notwendig ist, konventionelle Abstimmungsprozesse eingesetzt. Ein Beispiel ist die bei GHW auf zwei Standorte verteilte Produktentwicklung, welche durch den Einsatz der verteilten Konstruktion über WAN mit der Nutzung von CSCW-Techniken stärker parallelisiert wird. Abstimmungen mit persönlichen Treffen sind weiterhin notwendig, da der direkte persönliche Kontakt Vertrauen und gemeinsames Verständnis schafft und somit Abstimmungsprozesse beschleunigt.

Für die Abbildung und Optimierung von Prozeßketten wurde das Konzept „Architektur integrierter Informationssysteme“ (ARIS) entwickelt [Scheer 1993]. Das verbreitete, aus der Betriebswirtschaft stammende Konzept bildet die Unternehmensprozesse von Vertrieb über Technik und Produktion bis zum Controlling ab. Es besteht aus unterschiedlichen Sichten (Organisationssicht, Datensicht, Ressourcensicht), die mit verschiedenen Methoden (Organigramme, Entity-Relationship-Diagramme, Datenbankbeschreibungen, Vorgangskettendiagramme usw.) beschrieben werden.

Derartige Darstellungen sind notwendig, um die Prozeßketten abzubilden und abzustimmen. Eversheim [1990] schlägt als ersten Schritt eine Prozeßanalyse, gefolgt von einer Schwachstellenanalyse mit anschließender Maßnahmenableitung vor. Diese Vorgehensweise wurde für die Anwendung des Erhebungsmaterials übernommen und ist in Kapitel 6 beschrieben. Der Arbeitsaufwand für das Abbilden der Prozesse zahlt sich sowohl für den Anlagenbau mit Einzelfertigung [Steinberg 1990], als auch für die Serienfertigung [Welp 1996] aus.

4.2.2 Kopplung Geschäftsprozeßmodellierung und PDMS

Geschäftsprozeßmodellierung hat zum Ziel, ein zentrales fachliches Modell eines Unternehmens zu erstellen, wobei es nicht um eine vollständige detaillierte Darstellung geht, sondern um die Erfassung der wesentlichen und insbesondere im Hinblick auf informationstechnische Unterstützung bedeutsamen Aspekte eines Unternehmens. Unter solchen Modellierungsgesichtspunkten besteht nach [Barnett, Presley, Johnson 94] ein Unternehmen im wesentlichen aus einer Menge von Unternehmensaktivitäten, die wiederum als eine Menge von Geschäftsprozessen organisiert sind.

Ein Geschäftsprozeß ist eine Menge zum Zweck der Erreichung von Unternehmenszielen koordinierter Prozeßschritte. Diese Prozeßschritte oder (Einzel- beziehungsweise Teil-) Aufgaben werden von Aktoren ausgeführt, die entweder Personen, informationstechnische Anwendungssysteme oder Maschinen mit ihren Bedienern sind ([Jablonski 1995], [Vernadat 1993], [Workflow Management Coalition 1994]). Geschäftsprozeßmodellierung geht also den Fragen nach, was getan werden muß, wann und wie dies zu erfolgen hat, und wer es erledigen soll.

Während Geschäftsprozeßmodellierung oft als ein ganzheitliches Konzept angesehen wird, läßt sich in Anlehnung an [Bußler, Jablonski 1994] auch ein verfeinerter Ansatz verfolgen, bei dem Unternehmensmodelle durch getrennte Modellierung von Prozessen und Organisationen und der anschließenden Integration dieser Aspekte erstellt werden. Die Modellierung einer Organisation erfaßt deren Angehörige und die Organisationsstruktur. Um einen Geschäftsprozeß zu modellieren, muß die durch Prozeßmodellierung nicht beantwortete Frage, wer einen Prozeßschritt ausführen soll, über Zuweisung von im Organisationsmodell erfaßten Aktoren erfolgen. Dies geschieht anhand von Regeln, durch die Organisations- und Prozeßmodellierung zur Geschäftsprozeß- beziehungsweise Unternehmensmodellierung verbunden werden.

Werkzeuge zur Modellierung von Geschäftsprozessen sind also die Basis, neue arbeitsorganisatorische Einheiten wie in [Abeln 1995] definiert in die Unternehmensstrukturen einzubringen. Eine weitere Aufgabe ist die Überführung der Modelle in den operativen Betrieb, der in der Regel durch Produkt Daten Management Systeme (PDM Systeme) elektronisch unterstützt wird. Die Kopplung der Modell- mit der operativen Welt ist also eine wichtige Aufgabe bei einer durchgängigen Unterstützung. Stellvertretend für eine ganze Reihe von kommerziell verfügbaren und eingesetzten Werkzeugen, wird die Kopplung für das Modellierungssystem ARIS-Toolset und das PDM System Metaphase beschrieben. Bevor auf die eigentlichen Aspekte der Kopplung eingegangen wird, werden die davon betroffenen Komponenten vorgestellt.

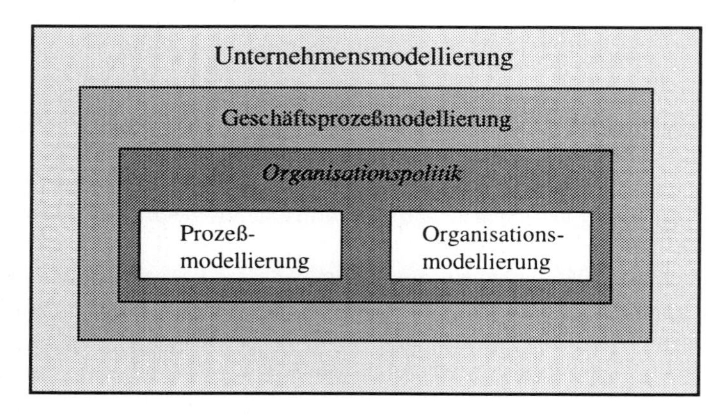

Bild 4.26 Geschäftsprozeßmodellierung

Die bisher eingeführten Modellierungskonzepte sind noch einmal schematisch in Bild 4.26 zusammengefaßt. Befindet sich in der Darstellung ein Kästchen in einem anderen, so bedeutet dies, daß der dem inneren Kästchen entsprechende Modellierungsaspekt in dem anderen enthalten ist.

Ein weiterer wichtiger Begriff, der aber nicht ganz einheitlich verwendet wird, ist Workflow. Überwiegend wird darunter eine computer-ausführbare Beschreibung eines Geschäftsprozesses verstanden (z. B. [Schuster, Jablonski, Kirsche, Bußler 1994], [Workflow Management Coalition 1994]). In [Galler, Scheer 1994] wird der Begriff dagegen mit Geschäftsprozeß und Vorgang gleichgesetzt. Ein Workflow läßt sich auch aus dem Blickwinkel von CSCW (siehe Kapitel 4.2.5) betrachten. Demnach definiert ein Workflow die Ablauf-/Ausführungsreihenfolge und den Datenfluß in einer arbeitsteiligen Tätigkeit [Zhang 1994]. Im weiteren Verlauf wird Workflow in der zuerst genannten Bedeutung gebraucht, das heißt, ein Workflow ist eine informationstechnisch verarbeitbare Beschreibung eines Geschäftsprozesses.

Workflow-Management bezeichnet ein in sich geschlossenes technologisches Konzept zur Automatisierung von Geschäftsprozessen in verteilten Informationssystemumgebungen, das die Phasen „Planung", „Steuerung" und „Benutzung" als auch die Rückführung von während der Benutzung anfallenden Daten zur Planungsphase beinhaltet ([Galler, Scheer 1994], [Schuster, Jablonski, Kirsche, Bußler 1994]). Aus betriebswirtschaftlicher Sicht befaßt sich Workflow-Management mit der Koordination von Elementen aus Aufbau- und Ablauforganisation eines Unternehmens: Geschäftsprozesse als Bestandteil der Ablauforganisation sind mit Elementen der Aufbauorganisation, wie Mitarbeitern oder Gruppen, zu korrelieren [Jablonski 1995].

Ein Workflow-Management-System (WFMS), oder verkürzt Workflow-System, ist die Software, die zur Ausführung und Unterstützung der mit Workflow-Management verbundenen Tätigkeiten benötigt wird. Es wird in [Workflow Management Coalition 1994] definiert als System, das Workflows vollständig definiert, verwaltet und ausführt, indem es Software in einer Reihenfolge zur Ausführung bringt, die durch eine „computer-verständliche" Beschreibung der des Geschäftsprozesses zugrundeliegenden Logik bestimmt wird.

4.2.2.1 Workflow-Management-Systeme

Die „Workflow Management Coalition" (WfMC) hat zwei Modelle für WFMS entwikkelt. Das Basismodell ([Versteegen 1995], [Workflow Management Coalition 1994]) beschreibt die Charakteristik eines WFMS und die Beziehungen zwischen dessen Funktionalitäten. Es ist sehr abstrakt gehalten, damit sich alle existierenden Workflow-Produkte in diesem Modell wiederfinden können. Das Referenzmodell ([Workflow Management Coalition 1994] [Versteegen 1995], [Veijalainen, Lethola, Pihlajamaa 1995]) betrachtet die Produktstruktur von WFMS unter dem Aspekt des Zusammenwirkens mit anderen Produkten.

In dem in Bild 4.27 dargestellten Basismodell unterscheidet die WFMC zwischen zwei Phasen. In der Phase Prozeßdesign und -definition kommen Werkzeuge für die Geschäftsprozeßmodellierung zum Einsatz. Sie liefern die Workflows, die für den Übergang in die zweite Phase benötigt werden. In dieser Workflow-Ausführungsphase erbringt der Workflow-Ausführungsservice die zentralen Leistungen des WFMS. Darüber hinaus bindet der Ausführungsservice interaktiv die Anwender ein, denen er auch die Benutzung externer Applikationen ermöglicht und zu diesem Zweck wiederum mit letzteren in Interaktion tritt. Desweiteren können vom Workflow-Ausführungsservice während der Ausführungsphase auch Änderungen an Workflows vorgenommen werden, etwa wenn aufgrund protokollierter Daten Prozeßoptimierungen möglich sind.

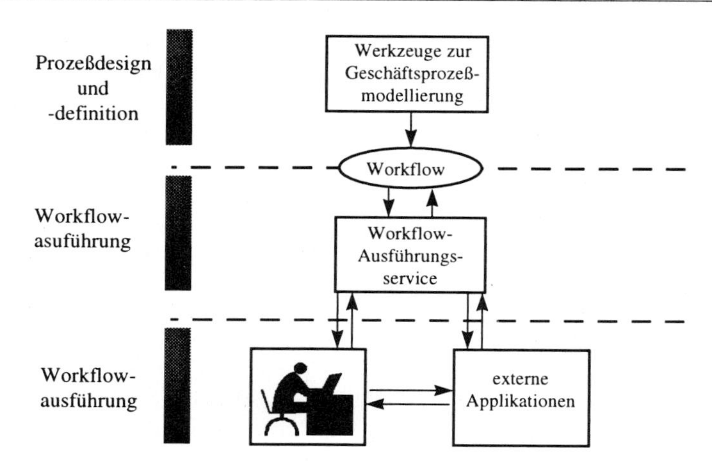

Bild 4.27 Phasen im Workflow

4.2.2.2 Die Workflow-Komponente

In PDM-Systemen dient der überwiegende Teil der Funktionalität der Speicherung, der Klassifikation und dem Management von Daten sowie der Zugriffssteuerung. Durch Sperrmechanismen wird außerdem das Arbeiten in Teams unterstützt. Mit dieser Funktionalität ermöglichen es PDM-Systeme ihren Anwendern, Produktdaten auf sehr flexible Weise zu bearbeiten und zu verwalten. Allerdings reicht diese Funktionalität für eine angemessene Unterstützung von Concurrent Engineering nicht aus [Jain, Fliess 1994]. Team-Arbeit im Rahmen von CE sollte projektweit transparent sein, das heißt, allen beteiligten Mitarbeitern sollte nicht nur erkennbar sein, an welchem Teil des Projektes (mit welchen Daten) gearbeitet wird, sondern auch welche Tätigkeiten ausgeführt werden. Sperrmechanismen unterstützen Transparenz nur hinsichtlich Daten, und müssen daher durch ein Konzept ergänzt werden, das auch die Tätigkeiten transparent macht. Ein dafür geeigneter Ansatz ist die vorher vorgestellte Modellierung von Geschäftsprozessen, weshalb viele PDM-Systeme über eine Workflow-Komponente verfügen.

Solche PDM-Systeme erlauben es, Daten in „Arbeitspakete" aufzuteilen, die den Anwendern gemäß dem modellierten Workflow elektronisch zugestellt werden. Diese Arbeitspakete dienen typischerweise auch als Modellierungsbasis, so daß die erstellten Workflows datenorientiert sind. Eine prozeßorientierte Modellierung hingegen eignet sich nicht nur besser für eine direkte Umsetzung der Ergebnisse, die bei der von der betriebswirtschaftlichen Problemstellung ausgehenden Analyse und Vereinfachung der Geschäftsprozesse gewonnen wurden, sondern bedingt auch weitere Vorteile. Zum Beispiel sind bei datenorientierter Modellierung keine Erzeuger/Verbraucher-Beziehungen zwischen Prozessen ausdrückbar. Allgemein lassen sich in prozeßorientierten Modellen die Prozesse über Mechanismen zur Koordinierung der Aspekte Zeit und Daten in Beziehung setzen, während bei datenorientierter Modellierung die (im wesentlichen sequentielle) Ablaufreihenfolge der Prozesse allein durch den logischen Fluß der Produktdaten bestimmt wird.

Die erwähnte Betrachtung mehrerer zusammenhängender Workflows beziehungsweise Prozesse findet man in PDM-Systemen oft in Form von Lebenszyklen. Ein Lebenszyklus beschreibt die Stationen eines Produkts, die es während seines gesamten Lebens von der Idee über die Entwicklung und Fertigung bis hin zur Auslieferung und gegebenenfalls weiter bis zum Recycling durchläuft. Lebenszyklen bedingen zwangsläufig eine (produkt-) datenorientierte Modellierung, die auf zwei Ebenen erfolgt. Auf der obersten Ebene wird der Lebenszyklus selbst modelliert, indem die Zustände des Produkts sowie die Prozesse (Vorgänge), die es von einem Zustand in den nächsten überführen, beschrieben werden. Die Prozesse repräsentieren die eigentlichen Workflows, deren Modellierung auf der unteren Ebene erfolgt.

Wie aus den bisherigen Ausführungen ersichtlich ist, unterscheiden sich die in PDM-Systemen enthaltenen Workflow-Komponenten von den Workflow-Management-Systemen. Dies gilt sowohl hinsichtlich des Modellierungsansatzes, als auch hinsichtlich der bereitgestellten Funktionalität. Aufgrund der verschiedenen Einsatzgebiete und/oder -schwerpunkte muß natürlich im Detail unterschiedliche Funktionalität angeboten werden; ein signifikanter Unterschied ist diesbezüglich das Fehlen einer Möglichkeit, modellierte Workflows (oder Lebenszyklen) in PDM-Systemen zu animieren beziehungsweise ihre Ausführung zu simulieren, wie dies von einigen WFMS geboten wird.

Modelle im Zusammenhang mit PDM

Wie bereits mehrfach erwähnt wurde, bildet PDM eine gute Ausgangsbasis für die informationstechnische Beherrschung der in Virtuellen Unternehmen auftretenden Produktentwicklungsprozesse. Aus diesem Grund soll zunächst der für Virtuelle Unternehmen typische Produktlebenszyklus eingehender betrachtet werden. Anschließend wird ein objekt-orientierter Modellierungsansatz vorgestellt. Dabei soll auf seine besondere Eignung für die Unterstützung der Anforderungen von Virtuellen Unternehmen eingegangen werden.

Ein Virtuelles Unternehmen, bei dem mehrere Firmen gemeinsam zur Entwicklung, Konstruktion, Fertigung, zum Betrieb und zur Wartung von neuen Produkten über den gesamten Lebenszyklus hinweg zusammenarbeiten, erfordert im Vergleich zum traditionellen Produktlebenszyklus einen erhöhten Informationsaustausch, der von einer geeigneten Hardware- und Software-Infrastruktur zu bewältigen ist. Die Anforderungen von Virtuellen Unternehmen an den Informationsaustausch und an die Infrastruktur finden in der Darstellung des traditionellen Produkt-Lebenszyklus nicht ausreichend Berücksichtigung.

Neben den vom integrierten Produktprogramm-Lebenszyklus adressierten Anforderungen hinsichtlich Informationsaustausch (Verwaltung und Verteilung der Daten) und

Infrastruktur nennt [Barnett, Presley, Johnson 94] weitere für virtuelle Unternehmen charakteristische Umstände. Eine wichtige Bedingung ist, daß insbesondere wettbewerbskritische Kompetenzen eines Unternehmens den anderen beteiligten Unternehmen nicht offengelegt werden müssen. Desweiteren entsteht wegen der auf mehrere entfernte Lokationen auszurichtenden Verwaltung und Verteilung von Daten, sowie aus den Infrastruktur-Anforderungen ein erhöhter Zeitbedarf zur Entwicklung der erforderlichen Organisationsstrukturen, der Informationssysteme und der Koordinierungsmechanismen. Außerdem ist die Kommunikation zu unterstützen, und zwar über die Grenzen verschiedener funktionaler Bereiche hinweg, zwischen einzelnen Tätigkeiten innerhalb eines Prozesses sowie zwischen den globalen Prozessen des Virtuellen Unternehmens. Nicht zuletzt bedarf der Betrieb einer prozeßorientierten und sehr flexiblen Organisation der gewissenhaften Integration aller Unternehmensaspekte (Information/Daten, Ressourcen, Organisation und Aktivitäten).

Um diese Anforderung bei der Modellierung eines Virtuellen Unternehmens angemessen berücksichtigen zu können, wird in [Barnett, Presley, Johnson 94] eine objektorientierte Vorgehensweise gewählt. Durch die Klassenbildung und den Nachrichtenaustausch ist es möglich, Prozesse und ihre Kommunikation unmittelbar abzubilden. Da jedes Objekt seine eigenen Informationen verwalten kann und sein eigenes Verhalten hat, können Prozesse als „black box“ behandelt werden. Dies erlaubt die Koordination von Prozessen mittels Nachrichten, ohne daß dazu Wissen über Interna der anderen Prozesse nötig ist. Mit Hilfe einer weiteren Eigenschaft objekt-orientierter Modelle, dem Polymorphismus, ist es möglich, die Schnittstellen zwischen Prozessen zu standardisieren, wodurch sich eine „plug-and-play“-Eigenschaft von Prozessen erreichen läßt. Dies ermöglicht den beteiligten Unternehmen wiederum eine schnellere Umkonfigurierung der Prozesse. Unterstützung bei der Modellierung der vielen verschiedenen Ausprägungen von zum Beispiel Fertigungsprozessen gibt der Vererbungsmechanismus. Ausgehend von einer allgemein gehaltenen Klasse können verfeinerte Klassen, etwa für Bohren oder Fräsen, abgeleitet werden. Vererbung und Polymorphismus können somit zu einer Verkürzung der Modellierungszeiten beitragen.

4.2.2.3 Kopplungskonzept

Ein Workflow beschreibt im allgemeinen die zur Erreichung eines Ziels auszuführenden Arbeitsschritte und deren Reihenfolge. Wichtige Aspekte einer solchen Beschreibung sind Aktoren (wer), Funktionen (wie) und Daten (was), denen man unterschiedliche Prioritäten geben kann. Während oft die Funktionen als Ausgangspunkt für die Beschreibung des Arbeitsablaufs dienen, orientiert sich die Modellierung in einem PDM-System am Produkt, und somit an Daten. Der Unterschied liegt in der Priorisierung der Aspekte Daten und Funktionen: Bestimmen die Funktionen, mit welchen Daten gearbeitet werden muß, oder bestimmen die Daten, wie (durch welche Funktionen) sie bearbeitet werden müssen? Die Unterschiede in den Modellierungsansätzen (prozeßorientierte Modellierung wie im ARIS Toolset gegenüber produktzentrierter

Modellierung wie im PDM-System Metaphase) haben zur Folge, daß sich ein Workflow nur unter Informationsverlust von einer Darstellungsform in die jeweils andere überführen läßt.

Zur Realisierung einer Kopplung müssen die im ARIS-Toolset modellierten Daten zu einem Kopplungsmodul transferiert, dort semantisch umgesetzt und anschließend in Metaphase integriert werden. Für den Transfer der Modelle bietet sich eine Exportdatei an, die im ARIS-Toolset über die normale Benutzerschnittstelle generiert werden kann. In einer solchen Datei kann das ARIS-Toolset bei gewählter Option „Komplett-Export" alle für die Umsetzung benötigten Modell-Daten zur Verfügung stellen.

Diese Datei ist zu Beginn des nächsten Schritts - der Umsetzung der ARIS-Modell-Daten zu für die Konfiguration von Metaphase geeigneten Daten - vom Kopplungsmodul einzulesen. Die Umsetzung erfordert sowohl die Interpretation der Daten als auch ihre Abbildung auf eine Metaphase-konforme Darstellung. Um das Kopplungsmodul (so weit wie möglich) produktneutral zu gestalten, werden diese Vorgänge durch eine separate, das produktspezifische Umfeld konfigurierende Datei gesteuert. Gleichzeitig wird dadurch der Aspekt der Semantik aus der Implementierung des Moduls ausgegliedert. Die in der Konfigurations- und Steuerungsdatei enthaltenen Regeln erlauben es dem Kopplungsmodul, die eingelesenen Daten zu „verstehen", und daraufhin eine eigene Struktur von ARIS-Objekten aufzubauen. Weitere Regeln definieren die Abbildungsvorschrift für die Umsetzung der ARIS-Objekte zu einer semantisch adäquaten Repräsentation in Metaphase. Als Ergebnis des entsprechenden Abbildungsvorgangs entstehen Metadaten, die die Darstellung des ursprünglichen ARIS-Modells als Lebenszyklus in Metaphase beschreiben. Ausgehend von diesen Daten kann das Kopplungsmodul mit Hilfe von API-Funktionsaufrufen Metaphase konfigurieren, das heißt, die benötigten Objekte erzeugen und/oder ihnen geeignete Attributwerte zuweisen. Nach diesem letzten Schritt steht der vom ARIS-Modell abgeleitete Lebenszyklus in Metaphase zur Ausführung bereit. Dieses Kopplungskonzept ist noch einmal zusammenfassend in Kapitel 5.2.2 vorgestellt.

4.2.3 Anwendung von Produktdatenmanagementsystemen für Simultaneous Engineering

Durch den steigenden Wettbewerbsdruck am Weltmarkt gewinnt Simultaneous Engineering verstärkt an Bedeutung. Simultaneous Engineering ist eine systematische Vorgehensweise zur Steigerung der Effektivität bei der integrierten Produktentwicklung. Der Schwerpunkt von SE liegt auf der Verkürzung der Produktentwicklungszeit, die bis zur Markteinführung eines Produktes benötigt wird.

Zur technischen Umsetzung von Simultaneous Engineering ist ein umfassendes Instrumentarium erforderlich. Eine Voraussetzung ist hierbei die Verfügbarkeit von adäquaten Produktdaten-Managementsystemen.

Zur Ermittlung der Voraussetzungen für die Unterstützung von Simultaneous Engineering durch Produktdatenmanagementsysteme (PDMS) wurde ein Anforderungskatalog erstellt, in dem relevante Anforderungen des Simultaneous Engineering an Produktdatenhaltung und -management umfassend spezifiziert sind. Der Anforderungskatalog bildet die Grundlage für die Überprüfung des Erfüllungsgrads der gestellten Anforderungen durch PDM-Systeme (siehe Kapitel 5.2.2.3).

Als Fallbeispiel wird im folgenden der Produktentwicklungssablauf der an dem Verbundprojekt CAD-Referenzmodell beteiligten Anwenderfirma Rohde & Schwarz herangezogen. Die Firma Rohde & Schwarz ist ein Hersteller von Produkten für die Funkkommunikations- und Meßtechnik. Die Entwicklung solcher Produkte bedingt eine intensive Zusammenarbeit der elektrischen und mechanischen Konstruktion sowie der Fertigung. Rohde & Schwarz verfolgen die Produktentwicklungsstrategie "Halbe Zeit zum Markt", um ihre Konkurrenzfähigkeit zu steigern. Eine Grundvoraussetzung für die Umsetzung dieser Strategie ist die weitestgehende Einführung von SE in den Produktentstehungsprozeß. Aus Gründen der Übertragbarkeit auf andere Unternehmen wird das Fallbeispiel allgemeingültig erläutert.

Ein typischer Produktentstehungsprozeß beginnt mit einer Programmplanungsphase, die aufgrund von Kundenanfragen bzw. Marktbeobachtungen initiiert oder die in zyklischen Abständen wiederholt wird. Zu den Verantwortlichen dieser Phase zählen im wesentlichen das Marketing und der Vertrieb bzw. kundennahe Bereiche. Als Ergebnis entsteht ein Programmplan, der die Grundlage für eine Diskussion aller Beteiligten über künftige Projekte oder neue Produkte bietet.

Nach der Freigabe eines neuen Projektes wird für dessen Laufzeit ein Projektteam zusammengestellt, welches durch eine interdisziplinäre Struktur zur umfassenden Aufgabenerfüllung gekennzeichnet ist und sich dynamisch entwickeln kann.

In der ersten Projektphase, der Produktplanungsphase, wird ein Produktgrobkonzept erarbeitet, das erste konkretere Informationen zu dem neu geplanten Produkt liefert. Zu diesem Zeitpunkt wie auch nach der anschließenden Vordefinition in der Definitionsphase, in der im wesentlichen Machbarkeitsuntersuchungen der kritischen Teilbereiche des neuen Produktes durchgeführt werden, muß über die Weiterführung des Projektes entschieden werden. Grundlage dazu bilden die erarbeiteten Informationen und die Erfahrungen der Beteiligten, die über Fortgang und Abbruch des Projektes zu entscheiden haben.

Nach Abschluß der Hauptdefinitionsphase steht der Prinzipentwurf für das neue elektrische Gerät fest. Ferner ist das Projektteam entsprechend des Bedarfs gewachsen. Nun kann die eigentliche Realisierungphase, die Konstruktion (Entwurf und Detaillierung) mit anschließender Musterfertigung, einsetzen. Abschluß der Produktentstehung eines elektrischen Gerätes bildet die Markteinführungsphase, die mit dem Beginn der Serienproduktion einhergeht.

Bei Rohde & Schwarz wird Produktdatenmanagement verstärkt in der Realisierungsphase für die Produktdatenverwaltung eingesetzt. Daher wird diese Phase im folgenden näher betrachtet und ein SE-orientierter Ablauf erläutert.

Die Hauptprozesse in der Realisierungsphase bilden die mechanische und elektrische Konstruktion sowie die Software-Entwicklung, die es aufeinander abzustimmen gilt (Bild 4.28).

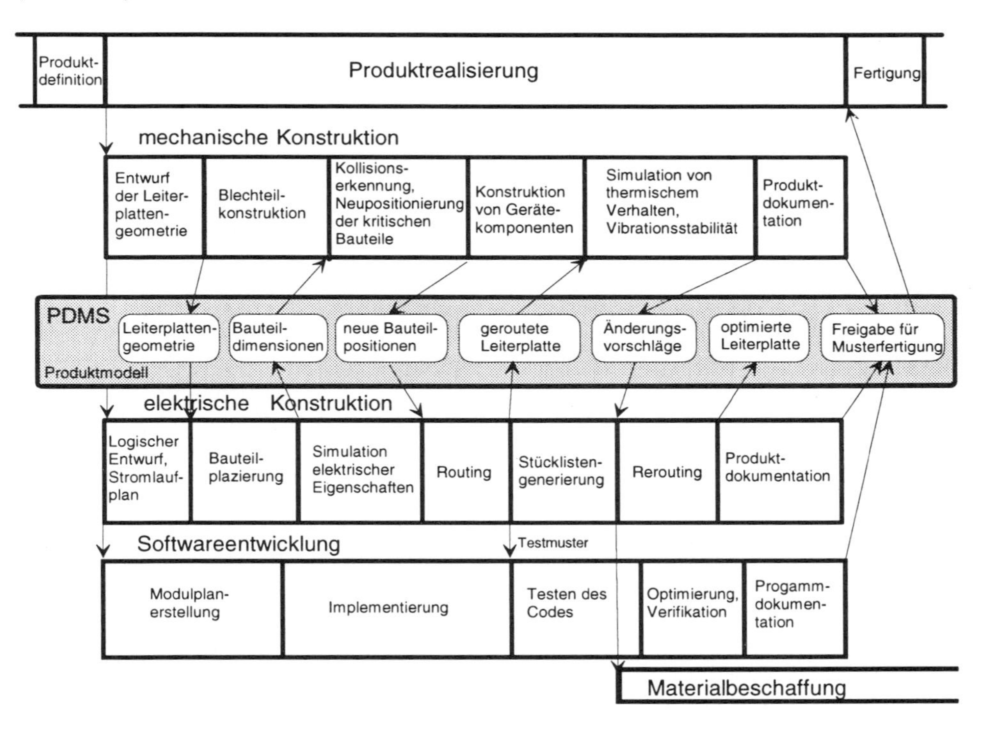

Bild 4.28 Simultaneous-Engineering-Szenario für die Entwicklung elektronischer Geräte

Die mechanische Entwicklung dimensioniert die materiellen Eigenschaften des elektrischen Gerätes. Dazu zählen in erster Linie die Leiterplattendimensionen und Gehäuse der Geräte. Ferner müssen weitere Gerätekomponenten wie Anzeigen, Schalter, Tasten ausgewählt bzw. konstruiert werden.

Parallel zu dieser Tätigkeit entwickeln die Elektronik-Konstrukteure die Stromlaufpläne. Die für den Leiterplattenentwurf benötigten Daten wie Leiterplattengeometrie werden über das PDMS auf der Basis eines STEP-konformen Produktmodells vom MCAD- an das ECAD-System übergeben. Die Bauteilplazierung wird im ECAD-System vorgenommen. Während dieser Tätigkeit kann die mechanische Konstruktion beispielsweise durch die Entwicklung von weiteren Gerätekomponenten weitergeführt werden.

Die Positionen der elektrischen Bauelemente werden ins mechanische CAD-System übertragen. Hier können Kollisionsfreiheit und fertigungstechnisch geforderte Mindestabstände zwischen den Bauteilen überprüft werden. Falls Änderungen des Layouts notwendig werden, ist dies im ECAD-System durch Rückgabe der geänderten Positionsdaten zu beheben.

Anschließend werden in der elektrischen Konstruktion der Routingprozeß (Anordnung von Leiterbahnen auf der Leiterplatte) ausgeführt und basierend auf den hier erzeugten Daten in der mechanischen Konstruktion Simulationen beispielsweise zur Vibrationsstabilität oder zum thermischen Verhalten vorgenommen, deren Prüfergebnisse als Basis für Optimierungen genutzt werden.

Die gewünschte Optimierung kann ein Rerouting erforderlich machen. Nach Bedarf folgen u. a. EMV- oder VDE-Tests. Auch hier können optimierende Schleifen entstehen.

Die Softwareentwicklung erstellt zunächst einen Modul- bzw. Strukturplan gemäß dem Pflichtenheft, welcher einen Überblick darüber verschafft, welche üblichen Softwarebausteine eines elektrischen Geräts, wie Anzeige-, Treiber-, Bedienungs-, Meßfunktions-Module, etc., in diesem Produkt tatsächlich vorhanden sein werden.

Jedes dieser Softwaremodule muß nun implementiert, getestet und dokumentiert werden. Dabei muß eine zeitliche Abstimmung mit der Hardware-Entwicklung erfolgen, um bei den Tests, soweit es geht, reale Testbedingungen (Teil-Mustergeräte) vorzufinden. Bei komplexeren Bausteinen, muß unter Umständen neu strukturiert bzw. modularisiert werden.

Wie bei jeder Entwicklung können in den erläuterten Arbeitsabläufen wiederholt Iterationen entstehen, die aufgrund von Entscheidungen eingeschlagen worden sind.

Nach dem Abschluß der beschriebenen Entwicklungsprozesse erfolgt die Freigabe für die Musterfertigung.

Ein weiteres Parallelisierungspotential im Sinne von Simultaneous Engineering ist in der beschriebenen Prozeßkette durch überlappende Bearbeitung der einzelnen Phasen vorhanden. Beispielsweise kann nach der Stücklistengenerierung parallel zu der Realisierungsphase mit dem Prozeß "Materialbeschaffung" angefangen werden.

Für die systemtechnische Unterstützung dieses Simultaneous-Engineering-Szenarios durch PDM-Systeme sind drei wesentliche Voraussetzungen zu erfüllen:

- Abbildbarkeit der parallelisierten Prozeßkette auf das PDMS,
- Erstellung eines alle benötigten Daten umfassenden Produktmodells,
- hinreichende Integration der an dem Realisierungsprozeß beteiligten ECAD- und MCAD-Systeme.

Die Umsetzung der beiden letztgenannten Voraussetzungen bilden den Inhalt des Kapitels 4.2.4.1.

Zur Abbildung der beschriebenen Prozeßkette auf das PDM-System wird nach Abschluß der Hauptdefinitionsphase aus dem Workflow, der die Hauptprozeßkette darstellt, auf drei Workflows verzweigt, die die mechanische und elektrische Konstruktion sowie die Softwareentwicklung repräsentieren. Das in der Hauptdefinitionsphase erzeugte Dokument wird zu diesen Workflows entsprechend der Zugehörigkeit weitergeleitet. Während der Softwareentwicklungsprozeß weitgehend autonom durchgeführt wird, arbeiten die Workflows für die mechanische und elektrische Konstruktion stark kooperierend. Für die Realisierung dieser Kooperation sind in dem PDM-System Mechanismen zur Synchronisation und Kommunikation notwendig.

Nach der Beendigung der Tätigkeiten werden die Workflows zusammengeführt und es wird zum Haupt-Workflow übergegangen.

Für die Abbildung solcher parallelisierter Prozeßketten auf PDM-Systeme sind mindestens folgende Mechanismen erforderlich:

- Verzweigungen,
- Vereinigung der Prozeßketten, Synchronisation,
- Schleifen, Iterationen sowie
- Kommunikation.

In folgenden werden diese Mechanismen beschrieben. Die Realisierung der Mechanismen wird im Kap. 4.3.3 erläutert.

Verzweigungen

Bei einer *Verzweigung* wird ein Strang eines Prozeßmodells in mehrere unabhängige Teilstränge aufgespalten. Bei einer Inklusiv-ODER-Verzweigung (IOR), dem allgemeinsten Fall, werden gemäß einer Auswahlbedingung einer oder mehrere dieser Teilstränge im Prozeßmodell durchlaufen. Dies schließt die Möglichkeit ein, daß alle Zweige verfolgt werden. Die Abarbeitung getrennter Zweige geschieht hierbei parallel und unabhängig voneinander.

Spezialfälle der IOR-Verzweigung sind die *Exklusiv-ODER-Verzweigung* (XOR) und die *UND-Verzweigung*. Entsprechend einer Auswahlbedingung wird bei der *XOR-Verzweigung* genau einer von mehreren Pfaden im Prozeßmodell durchlaufen, während bei der UND-Verzweigung alle ausgehenden Zweige parallel weiter verfolgt werden, ohne daß eine Auswahlbedingung zu prüfen ist. Nach der Hauptdefinitionsphase wird eine solche Verzweigung in die Workflows mechanische und elektrische Konstruktion sowie Softwareentwicklung vorgenommen.

Vereinigung - Synchronisation

Finden Prozeßübergänge vom MCAD-Workflow zum ECAD-Workflow oder umgekehrt statt, so handelt es sich in der Regel um eine zeitliche Synchronisation bei den Workflows.

Allgemein werden bei den *Vereinigungen* unabhängig gestartete bzw. im Vorfeld durch eine Verzweigung getrennte Stränge eines Prozeßmodells zu einem Strang zusammengeführt. Dabei ist zwischen einer synchronisierten und einer asynchronen Weiterführung zu unterscheiden. Im synchronen Fall erfolgt die Weiterverarbeitung des ausgehenden Stranges erst, wenn die geforderten Stati aller eingehenden Stränge erreicht sind. Es wird also solange gewartet, bis die Teilstränge einen festgelegten Zustand erreicht haben. Dadurch wird vermieden, daß die Daten noch nicht beendeter Teilstränge zu einem späteren Zeitpunkt am Synchronisationspunkt eintreffen und nachfolgende Prozeßzyklen beeinflussen können.

Synchrone Weiterführung liegt im Rahmen von UND- sowie IOR-Vereinigungen vor. Während bei einer UND-Vereinigung die Weiterverarbeitung nur dann erfolgt, wenn alle vorherigen Aktivitäten erfolgreich durchgeführt wurden, genügt für die Weiterführung bei einer *IOR-Vereinigung* die erfolgreiche Durchführung einer spezifizierten Teilmenge dieser Aktivitäten.

Im Falle der asynchronen Weiterführung mittels einer *XOR-Vereinigung* wird mit der Ausführung der nächsten Aktivität begonnen, sobald genau einer der eingehenden Teilstränge erfolgreich abgearbeitet wurde. Die übrigen Teilstränge werden hierbei nicht weiter beachtet. Der Einsatzbereich einer XOR-Vereinigung liegt vorrangig in der Zusammenführung von Prozeßsträngen, die zuvor durch eine XOR-Verzweigung aufgespalten wurden, wie dies bei Iterationen der Fall ist.

Schleifen, Iterationen

Mit Hilfe der XOR-Verzweigung und der XOR-Vereinigung lassen sich Iterationen (Schleifen) modellieren und ausführen, die der Wiederholung einer oder mehrerer Aktivitäten bis zum Eintreten eines definierten Zustands (Schleifenbedingung) dienen. Dabei kann man eine nachprüfende und eine vorprüfende Schleife unterscheiden.

Übergabe von Austauschdaten - Kommunikation

Damit Simultaneous Engineering, insbesondere die Abarbeitung paralleler Prozesse, erfolgreich umgesetzt werden kann, ist unter anderem ein erhöhter Kommunikationsbedarf abzudecken.

Arbeiten mehrere Personen an bzw. mit denselben Daten, so müssen diese Personen bei Änderungen darüber informiert werden, daß ein neuer aktueller Datenbestand vorliegt. Dies muß auch innerhalb und zwischen Workflows erfolgen. Als Informationsmechanismus werden *E-Mails* eingesetzt, die die gemachten Änderungen anzeigen, oder das geänderte Dokument selbst wird an die betroffenen Personen verteilt, wobei eine zusätzliche Notiz mit angeheftet werden kann.

Daher sind Mechanismen realisiert, die eine Übergabe von Austauschdaten zwischen den MCAD- und ECAD-Workflows in beide Richtungen ermöglichen. Unterschiedliche Zugriffsrechte auf die Austauschdaten für die verschiedenen Übergaberichtungen sollten realisierbar sein (siehe Kapitel 4.3.3).

Neben solch einer asynchronen Kommunikationsart, bei der der Empfänger nicht unmittelbar auf die Informationsweitergabe reagieren muß, sollte eine synchrone Kommunikation unterstützt werden. Hier stehen die Kommunikationspartner in unmittelbarer Interaktion miteinander (siehe Kapitel 4.2.5).

4.2.4 Integration verteilter Entwicklungsprozesse durch STEP-basierten Datenaustausch

Moderne Strategien heutiger Produktentwicklung (verteilte Entwicklungsteams, Parallelisierung von Prozeßketten, Outsourcing, Bildung virtueller Unternehmen) bedingen oftmals die erfolgreiche Abwicklung einer großen Anzahl von Datenaustauschprozessen. Im Kontext des CAD-Referenzmodells werden diese Prozesse der Integration von Systemen auf der Produktmodell- bzw. Datenebene zugeordnet. Die Konzepte der Phase 1 des Projektes zur Realisierung solcher Prozesse basieren auf der ISO 10303 (STEP). Die Umsetzung von Datenaustauschprozessen unter Nutzung von STEP in unterschiedlichen Szenarien war Gegenstand verschiedener Teilprojekte innerhalb des Gesamtvorhabens.

Im folgenden werden die Konzeption und die Besonderheiten in der Umsetzung zweier Fallbeispiele beschrieben. Der erste Fall betrifft die Unterstützung der bereits im vorherigen Kapitel beschriebenen Prozeßintegration innerhalb der elektromechanischen Konstruktion durch einen STEP-basierten Datenaustausch. Der zweite Fall beinhaltet ein typisches Beispiel einer Hersteller-Zulieferer-Problematik innerhalb der Automobilindustrie.

4.2.4.1 Produktdatenaustausch in der elektromechanischen Produktentwicklung

In Kapitel 4.2.3. wurde bereits dargestellt, daß die Entwicklung von elektronischen Geräten und Anlagen eine intensive Zusammenarbeit der Ingenieurdisziplinen elektrische und mechanische Konstruktion bedingt. Für die Entwicklung werden aufgrund der unterschiedlichen Aufgabenstellungen meist verschiedene CAD/CAE-Systeme eingesetzt. Die fehlende Integration dieser Systeme auf der Datenebene führt zu isolierten Konstruktionsprozessen innerhalb der Produktentwicklung und macht den gesamten Design-Zyklus fehleranfällig. In der Regel ist eine große Anzahl vermeidbarer Design-Iterationen erforderlich, die einen erhöhten Zeit- und Ressourcenaufwand zur Folge haben. Eine Grundvoraussetzung für die Verkürzung der Produktentwicklungszeit bildet die weitgehende Verminderung der genannten Defizite durch die Integration der im Produktentwicklungsprozeß eingesetzten Systemlandschaft auf der Basis eines integrierten Produktmodells.

Anforderungen

Bei der Erarbeitung eines Integrationskonzeptes für die elektromechanische Konstruktion im Hause Rohde & Schwarz waren zunächst eine Reihe allgemeingültiger Anforderungen zu berücksichtigen, die u. a. in Phase 1 des Projektes formuliert wurden, wie:

- die Unterstützung offener Systemarchitekturen zur Gewährleistung des stufenweisen Ausbaus einer integrierten Systemlandschaft, d. h. die Gewährleistung von Erweiterbarkeit der Systemlandschaft, Austauschbarkeit der Systeme und Anpaßbarkeit der Komponenten an die Bedürfnisse der Arbeitstätigkeit,
- die Berücksichtigung von Standards wie STEP,
- die Durchgängigkeit der an der Produktentwicklung beteiligten Prozesse sowie
- die Vollständigkeit der innerhalb des gesamten Prozesses benötigten Produktdaten.

Die Besonderheit einer elektromechanischen Konstruktion bedingt einerseits die datentechnische Integration innerhalb der einzelnen Domänen als auch die ständige Verfügbarkeit von Produktdaten zwischen den beiden Welten. Das erarbeitete Konzept sieht daher eine aufgabenorientierte Gruppierung der Integrationswerkzeuge für beide Domänen vor. Als Informationsmodelle für den Datenaustausch wurden die standardisierten bzw. im Zustand der Normung befindlichen Anwendungsprotokolle AP 203 bzw AP 214 für den Bereich der mechanischen Konstruktion bzw. AP 212 für die elektrische Konstruktion vorgesehen.

Aufgrund des Fehlens geeigneter Informationsmodelle zum Austausch von Produktdaten zwischen mechanischen und elektrischen CAx-Komponenten wurde vorgeschlagen, die Integration beider Domänen auf der Basis eines sogenannten Unternehmensprotokolls prototypisch zu realisieren. Die Randbedingungen der Kopplung, wie die beteiligten CAD/CAE-Systeme bzw. der Umfang des Informationsmodelles wurden durch das Unternehmen vorgegeben. Es wurden jeweils für jede Domäne ein im Hause typisches und verbreitetes System ausgewählt (I-DEAS Variant Engineering und Visula/Expert) sowie der Inhalt des Datenmodells durch unternehmensspezifische Anforderungen definiert. Bei den auszutauschenden Informationen handelte es sich im wesentlichen um die Beschreibung einer gedruckten Schaltung mit der Lage der auf ihr angeordneten Bauteile. Dabei handelt es sich um ein typisches Teil einer elektromechanischen Konstruktion, an dem es im Unternehmen am häufigsten zu manuellen Datenübertragungen sowie zu Konflikten zwischen elektrischer und mechanischer Konstruktion kommt.

Im einzelnen setzte sich das entwickelte Produktmodell aus Informationen

- zur geometrischen Beschreibung einer Leiterplatte (Außenkontur, Durchbrüche, Befestigungsbohrungen),
- zur geometrischen Beschreibung der Bauteile (Stecker, Schalter, Bedienelemente...) sowie zur Lage der Bauteile auf einer Leiterplatte,
- zur Identifikation der Bauteile über ihre Sachnummer,
- zur Anordnung von Abschirmungen, Sperrflächen und Schildern auf der Leiterplatte sowie
- zu Leiterbahnen auf der Außenseite

zusammen.

Umsetzung

Die Nutzung von STEP zum Austausch, zur Speicherung und Archivierung von Produktdaten setzt die Anwendung einer standardisierten Methodik voraus. Die Umsetzung des Produktdatenaustausches auf der Basis von STEP erfolgt unter Nutzung eines Anwendungsprotokolls (AP), in diesem Falle eines spezifischen Unternehmensprotokolls, welches den Informationsgehalt, der potentiell austauschbar ist, beschreibt.

Es gibt eine definierte Vorgehensweise bei der Erarbeitung eines Anwendungsprotokolls. Die Entwicklung eines solchen Modells erfolgt im allgemeinen über drei Stufen. Die erste Stufe, das Aktivitätenmodell (AAM), beschreibt die Prozeßketten zur Abgrenzung des Gültigkeitsbereiches des Modells. Hier wird eine Analyse der Anforderungen an die Schnittstelle aus Konstruktion, Entwicklung und Fertigung durchgeführt. Das anwendungsspezifische Referenzmodell (ARM), die zweite Stufe, ist eine konzeptionelle, implementationsunabhängige Datenspezifikation des definierten Anwendungsbereiches. Die Dokumentation erfolgt entweder formal in EXPRESS oder grafisch z. B. mit Hilfe von EXPRESS-G und enthält die Semantik der einzelnen Anwendungsobjekte sowie ihre Beziehungen untereinander. Das anwendungsspezifisch interpretierte Modell (AIM) wird aus dem ARM abgeleitet. Dabei werden die in den Basismodellen vorhandenen Konstrukte und Entities entsprechend der dokumentierten Anforderungen ausgewählt und eine Abbildung der ARM-Elemente vorgenommen.

Die methodische Vorgehensweise bei der Entwicklung von Anwendungsprotokollen sieht alle 3 Phasen sowie eine abschließende Implementierung vor. Für die umzusetzende Anwendung, zum Datenaustausch zwischen einem MCAD- und einem ECAD-System, waren die Anforderungen bereits sehr genau spezifiziert. Deshalb konnte auf die Erstellung eines Aktivitätenmodells verzichtet und das ARM mit Hilfe der vorliegenden Anforderungen erstellt werden.

Der zweite Arbeitsschritt bei der Umsetzung des Szenarios war die Realisierung von Pre- und Postprozessoren für die zu integrierenden Systeme. STEP-Prozessoren sind aufgrund der methodischen Vorgehensweise bzw. ihrer Komplexität nur effektiv unter Nutzung sogenannter STEP-Toolkits zu entwickeln. In diesem Falle wurde zur Realisierung das ProSTEP-Toolkit PSstep_Caselib verwendet. Unter Benutzung dieses Werkzeuges ergibt sich das in Bild 4.29 dargestellte Schema als Konzept für die Pilotlösung.

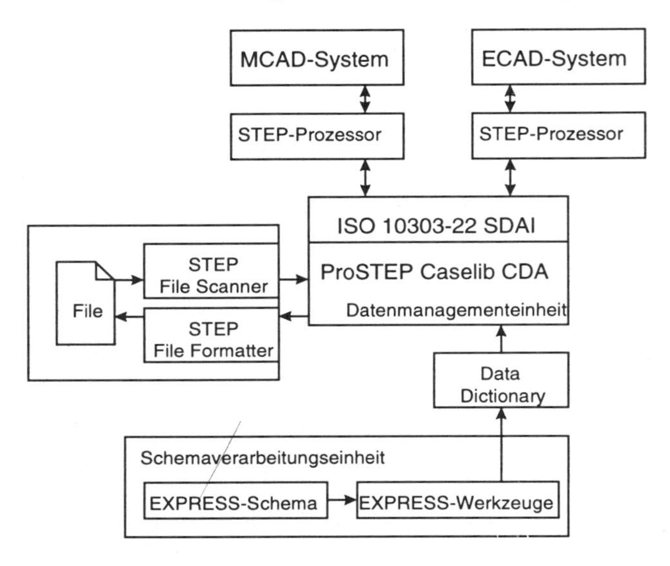

Bild 4.29 Lösungskonzept

Es war jeweils ein Pre- und Postprozessor für die zu integrierenden Anwendungssysteme zu entwickeln. Der Preprozessor übernimmt die Daten aus dem CAD-System und übergibt die Daten an die CDA (Central Data Administration) des PSstep_Caselib, der Postprozessor benutzt den umgekehrten Weg. Jeder Prozessor erfüllt dabei prinzipiell zwei Aufgaben:

- die Übernahme/Übergabe von CAD-Daten über die API bzw. der Datenschnittstelle der beteiligten Systeme sowie
- die Übernahme/Übergabe der Daten aus der CDA und deren Umformung. Dabei erfolgt die Abbildung der CAD-Daten auf die Entities des Datenmodelles sowie die Ausprägung der Modellinstanzen durch die Übergabe der Daten über die SDAI-basierte Schnittstelle an die CDA. Bei den Umformungen kann es sich um geometrische Abbildungsmechanismen, z. B. für verschiedene Beschreibungsformen geometrischer Elemente, aber auch um andere, z. B. semantische Abbildungen (Befestigungsbohrung = Kreuz), handeln. Die Qualität des entwickelten Prozes-

sorwerkzeuges hängt erheblich von den gefundenen und entwickelten Abbildungsmechanismen ab.

In einem dritten Schritt wurden die Austauschdateien sowie die Prozessoren als Werkzeuge selbst in das unternehmensspezifische PDM-System integriert und tragen damit zur Prozeßunterstützung bei. Wesentlich ist dabei die Abbildung und die Realisierung der parallelen Prozeßketten innerhalb eines elektromechanischen Konstruktionszyklus durch das System (siehe Kapitel 4.2.3). Die Prozessoren wirken dabei als Bindeglied zwischen den beiden Prozessen und stellen die Daten für den jeweils nachfolgenden Arbeitsschritt bereit.

Bewertung

Die erarbeitete Lösung einer datentechnischen Integration zwischen mechanischen und elektrischen CAD-Systemen zeigt die Potentiale einer standardkonformen STEP-basierten Lösung bei konsequenter Anwendung ihrer Methodik und ihrer Werkzeuge. In diesem Fall konnten die beiden Domänen der mechanischen und der elektrischen Konstruktion, die bisher aufgrund des Fehlens geeigneter Schnittstellen datentechnisch völlig autonom arbeiteten, auf der Ebene des Austausches von Produktdaten integriert werden. Damit entfällt die aufwendige manuelle Übertragung der Daten zwischen den beiden Welten innerhalb einer elektromechanischen Konstruktion; Iterationszyklen können durch Intensivierung der datentechnischen Kommunikation reduziert werden.

Die Beschreibung und die Nutzung eines Unternehmensprotokolls ist eine geeignete Alternative im Falle des Fehlens standardisierter Protokolle für einen spezifischen Anwendungsfall, hier die elektromechanische Konstruktion innerhalb eines Unternehmens. Langfristige Lösungen sollten bei Verfügbarkeit standardkonforme Anwendungsprotokolle benutzen, um auch die unternehmensübergreifende Kooperation zu ermöglichen (siehe Kapitel 4.2.4.2).

Die datentechnische Integration der beiden Domänen war eine wichtige Voraussetzung für die Implementierung der parallelen Prozesse innerhalb des Concurrent Engineering-Szenarios bei der Entwicklung eines elektromechanischen Gerätes. In diesem Sinne tragen die entwickelten Komponenten zur Prozeßoptimierung in dem Anwendungsszenario elektromechanische Konstruktion bei.

4.2.4.2 Produktdatenaustausch in einer Hersteller-Zulieferer-Beziehung

Beschrieb das vorhergehende Beispiel einen Problemfall unternehmensinterner Integration, soll im folgenden Kapitel auf die Realisierung externer Integration, d. h. die Kooperation verschiedener Unternehmen in einer Hersteller-Zulieferer-Situation eingegangen werden.

Die Ausgangssituation für das zweite Fallbeispiel in der Firma Grote & Hartmann war eine typische Zuliefererproblematik in der Automobilindustrie. CAD-Modelle müssen im kundenspezifischen Format der verschiedenen CAD-Systeme vom Auftraggeber übernommen bzw. an diesen übergeben werden. Um dieser Problematik gerecht zu werden, wurde ein entsprechender CAD-Brückenkopf im Hause installiert; aufgrund bisher nicht befriedigender Ergebnisse bei der Datenkonvertierung wurden die CAD-Daten aus dem hauseigenen CAD-System auf diesem System nachmodelliert. Eine genaue Darstellung der Situation des Unternehmens findet man in Kapitel 5.4.

Anforderungen

Gefordert war eine zukunftsträchtige Lösung für den Datenaustausch zwischen dem hauseigenen bzw. den kundenspezifischen CAD-Systemen auf der Basis der ISO 10303 (STEP). Eine wesentliche Randbedingung bei der Durchführung des Projektes war die Konzentration auf das in der Automobilindustrie übliche Anwendungsprotokoll 214.

Eine weitere Aufgabe war die Einbettung der Datenaustauschvorgänge in die betrieblichen Abläufe. Der Vorgang des CAD-Datenaustauschs stellt eine komplexe Abfolge zahlreicher einzelner Aktivitäten dar, bei denen vielfältige Probleme auftreten können. Neben den System- und Anwendungsunterschieden der Austauschpartner, sind oft auch falsche Einstellungen der Schnittstellenprozessoren oder falsche Datenaustauschformate die Ursache für Probleme. Darüber hinaus sind erfolgte Datenaustauschvorgänge oft nicht nachvollziehbar, weil keine Informationen darüber existieren, welche Daten wann mit welchem Erfolg und mit welchen Einstellungsparametern ausgetauscht wurden. Die Fehlersuche bei Datenaustauschproblemen gestaltet sich daher häufig langwierig und kompliziert. Auch wenn der Ablauf des Datenaustauschs mit seinen Parametern dem einzelnen Konstrukteur bekannt ist, profitieren seine Kollegen nicht zwangsläufig davon, da ihnen diese Informationen nicht zur Verfügung stehen. Zudem muß der Datenaustauschvorgang Schritt für Schritt für jede Austauschdatei mühsam von Hand wiederholt werden.

Um den Datenaustausch zu vereinfachen, zu optimieren und zu automatisieren, ist ein Werkzeug wünschenswert, das es einerseits Systembetreuern erlaubt, den Vorgang des Datenaustauschs komfortabel einzustellen und bei Problemen die Ursache sehr schnell festzustellen, und andererseits Anwender (Konstrukteure) beim Datenaustausch unterstützt. Die Einzelvorgänge beim Datenaustausch sollten sich zeitsparend zusammenfassen lassen und für bestimmte Anwender sollten definierte Austauschwege freigegeben werden können. Eine einheitliche grafische Benutzungsoberfläche für alle beim Datenaustausch notwendigen Werkzeuge erleichtert dabei die Bedienung. Durch die Archivierung sämtlicher Datenaustauschvorgänge sollte später leicht festgestellt werden können, welche Daten wann wohin geschickt wurden. Für den Anwender (Konstrukteur) sollte sich der Datenaustausch auf die Auswahl des Austauschpartners, des Übertragungsmediums (z. B. ISDN) und die zu übertragenden CA-Modelle reduzieren.

Umsetzung

Zur Realisierung wurde ein mehrstufiges Konzept entwickelt, wobei die ersten drei Stufen den Umfang der auszutauschenden Informationen in wachsender Komplexität beinhalten. Die vierte Leistungsstufe sieht die Beschreibung einer offenen Architektur zur Einbettung in die Systemumgebung bzw. die betrieblichen Abläufe vor. Die letzte Stufe besteht in der Abstrahierung auf die Architektur des CAD-Referenzmodells.

In der Phase der Umsetzung dieses Konzeptes wurden verschiedene Testreihen mit STEP-Prozessoren unterschiedlicher Hersteller durchgeführt und die erfolgsversprechendste Prozessorpaarung zur Nutzung vorgeschlagen. Vergleicht man die innerhalb des Projektes erreichten Ergebnisse (siehe auch Kapitel 5.4) mit den in dem Stufenkonzept angestrebten Zielen, entspricht der derzeitig erreichte Stand des Datenaustauschs der Leistungsstufe 2 (Austausch komplexer Geometrien einschließlich Freiformflächen).

Als ein mögliches kommerzielles Werkzeug zur Einbettung der Datenaustauschvorgänge in die betrieblichen Abläufe wurden innerhalb des Projektes sowohl der ProSTEP Data Exchange Manager bezüglich seiner Eignung für das Unternehmen untersucht als auch eine spezifische Intranet-Komponente entwickelt.

Diese Intranet-Komponente (WebIS) stellt die benötigten Informationen zu einer der Arbeitsaufgabe entsprechenden Prozessorpaarung und zu deren erforderlichen Parametereinstellungen bereit, archiviert die durchgeführten Datenaustauschvorgänge sowie deren Ergebnisse und ermöglicht den Start der Vorgänge selbst. Voraussetzung hierzu ist die Fähigkeit der Prozessoren, Modellkonvertierungen ohne Benutzereingaben durchführen zu können, vorzugsweise in Form einer automatisierten Konvertierung ohne Aktivierung der Benutzerschnittstelle. Aufgrund der Nutzung der unternehmensinternen Datenbasis ist eine einfache Erweiterung des Systems sowie die Einbettung in betriebliche Abläufe möglich (Bild 4.30).

Bewertung

Der Erfolg von Datenaustauschprozessen ist primär von der Qualität der eingesetzten Prozessoren abhängig. In diesem Fall waren die Randbedingungen für die zu findende Lösung durch die Fixierung auf das Anwendungsprotokoll 214 festgelegt. Die Erfolgsquote der Datenkonvertierung konnte durch umfangreiche Testreihen mit verschiedenen Parametereinstellungen und die Zusammenarbeit mit den Anbietern optimiert werden und erreicht zur Zeit einen zufriedenenstellenden Wert. Damit wurde ein wesentlicher Fortschritt zu der bisherigen Vorgehensweise, der manuellen Modellkonvertierung, erreicht. Verschiedene Probleme konnten nur unter Mitarbeit der Anbieter gelöst werden; die erfolgreiche Beeinflussung der Entwicklung der Prozessoren gehört daher ebenfalls zum positiven Ergebnis dieses Projektes.

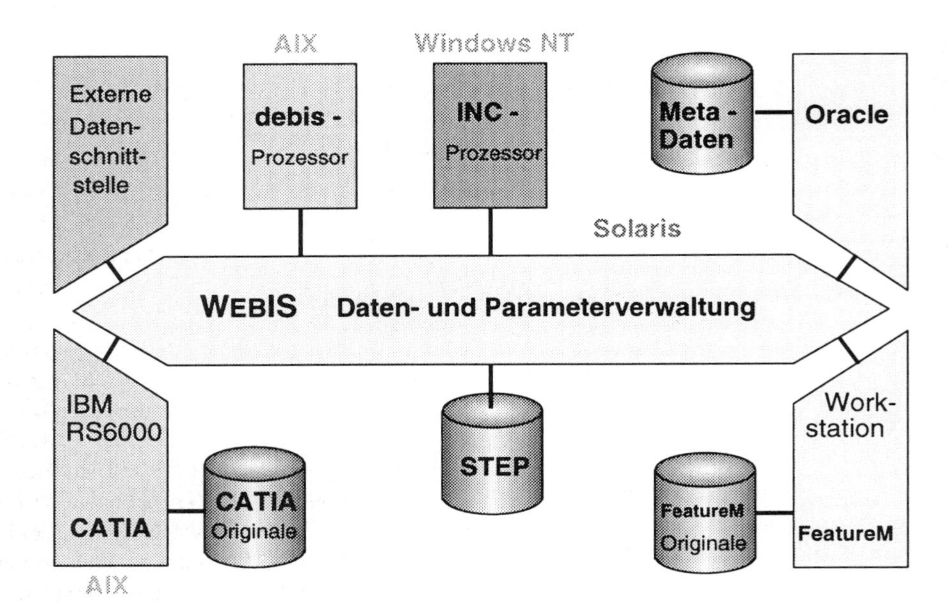

Bild 4.30 Verwaltung der Datenaustauschprozesse mit der Intranetlösung WebIS

Wichtiger Schwerpunkt bei der Umsetzung war daher die Bereitstellung eines Werkzeuges zur Integration der Datenaustauschprozesse, deren Archivierung und Automatisierung. Aufgrund der Nutzung der unternehmensspezifischen Datenbestände und der Weiterverwendung bereits existenter Daten wurde eine Entscheidung zugunsten der Intranetlösung für den Einsatz im Unternehmen Grote & Hartmann getroffen. Diese Entscheidung basiert auch auf verschiedenen Vorteilen, wie der geforderten benutzergerechten Gestaltung der Benutzungsoberfläche, der Client-Server-Architektur des Oracle-WebServers, einfachen Erweiterungsmöglichkeiten und dem geringen Administrationsaufwand für das System.

4.2.5 Synchrone Zusammenarbeit

4.2.5.1 Motivation

Betrachtet man die Formen computergestützter Kooperation unter dem zeitlichen Aspekt, lassen sich dabei im wesentlichen zwei Varianten der Zusammenarbeit unterscheiden:

Zum einen besteht die Notwendigkeit, für einen ständigen Informationsfluß zwischen den Bearbeitern zu sorgen, um so die Arbeitsgruppe schnell über die Ergebnisse einzelner Mitglieder bzw. getroffene Veränderungen zu informieren. Die Unterstützung erfolgt hier typischerweise durch die Verwaltung produktbezogener Daten in verschiedenen Entwicklungsstadien sowie für die Definition von Projektstrukturen mit verschiedenen Rollen und Zugriffsrechten. Solche Aufgaben werden heute schon z.T. durch vorhandene Systeme unterstützt und wurden bereits im Kapitel 4.2.3 dargestellt.

Zum anderen ist es oft hilfreich, den Abstimmungsprozeß über Arbeitsaufgaben und Schnittstellen zwischen örtlich verteilten Mitarbeitern online durch computergestützte Konferenzen zu erleichtern. Auch hier existieren bereits erste Ansätze, die allerdings oft durch mangelnde Integrationsfähigkeit gekennzeichnet sind und damit bisher keine breite Anwendung in der Praxis gefunden haben. Bei der Erarbeitung umfassender Lösungen haben sich hier die Probleme, die durch die Heterogenität von Hard- und Software verursacht werden, als die größten Hürden herausgestellt. Dieser Konflikt trifft insbesondere auf den CA-Sektor zu, da hier eine enorme Systemvielfalt i.a. auch innerhalb eines Unternehmens existiert.

Diese Situation erfordert eine Strategie, die einerseits flexibel genug ist, den unterschiedlichen Systemarchitekturen gerecht zu werden und andererseits einen einheitlichen, nach Möglichkeit standardisierten Ansatz verfolgt, um einen hinreichenden Investitionsschutz zu bieten. Benötigt werden allgemeingültige und flexible Dienste zur Unterstützung zeitgleicher, d. h. synchroner Kooperation. Die Beschreibung, Realisierung und praktische Einführung solcher Werkzeuge war eines der Innovationsfelder im Projekt und soll im folgenden vorgestellt werden.

4.2.5.2 Anforderungen

Das computerunterstützte kooperative Arbeiten muß einer Vielzahl verschiedenster Anforderungen gerecht werden. Maßgeblich bedingt werden sie durch die vielfältigen Sichten auf das Thema Kooperation. Grundsätzlich ist eine optimale Einführung von Techniken des kooperativen Arbeitens nur bei einer genauen Kenntnis der organisatorischen Gegebenheiten in konkreten Unternehmen möglich. Die Analyse muß sich dabei auf die Arbeitsteilung, beteiligte Abteilungen und den Informationsfluß beziehen und die Ausgangsbasis für eine maßgeschneiderte Lösung bilden.

Betrachtet man CSCW unter konstruktionstechnischen oder organisatorischen Gesichtspunkten, so ist es notwendig, die verschiedenen Phasen der Produktentwicklung und -fertigung zu unterscheiden. In jeder Phase sind unterschiedliche Personengruppen mit verschiedenen Bearbeitungsaufgaben involviert, deren Zusammenarbeit mit speziellen Werkzeugen unterstützt werden kann. Über den Zeitraum der Produktentwicklung, angefangen von der Angebotserstellung bis hin zur Fertigung, kann zu bestimmten Zeitpunkten die gesamte Palette von Werkzeugen sinnvoll eingesetzt werden. Dazu zählen sowohl solche für die Unterstützung synchroner Kooperation (z. B. Konferenzsysteme) als auch solche zur Unterstützung asynchroner Kooperation (z. B. Workflowmanagement).

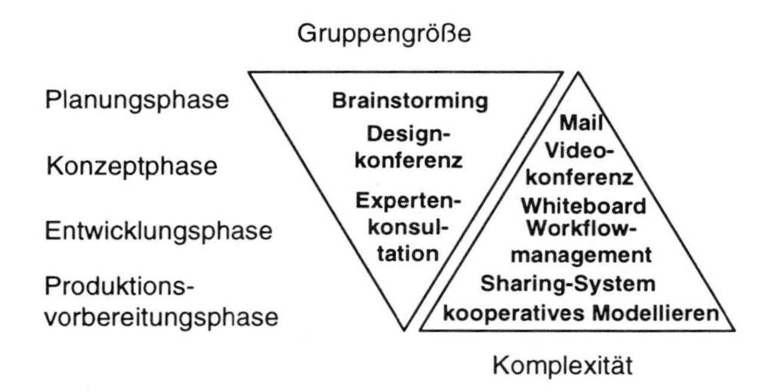

Bild 4.31 Abhängigkeiten im Konstruktionsprozeß

Die Auswahl adäquater Werkzeuge kann u. a. in Abhängigkeit von der Gruppengröße und der konkreten Phase des Konstruktionsprozesses erfolgen (Bild 4.31). In der ersten Phase sind eine große Anzahl von Mitarbeitern aus unterschiedlichen Bereichen in den Prozeß involviert. Als unterstützende Werkzeuge können hier Email, WWW oder, zur einfachen Abstimmung, ein Audio/Video-Konferenztool eingesetzt werden. Mit zunehmender Detaillierung und Spezialisierung der zu bearbeitenden Aufgabe schrumpft die Gruppengröße, erhöht sich die Komplexität der Werkzeuge und steigen die zu berücksichtigenden Anforderungen. Die letzte Stufe ist hier die kooperative Modellierung, bei der i.d.R. zwei bis drei Konstrukteure ein Modell im Rahmen einer CAD-Konferenz gemeinsam manipulieren. Zum praktischen Einsatz von CSCW existieren heute bereits eine Reihe verschiedenster Softwaresysteme, es fehlen jedoch bisher entsprechende Werkzeuge zur Unterstützung kooperativer Modelliertechniken in CAD.

Zu den informationstechnischen Aspekten bei der Umsetzung einer solchen CAD-Konferenz zählen die speziellen Anforderungen an die Hard- und Software. Probleme hierbei sind insbesondere eine einheitliche, offene CSCW-Schnittstelle zur Realisierung der Kommunikation zwischen den Partnern (Verbindungsaufbau, Synchronisation, Aktionsrechtverwaltung etc.), die Minimierung des im CAD-Bereich typischerweise hohen Datenaufkommens, die Einbindung von Audio- und Videoequipment sowie die Sicherung der Konsistenz der Daten. Die informationstechnischen Probleme können prinzipiell in allgemeine, vom Anwendungskontext unabhängige, sowie in applikationsspezifische Anforderungen unterteilt werden.

Zu den für jede CSCW-Anwendung notwendigen allgemeinen Forderungen gehören u. a.:

- die Einbettung der neuen Funktionalität in die gewohnte Systemumgebung,
- die Telepräsenz durch eine parallele Audio- und evtl. Videoverbindung sowie Telepointer (die Darstellung der aktuellen Cursorposition der Konferenzpartner),
- die Fähigkeit zur Durchführung von Konferenzen mit mehreren (>2) Teilnehmern,

- unterschiedliche Kopplungsmodi sowie
- die mehrschichtige Granularität von Rede-/Aktionsrechten.

Anforderungen an spezifische CAD-Konferenzen sind u.a:

- Unterstützung echter kooperativer Modellierdialoge direkt am 3D-Modell,
- Konsistenzsicherung von Produktmodelldaten sowie
- öffentliche und private Konstruktionssräume.

Die Vielfalt der beschriebenen Anforderungen, eine große Anzahl denkbarer Anwendungsszenarien in verschiedenen Unternehmen sowie die Heterogenität der darin benutzten Systeme erfordern flexibel anpaßbare, generische CSCW-Werkzeuge für die Erstellung unterschiedlicher kooperativer Applikationen. Ziel dieser Dienste ist die Erstellung konfigurierbarer CSCW-Anwendungen, um so den unterschiedlichen Ansprüchen über den gesamten Produktentwicklungszyklus gerecht werden zu können.

4.2.5.3 Basisdienste zum kooperativen Arbeiten und deren Evaluierung

Um Applikationen erstellen zu können, die den im oberen Abschnitt beschriebenen Anforderungen genügen, war die Konzipierung und Umsetzung einer Reihe von Basisdiensten für das kooperative Arbeiten erforderlich. Zu den innerhalb des Projektes realisierten Diensten gehören:

- ein Dienst zur Bereitstellung von *Multipoint-Verbindungen* als wesentliche Voraussetzung von Konferenzen mit einer beliebig großen Zahl von Teilnehmern,
- eine *Konferenzverwaltung*, welche sämtliche Metadaten über laufende Konferenzen und beteiligte Personen, benutzte Ressourcen sowie potentiell zu initiierende Konferenzen besitzt,
- ein *Telepointer*-Dienst zur Darstellung der aktuellen Positionen der entfernten Cursor der Konferenzpartner,
- ein Dienst für die Verwaltung von *Rede- und Aktionsrechten* (Token), der wahlweise zur besseren Koordination während einer Konferenz benutzt werden kann und
- ein Dienst zur Verwaltung der *Konferenzhistorie* für die Speicherung des Konferenzverlaufs, um so später zu einer Konferenz Hinzukommenden den aktuellen Bearbeitungsstand verfügbar zu machen.

Die aufgeführten Dienste bauen auf den Konzepten zur Umsetzung eines Kommunikationssystems für verteilte, offene Applikationen auf. Ihre informationstechnische Umsetzung wird in Kapitel 4.3.2 beschrieben. Sie folgen einem standardisierten Ansatz, um den beschriebenen Anforderungen an Offenheit und Flexibilität zu genügen.

Die entwickelten Dienste zum kooperativen Arbeiten wurden im wesentlichen unter zwei Aspekten konzipiert: neue CSCW-fähige Anwendungen effizient implementieren und vorhandene Applikationen um Techniken kooperativen Arbeitens erweitern zu können. Die Evaluierung dieser Basisdienste erfolgte daher diesem Anspruch entsprechend in zwei Stufen:

In einer ersten Stufe wurden die entwickelten Dienste innerhalb eines eigenen prototypischen Modellierers integriert und getestet [Dietrich, von Lukas, Morche 97]. Dabei handelt es sich um ein offenes, modulares System, das entsprechend der Architektur des CAD-Referenzmodells konzipiert und realisiert wurde. Neben einer Reihe typischer Funktionen eines CAD-Systems besitzt dieser Modellierer ein integriertes CSCW-Modul, mit dem die verschiedenen Konzepte des kooperativen Arbeitens im CAD-Umfeld demonstriert werden können.

Ein typisches Problem während einer Modellierkonferenz ist z. B. die Verwaltung des Aktionsrechtes und die damit verbundene Sicherheit der Konsistenz des gemeinsam bearbeiteten Modells. Der prototypische Modellierer kann verschiedene Modi der Aktionsrechtvergabe handhaben: ein explizites Aktionsrecht für genau einen Konferenzpartner sowie ein teilbares Aktionsrecht für mehrere Partner. Die Umsetzung und die Effekte dieser verschiedenen Ansätze können mit Hilfe des Modellierers beobachtet, evaluiert und auf ein mögliches Anwendungsszenario hin adaptiert werden.

In einer zweiten Stufe erfolgte die Integration der Dienste in kommerzielle CAD-Umgebungen[4]. Der Leistungsumfang der Integration in bezug auf das kooperative Modellieren ist primär von Offenheit und Umfang der angebotenen Schnittstellen und der verwendeten Modellierkerne abhängig. Konferenzen zwischen CAD-Systemen, die unterschiedliche Modellierer im Einsatz haben, sind zwar für ausgewählte Operationen möglich, scheitern generell aber bislang an der unzureichenden Assoziativität zwischen diesen Modellierern.

Die Integration erfolgte in diesem Fall auf der Basis eines spezifischen, in Bild 4.32 skizzierten ACIS-basierten Konferenzprotokolls, eines sogenannten *CAD-APE (Application Protocol Entity)*. Dieses Protokoll muß für jedes zu integrierende System in einem Wrapper in die eigene Schnittstellennotation umgewandelt werden. Dabei können erhebliche Komplexitätsunterschiede bzw. auch nicht lösbare Abbildungsprobleme auftreten. In diesem Falle können die betreffenden Systeme nur über den Weg einer gekoppelten Integration (vgl. Kapitel 4.3.6) in die Konferenzumgebung eingebunden werden.

Ein offensichtliches Problem ist dabei des Fehlen eines allgemeingültigen Referenzprotokolls. Die Beschreibung und Standardisierung eines solchen Protokolls für CAD-Systeme sowie dessen Unterstützung durch die Systemhersteller durch entsprechende Schnittstellen würde die Durchführung solcher heterogener Konferenzen erheblich erleichtern. Ansätze dafür findet man in der OLE4DM-Entwicklung [Sendler 96].

---

[4] I-DEAS Master Series und FeatureM

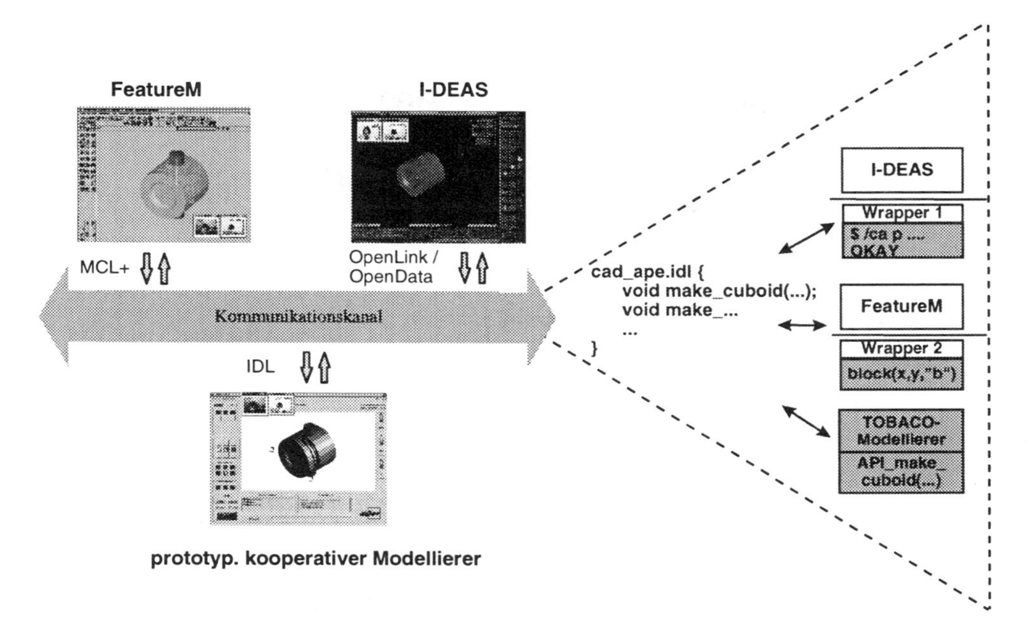

Bild 4.32 Heterogene CAD-Konferenzen

Innerhalb einer Modellierkonferenz können verschiedenartige Kooperationsbeziehungen auftreten, die u. a. mit Hilfe unterschiedlicher Rollen abgebildet werden können. Für passive Teilnehmer wurde die Rolle eines *Beobachters*, für aktive die eines *Akteurs* eingeführt. Beobachter bearbeiten zwar alle eintreffenden Events, schicken selbst aber keine Nachrichten in den Kommunikationskanal. Speziell bei Telekonferenzen ist in vielen Fällen die Rolle von *Beobachtern* ausreichend. Diese Partner können die Kommunikation verfolgen und Anmerkungen, beispielsweise über Audioverbindung oder über Annotationen, hinzufügen. *Akteure* dagegen reagieren auf eintreffende Nachrichten. Im Kontext von synchronem CSCW bedeutet dies die gemeinsame Bearbeitung des Modells. Solche Rollenkonzepte ermöglichen unterschiedliche Level der Anbindung kommerzieller Systeme, auch unter der Bedingung fehlender Schnittstellen. Für I-DEAS Master Series wurde die Rolle eines Beobachters, für FeatureM die eines Akteurs realisiert.

4.2.5.4 Praktischer Einsatz

Eine praktische Erprobung der entwickelten Dienste zum kooperativen Arbeiten in einem konkreten Anwendungsumfeld erfolgte innerhalb des Teilprojektes "Verteilte Konstruktion" bei der Firma Grote & Hartmann. Ziel dieses Projektes war die Einführung von CSCW-Techniken in der Konstruktion zur Unterstützung der Kooperation und Kommunikation räumlich getrennter Abteilungen. Die konkrete Ausgangssituation im

Unternehmen sowie das entwickelte Stufenkonzept zur Umsetzung und Einführung wird ausführlich in Kapitel 5.4 dargestellt.

Eine Leistungsstufe des Konzeptes umfasste die Realisierung echter kooperativer Modellierdialoge an eigenständigen Instanzen des CAD-Systems FeatureM und stellte die technische Herausforderung und Innovation in diesem Teilprojekt dar. Zur Umsetzung waren verschiedene Modifikationen an der Funktionalität des Systems erforderlich, die sich in die drei Gruppen:

- Änderungen/Erweiterungen der Benutzungsoberfläche (Bild 4.33),
- Implementierung eines Nachrichtenaustauschs und
- Datenmanagement

einordnen lassen. Bei der Realisierung wurden die oben beschriebenen flexiblen Basisdienste zum kooperativen Arbeiten benutzt und auf den konkreten Anwendungsfall adaptiert. Der erreichte hohe Grad der Integration dieser Basisdienste wurde durch einen Eingriff in die Systemsoftware erreicht.

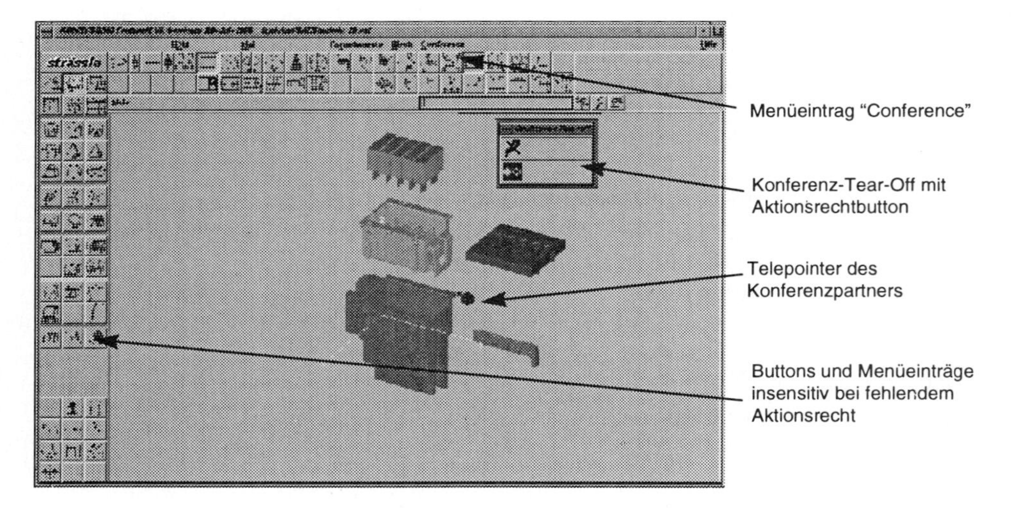

Bild 4.33 Erweiterungen an der Benutzungsoberfläche

Bei der Erarbeitung der Lösung waren einige Randbedingungen gegeben: Eine Modellierkonferenz sollte lediglich zwischen zwei eng miteinander gekoppelten Benutzern erfolgen und es sollte ein explizites Aktionsrecht vergeben werden. Die erarbeitete Lösung erlaubt damit die Umsetzung des folgenden Anwendungsszenarios:

1. Lokales Arbeiten: Der Konferenzinitiator bereitet die Sitzung vor, indem er das zu diskutierende Modell lädt, evtl. Modifikationen anbringt und die gewünschte Ansicht einstellt.

2. Verbindungsaufbau: Über eine Erweiterung in der Menüleiste von FeatureM wird die Verbindung zu einem voreingestellten Konferenzpartner aufgebaut. Der Partner erhält eine Einladung. Lehnt der Benutzer diese ab, so wird der Initiator der Konferenz über die Ablehnung informiert und kann lokal weiterarbeiten. Im Falle der Zustimmung beginnt das kooperative Arbeiten. Das Modell wird inklusive der aktuellen Kameraeinstellung gespeichert. Für die Übertragung kann die Datei verschlüsselt und vor dem Laden in die entfernte Instanz wieder entschlüsselt werden. Beide Partner besitzen damit zu Beginn der Konferenz das gleiche Modell.

3. Kooperatives Arbeiten: Der Initiator besitzt anfangs ein explizites Aktionsrecht, daher sind alle Elemente der Benutzungsoberfläche der FeatureM-Instanz des Partners insensitiv. Das Aktionsrecht wird über den Aktionsrechtbutton im Konferenz-Menü gesteuert. Alle Aktionen des aktiven Teilnehmers werden von der CSCW-Erweiterung erkannt und als Kommando an die entfernte Instanz übergeben. Die entfernte Instanz interpretiert dieses Kommando so als wäre es durch den Benutzer über die eigene Oberfläche erzeugt worden, und ändert Modell und Darstellung entsprechend. Den Benutzern steht dabei fast vollständig die Funktionalität des Systems zur Verfügung. Die Aktionen des Partners sind durch den Einsatz von Telepointern präsent. Beendet einer der Teilnehmer die Konferenz, wird die Verbindung abgebaut.

4. Verbindungsabbau: Der Partner wird über das Ende der Konferenz informiert. Das System präsentiert eine entsprechende Meldung und schließt die Verbindung.

5. Lokale Nachbearbeitung: Nach dem Ende der Konferenz können beide Partner lokal weiterarbeiten. Aktionen werden dann nicht mehr verschickt. Sie können das während der Konferenz bearbeitete Modell an einem beliebigen Ort abspeichern.

4.2.5.5 Bewertung

Durch die Randbedingungen des Anwendungsszenarios waren folgende Modifikationen an den vorhandenen Basisdiensten zum kooperativen Arbeiten erforderlich:

- Die *Konferenzverwaltung* wurde auf Wunsch des Anwenders auf zwei mögliche Konferenzpartner mit einer voreingestellten Systemkonfiguration begrenzt.
- Die Benutzung des Dienstes zur Verwaltung der *Konferenzhistorie* war nicht erforderlich, da das gemeinsam zu bearbeitende Modell zu Beginn der Konferenz an den Partner verschickt wird und ein Aufschalten auf eine laufende Sitzung nicht gewünscht war.
- Es wird ein explizites *Aktionsrecht* vergeben, d. h., entweder ein Konferenzpartner besitzt das alleinige Aktionsrecht und kann das Modell modifizieren oder er besitzt keinerlei Rechte zur Ausführung irgendeiner Aktion. In letzterem Fall sind auch die Elemente der Benutzungsoberfläche für ihn gesperrt. Dieser Mechanismus gewährleistet, daß zu jeder Zeit an jedem Standort identische Replikate des gemeinsamen Modells bearbeitet werden.

- Der *Telepointer-Dienst* wurde ohne Modifikationen übernommen.

Die entwickelte Lösung zur Unterstützung von Modellierkonferenzen an eigenständigen Instanzen des CAD-Systems FeatureM konnte durch den Zugriff auf flexible Dienste auf den konkreten Anwendungsfall angepaßt werden. Sie besitzt nicht die volle CSCW-Funktionalität des oben beschriebenen prototypischen Modellierers, hat aber einen entscheidenden Vorteil: Dem Konstrukteur steht die volle Funktionalität seines Systems und die gewohnte Arbeitsumgebung während einer Modellierkonferenz zur Verfügung. Die Erweiterungen an der Benutzungsoberfläche des Systems sind minimal; der zur Kommunikation erforderliche Aufwand beschränkt sich auf das Versenden kurzer Kommandos sowie von CAD-Dateien zur Initiierung der Konferenz.

4.2.6 Zusammenfassung

Kapitel 4.2 beinhaltet verschiedene Aspekte eines verteilten, kooperativen Produktentwicklungsprozesses sowie deren Umsetzung innerhalb verschiedener Teilprojekte des Gesamtvorhabens „CAD-Referenzmodell". Die beschriebenen Konzepte und deren Umsetzungen stellen dabei ganz bewußt einen Ausschnitt der Arbeiten bei verschiedenen Anwenderfirmen dar. Der Zusammenhang der verschiedenen Teilprojekte kann über ihre Einordnung in einen Produktentwicklungsprozeß gefunden werden; dem entspricht die Abfolge der einzelnen Arbeiten innerhalb des Kapitels 4.2.

Ein wesentliches Kriterium für die Darstellung der Arbeiten innerhalb dieses Kapitels ist jedoch auch ihre Verallgemeinerbarkeit. Die beschriebenen Lösungen entstanden in der Regel in Kooperation zwischen Anwendern, Systemanbietern und Instituten und basieren auf den Konzepten aus Phase 1 des Projektes. Die verschiedenen Umsetzungen innerhalb der Anwenderfirmen setzen zwar auf den vorgefundenen Anforderungen und Randbedingungen auf, sind aber in der Regel durch Offenheit und die Benutzung von Standards gekennzeichnet. Damit werden die hier beschriebenen Umsetzungen auf andere Anwendungsfälle übertragbar.

4.3 Integration und Optimierung von Produktentwicklungsumgebungen

In Kapitel 4.1 und 4.2 wurden Ansätze zur Unterstützung des gesamten Produktentwicklungsprozesses bzw. zur Unterstützung von Concurrent Engineering dargestellt. Beides erfordert innovative informationstechnische Dienste im Bereich Benutzungsoberfläche, Produktdatenhaltung, Kooperation und Kommunikation, Konfiguration sowie Wissensverarbeitung, die die Defizite marktgängiger Systeme ausgleichen. Diese Dienste wurden weitestgehend system- und betriebsunabhängig entwickelt. Die in Kapitel 5 dargegestellten betriebsspezifischen Umsetzungen zeigen den Nutzen dieser innovativen Ansätze beim Anwender und sollen somit Systemanbietern Impulse geben, solche Lösungen auch in ihre Produkte einfliessen zu lassen.

4.3.1 Benutzungsoberflächensystem

Heutige CAD-Systeme bestechen durch ihre Breite an Funktionalität und Vielzahl an Benutzerwerkzeugen sowie durch ihre umfangreichen Möglichkeiten zur Systemkonfiguration[5]. Gerade im CAD-Bereich ermöglichen es grafische Benutzungsoberflächen (GUIs), den Benutzern eine Vielzahl von Daten, Informationen und vor allem Funktionen sowie Werkzeugen gleichzeitig und auf verschiedene Arten zu präsentieren. In den letzten Jahren haben sich GUIs auf den unterschiedlichsten Hardwareplattformen durchgesetzt. Window-Systeme und Widget-Sets, wie z. B. X/Windows, OSF/Motif oder MS-Windows, sind als Quasi-Standards etabliert, so daß die meisten CAD-Systeme heute GUIs besitzen, die in einigen Fällen icon-basiert sind.

Zum Entwurf von GUIs existieren eine Vielzahl von Empfehlungen und Styleguides [Microsoft 92; OSF 93; Apple 92; Fowler, Stanwick 95] sowie Richtlinien [DIN 88; GI 95; ISO 95], die sicherstellen sollen, daß verschiedene Anwendungen ähnlich aussehen und zu bedienen sind (look and feel). Alle diese Richtlinien fordern Intuitivität, Konsistenz, Lesbarkeit und Selbstbeschreibungsfähigkeit der Oberflächen, sind aber oft nicht detailliert und applikationsbezogen genug, um direkt umgesetzt werden zu können. Aufgrund des Funktionsumfangs von CAD-Systemen und der damit verbundenen Komplexität ihrer Oberflächen ist es kaum realisierbar, jede dieser Forderungen zu erfüllen,

---

5 Unter Systemkonfiguration verstehen wir das Zusammenstellen einer speziellen Ausbaustufe eines Softwaresystems aus verschiedenen Modulen

zumal verschiedene Benutzer dieselbe Oberfläche oft unterschiedlich beurteilen. Aus diesen Gründen gewinnt die Individualisierbarkeit, Konfigurierbarkeit und Anpaßbarkeit von grafischen Oberflächen an verschiedene Benutzer, Aufgaben und Einsatzbedingungen immer mehr an Bedeutung.

Neben der 2D-Benutzungsoberfläche spielt im CAD die Interaktion und Visualisierung eine entscheidende Rolle. Handelt es sich um ein 3D-CAD-System, stellt sich die Frage, wie die Modelle visualisiert werden sollten, um 3-dimensionale Zusammenhänge erkennbar zu machen und wie sich möglichst effizient in 3D interagieren läßt.

4.3.1.1 Bezug zu Phase 1 und Architekturkonzept

In Phase 1 des Projektes 'CAD-Referenzmodell' wurden Problemfelder analysiert, Anforderungen erhoben und ein Systemkonzept erarbeitet. Die Anforderungen an die Benutzungsoberfläche von CAD-Systemen bzw. das Benutzungsoberflächensystem, mit dem diese erstellt wurde, sind so umfangreich, daß hier nur die wichtigsten genannt werden können:

- Konfigurationsmöglichkeit,
- flexible Dialoge,
- Anzeige von Fehler- und Statusmeldungen,
- Konsistenz im Erscheinungsbild von Oberflächen,
- Strukturierung, Hierarchisierung, Gruppierung,
- Direkte Manipulation und
- verschiedene, wahlweise einsetzbare Eingabegeräte.

Zur Umsetzung dieser (und anderer) Anforderungen wurde eine Systemarchitektur entworfen und detailliert, die für die Benutzungsoberfläche im wesentlichen die Kompnenten

- Präsentations-Manager,
- Interaktionsmanager und
- Dialog-Manager inkl. UI-Konfigurationsspeicher

vorsieht.

4.3.1.2 Konzeption

Eine Vielzahl der genannten Anforderungen wird heute bereits von Systemen und Entwicklungswerkzeugen abgedeckt. So sind Layoutbeschreibungskomponenten im engeren Sinne bereits seit geraumer Zeit verfügbar; es mangelt allenfalls noch an applikationsspezifischer oder auch allgemeinerer artifizieller Intelligenz in diesen Komponenten, wie Oberflächen gestaltet sein sollten. Auch für Ausgabe im allgemeinen und Grafikausgabe im besonderen stehen sehr leistungsfähige Werkzeuge zur Verfügung, die viele Anforderungen hinsichtlich schneller 3D-Kamera-Interaktion, wie Zoom und Pan, erfüllen.

Aus diesem Grunde wurden in der zweiten Phase die o.g. sieben Anforderungspunkten adressiert und Lösungen in den Bereichen:

- Modellhafte CAD-Benutzungsoberfläche,
- dynamische UI-Layoutkomponente und
- 3D-Interaktion und Visualisierung

erarbeitet.

Die Umsetzung erfolgte in Form eines systemunabhängigen Moduls zur Oberflächenkonfigurierung und eines Demonstrators, die viele der in Phase 1 beschriebenen Konzepte aufgreifen und teilweise erweitern. In diesem Demonstrator ist auch die modellhafte - in Zusammnenarbeit mit Arbeitswissenschftlern erarbeitete - Benutzungsoberfläche realisiert.

4.3.1.3 Informationstechnische Umsetzung

Dieser Abschnitt beschreibt im Detail - soweit es der zur Verfügung stehende Platz erlaubt - was umgesetzt wurde und wie die Umsetzung erfolgte.

Modellhafte Benutzungsoberfläche

In Zusammenarbeit mit Arbeitswissenschaftlern wurde eine Benutzungsoberfläche mit Modellcharakter für CAD-Systeme gemäß wahrnehmungspsychologischer Gesichtspunkte entworfen. Dieser Entwurf betrifft sowohl die Aufteilung der Oberfläche als auch die Gestaltung der Farben, Schriftarten und Icons.

Layout

Die Bildschirmfläche wurde im Hinblick auf einen größtmöglichen Grafikbereich aufgeteilt, jedoch nicht auf Kosten der Anzeige anderer wichtiger Informationen, wie des Systemstatus', aktueller Parameterwerte, etc. Weiterhin wurden die Bedienelemente gemäß wahrnehmungspsychologischer Erkenntnisse angeordnet, z. B. entsprechend der erhöhten Aufmerksamkeit der Benutzer bezüglich bestimmter Bildschirmbereiche. Die Benutzungsoberfläche ist grundsätzlich als Ein-Fenster-Anwendung ausgelegt, d. h. alle wichtigen Information sind im Hauptfenster versammelt; Systemeinstellungen werden natürlich in temporär erscheinenden Dialogfenstern gesetzt. Zusammengehörige Bedienelemente sind sichtbar gruppiert und auf den Bildschirm eindeutig strukturiert. Die Bedienelemente sind in nicht mehr als 3 Hierarchieebenen gruppiert; man sieht immer nur die Gruppe, mit der man gerade arbeitet, z. B. 3D Regel-Primitive, 2D Primitive, NURBS Kurven bzw. -Flächen, etc.

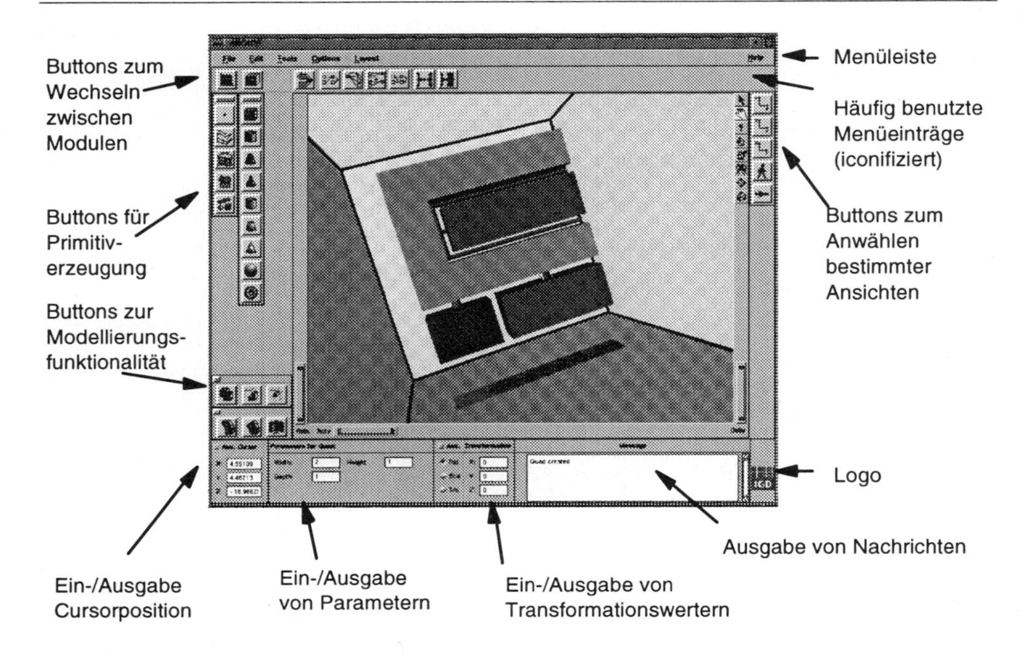

Bild 4.34 Modellhafte Benutzungsoberfläche

Farben, Fonts und Icons

Bei der Farbwahl wurde auf eine augenfreundliche, ermüdungsfreie Farbvalenz geachtet, als Ausgangsbasis dienten Empfehlungen aus den GI-Richtlinien zur Gestaltung von CAD-Benutzungsoberflächen [GI 96]. Diese GI-Empfehlungen wurden generell in Betracht gezogen, machen oft aber nur recht abstrakte und unspezifische Aussagen, die einen nicht unerheblichen Interpretationsspielraum offen lassen. Bezüglich der hellblauen Grundfarbe haben sich in verschiedenen Grautönen abgestufte pseudo-3dimensionale Icons und eine positive, kontrastreiche Textdarstellung (schwarz auf weiß) als vorteilhaft erwiesen. Die Icons sind 32 * 32 Pixel groß und bieten damit hinreichend Platz für aussagekräftige Piktogramme.

Die nachstehende Tabelle gibt einen Überblick über die gewählten Farben und Fonts für die Benutzungsoberfläche. Als Schrifttyp wird generell Adobe Helvetica verwendet. Dieser serifenfreie Schrifttyp sorgt für ausgezeichnete Lesbarkeit bei normalem Betrachtungsabstand.

Wert	Ressourcen
black	*foreground
LightSteelBlue2	*background

grey98 (fast weiß)	*XmTextField.background *XmText.background *XmTextField.topShadowColor *XmText.topShadowColor
gray85	*XmPushButton.background (Icons)
white	*XmPushButton.topShadowColor (Icons)
grey50	*XmPushButton.bottomShadowColor (Icons) *XmTextField.bottomShadowColor *XmText.bottomShadowColor
Stärke: bold (fett) Größe: 14 Punkt	alle Einträge in der Menubar: *font *fontList
Stärke: medium Größe: 14 Punkt	alle PushButtons und CascadeButtons, der Menüs der Menubar, z. B.: *menuBar.*XmPushButton.font *menuBar.*XmPushButton.fontList *menuBar.*XmCascadeButton.font *menuBar.*XmCascadeButton.fontList
Stärke: bold (fett) Größe: 12 Punkt	alle Überschriften im unteren Ein-/Ausgabebereich: *font *fontList
Stärke: medium Größe:12 Punkt	alles, was nicht explizit anders gesetzt wird: *font *fontList

Tabelle 4.1 Empfohlene Einstellungen für die Benutzungsoberfläche (X/Motif)

Alle innerhalb der Phase 2 entstandenen Benutzungsoberflächen verfolgen diese Empfehlungen zum look and feel, sofern dies möglich und sinnvoll war. Als nicht sinnvoll wurde eine Anpassung bereits betrieblich genutzer Software erachtet, da die Benutzer sonst hätten umlernen müssen. Den beteiligten Firmen erschien dies verständlicherweise als nicht wünschenswert. Wurden Zusatzmodule für Software, die in den Betrieben eingesetzt wird, erstellt, so wurden deren Benutzungsoberflächen an den der vorhandenen Software orientiert, um zu einer vereinheitlichten Gestaltung zu kommen. Die Forderung aus Phase 1 nach einer einheitlichen Oberfläche konnte aufgrund der Restriktionen, die die vorhandene Software einerseits und die Firmenpolitik andererseits mit sich brachten, nicht umgesetzt werden. Stattdessen wird mit der modellhaften Oberfläche eine konkrete Handlunghilfe gegeben, wie zukünftig 2D-Oberflächen für CAD-Systeme gestaltet sein sollten.

Konfigurationskomponente für Benutzungsoberflächen

Die Konfigurierung von Benutzungsoberflächen ist ein weites Forschungs- und Entwicklungsfeld. Konfigurierung kann zu den unterschiedlichsten Zeitpunkten und in den verschiedensten Ausprägungen stattfinden. Für den Benutzer besonders wichtig, ist die Möglichkeit, die Konfigurierung zur Laufzeit zu ändern bzw. zu beeinflussen. Das sagt bereits, daß das System sich nicht selbst-adaptiv verhalten sollte, um dem Benutzer zu jedem Zeitpunkt die volle Kontrolle über das Erscheinungsbild des Systems zu belassen. Benutzer-initiiertes Vorgehen setzt die Kenntnis des Systems und der für eine bestimmte Anwendungsaufgabe benötigten Funktionalität voraus. Im Gegensatz zum selbst-adaptiven Ansatz, bei dem das System entscheidet oder entscheidungsunterstützend arbeitet, wird das Konfigurieren hier zu einem aktiven Prozeß des Benutzers, bestehend aus Wahrnehmen, Erkennen und Agieren. Aus diesen grundsätzlichen Erwägungen heraus (benutzer-initiiert, zur Laufzeit), lassen sich weitere Anforderungen ableiten, die in Anforderungen aus Benutzer- und aus Systemsicht untergliedert sind.

Anforderungen an die Konfigurationskomponente

Aus Benutzersicht muß die Konfiguration der Oberfläche möglichst einfach vonstatten gehen, ein *grafisch-interaktives* Vorgehen basierend auf Mausaktionen ist sicherlich einem Editieren von Dateien vorzuziehen. Da bestimmte Aufgaben nicht nur von bestimmten Personen, sondern auch von Gruppen, die in Abteilungen organisiert sind, bearbeitet werden, sollte die Konfigurierung auch gruppenbezogen möglich sein. Gleichermaßen können bestimmte Personen verschiedene Aufgaben zu bearbeiten haben, so daß aufgabenbezogenene Konfigurationen sinnvoll sind. Darüber hinaus sollten sich diese Ansätze kombinieren lassen und dem Benutzer die Freiheit lassen, zur Laufzeit die Konfiguration zu wechseln oder zu einer Standard-Einstellung zurückzukehren. Der Benutzer benötigt einen einfach zu handhabenden Konfigurationsmechanismus, um seine Anwendungsaufgabe effizient durchführen zu können. Der Zeitwand, um den Konfigurationsmechanismus kennen- und handhabenzulernen, darf jedoch die zu erwartende Effizienzsteigerung keinesfalls übersteigen.

Neben den Anforderungen aus Benutzersicht, ist es aus systemtechnischer Sicht sinnvoll, die Konfigurationskomponente als Modul zu gestalten, das in bereits bestehende Anwendungen eingebunden werden kann. Da innerhalb des Projektes CAD-Referenzmodell hauptsächlich UNIX-Applikationen unter X/Motif zum Einsatz kommen, stellt dieses Window-System die Implementierungsbasis für die Konfigurationskomponente dar. Um ein in bestehende Applikationen integrierbares Modul zu schaffen, gilt es die Schnittstelle möglichst schmal zu halten und die durch die Applikation einzuhaltenden Randbedingungen zu minimieren. X/Motif bietet einige Konzepte, die den gewählten Ansatz unterstützen, z. B. Ressource-Dateien und UIL als Beschreibungssprache des statischen Layouts der grafischen Oberfläche. Doch viele der konzipierten Funktionalitäten (s.u.) für dynamische Änderungen, wie das Aushängen von Menüs, das

Erzeugen von Toolboxen, usw., erforderten spezielle Implementierungen auf Basis von X/Motif, die im folgenden beschrieben werden.

Realisierung

Zur grafisch-interaktiven Konfigurierung von Benutzungsoberflächen, wurden folgende Funktionalitäten umgesetzt:

- Laden und Speichern von Konfigurationen
- Ein- und Ausblenden von Bedienelementen
- Aushängen von Bedienelementen
- Reset zur ursprünglichen Konfiguration
- Erzeugen von Toolboxen

Diese Funktionen sind in Form eines Moduls (UILayouter) implementiert, das in bestehende X/Motif-Applikationen integriert werden kann, sofern der Source-Code der Applikation zur Verfügung steht.

Laden und Speichern von Konfigurationen

Diese Funktionalität dient dem dauerhaften Ablegen von zur Laufzeit vorgenommenen Veränderungen an der grafischen Benutzungsoberfläche. Um der Anforderung nach benutzer-, gruppen- und aufgabenbezogener Konfigurierbarkeit nachzukommen, können solche Konfigurationen für Benutzer, Gruppen oder Aufgaben abgelegt und anhand ihrer Benennung identifiziert werden.

Konfigurationen werden in einer ASCII-Datei abgelegt, prizipiell ist es auch denkbar, dafür ein Datenbank-Schema zu generieren und Konfigurationen mit in die Produktdatenverwaltung zu legen.

Neben den ausgehängten Bereichen und ausgeblendeten Elementen enthält eine Konfigurationsdatei auch Informationen über:

- Größe und Position des Applikationsfensters sowie
- Position anderer Dialoge.

Ein- und Ausblenden von Bedienelementen

Das Ein- und Ausblenden von Bedienelementen dient in erster Linie dazu, die grafische Benutzungsoberfläche, d. h. die Anzahl der sichtbaren Bedienelemente, zu reduzieren. Der Benutzer kann diese Änderung zu jeder Zeit wieder rückgängig machen. Die Oberfläche kann somit auf das notwendige Maß an Funktionalität für die aktuelle Anwendungssaufgabe angepaßt werden. Dieses Plus an Übersichtlichkeit dient direkt dem Benutzer und dem schnelleren Umgang mit dem System.

Zur Realisierung dieser Funktionalität bieten sich verschiedene Alternativen an. Aufgrund des modularen Ansatzes, der mit der eigentlichen Applikation möglichst wenige Wechselwirkungen haben soll, wurde das Aus- und Einblenden mit Hilfe der Funktion *XmTrackingEvent()* realisiert, die dazu dient, das betreffende Widget zu identifizieren. Der UILayouter stellt einen Button bereit, mit dem das Aus- oder Einblenden initiiert wird, danach wartet das System auf den nächsten Event (*XmTrackingEvent()*) und sorgt für das Ausblenden bzw. Einblenden des entsprechenden Bedienelementes. Alle ausgeblendeten Bedienelemente werden vom UILayouter verwaltet und in einer Box gesammelt. Diese wird zur Anzeige gebracht (siehe Bild 4.35), wenn ein Element wieder eingefügt werden soll. Beim Ein- und Ausblenden werden ebenfalls die ausgehängten Menüs aktuell gehalten.

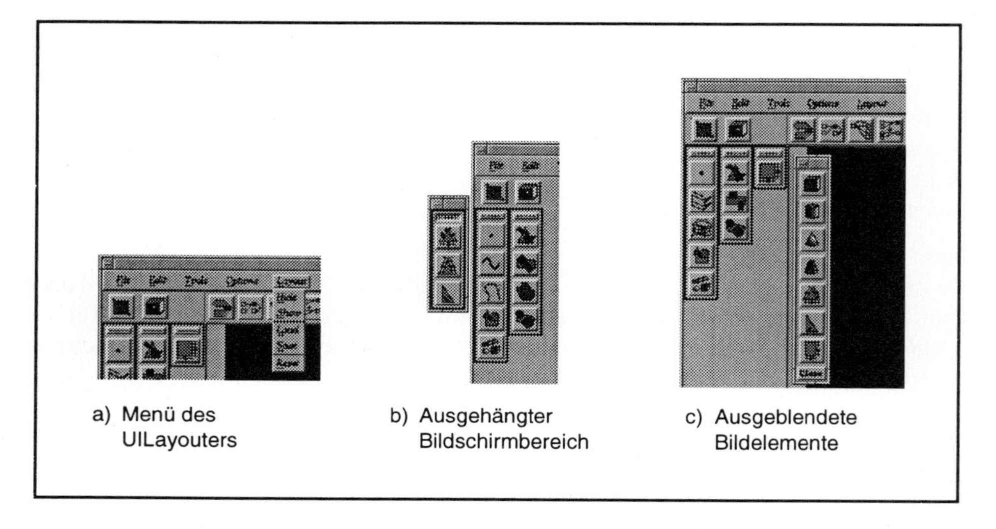

Bild 4.35 Die Benutzungsoberfächen-Konfigurationskomponente

Aushängen von Bedienelementen

Komplexe grafische Benutzungsoberflächen weisen oft eine hohe Schachtelungstiefe der Menüs auf. Das Aushängen von Menüs, ermöglicht dem Benutzer permanent auf Funktionen in unteren Hierarchiebenen zuzugreifen, ohne sich jedesmal durch den Funktionsbaum hangeln zu müssen. Das von Motif 1.2 für Menüs der Menüzeile bekannte Tear-Off-Modell wurde so erweitert, daß ganze Teilbereiche der grafischen Benutzungsoberfläche ausgehängt werden können. Diese Teilbereiche können frei plaziert werden.

Unter verschiedenen Lösungsalternativen mit unterschiedlichen Vor- und Nachteilen, wurde der Rückgriff auf UIL ausgewählt. UIL ist die Beschreibungssprache von X/Motif für das statische Oberflächenlayout. Aus einer UIL-Datei kann eine Widget-

Hierarchie oder ein Teil davon beliebig oft und mit unterschiedlichen Eltern-Widgets instantiiert werden. Nachteilig bei diesem Ansatz ist, daß die auszuhängenden Teile der Oberfläche der Applikation in UIL beschrieben sein müssen. Ein weiterer Nachteil ist, daß Veränderungen, die zur Laufzeit an der Widgethierarchie oder an Ressourcen der beteiligten Widgets durchgeführt werden, sich nicht in der UIL-Datei widerspiegeln. In Anbetracht der Probleme, die die Alternativen mit sich gebracht hätten, sind dies jedoch die geringfügigeren Einschränkungen.

Dem Benutzer steht zum Initiieren des Aushängens eines Bildschirmbereiches ein bzw. mehrere sog. Tearoff-Button(s) zur Verfügung. Er ist im UILayouter realisiert und muß an entsprechender Stelle in die UIL-Dateien der Applikation eingefügt werden. Die im UILayouter implementierte Funktionaliät sorgt für das Aus- und Einhängen der entsprechenden Widgethierarchie sowie für die Verwaltung der redundanten Kopien (eine herkömmliche und eine 'ausgehängte' Version). Das Eltern-Widget der 'ausgehängten' Version ist immer ein *FormDialog*. Die 'ausgehängte' Version wird mit *MrmFetchWidget()* erzeugt. Die Konsistenz der beider Versionen wird durch den UILayouter gesichert, auch wenn aus dem betroffenen Bereich bereits Bedienelemente ausgeblendet wurden.

Reset: Vermeidung des Orientierungsverlustes

Orientierungsverlust ist einer der Hauptkritikpunkte, der immer wieder an konfigurierbaren Oberflächen geleistet wird: der Wiedererkennungswert geht verloren, fremde Benutzer müssen sich neu orientieren und der Support-Aufwand steigt unverhältnismäßig an, insbesondere bei indirektem Support via Telefon (hotline). Diese Kritik ist sicher nachvollziehbar, ihr kann aber Abhilfe geschaffen werden. Der UILayouter sieht dazu zwei Lösungsansätze vor: erstens kann die grafische Benutzungsoberfläche mittels 'reset' jederzeit in ihre Urkonfiguration zurückversetzt werden und zweitens besteht die Möglichkeit, die jeweils andere Konfiguration zu einem beliebigen Zeitpunkt nachzuladen und sich somit auf den Stand seines Partners zu bringen. Dies funktioniert sogar im Falle des Hotline-Services, da die Konfigurationsdatei über Netzwerk ausgetauscht werden kann. Diese beiden Mechanismen und die Tatsache, daß Veränderungen benutzerinitiiert ablaufen, d. h. der Benutzer wissen sollte, was er getan hat, wirken dem o.g. Kritikpunkt weitestgehend entgegen.

Die Funktion Reset sorgt dafür, daß die Oberfläche wieder in ihrer urspünglichen Form dargestellt wird. Der UILayouter arbeitet dazu die internen Listen zur Verwaltung der Konfiguration ab und behandelt die betroffenen Bedienelemente entsprechend.

Erzeugen von aufgabenbezogenen Toolboxen

Das Zusammenstellen von Funktionen zu gewissen Werkzeugkästen (Toolboxen), die ihrerseits wieder frei bewegt werden können, ohne daß die ursprüngliche Gruppierung verletzt wird, ist ein elegantes Hilfsmittel, wenn es darum geht, Funktionalität, die sich in unterschiedlichen Menüzweigen befindet oder aber über die Oberfläche verstreut ist, zu gruppieren und schneller zugreifbar zu machen. Der Inhalt dieser Toolboxen kann ebenfalls abgespeichert werden, so daß für verschiedene Anwendungsaufgaben unterschiedliche Werkzeugkästen definiert werden können.

Beim Erstellen von Toolboxen wird ähnlich verfahren wie beim Ausblenden von Elementen, nur bleibt das Element an seiner ursprünglichen Position erhalten. Zunächst wird jedoch eine Toolbox kreiert und benannt. Um ein Bedienelement einer Toolbox zuzuweisen, klickt man erst "Einfügen in Toolbox' dann das Element und schließlich die Ziel-Toolbox; wieder wird die Funktion *XmTrackingEvent()* benutzt. Das Bedienelement wird mit all seinen Callbacks in die Toolbox kopiert, d. h: ein späteres Anklicken der Kopie hat denselben Effekt, wie das Betätigen des Originals.

4.3.1.4 Integration in FeatureM

Die prototypische Einführung des UILayouters in FeatureM beweist die rasche Integrierbarkeit dieses Ansatzes in bestehende Applikatonen. In den Source-Code von FeatureM mußten einige Funktionsaufrufe eingebaut und der UI-Layouter hinzugebunden werden. Die Erweiterungen nahmen nur ca. 2 Tage in Anspruch; auf die Einführung des generalisierten Tear-Off-Modells wurde dabei verzichtet. Das Ergebnis ist in der folgenden Abbildung dargestellt.

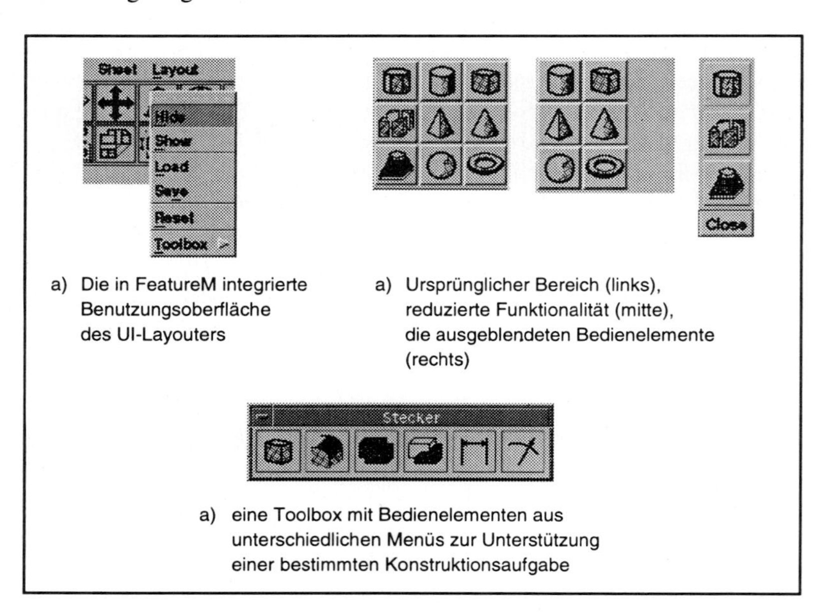

a) Die in FeatureM integrierte Benutzungsoberfläche des UI-Layouters

a) Ursprünglicher Bereich (links), reduzierte Funktionalität (mitte), die ausgeblendeten Bedienelemente (rechts)

a) eine Toolbox mit Bedienelementen aus unterschiedlichen Menüs zur Unterstützung einer bestimmten Konstruktionsaufgabe

Bild 4.36 In FeatureM integrierter UI-Layouter

4.3.1.5 3D-Interaktion und -Visualisierung

Ein in den heutigen CAD-Systemen unterschätzter Faktor ist die 3D-Interaktion und -Visualisierung. Obwohl die Erstellung von Volumenmodellen ein inhärent 3-dimensionales Problem ist, werden immer noch 2D-Eingabegeräte eingesetzt, so daß 3D-Interaktionen durch eine Sequenz von 2D-Aktionen nachgebildet werden müssen. Die Einstellung gegeüber 3D-Eingabegeräten ist gespalten: es gibt einerseits die Meinung, sie seien schwer handhabbar und andererseits die Ansicht, es handelt sich um intuitiv nutzbare Eingabegeräte. Fakt ist, daß eine gewisse, wenn auch kurze Eingewöhnungsphase notwendig ist, um von der vertrauten 2D-Maus auf ein 3D-Eingabegerät umzusteigen. Ein weiteres Problem stellen die bislang verfügbaren Interaktiostechniken für 3D-Eingabegeräte dar, die viel zu wenig die CAD-typischen Anforderungen nach Präzision und eingeschränkten Objektmanipulationen, wie Verschieben in einer Ebene, Modifizieren eines Parameters, Rotieren um eine Kante, etc. berücksichtigen und 3D-Eingabegeräte für Interaktionen mit wenigen Freiheitsgraden vorteilhaft nutzen.

Einen innovativen, innerhalb des Projektes verfolgten Ansatz stellt die Entwicklung geeigneter Interaktionstechniken für 3D-Eingabegeräte dar. Herauszuheben ist hier insbesondere die Entwicklung eines neuen Interaktionsparadigmas, der topologisch-basierten beschränkten Modifikationstechnik [Stork, Maidhof 1997]. Die grundlegende Idee dabei ist, daß das mit dem 3D-Eingabegerät gepickte topologische Element, die geometrischen Gegebenheiten am gepickten Punkt, der Objekttyp sowie die mit dem 3D-Eingabegerät ausgeführte Geste die gewünschte Modifikation bestimmen. Ein Beispiel soll diesen schwer zu beschreibenden, aber einfach anzuwendenden Ansatz verdeutlichen: wird mit Hilfe des 3D-Eingabegerätes eine Kante eines Objektes gepickt und das 3D-Eingabegerät anschließend in Richtung dieser Kante bewegt, wird eine Verschiebung des Objektes in die Kantenrichtung initiiert, wird mit dem 3D-Eingabegerät jedoch eine Rotation ausgeführt, so wird das Objekt um diese Kante rotiert. Ist die Kante gekrümmt, dann wird die Tangente an der gepickten Stelle als Verschieberichtung bzw. Rotationsachse benutzt.

Die Interaktionstechniken sind mit Visualisierungstechniken und -hilfen kombiniert worden, die die Objektstruktur sowie räumliche Beziehungen zwischen den Objekten auf einen Blick erkennen lassen (transparente Schatten, siehe Bild 4.37). Erst die Kombination von Interaktions- und Visualisierungstechniken ermöglicht das Ausschöpfen des Potentials von 3D-CAD.

Um die Bedeutung der Entwicklung aufzuzeigen, sind Benutzertests durchgeführt worden. Erfahrene Benutzer wurden aufgefordert, das in Bild 4.37 dargestellte Standardmodell [Spur, Krause 1984] mit ihrem vertrauten System so schnell wie möglich nachzukonstruieren. Parallel dazu hat ein erfahrener Benutzer des Systems, in dem die Interaktions- und Visualisierungstechniken realisiert wurden (ARCADE), dieses Teil modelliert. Bei den Vergleichssystemen handelt es sich um CAD-Systeme, die bei den in das CAD-Referenzmodell involvierten Anwendern eingesetzt werden. Es konnte gezeigt werden, daß gegenüber den kommerziellen Systemen ein Geschwindigkeitsvorteil von Faktor 2 bis 4 erzielt werden kann.

Bild 4.37 Das Beispielmodell (im Vordergrund der 3D-Cursor, im Hintergrund die Schatten

Aus Benutzertests, bei denen unbedarfte Benutzer mit dem 3D-Eingabegerät (DLR SpaceMouse) konfrontiert wurden, kann weiterhin abgeleitet werden, daß die Erlernbarkeit eines Systems durch den Einsatz von 3D-Eingabe gesteigert werden kann. Die gestengesteuerten Modifikation führt darüber hinaus zur Reduzierung der Bedienelemente eines CAD-Systems, im Hinblick auf die überfrachteten Benutzungsoberflächen heutiger CAD-Systeme sicher ein willkommener Nebeneffekt.

4.3.1.6 Bewertung

Im Rahmen der Aktivitäten zum Benutzungsoberflächensystem wurden auf drei Gebieten Lösungen vorgestellt. Erstens wurde eine nach wahrnehmungspsychologischen Erkenntnissen gestaltete, modellhafte Benutzungsoberfläche für CAD-Systeme erarbeitet. Für Systementwickler sind konkrete Gestaltungsempfehlungen ausgesprochen worden, die direkt in den Produkten umgesetzt werden könnten. Für die Benutzer würde damit eine Vereinheitlichung der Benutzungsoberflächen kommerzieller CAD-Systeme über die nächsten Jahre eintreten. Die 'einheitliche Benutzungsoberfläche' kann aufgrund der Systemrestriktionen kaum von außen realisiert werden, der Prozeß muß durch den Anbieter erfolgen. Zweitens wurde eine Konfigurationskomponente für Benutzungsoberflächen realisiert, die es dem Anwender u. a. erlaubt, ein CAD-System an bestimmte Arbeitsaufgaben anzupassen, für diese Aufgabe nicht benötigte Funktionalität temporär auszublenden und aufgabenbezogene Werkzeugkästen zusammenzustellen. Dies steigert direkt die Effizienz im Umgang mit der 2D-Oberfäche eines Systems, denn Bedienelement müssen nicht mehr langwierig gesucht und können schneller angesprochen werden. Die gesteigerte Übersichtlichkeit der Oberfläche begünstigt die Erlernbarkeit und somit die Akzeptanz, die der Software entgegen gebracht wird. Da die Konfigurationskomponente als leicht in bestehende Applikationen integrierbares Modul realisiert wurde, ist diese Funktionalität prinzipiell von Systemanbietern in ihre Software einbindbar. Der Integrationsaufwand ist im Vergleich zum Entwickungsaufwand der Konfigurationskomponente minimal, was mit der Integration in FeatureM gezeigt werden konnte. Die genannten Vorteile für den Anwender sind auch mittelbarer Nutzen für den Anbieter, denn eine konfigurierbare Benutzungsoberfläche ist im heutigen Wettbewerb eine unentbehrliche Komponente. Drittens wurden neue Verfahren zur Interaktion mit 3D-Eingabegeräten im CAD und begleitende Visualisierungstechniken entwickelt. Es konnte gezeigt werden, daß erfahrene Benutzer mit 3D-Eingabe ein Testmodell 2 bis 4mal so schnell konstruieren können wie erfahrene Benutzer mit ihrem kommerziellen CAD-System und 2D-Eingabe. Darüber hinaus gibt es Hinweise, daß das intuitiv nutzbare 3D-Eingabegerät die Lernphase verkürzt. Der Nutzen für den Anwender liegt also auf der Hand. Anbieter sollten durch diese Aussagen angeregt werden, stärker als bisher die 3D-Eingabe und Visualisierung in Betracht zu ziehen. Die Einführung von 3D-Eingabe zur Objekterzeugung und -modifikation in bestehende CAD-Systeme ist mit erheblichem Umstellungsaufwand verbunden, so daß der Markt auf solche Lösungen sicher noch eine Zeit warten werden muß. Die rasche Verbreitung von 3D-Eingabegeräten zur Kamerakontrolle, also Drehen der Kamera um das Objekt bzw. Drehen eines Objektes um sein Zentrum zeigt jedoch, daß Anwender sehr aufgeschlossen sind, wenn ihnen Innovationen echte Vorteile bringen. Ein Zeitvorteil von Faktor 2 bis 4 ist sicher ein überzeugendes Argument dafür, daß mit vermehrtem Einsatz von 3D-CAD auch 3D-Eingabegeräte und entsprechende Interaktionstechniken von entscheidender Bedeutung werden.

4.3.2 Kommunikationssystem

4.3.2.1 Einordnung

Die Realisierung modularer, verteilter und entsprechend dem Anwendungskontext konfigurierbarer CA-Anwendungen erfordert ein offenes Kommunikationssystem. Mit seiner Hilfe werden die weitgehend autonomen Komponenten in ein logisch zusammenhängendes System auf der Basis einer einheitlichen Kommunikationsstrategie integriert. Es bildet somit den Rahmen für die Interaktionen zwischen den verschiedenen Anwendungs- und Systemkomponenten. Das in der ersten Projektphase entworfene Kommunikationskonzept umfaßt ein sogenanntes Kommunikationssystem und eine Kommunikationspipeline. Beide Komponenten sind Teil des Systemrahmens und stellen eine logische Einheit dar, die zu weiten Teilen anwendungsunabhängige Funktionalitäten beinhaltet.

An das konzipierte Kommunikationssystem wurden eine Reihe verschiedener Anforderungen gestellt. Zu den wichtigsten gehören:

- Unterstützung einer modularen, hochgradig verteilten Systemarchitektur
- Bereitstellung einer einheitlichen Strategie für den transparenten, fehlertoleranten und plattformübergreifenden Zugriff auf Anwendungs- und Systemkomponenten
- Bereitstellung von Basisfunktionalitäten für das synchrone und asynchrone CSCW im CAD-Umfeld
- Umsetzung von Mechanismen zum Auffinden von Komponenten auf der Basis einer semantischen Schnittstellenbeschreibung sowie geeigneter Auswahlkriterien

Im nachfolgenden Kapitel soll die informationstechnische Umsetzung diskutiert und ein Ausblick für ihre Weiterentwicklung gegeben werden.

4.3.2.2 Informationstechnische Umsetzung

Das Kommunikationssystem wurde auf der Basis des CORBA-Standards (Common Object Request Broker Architekture) [OMG 95a] realisiert, einer plattformübergreifenden Middleware zur Kommunikation verteilter Objekte. Es wurden eine Reihe von Systemdiensten zur nachrichtenbasierten, objektorientierten Kommunikation zwischen netzweit verteilten CAD-Komponenten unterschiedlicher Hersteller auf heterogenen Plattformen konzipiert und umgesetzt. Dabei handelt es sich um höherwertige Dienste zur Kommunikation und Navigation in verteilten Systemen, wie sie in dieser Form noch nicht als Implementierungen zur Verfügung standen. Die im einzelnen entwickelten Dienste umfassen Funktionalitäten für:

- eine indirekte, multiple Kommunikation - *Event Channel*,
- die Kooperation heterogener, verteilter Komponenten - *CSCW-Dienste*,
- eine semantische Dienstvermittlung - *Trader* sowie
- die Verwaltung und das Monitoring kommunizierender Objekte -*Management-Komponente.*

CORBA selbst ist Bestandteil der Standardisierungsbestrebungen der OMG (Object Management Group). Die dort erfolgte Spezifikation einer objektorientierten Architektur stellt die Konzeption und Realisierung zukünftiger Software auf eine gemeinsame Basis. Hierdurch wird ein wesentlich stärkerer Grad der Kopplung unterschiedlicher Module möglich, als er bislang realisierbar ist. Die Standardisierungsbestrebungen der OMG konzentrieren sich auf drei Hauptkomponenten, von denen CORBA-konforme Applikationen profitieren können (Bild 4.38):

Der Object Request Broker (1) ist die Kernkomponente der Architektur. Seine Spezifikation enthält sowohl Mechanismen für die Verteilung der Objekte im Netz als auch für die transparente Kommunikation zwischen den Objekten auf der Basis einer einheitlichen Schnittstellenbeschreibung. Zu diesem Zweck stellt die CORBA-Spezifikation eine an C++ angelehnte Sprache, die Interface Definition Language (IDL), bereit, die ihrerseits auf verschiedene Sprachen abgebildet werden kann. Die Object Services (2) [OMG

95b] stellen allen Komponenten allgemeingültige Basisdienste zur Verfügung, die in unterschiedlichen Bereichen benutzt werden können. Diese Services sind in der Regel generisch und müssen verschiedensten Ansprüchen gerecht werden. Zu den Common Facilities (3) [OMG-95c] gehören höherwertige Dienste, die bestimmte applikationsunabhängige Funktionen, wie z. B. Drucken, Dokumentverwaltung oder E-Mail unterstützen. Die Domain Interfaces (4) stellen bestimmte branchenspezifische Bausteine bereit, die in einem bestimmten Marktsektor oder Industriezweig benötigt werden.

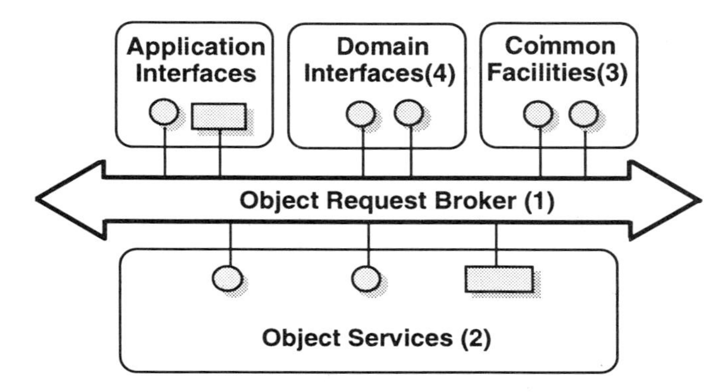

Bild 4.38 Object Management Architecture

Wesentlich für die Akzeptanz eines solchen Standards ist das Zusammenwirken mit vorhandenen Internet- oder Intranetanwendungen. Die OMG definierte dazu ein Protokoll zur Kommunikation verteilter Objekte im Internet (IIOP), dem eine rasche Verbreitung vorausgesagt wird. Typische Internet-Anwendungen (z. B. Web-Browser) unterstützen dieses Protokoll bereits heute.

Event Channel

Um die indirekte, generische Kommunikation zwischen den Komponenten zu unterstützen, wurde ein auf dem Event Service der OMG basierender Dienst realisiert. Dieser plattform- und betriebssystemunabhängige Object Service ist über IDL-Interfaces beschrieben und dient der gezielten Benachrichtigung von Objekten hinsichtlich bestimmter Ereignisse. Er realisiert die Entkopplung der (direkten) Kommunikation zwischen Komponenten in objektorientierten Umgebungen durch die Definition sogenannter Event Channels. Die Module selbst kennen dann nur noch den oder die Channels, über die die Kommunikation erfolgt und haben keine Kenntnis mehr über die Residenz, den Namen oder andere Details der mit ihnen Nachrichten austauschenden Objekte. Die Channels enthalten somit die Funktionalität der in der ersten Projektphase beschriebenen Kommunikationspipeline, deren Ziel die Schaffung eines logischen Mediums für den Transport von Nachrichten in typisierter und generischer Form war. Event Channels selbst sind CORBA-Objekte, d. h. auch hier erfolgt die Kommunikation durch den Zugriff auf entsprechende Operationen des Channels. Die direkte Kopplung wird vom Broker übernommen und über eine Interface-basierte Kommunikation zwischen CORBA-Servern erreicht.

Aufgabe der Channels ist die asynchrone Verteilung aller eintreffenden Nachrichten an ihre angeschlossenen Komponenten, wobei diese auf unterschiedliche Hosts im Netzwerk verteilt sein können. Zur Realisierung der gezielten Benachrichtigung werden innerhalb des Dienstes zwei Rollen definiert: die Rolle des Lieferanten (*Supplier*) von Requests und die Rolle des Verbrauchers (*Consumer*) dieser Nachrichten. Die Spezifikation erlaubt es dabei den Empfängern, die Form des Nachrichtenempfanges festzulegen. Jeder Empfänger definiert für sich selbst, wie er auf einen ankommenden Request reagiert.

Die Kommunikation mehrerer Lieferanten mit mehreren Empfängern erfolgt durch den Austausch von Event-Daten auf der Basis von Standard-CORBA-Requests. Der Austausch selbst wird, wie schon erwähnt, über die Event Channels realisiert. (Bild 4.39)

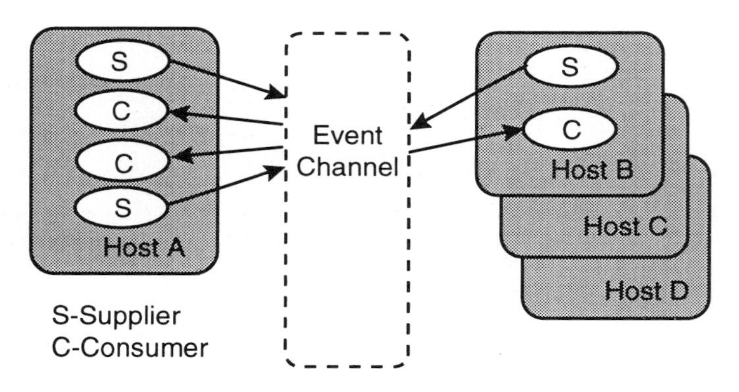

Bild 4.39 *Event Channel-basierte Kommunikation*

Die generische Kommunikation wird über den Einsatz von Any-Typen erreicht. In diesen generischen Datentyp wird die entsprechende Nachricht verpackt und über einen CORBA-Request verschickt. Eine Erweiterung des Sprachumfanges der IDL ist dazu nicht notwendig. Das Entpacken dieser Nachrichten erfolgt dann auf der Seite der Empfänger. In der typisierten Form des Nachrichtenaustausches kommunizieren Supplier und Consumer auf der Basis gemeinsamer, in IDL definierter Interfaces.

Jede im Rahmen einer CORBA-basierten Umgebung existierende Komponente bindet sich explizit entweder als Supplier, als Consumer oder auch in beiden Rollen an einen Event Channel. Ein Kanal ist dabei stets für eine bestimmte Klasse von Ereignissen zuständig. Diese Festlegung ist Teil des Objektgruppenkommunikationskonzeptes und wird im nächsten Abschnitt näher erläutert. Jeder Channel kann beliebig viele Supplier und Consumer auf unterschiedlichen Hosts enthalten. Jede Komponente kann aus beliebig vielen Kanälen Nachrichten empfangen bzw. an verschiedene senden. Der jeweilige Channel verwaltet dazu eine Liste der Objektreferenzen aller verbundenen Supplier und Consumer. Gleichzeitig ist der Channel in der Lage, bei Bedarf bestimmte Nachrichten zu filtern bzw. entsprechende Aktionen auszulösen. In der Regel erfolgt die multiple Weiterleitung der Events allerdings ohne Kenntnis des eigentlichen Inhalts.

Zur Evaluierung der Event Channels wurde eine heterogene CAD-Umgebung, bestehend aus dem bereits in Kapitel 4.2.5 beschriebenen prototypischen kooperativen Modellierer und kommerziellen CAD-Systemen[6], geschaffen. Ziel dieser Integration war es, die Möglichkeit zum Aufbau eines Systemrahmens auf der Basis eines CORBA-basierten Kommunikationssystems nachzuweisen sowie kooperative Zusammenarbeit zwischen heterogenen Applikationen zu demonstrieren. Die Anbindung der Systeme erfolgt dabei über einen expliziten Event Channel. Bild 4.40 verdeutlicht die Kommunikationsbeziehungen. Unterschiedliche Konzepte bei der Integration der kommerziellen Systeme sind durch die vorhandenen bzw. verfügbaren Schnittstellen bedingt.

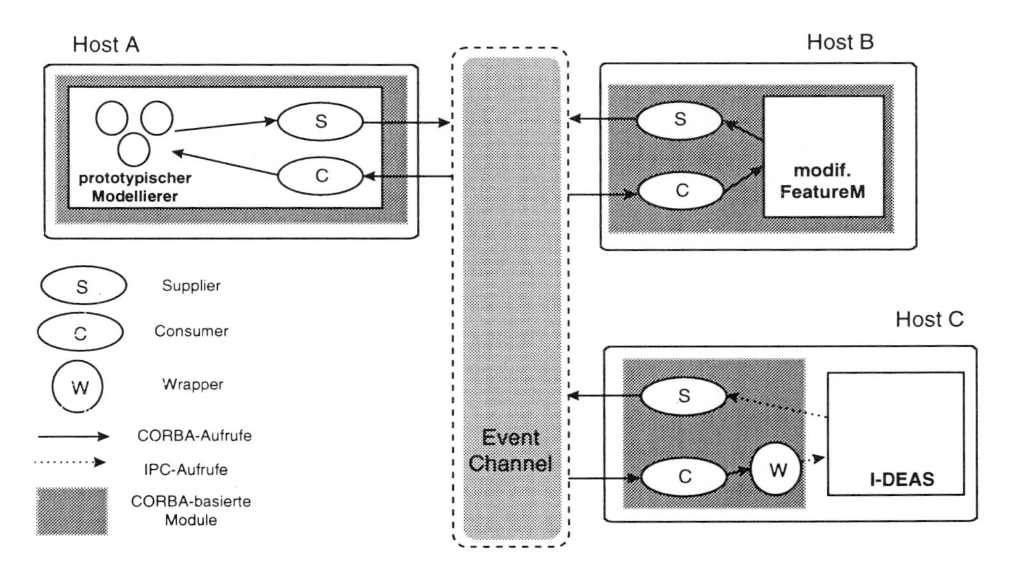

Bild 4.40 Kommunikation in einer heterogenen CAD-Umgebung

Dienste für das kooperative Arbeiten (CSCW-Basisdienste)

Die in Kapitel 4.2.5 eingeführten CSCW-Basisdienste wurden ebenfalls unter Nutzung von CORBA erstellt. Zur Bereitstellung der dafür erforderlichen Multipoint-

6 I-DEAS Master Series und FeatureM

Verbindungen wurde auf die beschriebenen Event Channels zurückgegriffen. Unter Nutzung der Event Channels wurde ein Objektgruppenkommunikationskonzept erarbeitet und umgesetzt. Unter einer Objektgruppe wird hierbei eine Sammlung kooperierender Objekte gleichen Typs verstanden. Eine Folge von Nachrichten, die an die Gruppe gerichtet werden, erreicht alle Gruppenmitglieder stets in derselben Reihenfolge. Diese Isochronität ist eine Voraussetzung für die notwendige Konsistenz innerhalb der Projektgruppe.

Die Kopplung von Objektgruppen innerhalb von Konferenzapplikationen erfolgt danach durch mehrere parallele Kanäle (Bild 4.41). Jeder Gruppe wird nach diesem Konzept ein eigener Channel zugewiesen, über den dann die Spiegelung der durch den Nutzer initiierten Aktionen an allen Standorten erfolgt. Der Aufruf wird dabei an die Objektgruppe abgesetzt, wodurch eine erleichterte und beschleunigte Verbreitung von Nachrichten an zahlreiche Teilnehmer erreicht wird.

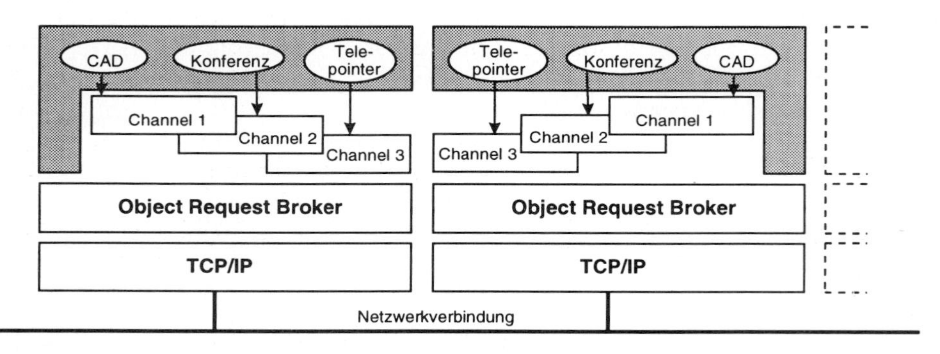

Bild 4.41 Gruppenkommunikation via Event Channel

Semantische Dienstvermittlung

Für die semantikbasierte Dienstvermittlung in verteilten Systemen wurde ein Trader realisiert. Dieser Dienst setzt die erarbeiteten Konzepte einer höherwertigen, auf semantischen Schnittstellenbeschreibungen beruhenden Dienstvermittlung in offenen CA-Umgebungen um. Ausgangspunkt für diesen Dienst ist die Vision feingranularer Komponenten, die es dem Benutzer erlauben, ein maßgeschneidertes System „on demand“ aus Bausteinen verschiedenster Hersteller zusammenzusetzen. Bedingt durch die steigende Globalisierung und weltweite Verfügbarkeit von Telekommunikations- und Netzwerktechnologien werden solche Bausteine zukünftig in großer Anzahl und Vielfalt zur Verfügung stehen und effizient nutzbar sein. Auf diese Weise entstehen auch im CAD-Umfeld offene, verteilte Dienstlandschaften mit einer Vielzahl von Dienstarten, Dienstanbietern und Dienstnachfragen. Allein die Anzahl der Dienste, die in der Phase der Konstruktion relevant sind, ist sehr hoch. Zergliedert man Kernkomponenten (Geometriekern, Visualisierung, NC, Berechnung, Konverter für externe Formate,

Workflow, Simulation, usw.) eines umfassenden CAD-Pakets, wird man sich dieser Fülle schnell bewußt. Charakteristisch für den daraus entstehenden Dienstmarkt ist die Transparenz der Vermittlung zwischen Dienstanbieter und Dienstnutzer. Um diese Entkopplung auf einer höheren Ebene zu erreichen, erweist es sich als günstig, wenn die Kommunikation hinsichtlich der Dienstvermittlung zentral über eine dienstvermittelnde Einheit, den sogenannten Trader, verläuft. Durch diese zentrale Vermittlung entsteht im Gegensatz zur lokalen auch der Vorteil, daß durch die unmittelbare Konkurrenz der Dienstanbieter untereinander eine völlig neue Situation bezüglich des Leistungsdrucks auf die Anbietenden entsteht [Popien 95].

Merkmal für solche Dienstmärkte ist die Dynamik des Dienstangebots, d. h., daß Dienstangebote einer ständigen Fluktuation unterliegen, Dienstanbieter temporär nicht verfügbar sein können und daß bei Dienstanfragen u. U. erst zur Laufzeit eine Bindung zwischen dem Klienten und einem geeigneten Dienstanbieter erfolgen kann [Jones, Merz, Lamersdorf 96]. Aufgabe des konzipierten und umgesetzten Traders ist es daher, den Benutzer insbesondere beim Auffinden gewünschter Dienste, beim Zugang zu Diensten aber auch beim Anbieten von Diensten zu unterstützen. Hilfestellungen bei der Verknüpfung von Komponenten und der Navigation in komplexen Systemumgebungen sollen es ihm ermöglichen, optimale, an den jeweiligen Anwendungskontext angepaßte Lösungen für seine Probleme zu erhalten. Die Beschreibung seiner Anforderungen zum einen und der von ihm angebotenen Dienste zum anderen erfolgt dabei in einer für ihn gebräuchlichen, semantischen Form. Jeder Nutzer bedient den Trader mit den für die Anwendung üblichen Fachtermini, im Falle einer CAD-Anwendung wird der Graph mit CAD-typischen Begriffen gefüllt (Bild 4.42).

Die Grundlage für ein allgemeines Verständnis der zu vermittelnden Dienste bilden die Diensttypen und deren Beziehungen untereinander. Sie repräsentieren für die Dienstvermittlung eine gemeinsame Sprache, die Dienstanbieter und -benutzer verwenden. Die Dienstvermittlung selbst erfolgt auf der Basis des Typmodells. Dieses Modell bildet den Rahmen für die Klassifikation von Diensten und ermöglicht es, Dienste auszuwählen, zu überprüfen und miteinander zu vergleichen.

Die Dienstvermittlung erfolgt auf der Basis eines gerichteten, azyklischen Graphen, dem sogenannten Diensttypgraph. Dieser gibt die Beziehungen der Dienste hinsichtlich ihrer Merkmale wieder; er wird durch die Angebote der Service-Provider gefüllt und bei Anfragen eines Clients vom Trader in einem mehrstufigen Auswahlprozeß ausgewertet.

Der entstandene Trader wurde in Prolog implementiert, verwaltet die Dienstangebote von verschiedenen „Anbietern“ und sucht auf Anfragen von Dienstnutzern passende, den gestellten Anforderungen genügende Dienste. Motivation für die Nutzung von Prolog waren u. a. die Eigenschaften regelbasierter Programmierung, speziell das bereits intergrierte Matching sowie die interne relationale Wissensbasis mit effizienten Zugriffsmethoden. Der Trader ist eng an die Schnittstellenspezifikation des OMG Trading Object Service angelehnt und somit zu den wichtigen Standards der ISO im Bereich offener verteilter Bearbeitung (ODP) konform. Die von ihm verwalteten Dienste sind CORBA-Server, die Integration von Prolog und Orbix erfolgte über einen Wrapper.

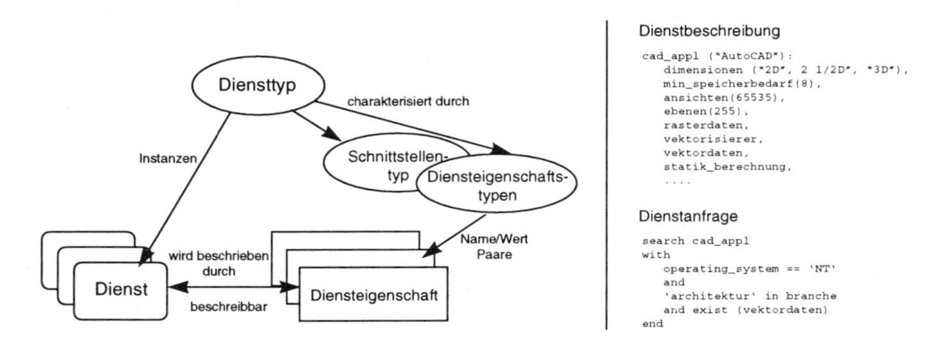

Bild 4.42 Zusammenhang zwischen Dienst, Diensttyp und Diensteigenschaft [Kindl 97]

Management in verteilten CA-Umgebungen

Ein Anliegen objektorientierter Systemumgebungen ist die Wiederverwendbarkeit von Software. Im allgemeinen sind in großen verteilten Systemen eine Vielzahl verschiedenster Dienste verfügbar, die ihrerseits einer gewissen Dynamik unterliegen. Um die Prinzipien objektorientierter Softwareerstellung berücksichtigen zu können, sind umfangreiche Kenntnisse über die grundlegende Semantik und die Zugriffsmethoden des Dienstes unerläßlich. Zur Unterstützung der Verwaltung einer Dienstmenge und der dynamischen Kommunikationskontrolle wurde eine Management-Komponente für CORBA-Services implementiert. Diese besteht aus drei Teilen, einem Object Browser, einem Monitor und der Oberfläche des oben beschriebenen Traders. Der Effekt dieses Tools ist die Visualisierung der für den Nutzer transparenten Kommunikation in heterogenen, verteilten Systemumgebungen. Der entstandene Prototyp richtet sich sowohl an Anwendungsentwickler als auch Systemadministratoren mit CORBA-Hintergrund.

Da oftmals in komplexen Systemen wenig Unterstützung zur Informationsbeschaffung existiert, wurde ein Object Browser implementiert, der die komfortable Bereitstellung statischer Informationen über bereits existierende, nutzbare Dienste übernimmt. Zu diesen Informationen gehören u. a. eine verbale Funktionsbeschreibung, die Schnittstellenbeschreibung, die Vererbungshierarchie der Objekte sowie deren Lokalisierung. Potentielle Nutzer können sich so zielgerichtet zur Laufzeit des Systems einen Überblick über das verfügbare Dienstangebot verschaffen. Dadurch wird die Zahl von Varianten eines bestimmten Dienstes, die ähnliche Merkmale und Schnittstellen aufweisen, eingeschränkt. Dieser Punkt gewinnt vor allem in hochgradig verteilten Systemen an Bedeutung, da hier die Gefahr einer unübersichtlichen Dienstmenge am stärksten ist.

Die Monitorkomponente ermöglicht dem Administrator eine gewisse Kontrolle über laufende Vorgänge innerhalb komplexer verteilter Systemumgebungen. Dazu wurde ein Modul implementiert, welches die Kommunikationsabläufe zwischen den Komponenten visualisiert und den Nachrichtenfluß zwischen aktiven Objekten überwacht. Mit seiner Hilfe können folgende Aussagen getroffen werden:

- wann wurde welcher Dienst auf welchem Host durch welchen Benutzer und welchen Server aktiviert,
- welche Operationen wurden ausgeführt,
- welche potentiellen Dienste stehen auf welchen Hosts zur Verfügung und
- in welchem Status (aktiv, passiv) befinden sich die Dienste gerade bei der Ausführung von Operationen.

Die Visualisierung (Bild 4.43) erleichtert es dem Administrator, eventuelle Kommunikationsprobleme zu erkennen und zu lokalisieren. Der Monitor ist somit auch als Debugger für Anwendungsentwickler, vor allem komplexer Komponenten, einsetzbar. Darüber hinaus können mit Hilfe des Monitors weitere Informationen über die Auslastung von Diensten und Rechnern gewonnen werden. Überlastungszustände auf einem Rechner können registriert und Gegenmaßnahmen eingeleitet werden. Dies kann z. B. durch das Entfernen eines Dienstes auf der betreffenden Maschine und der Aktivierung auf einem weniger ausgelasteten Host erfolgen.

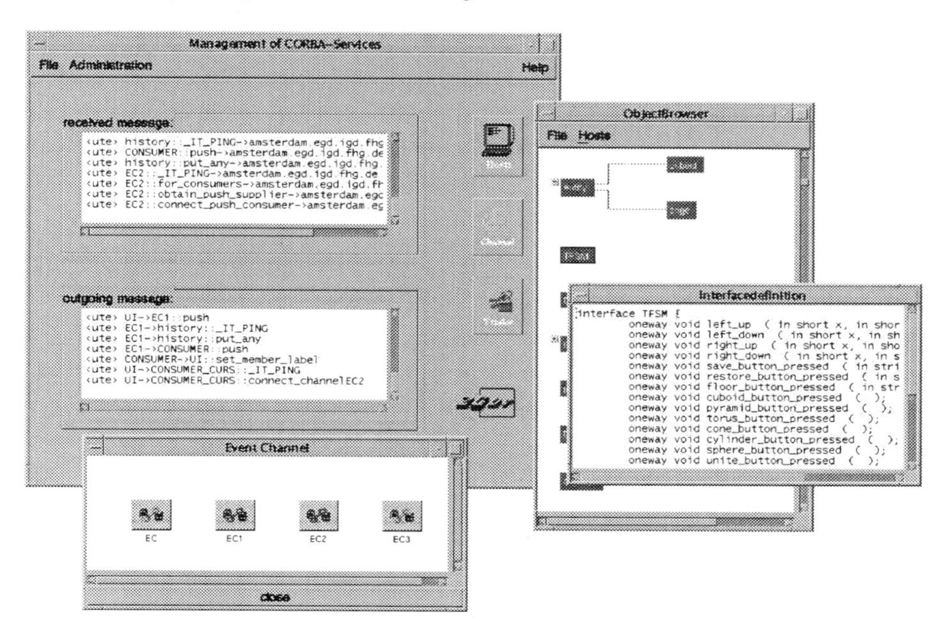

Bild 4.43 Benutzungsoberfläche der Management-Komponente

4.3.2.3 Evaluierung

Die hier vorgestellten Basisdienste für eine plattformübergreifende Kommunikation wurden in einer ersten Phase innerhalb des prototypischen Modellierers getestet und optimiert. Der Modellierer besteht aus einzelnen Modulen (Benutzungsoberfläche, Geometriekern und Steuerungsautomat), die auf verschiedene Hosts verteilt werden können. Alle Komponenten sind CORBA-Server und als solche über ihre Schnittstellen ansprechbar. In einer zweiten Phase wurden die Dienste, wie bereits beschrieben, zur Integration der kommerziellen CAD-Systeme I-DEAS und FeatureM in einer heterogenen CAD-Umgebung verwendet. Wesentlich dafür ist die Anbindung der Systeme an den Event Channel. Der zeitintensivste Faktor ist dabei die Implementierung der Schnittstelle zwischen dem CA-System und den Basisdiensten. An dieser Stelle wäre ein Compiler, der ein Gerüst für eine anwendungsnähere Schnittstelle liefert, hilfreich.

Durch den Einsatz der Basisdienste des Kommunikationssystems in der beschriebenen heterogenen CA-Umgebung ließen sich eine Reihe wichtiger Anforderungen aus Phase 1 des Leitvorhabens demonstrieren, wie:

- der Aufbau modularer und konfigurierbarer CA-Applikationen,
- die Trennung von anwendungsbezogener und systemspezifischer Funktionalität,
- verteilte, plattformübergreifende Kommunikation heterogener Komponenten sowie
- die einfache Erweiterbarkeit bzw. Austauschbarkeit bzw. Integration externer Komponenten.

Dabei wurde die Austauschbarkeit von Komponenten u. a. durch die Einbindung verschiedener Benutzungsoberflächen[7] getestet. Die IDL-Schnittstelle des UI-Servers wurde nicht verändert, so daß der Wechsel des Moduls keinerlei Auswirkungen auf die anderen Systemkomponenten zur Folge hatte. Diese Erfahrung zeigte, daß auch eine Oberfläche über eine nachrichtenbasierte Kommunikationsschnittstelle gewrappt und im Netz verteilt werden kann.

Der Einsatz von CORBA bedingt zwangsläufig einen gewissen Overhead. Vor allem bei kleineren Applikationen wird oft die Frage nach der Effizienz gestellt. Untersuchungen haben jedoch gezeigt [Harrison, Schmidt 96], daß die Nutzung von CORBA erst bei schnelleren Netzwerken zu meßbaren Laufzeitveränderungen führt. Man wird also weiterhin Kommunikationsmechanismen auf niederer Ebene benutzen, wenn die einzige Anforderung an eine Anwendung ihre Performanz ist. Unbestrittener Vorteil des Einsatzes von CORBA ist allerdings seine komfortable Nutzung in heterogenen Systemumgebungen. Der Anwendungsentwickler realisiert seine Anwendungen ausschließlich in einer applikationsnäheren objektorientierten Sprache und braucht sich nicht um die Verteilung, die Kommunikation bzw. die Synchronisation kümmern. Komplexe Systeme

7 OSF-Motif und wxWindows

können so modular mit genau definierten Schnittstellen aufgebaut werden. Dies erleichtert wesentlich deren Übersichtlichkeit und Wartung.

Durch den Einsatz des Traders läßt sich ergänzend eine semantikbasierte, höherwertige Vermittlung gewünschter Funktionalitäten erreichen. Hier kann sich der Nutzer in einer ihm verständlichen Weise seine Applikation „on demand" durch das Beschreiben von Anforderungen zusammenbauen. Implementierungsdetails und Residenz bleiben restlos verborgen.

Die entstandenen Komponenten setzen Teile der in Phase 1 des Leitvorhabens konzipierten Kommunikationsbausteine Informations- und Objektmanager sowie des Monitoring Services um. Die gesamte administrative Funktionalität ist anwendungsunabhängig und somit in beliebigen CORBA-basierten Umgebungen einsetzbar.

4.3.3 Produktdatenmanagementsystem

4.3.3.1 Einordnung und Zielsetzung

Für die effektive Gestaltung des Produktentwicklungsprozesses werden zunehmend integrierte Produktmodelle entwickelt und eingesetzt. Nachdem in der Vergangenheit die punktuelle Unterstützung einzelner Aufgaben durch hoch spezialisierte Systeme optimiert wurde, geht es heute um die Bewältigung der enorm angestiegenen Menge an digitalen Daten.

Infolge der zunehmenden Bedeutung von Themen, wie Produkthaftung und Recycling für das Produktionsgeschehen, müssen heute Produktdaten und -dokumente über eine aktuelle Datenhaltung und -bereitstellung hinaus im gesamten Produktlebenszyklus zur Verfügung stehen.

Der zur Zeit vorherrschende Trend, die innerbetrieblichen Abläufe zu optimieren und zu parallelisieren, unterstützt den Wunsch jederzeit parallel auf den gesamten Datenbestand zugreifen zu können. Die Aufgabe, die in diesem Zusammenhang zu lösen ist, ist die Verwaltung der Produktdaten.

Zur Unterstützung der Verwaltung von Produktdaten in einem Unternehmen sind Produktdatenmanagementsysteme (PDMS) entwickelt worden. Kommerziell verfügbare PDM-Systeme stellen in der Regel einen Satz von bestimmten Funktionen für die Verwaltung und Modellierung von Produkt- und Prozeßdaten bereit. Aufgrund ihrer spezifischen Entstehungsgeschichte haben die verschiedenen PDM-Systeme in der Regel auch unterschiedliche Funktionsschwerpunkte und -stärken, weisen aber einen Satz von Basisfunktionalitäten als Gemeinsamkeit auf, wie das Dokumentmanagement sowie Funktionen zur Unterstützung des Änderungs-, Versions- und Freigabemanagements.

Zur Spezifikation des erforderlichen Leistungsumfangs der PDM-Systeme wurden in der ersten Projektphase Anforderungen definiert, deren Erfüllung eine optimale Verwaltung und Modellierung der Produktdaten ermöglicht. In der jetzigen Projektphase wurden speziell die Anforderungen hinsichtlich Simultaneous Engineering ausgeweitet und präzisiert.

Ein Vergleich dieser Anforderungen mit den existierenden PDM-Systemen hat gezeigt, daß diese Systeme zum Teil erhebliche Defizite insbesondere in bezug auf Offenheit, Modularität, Unterstützung von Simultaneous Engineering und von Standards sowie Integrationsfähigkeit aufweisen. Aus diesem Grunde wurden in der gegenwärtigen Projektphase Lösungen erarbeitet und prototypisch umgesetzt, die sich auf folgende Aspekte konzentrieren:

- Integration der Anwendungssysteme über das PDMS,
- STEP-basierte Produktdatenverwaltung,
- Unterstützung von Simultaneous Engineering durch PDM-Systeme,
- Konsistenzsicherung beim parallelen Zugriff auf Produktdaten.

4.3.3.2 Bezug zur ersten Projektphase

In der ersten Projektphase wurde ausgehend von den gestellten Anforderungen eine Referenzarchitektur entwickelt. Das PDMS gehört zu dem Systemteil dieser Architektur, der anwendungsneutrale Dienste bereitstellt. Nach dieser Architektur besteht das PDMS aus drei Hauptkomponenten [Dietrich, Hayka, Jansen, Kehrer 94]:

- Schemaverarbeitungseinheit (Schema Processing Unit)
- Datenmanagementeinheit (Data Management Unit)
- Data Dictionary

Die Schemaverarbeitungseinheit stellt alle für die Beschreibung der Modellschemata notwendigen und hilfreichen Werkzeuge zur Verfügung und erzeugt eine Informationsstruktur für die Verwaltung des Produktmodells.

Die Datenmanagementeinheit bildet den Kern des gesamten Systems. Sie regelt die Zugriffe auf das Produktmodell. Dazu gehören der Zugriffsschutz mit Benutzer- und Gruppenmanagement und Management der globalen und lokalen Produktmodellarbeitsbereiche einzelner Benutzer, Workflowmanagement, Konsistenzsicherung, Versions- und Änderungsmanagement.

Das Data Dictionary beinhaltet die Modellschemata und Metadaten über die Formen, Strukturen, Funktionen, Bedeutungen und Verwendungen und die Speicherungsform der in dem Datenbestand vorhandenen Daten.

Jede Komponente wurde in einer weiteren Spezifikationsebene detailliert. So besteht beispielsweise die Datenmanagementeinheit aus den folgenden Einheiten:

- Allgemeine Managementdienste (General Management Services)
- Zugriffsmanager (Access Rights Checker)
- Konsistenzmanager (Consistency Checker)

Diese hier kurz beschriebene Architektur des PDMS bildete die Grundlage für dessen informationstechnische Umsetzung.

4.3.3.3 Erweitertes Konzept des PDMS

Die kommerziell verfügbaren PDM-Systeme haben einen Stand erreicht, mit dem die Basisfunktionalität für die Verwaltung der Produktdaten mit unterschiedlichen Schwerpunkten dem Anwender zur Verfügung gestellt wird. Sie betrifft in variierenden Ausprägungen Funktionalitäten wie das Änderungs- und Versionsmanagement, die Dokumentverwaltung und das Produktstrukturmanagement. Um den Entwicklungsaufwand zu reduzieren, wurde der Leistungsumfang eines PDM-Systems genutzt und die fehlende Funktionalität als Add-On-System entwickelt. Als PDM-System wurde im Rahmen des Verbundprojektes das zur Verfügung stehende System Metaphase ausgewählt. In der entworfenen Architektur ist das kommerzielle PDMS dem Add-On-System untergeordnet, Bild 4.44. Das Bild zeigt die gesamte Struktur des PDMS, wobei das kommerzielle System als EDM-System bezeichnet ist.

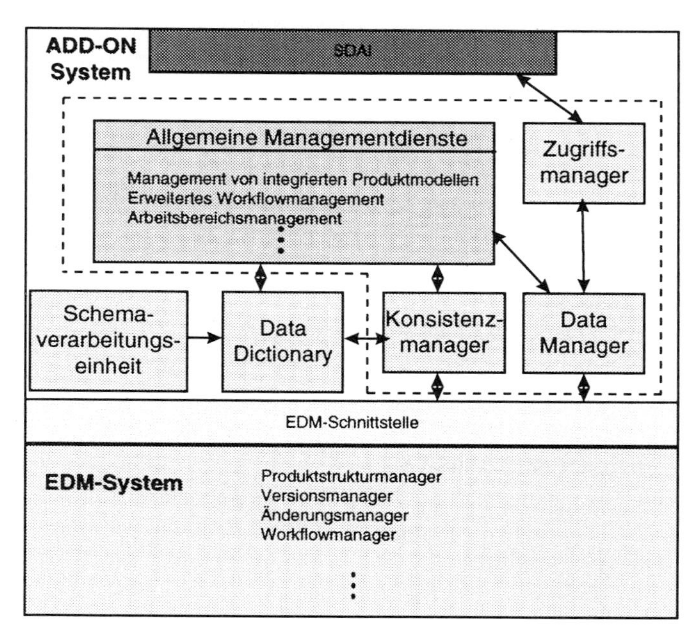

Bild 4.44 Struktur des Produktdatenmanagementsystems

Das PDMS übt eine systemweite Kontrolle des Datenaustausches zwischen den Anwendungen aus. Der Zugang zu den Produktdaten geschieht ausschließlich über das PDMS. Die Schnittstelle zu den Anwendungen bildet SDAI (Standard Data Access Interface) von STEP. Zur Gestaltung der plattformunabhängigen Integration in heterogenen Systemwelten wird die Anbindung von SDAI an CORBA (Common Object Request Broker Architecture) angeboten. Auf diese Weise wird eine Kommunikationsplattform geschaffen, wobei eine Schicht über der SDAI-Schnittstelle gebildet wird. Dies wird dadurch erreicht, daß eine in Interface Definition Language (IDL) beschriebene SDAI-Schnittstelle die Verbindung zur CORBA herstellt.

Die Dienste des PDMS können einerseits direkt über die SDAI-Funktionen genutzt werden, anderseits werden sie auch in komprimierter Form angeboten. Diese Form ist direkt auf die Zugriffsbedürfnisse einzelner Benutzer zugeschnitten und macht dadurch die SDAI-Schnittstelle transparent, d. h., diese Benutzer benötigen keine Kenntnisse über die SDAI-Funktionsaufrufe. Die Funktionen dieser erweiterten Schnittstelle sind in IDL beschrieben und können von Benutzern nach der Anmeldung zum PDMS genutzt werden.

Integrierte Produktmodelle bilden die Grundlage für die Integration der Anwendungen. Daher wurde das PDMS so konzipiert, daß es die Verwaltung von integrierten Produktmodellen ermöglicht. Für den Aufbau des Produktmodells wird von dem STEP-Standard ausgegangen. Nach der Beschreibung des Modells mit Hilfe der Schemaverarbeitungseinheit werden die Modelschemata und die erforderlichen Metadaten in das Data Dictionary abgelegt und Referenzen zu der in dem EDM-System abgebildeten Produktstruktur geschaffen. Während der Bearbeitungsphase werden mit Hilfe dieser Informationen Instanzen des Produktmodells erzeugt und verwaltet.

Die Add-On-Systemfunktionalität zur Verwaltung von STEP-basierten Produktmodellen mit der in CORBA eingebetteten SDAI-Schnittstelle steht auch als eigenständiges PDMS zur Verfügung, Bild 4.45. Hierfür wurden eine getrennte Benutzerverwaltung und ein Versionsmanagement realisiert. Da das STEP-basierte PDMS alle Zugriffe protokolliert, wurde zusätzlich eine History-Funktion realisiert, in der die protokollierten Informationen grafisch aufbereitet als Übersicht dienen können.

Die wichtigsten Anforderungen an PDM-Systeme hinsichtlich einer weitgehenden Unterstützung von Simultaneous Engineering betreffen den Integrationsgrad der Anwendungen, die parallele Abbildbarkeit und Handhabung der Prozeßketten sowie die konsistente Datenhaltung und -bereitstellung (siehe Kapitel 4.2.3). Die Anforderung nach der Integration der Anwendungen wird durch die Bereitstellung der SDAI-Funktionalität und CORBA-Anbindung erfüllt.

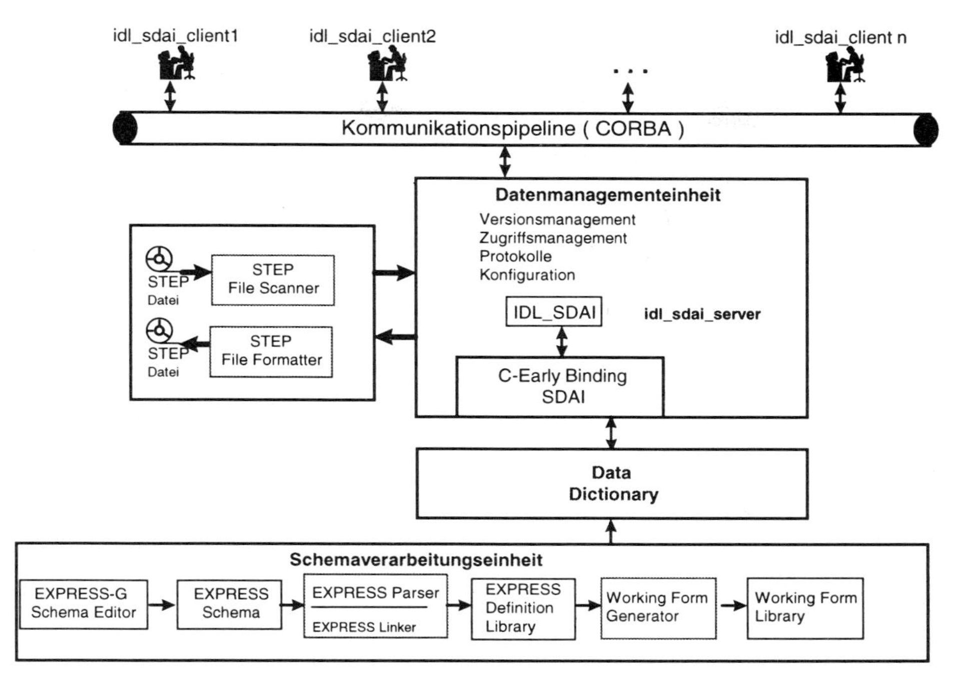

Bild 4.45 STEP-basierte Produktdatenverwaltung als Stand-Alone-System

Die parallele Abbildbarkeit und Handhabung der Prozeßketten erfordert ein Workflowmanagementsystem, das entsprechende Mechanismen zur Verfügung stellt. Die Workflowkomponenten der existierenden PDM-Systeme sind meist primär für die Abbildung von sequentiellen Prozeßketten ausgerichtet. Die erforderlichen Mechanismen für die Abbildung der parallelisierten Prozeßketten sind nach den im Rahmen des Verbundprojektes durchgeführten Untersuchungen nicht in erforderlichem Maße vorhanden. Maßgebend für die Abbildung von parallelen Prozessen ist die Verzweigungsmöglichkeit nach Abschluß eines Hauptprozesses in beliebig viele, parallel ausführbare Prozesse (siehe Kapitel 4.2.3). Dieser Fall entspricht einer UND-Verzweigung. Dies impliziert die Vereinigung der parallelen Prozesse nach der Beendigung des parallelen Ablaufs. Hier müssen falls erforderlich die in den einzelnen Zweigen erzielten Teilergebnisse zusammengeführt werden. Die Basisfunktionalität der Workflowkomponente von Metaphase, der Life Cycle Manager, wurde daher so erweitert, daß parallel abarbeitbare Verzweigungen des Workflows und die Synchronisation zwischen den so entstandenen Workflows prototypisch ermöglicht wurde. Hierdurch können die wesentlichen in Geschäftsprozessen existierenden verschiedenen Formen der Parallelität und unterschiedlichen Synchronisationsarten mit dem Add-On-System abgebildet werden. Neben allgemeinen Anforderungen an PDM-Systeme zur Unterstützung paralleler Prozesse wurden spezielle Forderungen für das Workflowmanagement erarbeitet. Das entwickelte Konzept erfüllt diese, indem die notwendigen Kontrollflußkonstrukte bereitgestellt werden.

Durch Nutzung des Workflowmanagements für den notwendigen Datenaustausch können der Empfänger und Adressat festgelegt und die Daten automatisch verteilt werden, auch ist bei Bedarf der Konvertierungsvorgang nachvollziehbar, wodurch der Datenaustausch durch das PDMS kontrolliert wird.

Die Problematik der Konsistenzsicherung bei der Produktdatenverwaltung wird durch Simultaneous Engineering verschärft. Die existierenden PDM-Systeme erlauben mehrere gleichzeitige Lesezugriffe zur Wahrung der Konsistenz der Daten, zu einem Zeitpunkt jedoch nur einen modifizierenden Zugriff. Dies ist in vielen Fällen der simultanen Arbeit nicht ausreichend. Eine effektive Parallelarbeit der Entwickler bedingt die Möglichkeit der gleichzeitigen Modifikation der Produktdaten. Die Aufgabe des Konsistenzmanagers besteht daher darin, die simultane Modifikation der Daten zu verwalten.

4.3.3.4 Umsetzung

Integration der Anwendungssysteme über das PDMS

Die Kommunikation der Anwendungen mit dem Produktdatenmanagementsystem wird über die Kommunikationspipeline vorgenommen. Mit Hilfe des Kommunikationssystems werden die weitgehend autonomen Komponenten (Clients) in ein logisch zusammenhängendes System auf der Basis einer einheitlichen Kommunikationsstrategie eingebunden. Zur Realisierung dieser Kommunikationsart wird eine zusätzliche Schicht über diese SDAI-Schnittstelle gesetzt. Diese Kommunikationsschicht dient als Protokoll für das Produktdatenmanagementsystem (idl_sdai_server) und die autonomen Komponenten (idl_sdai_client). In der Implementierung wird diese Basis der einheitlichen Kommunikation mit Hilfe der CORBA-Implementierung ORBeline realisiert. Dadurch ist es möglich, eine offene Architektur zu realisieren, in die heterogene Komponenten leicht integrierbar ist. Auch in bezug auf die Skalierbarkeit der Komponenten weist dieses System eine hohe Flexibilität auf.

Verwaltung von STEP-basierten Produktmodellen

Für die Beschreibung des STEP-basierten Produktmodells wird die Schemaverarbeitungseinheit zur Hilfe genommen. Das Produktmodell wird mit der Informationsmodellierungssprache EXPRESS beschrieben und beinhaltet die formale Spezifikation für den Aufbau eines Modells. Die Beschreibung der Modellschemata wird hier unter Nutzung des grafischen Editors „EXPRESS-G“ durchgeführt. Das Modellschema wird dann syntaktisch und semantisch mit dem EXPRESS-Parser und EXPRESS-Linker überprüft. Das Überführen dieses Schemas in die Informationsstruktur für die Verwaltung des Produktmodells geschieht mit Hilfe des EXPRESS-Working-Form-Generators (EWFG) des ProSTEP-Werkzeugs PSstep_Caselib, der das interpretierte Schema aus der

EXPRESS-Definition-Library in die sogenannte EXPRESS-Working-Form-Library (EWFL) überführt. Die Informationen werden dann im Data Dictionary abgelegt.

Der physikalische Ort des Data Dictionary bleibt dem Benutzer transparent. Für die Bearbeitung werden die Produktmodelle in die Central Data Administration (CDA) des Werkzeugs PSstep_Caselib geladen. Die CDA kann eine oder mehrere Repositories (lokale Arbeitsbereiche) enthalten. Zugriffe auf die Metadaten im Repository erfolgen nur über die SDAI-Schnittstelle.

Die erzeugten Produktmodellinstanzen können aus der CDA in eine einheitliche Form als STEP-Datei geschrieben werden. Die erzeugte STEP-Datei ermöglicht einen architekturunabhängigen Datenaustausch zwischen verschiedenen CAD-Systemen. In der anderen Richtung ist es möglich, die STEP Datei in die CDA einzulesen, um eine Änderung an Modellen vorzunehmen.

Die Verwaltung der STEP-basierten Produktmodelle erfordert die Erweiterung des PDM-Systems Metaphase. Hierfür wurde in Metaphase eine neue Objektklasse für das integrierte Produktmodell definiert. Dieses neue Objekt wird über eine Relation an den korrespondierenden Knoten der Produktstruktur angehängt, wodurch eine Verbindung zu Produktstrukturen aufgebaut werden kann.

Für die Instanzen der Produktmodelle, die als STEP-Dateien gespeichert werden, wurde ebenfalls eine Klasse zur Metaphase Datenbasis hinzugefügt. Diese kann wie gewohnt an die Teileknoten angehängt werden. Somit ist eine Verbindung zwischen den STEP-Dateien und der korrespondierenden EXPRESS-Datei über die Produktstruktur hergestellt.

Der Benutzer, der an einer Applikation mit einem bestimmten Produktmodell an gewissen Produktmodelldaten lesend oder schreibend arbeiten möchte, muß sich über eine Registrierungsfunktion anmelden. Nach Öffnen einer STEP-Datei, die die Produktmodelldaten beinhaltet, durch den grafischen Browser von Metaphase, kann der Anwender angeben, mit welcher Applikation und mit welcher Zugriffsart er auf diese Datei zugreifen möchte. Die korrespondierende Produktmodell-Datei ist über die vorhandenen Relationen feststellbar. Nacheinander wird von der Registrierung überprüft, ob der Anwender die entsprechenden Berechtigungen hat. Die gewünschte Anwendung wird gestartet und bei einer direkten Integration die STEP-Datei der Anwendung zur Verfügung gestellt. Bei der gekapselten Integration wird die Datei durch den entsprechenden Preprozessor in die proprietäre Datenstruktur der Anwendung konvertiert.

Nach einer vorgenommenen Modifikation erfolgt die ordnungsgemäße Abmeldung durch den Benutzer. Das PDMS beendet die Anwendung, interne Daten der Anwendung werden bei der gekapselten Integration durch den Postprozessor in eine STEP-Datei umgewandelt und diese in den globalen Arbeitsbereich abgelegt. Alle auf diesen Instanzen arbeitenden Anwender werden darüber informiert, daß ihre Version nicht mehr gültig ist.

Unterstützung von Simultaneous Engineering durch PDM-Systeme

Die implementierte Funktionalität des Add-On-Systems zur Abbildung und Abarbeitung paralleler Prozesse baut auf den vorhandenen Objekten und Methoden des Life Cycle Managers (LCM) und des Object Management Frameworks auf. Dabei wird ein neues Modul erzeugt, das die neue Funktionalität zur Abbildung der parallelen Prozesse und zum kontrollierten Datenaustausch in einem Methodenserver bereitstellt.

Zur Laufzeitsteuerung der zu synchronisierenden parallelen Prozesse wurde ferner ein Synchronisationsserver realisiert. Er wartet ständig auf eintretende Ereignisse und reagiert darauf, indem er die geeignete Funktionalität des Methodenservers aufruft. Er ist damit Ereignisserver und gleichzeitig Client des Methodenservers. Zur Behandlung der Verzweigungen in den Prozeßketten muß in Metaphase ein neuer Prozeßtyp definiert werden. Dieser Typ ist ein automatisch ablaufender Prozeß, der eine bestimmte Eintritts- und Austrittsaktion durchführt. Da die Klasse „Process" in Metaphase eine solche Eigenschaft besitzt, wird die neue Verzweigungsprozeß-Klasse von dieser abgeleitet. Das Ablaufverhalten des neuen Prozeßtyps kann durch Überschreiben der Eintritts- und Austrittsfunktion dem beschriebenen Konzept angepaßt werden. Ähnlich wird bei der Realisierung der Vereinigungsprozesse verfahren.

In einer Prozeßinstanz des Verzweigungsprozesses muß festgelegt sein, welche Dokumente an die kontrollierten Life Cycles verschickt werden und ob eine Synchronisation der parallelen Prozeßketten erforderlich ist. Die Angabe, ob auf alle Ausführungsergebnisse der kontrollierten Life Cycles gewartet werden soll, wird über ein Attribut der Verzweigungsprozeß-Klasse realisiert, das bei der Instanziierung vom Anwender festgelegt werden kann. Die Auswahl der zu verschickenden Dokumente wird über eine neue Relation definiert, die eine Verzweigungsprozeß-Instanz mit den zu kontrollierenden Life Cycles verbindet.

Vorhandene Funktionalitäten von Metaphase, beispielsweise des Datenmanagements oder des Freigabe- und Änderungsmanagements, können in der gewohnten Form mit dem erweiterten Workflowmanagement-Modul kombiniert werden.

4.3.3.5 Bewertung

Mit dem vorgestellten Entwurf und der Umsetzung eines Produktdatenmanagementsystems wurden Lösungen erarbeitet, die Verbesserungen der Funktionalität der kommerziellen PDM-Systeme aufweisen. Die Verbesserungen beziehen sich schwerpunktmäßig auf die zusammenhängende Integration der Anwendungen über das PDMS unter Verwendung von Standards wie STEP und CORBA sowie eine effektivere Unterstützung von Simultaneous Engineering durch bessere Abbildbarkeit von parallelisierten Prozeßketten, durch Synchronisations- und Kommunikationsmechanismen zwischen den autonom arbeitenden Prozeßketten sowie durch Konsistenzsicherung beim parallelen Zugriff auf Produktdaten.

Die Umsetzung erfolgte in Absprache mit den im Verbundprojekt beteiligten Anwender- und Systemherstellerfirmen, so daß deren Bedürfnisse mit berücksichtigt wurden. Diese Vorgehensweise läßt die Folgerung zu, daß die erarbeiteten Lösungen auf andere Anwenderfirmen übertragbar sind.

4.3.4 Konfigurationssystem

Eine offene, verteilte Systemumgebung erfordert eine Instanz, die zu jedem Zeitpunkt die aktuelle Hardwareumgebung, die potentiell verfügbaren Softwarekomponenten und deren Funktionalität, die momentan verfügbare Funktionalität sowie den momentanen Zustand des Systems kennt. Diese Instanz wird durch das Konfigurationssystem repräsentiert. Für die Lösung dieser Aufgabe, bezieht sich das Konfigurationssystem auf eine Beschreibung der Funktionalitäten der Komponenten und der Aufgaben, die im ersten Fall bei dem Vorgang der Integration ermittelt werden beziehungsweise im zweiten Fall bei der Definition der Aufgaben.

Die Aufgabe des Konfigurationssystems im Zusammenspiel mit der Integrationskomponente und dem Kommunikationssystem ist die Bereitstellung von Funktionalität für das System zur Laufzeit. Diese Funktionalität kann implizit über eine Anwendung oder explizit durch einen Benutzer angefordert werden. Zur Lösung dieser Aufgabe muß das Konfigurationssystem den aktuellen Systemzustand kennen, d. h. welche Anwendungen sind schon aktiv und können die geforderte Funktionalität bereitstellen. Für den Fall, daß keine entsprechende Anwendung verfügbar ist, muß eine Anwendung mit Hilfe der Integrationsdaten ausgewählt werden.

Damit eine Anwendung ausgewählt werden kann, müssen zuerst die Integrationsdaten erfaßt werden, das heißt welche Anwendung welche Funktionalität auf welcher Hardwareplattform dem System zur Verfügung stellen kann. Die Daten wurden beim Vorgang der Integration aufgenommen und in der Datenhaltung abgelegt. Weiterhin wird in einem zweiten Schritt ermittelt, ob der Benutzer (direkt oder durch die Gruppenzugehörigkeit bzw. Aufgabendefinition) bestimmten Anwendungen einen Vorzug einräumt, die dann entsprechend ausgewählt werden. Andernfalls wird dem Benutzer die Liste der in Frage kommenden Anwendungen (mit entsprechenden Zusatzinformationen) präsentiert und interaktiv ausgewählt. Dieser zweite Schritt erfolgt nur, wenn zur Lösung einer Aufgabe verschiedene Anwendungen zur Auswahl stehen.

Kommerzielle Systeme werden in der Regel als komplette, nicht konfigurierbare Systeme ausgeliefert. Die Aufgabe des Konfigurationssystems ist bei solchen Systemen aufgrund der Geschlossenheit der Systeme die Konfigurationsmöglichkeiten im Sinne des CAD Referenzmodells stark eingeschränkt. Die Möglichkeiten der Einflußnahme lassen sich direkt aus den Integrationsdaten ableiten. Deswegen hat die Datenakquisition der Integrationsdaten einen sehr hohen Stellenwert bei der Realisierung dieser Komponente.

Aufgrund der Funktionalität der Komponente ergeben sich auch die verschiedenen Abhängigkeiten zu den anderen Komponenten. Zum einem wird das Benutzungsoberflächensystem gebraucht, um im Falle einer erforderlichen Benutzerunterstützung eine entsprechende Schnittstelle anbieten zu können. Weiterhin wird die Datenhaltung gebraucht, um die Integrationsdaten zu verwalten und zu speichern. Von der Anwendungsseite müssen die entsprechenden Daten für die Integration zur Verfügung gestellt werden. Abschließend muß eine enge Abstimmung mit dem Kommunikationssystem erfolgen, welches das Konfigurationssystem über den aktuellen Systemzustand informiert und die entsprechenden Funktionalitätsanforderungen weiterleitet.

Beschreibt man den Nutzen dieser Komponente, so müssen verschiedene Benutzerklassen des Systems in Betracht gezogen werden. Ein Administrator erhält mit dieser Komponente die Möglichkeit, das Gesamtsystem dynamisch um neue Funktionalitäten zu erweitern, die einem erweiterten beziehungsweise geänderten Aufgabenprofil der Benutzer entsprechen. Weiterhin wird ihm ein Werkzeug für die prinzipielle Integration einer neuen Anwendung gegeben. Ein Endbenutzer profitiert durch eine flexible, aber stabile, Umgebung, die ihm durch die Bereitstellung der benötigten Funktionalität in Form von Werkzeugen und Anwendungen bei der Lösung seiner Aufgabe unterstützt. Der Endbenutzer kann durch den Einsatz dieser Komponente von den durchführenden Werkzeugen abstrahieren, da er nicht mehr wissen muß welche Anwendung zur Lösung einer Aufgabe am besten geeignet ist. Diese Aufgabe wird weitestgehend durch das Konfigurationssystem erledigt. Für die individuelle Unterstützung des Benutzers, bietet das System Möglichkeiten zur Definition von benutzer- und gruppenspezifischen Standardwerten, die die Auswahl, die Startparameter und die Umgebung einer Anwendung beeinflussen.

Betrachtet man die Anforderungen an solch ein System im Detail, so können drei Richtungen identifiziert werden (siehe [Abeln 1995], [Jasnoch 1997]):

- aus Anwendersicht
  Hier ist die wesentliche Aufgabe in der Konfiguration des Systems zu sehen, so daß dieses in der Lage ist, die Aufgabe von der Funktionalitätsseite her abzudekken. In Verbindung mit einer Konfiguration der Benutzungsoberfläche, ist eine aufgabenbezogene Präsentation der Oberfläche möglich (siehe Kapitel 4.3.1).
- aus Sicht der Anwendungen
  Eine Zergliederung komplexer Anwendungssysteme in isolierte Komponenten ist eine Voraussetzung für eine dynamische Konfiguration zur Laufzeit. Um anfallende Anforderungen an den Systemrahmen durch Anwendungen zu erfüllen, muß das Konfigurationssystem den aktuellen Zustand der Benutzerumgebung kennen.
- aus Sicht des Systemrahmens
  Hier trägt das Konfigurationssystem zu einer Stabilisierung der Umgebung durch Bereitstellung von Funktionalität bei. So kann das Konfigurationssystem Alternativen ermitteln, falls eine Anwendung aus verschiedenen Gründen heraus nicht verfügbar ist. Weiterhin soll auch Systemrahmenfunktionalität dynamisch konfigurier-

bar sein, wobei dies hauptsächlich in Bereichen relevant ist, bei denen Module mehrfach verfügbar sein können.

Betrachtet man diese verschiedenen Anforderungen, so können zwei prinzipielle Klassen der Konfiguration definiert werden, die systemtechnische und die benutzerbezogene.

Bei der systemtechnischen Konfiguration muß das System aufgrund einer Anfrage ermitteln, welche Anwendung unter Berücksichtigung des Kontextes diese Anfrage erfüllen kann. Dies wird in Bild 4.46 verdeutlicht.

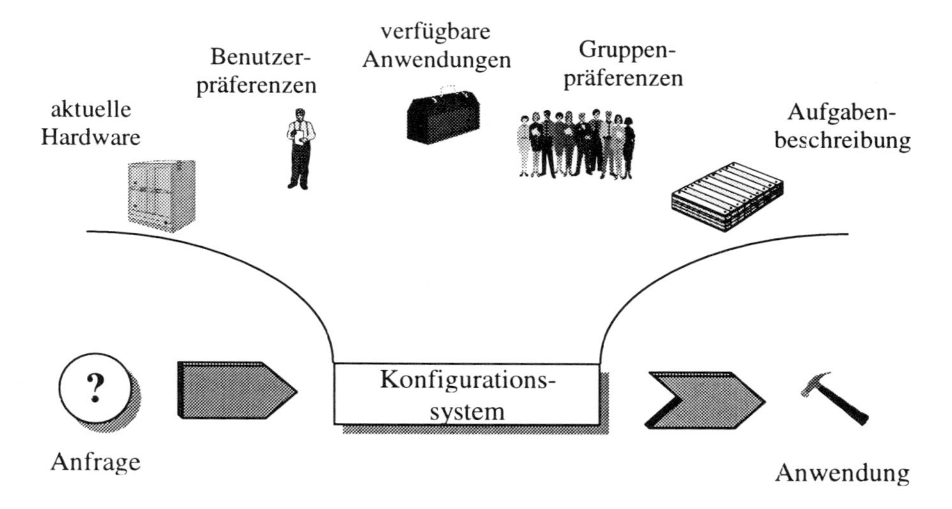

Bild 4.46 Aufgabe des Konfigurationssystems

Das Konfigurationssystem muß also verschiedene Faktoren zur Auswahl einer Anwendung betrachten. Eine besondere Bedeutung haben hierbei die Präferenzen des Benutzers oder der Gruppe. Diese können Standardeinstellungen für bestimmte Aufgaben definieren. Im wesentlichen betrachtet das Konfigurationssystem zuerst alle in Frage kommenden Lösungen. Anschließend werden die Präferenzen betrachtet. Existiert für diesen Kontext keine Anwendung, dann wird dem Benutzer eine entsprechende Mitteilung gegeben, wobei ihm wenn möglich ein Hinweis zur Lösung (zum Beispiel Änderung der Plattform) gegeben wird. Existiert genau eine Anwendung, so wird diese gestartet. Sind mehrere Anwendungen Ergebnis der Konfiguration, so präsentiert das System dem Benutzer eine Liste der Kandidaten zur Auswahl. Zur Unterstützung kann sich der Benutzer für jeden Kandidaten die Beschreibung ansehen, die bei der Integration für jede Anwendung definiert wurde.

4.3.4.1 Informationstechnische Umsetzung

Die informationstechnische Umsetzung des Konfigurationssystems umfaßt verschiedene Bereiche. Ein wesentlicher, der der eigentlichen Konfiguration vorangeschaltet ist, betrifft die Akquisition der Konfigurationsdaten. Hierfür muß zuerst eine Definition der Daten erfolgen, die dann auf ein entsprechendes Schema abgebildet werden muß. Im Kontext des CAD-Referenzmodell Projektes wurde hierfür die in STEP [ISO-1] definierte Vorgehensweise gewählt, zuerst ein Schema mittels EXPRESS [ISO-11] zu definieren und anschließend dies mittels der SDAI Definition [ISO-22] auf eine Datenbank abzubilden. Um eine benutzer-, gruppen- oder auch aufgabenbezogene Konfiguration zu ermöglichen, muß das Schema für die Konfigurationsdaten mit entsprechenden Schemata verküpft werden.

Anschließend kann dann die Definition eines Nachrichtenprotokolls erfolgen, daß zum einem den Systemzustand propagiert und zum zweiten die Möglichkeit einer Funktionalitätsanforderung bietet.

Datenakquisitionskomponente

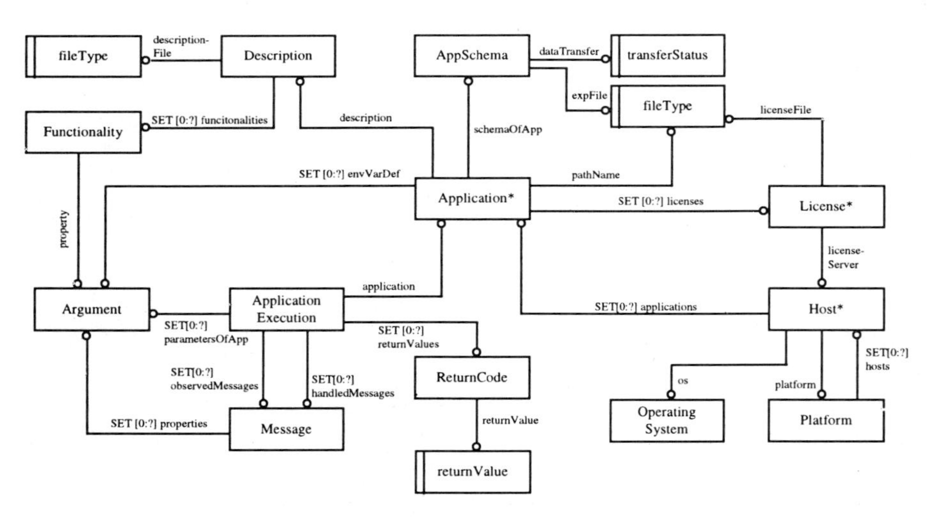

Bild 4.47 Definition des Schemas zur Datenerfassung

Die wesentliche Aufgabe der Datenakquisitionskomponente ist die Erfassung der für die Konfiguration benötigten Daten. Wie bereits beschrieben wurde hier im Rahmen einer Gesamtintegration die durch STEP definierte Philosophie verfolgt. Im ersten Schritt wurde mittels der Datenmodellierungssprache EXPRESS das in Bild 4.47 gezeigte Schema definiert.

Im Mittelpunkt des Schemas steht die Anwendung *Application* genannt. Über die Anwendung werden alle relevanten Daten wie z. B. die Argumente der Anwendung, die Lizenzen und die Rechner auf denen die Anwendung ablauffähig ist, verknüpft. Das Schema läßt sich strukturell in fünf Bereiche einteilen:

1. Aktivierung
   Dieser Bereich umfaßt alle notwendigen Daten, die für ein korrektes Aktivieren (Starten) der Anwendung relevant sind. Dies sind zum Beispiel die Lizenzinformationen oder die Aufrufparameter.

2. Schema
   Dieser Bereich betrifft das (Partial-) Schema, mit welchem die Anwendung ihre persistenten Daten beschreibt. Diese Informationen sind insbesondere für die Interoperabilität von Anwendungen notwendig.

3. Ausführung
   Die Daten in Bezug auf die Ausführung einer Anwendung beschreiben im wesentlichen die Informationen, die zur Laufzeit einer Anwendung benötigt werden. Dies beinhaltet insbesondere die Nachrichten, die eine Anwendung empfangen und bearbeiten kann.

4. Beschreibung
   Unter anwendungsbeschreibenden Daten werden alle Informationen verstanden, die dem Endbenutzer helfen den Aufgabenbereich einer Anwendung zu verstehen.

5. Umgebung
   Die Umgebungsdaten beschreiben die Ausführungsumgebung, die vom Laufzeitmodul zur Laufzeit der Anwendung bereitgestellt werden muß.

Dieses Schema ist mittels dem ProStep Toolkit auf eine Datenhaltung abgebildet worden. Um dem Administrator die Aufnahme der Daten zu ermöglichen, wurde eine Anwendungsgruppe entwickelt, die in Bild 4.48 ausschnittsweise gezeigt wird.

Als beispielhafte Integration, wurde diese Anwendungsgruppe mit dem PDM- und dem Kommunikationssystem wie in Bild 4.49 gezeigt verbunden. Hierbei wird die SDAI-Schnittstelle mittels dem Kommunikationssystem verteilt, d. h. die Verbindung von der Anwendung zur Produktdatenhaltung wurde - transparent für die Anwendung - mittels dem Kommunikationssystem netzwerkfähig gemacht. Dadurch wird eine neuartige Flexibilität bzgl. der Konfiguration von Prozessen und der Lokalisierung von Daten erreicht, die eine notwendige Voraussetzung einer dynamischen Konfiguration sind.

Das Akquisitionsdatensteuerungstool stellt die Basisverbindung zur Produktdatenhaltung her, die die Akquisitionsdaten enthält. In Abhängigkeit der Anforderungen des Benutzers, wird das Starten der entsprechenden Anwendung veranlaßt, die einen bestimmten Bereich der Integrationsdaten abdeckt. Hierbei werden die Informationen bzgl.

der Datenhaltung und der zu integrierenden Anwendung mittels dem Kommunikationssystem ausgetauscht.

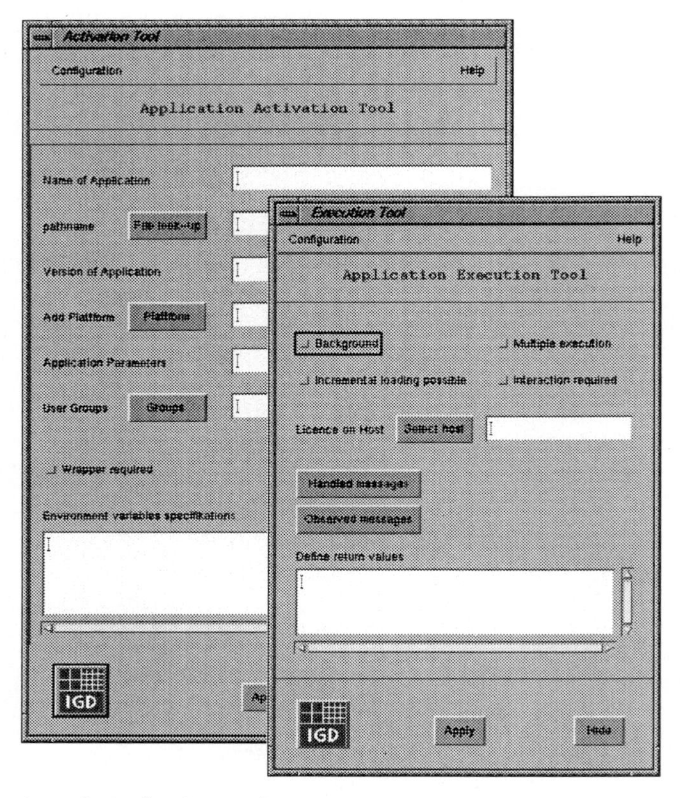

Bild 4.48 Ausschnitt der Anwendungsgruppe

Das Konfigurationssystem selbst benutzt dann im Betrieb diese Daten, um zu einer Funktionalitätsanforderung die entsprechende Anwendung zu ermitteln. Im wesentlichen wird dabei zuerst über die Anfrage die Gruppe der möglichen Anwendungen ermittelt. Anschließend werden die aktuellen Hardwareparameter des Benutzerrechners ermittelt. Dadurch wird die Verfügbarkeit auf dieser Rechnerkonfiguration überprüft. Für den Fall das diese Anwendung dort nicht arbeitet, kann dem Benutzer ein entsprechender Hinweis gegeben werden. Haben diese Schritte zu keiner eindeutigen Lösung geführt, werden die entsprechenden persönlichen oder auch Gruppenpräferenzen in Betracht gezogen. Ist für diese Aufgabe keine Präferenz definiert, so wird dem Benutzer eine Liste der in Frage kommenden Anwendungen präsentiert, aus der er dann die entsprechende Anwendung startet.

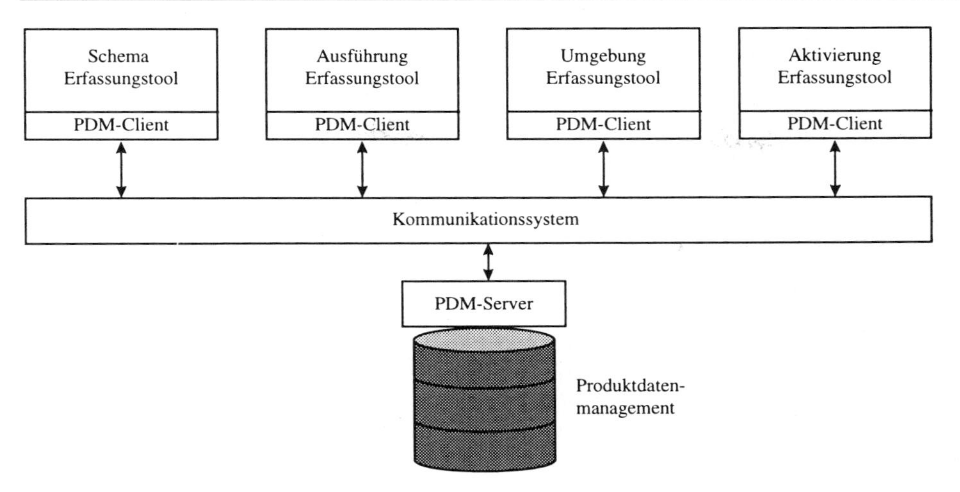

Bild 4.49 Integration mit der PDM- und dem Kommunikationssystem

4.3.5 Wissensbereitstellung und -verarbeitung

Die Thematik der Wissensbereitstellung und –verarbeitung wurde im Rahmen der 2. Phase des Verbundprojektes „CAD-Referenzmodell„ am Beispiel der kontextsensitiven Bereitstellung von Lösungselementen behandelt. Das vorliegende Kapitel beschreibt die systemtechnischen Aspekte der Umsetzung einer Lösungsbibliothek, wie sie in Kapitel 4.1.2.2 spezifiziert wurde. Zur Implementierung der Bibliothek werden verschiedene Module der Referenzarchitektur, wie sie in der 1. Phase des Projektes spezifiziert wurde, benötigt. Bis auf die Regelverarbeitung, die auf der Basis des Expertensystem-Tools NEXPERT OBJECT umgesetzt ist, wurden die Module mit Hilfe des PDM-Systems Metaphase realisiert. Dieses System übernimmt dabei die Aufgabe

- des Wissensmanagement-Systems
- der Bereitstellung der Benutzungsoberfläche und
- verschiedener Anwendungen.

Metaphase ist ein objektorientiert aufgebautes System. Zur Organisation und Verwaltung der Daten sind einige Grundtypen von Objekten bereits definiert. Zur Definition neuer Klassen und Anpassung der vorhandenen Klassen an die speziellen Anforderungen des Benutzers stellt das System eine eigene Objekt-Definitions-Sprache zur Verfügung (MODeL: Metaphase Object Definition Language). Mit ihr lassen sich alle vorhandenen Objekt-Typen modifizieren.

Bei dem in der Lösungsbibliothek bereitgestellten Wissen handelt es sich um informales Wissen in Form von konstruktiven Lösungen. Dieses Wissen wird dem Anwender kontextsensitiv bereitgestellt. Der Kontext ergibt sich dabei aus den Anforderungen an das zu konstruierende Produkt und die gesuchte Lösung, sowie bestimmten Randbedingungen. Zur Kontextermittlung bei der Lösungssuche wird auf formales Wissen in Form von Regelwerken zurückgegriffen.

4.3.5.1 Implementierung der Klassenhierarchie

Zur Implementierung der Lösungsbibliothek wird eine neue Klassenhierarchie angelegt. Diese Hierarchie knüpft über die Klasse `ProdBI` (für Teile und Lösungen) und die Klasse `OwnedItm` (für Merkmale) an die bestehende Hierarchie von Metaphase an. Nicht alle Attribute, die diese Klassen zur Verfügung stellen, sind für die Implementierung relevant. Metaphase bietet Möglichkeiten, diese auszublenden und damit vor dem Anwender zu verbergen. Die Struktur der Lösungsbibliothek ist, wie in Kapitel 4.1.2.2 dargestellt, dreigeteilt. Für jedes ihrer drei Grundelemente (Bauteile, Lösungen und Merkmale) wird eine, auf deren spezielle Anforderungen zugeschnittene Hierarchie aufgebaut.

Klassendefinitionen für Bauteile

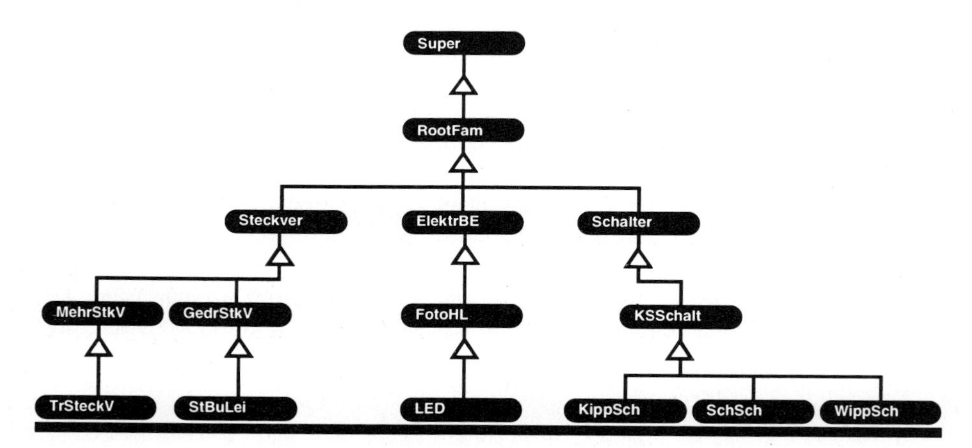

Bild 4.50 Struktur der Familien-Hierarchie

Root-Klasse zur Definition der Subhierarchien für Bauteile und Lösungen ist die Klasse `Super`. In ihr wird der Merkmalsvektor definiert, der bei jedem instantiierten Objekt dazu dient, die Ausprägungen der mit dem Objekt verbundenen Merkmale aufzunehmen. Da beiden Elementen gleichermaßen Merkmale zugewiesen werden können, ist es sinnvoll, alle erforderlichen Definitionen in einer gemeinsamen Elternklasse zu treffen. D.h. die Klasse `Super` ist sowohl die Root-Klasse für die Teile-Subhierarchie als auch Root-Klasse für die Lösungs-Subhierarchie. Zudem erleichtert die gemeinsame Elternklasse die Definition der erforderlichen Relationsklassen erheblich.

Jede der in der Hierarchie folgenden „Kinder“-Generationen führt eine entsprechende Spezialisierung durch. In einer Elternklasse werden alle Attributdefinitionen zusammengefaßt, die allen Kindergenerationen gemeinsam sind.

Klassendefinitionen für Lösungen

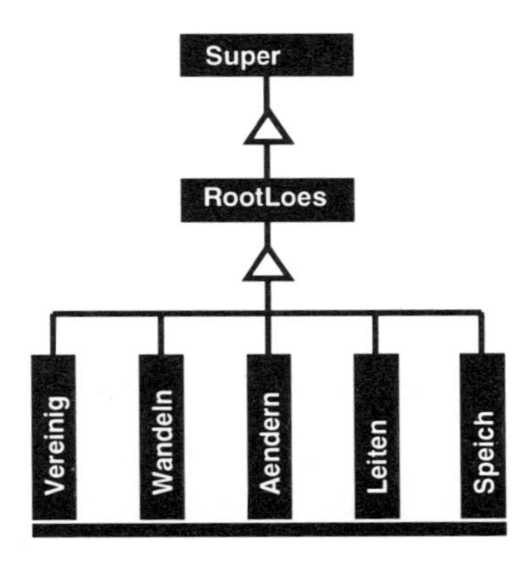

Bild 4.51 Struktur der Lösungs-Hierarchie

Auch die Root-Klasse der Subhierarchie für die Lösungsklassen `RootLoes` erbt alle Eigenschaften der Klasse `Super`. In ihr werden alle, für ihre 5 Tochterklassen gleichermaßen relevanten Definitionen getroffen.

Für die Realisierung der geforderten ergonomischen Unterstützung des Konstrukteurs stellt MODeL ein sehr interessantes Sprachelement zur Verfügung: den `variable value set`. Ein `variable value set` (VVS) ist eine zur Laufzeit dynamisch erzeugte Auswahlliste für ein Feld in einem Dialog-Fensters (entspricht einem Klassenattribut). Für den Benutzer erkennbar ist dieses Feature an seinem charakteristischen VVS-Button. Wird dieser Button betätigt, startet Metaphase intern eine Suche über alle Einträge der Datenbank. Alle gegenwärtig dem System bekannten Ausprägungen des betreffenden Attributs (für das der VVS-Button gedrückt wurde) werden dem Anwender in einer Auswahlliste präsentiert.

Im konkreten Fall wird dies genutzt, um dem Anwender alle gegenwärtig im System verfügbaren Ausprägungen bezüglich eines Attributes der gewählten Elementaroperation anzubieten. Sucht er beispielsweise nach Lösungen für die Elementaroperation „wandeln“, kann er den VVS-Button für das Attribut „physikalischer Effekt“ betätigen. Das System bietet ihm alle verfügbaren Ausprägungen in Form einer Auswahlliste an. Er kann daraus die für ihn relevanten auswählen. Durch diese programmtechnische Lösung lassen sich grobe Fehleingaben weitgehend verhindern. Bei der Definition der Kindergeneration der Klasse `RootLoes` wird dieses MODeL-Sprachelement häufig eingesetzt.

Klassendefinitionen für Merkmale

Da entsprechend den Vorgaben der IEC 1360 zwischen qualitativen und quantitativen Merkmalen unterschieden werden soll, müssen dementsprechend zwei Klassen (`QualMem` und `QuantMem`) definiert werden. Aus Gründen der Praktikabilität erhalten beide eine gemeinsame Elternklasse `Merkmal`, in der die ihnen gemeinsamen Attribute definiert werden.

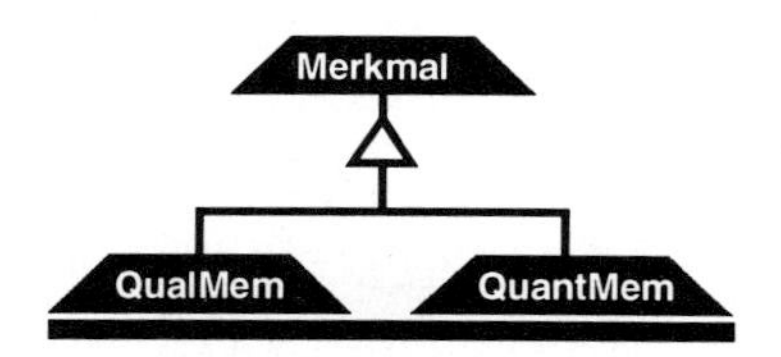

Bild 4.52 Struktur der Klassenhierarchie für Merkmale

Anders als die beiden voranstehend beschriebenen Klassen für Bauteile und Lösungen wird die Klasse `Merkmal` nicht von der Klasse `ProdBI` abgeleitet. Ihr Anknüpfungspunkt an die Hierarchie von Metaphase ist die Klasse `OwnedItm`.

4.3.5.2 Definiton der Relationsklassen

Den zweiten Schwerpunkt bei der Umsetzung des erarbeiteten Konzeptes bildet die Definition der Relationsklassen. Relationsklassen sind erforderlich, damit ein interaktives Zuweisen von Teilen zu Lösungen sowie von Merkmalen zu Teilen und Lösungen erfolgen kann. Relationen müssen angelegt werden zwischen:

- Teile-Objekten und Lösungs-Objekten,
- Merkmals-Objekten und Teile-Objekten,
- Merkmals-Objekten und Lösungs-Objekten.

Entsprechende Relationsklassen sind in Metaphase nicht vorhanden. Sie müssen neu implementiert werden. Durch Nutzung des Vererbungsmechanismus ist es möglich, diese Klassendefinitionen auf ein Minimum zu reduzieren: Eine Relationsklasse wird auf der höchst möglichen Stufe der Klassenhierarchie definiert; alle Objekte nachgeordneter Klassen erben automatisch die Fähigkeit, mit entsprechend korrespondierenden Objekten Relationen auszubilden.

Im vorliegenden Fall ist es möglich, die erforderlichen Definitionen auf zwei Relationsklassen zu beschränken. Da die Sub-Hierarchien für Teile und Lösungen die gemeinsame Elternklasse `Super` besitzen, kann die Relationsklasse zur Verbindung mit den Merkmalsobjekten zwischen dieser Klasse und der Klasse `Merkmal` (Rootklasse für Merkmals-Subhierarchie) definiert werden. Zwei der oben aufgeführten, benötigten Definitionen fallen somit zusammen. Die erforderliche Relationsklasse zur Verbindung von Teileobjekten und Lösungsobjekten wird entsprechend zwischen den Rootklassen der beiden Subhierarchien `RootFam` und `RootLoes` definiert.

Die Relation `DescribR` dient dazu, das Konzept der interaktiv zuweisbaren Merkmale zu realisieren. Ziel ist es, daß der Benutzer diejenigen Merkmale, die ihm von der Normenstelle (oder vergleichbaren Stellen im Unternehmen) zur Verfügung gestellt werden, während der Laufzeit Bauteilen und Lösungen zuordnen kann.

Die Relation `ConsistR` stellt die Verbindung her zwischen der Familien-Hierarchie und der Lösungs-Hierarchie. Durch sie kann einem Teil eine Funktion zugewiesen werden (nicht notwendigerweise eindeutig) und mehrere Teile logisch zusammengefügt werden, so daß sie gemeinsam eine Lösung bilden.

4.3.5.3 Erweiterung der Benutzungsoberfläche

Neben den bisher durchgeführten Erweiterungen mußte auch die Benutzungsoberfläche von Metaphase entsprechend modifiziert und angepaßt werden. Erst dadurch können Objekte der neu implementierten Klassen angelegt und auf sie zugegriffen werden. Metaphase sieht drei, alternative Möglichkeiten vor, um Objekte (auf dem Desktop als Icons dargestellt) zu manipulieren: Pull-Down-Menüs, Pop-Up-Menüs und Dialogfenster. Alle drei sollen dem Konstrukteur auch beim Umgang mit der Lösungsbibliothek zur Verfügung stehen. Somit mußten bereits vorhandene Menüs und Dialogfenster erweitert und neu benötigte geschaffen werden.

Pull-Down-Menüs

Damit auf Objekte aller drei Strukturelemente der Lösungsbibliothek zugegriffen werden kann, ist eine Erweiterung der Pull-Down-Menüs zum Anlegen (Create) und zum Suchen (Query) erforderlich. Die Standard-Pull-Down-Menüs von Metaphase wurden um folgende Auswahloptionen ergänzt:

Create-Menü	Query-Menü
neues Einzelteil hinzufügen	Einzelteil-Suche
Merkmals-Entity anlegen	Merkmals-Suche
neue Lösung hinzufügen	Lösungs-Suche

Tabelle 4.2 Zusätzliche Auswahloptionen der Standard-Menüs von Metaphase

Pull-Down-Menüs bilden die interne Struktur der Subhierarchien für Teile, Lösungen und Merkmale in Form von Menükaskaden auf dem Desktop nach. Bei der Auswahl einer Menü-Option wird in eine mehr oder minder umfangreiche Kaskade verzweigt.

Jeder Kaskadenstufe entspricht in der zugehörigen Klassenhierarchie eine Generationsstufe.

Soll beispielsweise eine neue LED angelegt werden, wählt der Benutzer aus dem Pull-Down-Menü „Create“ die Option „neues Einzelteil hinzufügen“. Es erscheint ein weiteres Menü mit allen Familien von Bauteilen, die im System vorhanden sind. Hier wählt er die für das Beispiel relevante Familie „elektronische Bauelemente“ aus. Die 3. Ebene der Kaskade wird angezeigt. Sein weiterer Auswahl-Pfad lautet: „Foto-Halbleiter“ und schließlich „LED“.

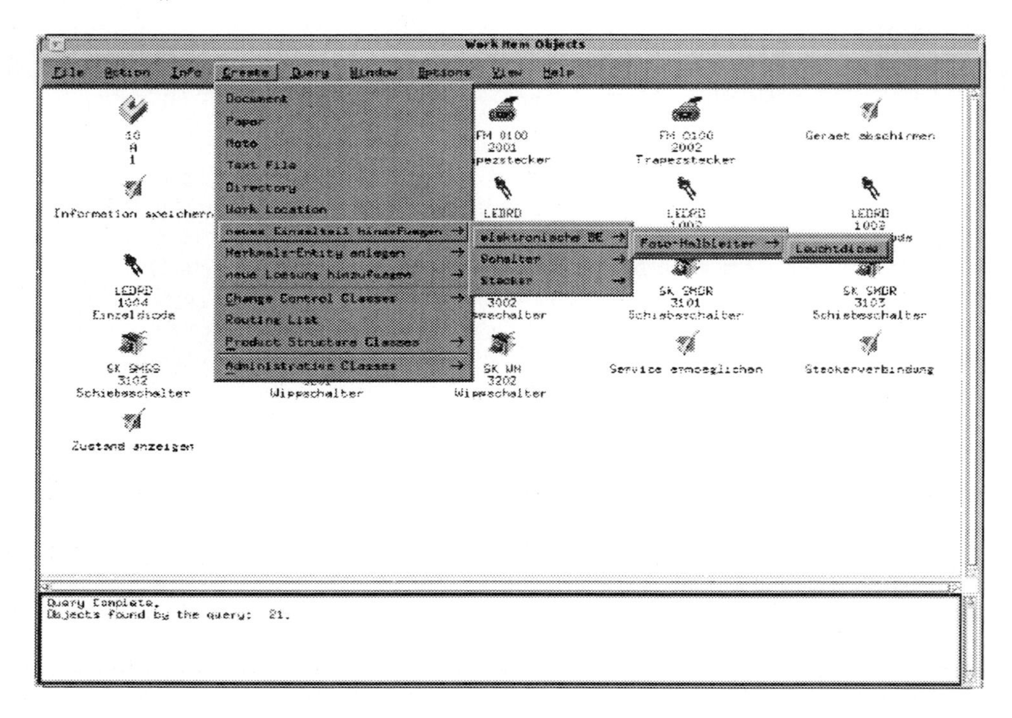

Bild 4.53 Menü-Kaskade zum Anlegen einer neuen LED

Pop-Up-Menüs

Mit Pop-Up-Menüs stellt die Benutzungsoberfläche von Metaphase eine weitere Möglichkeit zur Verfügung, Manipulationen an Objekten durchzuführen. Dazu markiert der Benutzer eines oder mehrere Objekte mit der linken Maustaste. Hält er anschließend die rechte Maustaste gedrückt, erscheint ein Pop-Up-Menü. Aussehen und Umfang von Pop-Up-Menüs sind abhängig von der Klassenzugehörigkeit des markierten Objektes oder der markierten Objekte. Entsprechend differenziert können sie definiert oder verändert werden.

Für die Implementierung der Lösungsbibliothek sollen Pop-Up-Menüs genutzt werden, um alle mit einem Objekt verbundenen Objekte darzustellen. Wurde beispielsweise ein bestimmtes Bauteil markiert, werden je nach Wahl im Pop-Up-Menü alle Lösungen angezeigt, in die das Teil eingeht, oder alle Merkmale, die das Teil beschreiben. Um dies zu unterstützen, mußten drei neue Pop-Up-Menüs definiert werden.

Dialog-Fenster

Will ein Benutzer auf Objekte in Metaphase zugreifen - sei es um ein neues Objekt anzulegen oder ein bestehendes zu verändern - muß er auf dessen Attribute zugreifen. Er kann dies aber nicht direkt tun: Metaphase kommuniziert mit dem Anwender über Dialog-Objekte. Der Grund für diesen indirekten Weg liegt in der Notwendigkeit, Datensicherheit und Zugriffskontrolle zu gewährleisten. Es können so auf vergleichsweise einfache Art eine Typüberprüfung und eine Plausibilitätskontrolle durchgeführt werden, bevor über entsprechende SQL-Kommandos die Daten in die Datenbank transferiert werden. Für den Anwender sichtbar werden diese Dialog-Objekte in Form von Dialog-Fenstern. Ohne entsprechende Veränderung werden alle Attribute des Objekts angezeigt. Über Eingabefelder wird der Benutzer aufgefordert, Attributausprägungen einzugeben. Es können für alle Operationen, die auf Objekten ausgeführt werden können (Query, Create, Update, ...), unterschiedliche Dialog-Fenster definiert werden.

Die Aufgabe bei der Implementierung besteht nun darin, ansprechende Dialog-Fenster zu gestalten. Der Dialog Window Editor (DWE) ist das Entwicklungswerkzeug, das von Metaphase zu diesem Zweck zur Verfügung gestellt wird. Die neu gestalteten Dialog-Fenster werden in sogenannten frm-Files gespeichert und von Metaphase zur Laufzeit bei Bedarf nachgeladen. Leider besteht mit dem DWE nur die Möglichkeit, nicht benötigte, geerbte Attribute auszublenden oder logisch zusammengehörige zu gruppieren. Im Hinblick auf eine schnelle Wahrnehmbarkeit und gute Visualisierung unbedingt notwendig wären aber auch die Darstellung von erläuterndem Text oder grafischen Elementen (Linien, Skizzen, usw.).

MODeL bietet die Möglichkeit, für jedes Attribut Vorgabewerte (sog. `value sets`) zu definieren. Wurden bei den Klassendefinitionen Festlegungen getroffen, um die zulässigen Werte für Attributausprägungen einzuschränken, so werden diese im Quellcode in Form derartiger `value sets` umgesetzt. Der Anwender wird dadurch gezwungen, bei seiner Wertezuweisung einen Wert dieser Vorgabeliste zu verwenden. Bei falscher Eingabe wird er vom System aufgefordert, seine Eingabe zu korrigieren.

4.3.5.4 Methoden

Damit neue Objekte instantiiert werden können oder nach bereits bestehenden gesucht werden kann, müssen die Objektklassen mit entsprechenden Funktionalitäten

(Methoden) ausgestattet sein. Alle wichtigen Methoden (wie Create, Query, Delete, Copy, ...) werden in der Root-Klasse des OMF-Moduls vordefiniert und auf alle nachgeordneten Klassen weitervererbt. Bei einer Erweiterung der Klassen-Hierarchie, wie dies im Rahmen dieser Implementierung geschieht, kann somit die Programmierung dieser elementaren Methoden entfallen. Soll das Verhalten von Objekten verändert werden, können ererbte Methoden auch überschrieben werden. Das Überschreiben von Methoden ist in der objektorientierten Programmierung ein grundlegendes Konzept.

Auf diese Möglichkeit zur Überschreibung von Methoden wird auch hier zurückgegriffen. Das Metaphase-Standardpaket sieht keine Methoden vor, um Merkmalsobjekte mit Teile- bzw. Lösungsobjekten zu verbinden. Sie müssen neu geschrieben werden. Für diese Programmieraufgabe werden die Standard-Methoden DropCreateRelation und ProcessDialog von Metaphase zum Anlegen einer Relation durch eine Drag&Drop-Operation überschrieben. Der Benutzer soll über den Drag&Drop-Mechanismus ein Merkmalsobjekt aufnehmen und über dem gewünschten Teile- oder Lösungsobjekt droppen können. Die Wertausprägung wird von ihm in einem Dialogfenster erfragt. Die Eingabe ist auszulesen und an der für das Merkmal reservierten Position im Vektor des Zielobjektes (Teile- oder Lösungsobjekt) zu speichern. Es ist zwischen qualitativen und quantitativen Merkmalen zu unterscheiden.

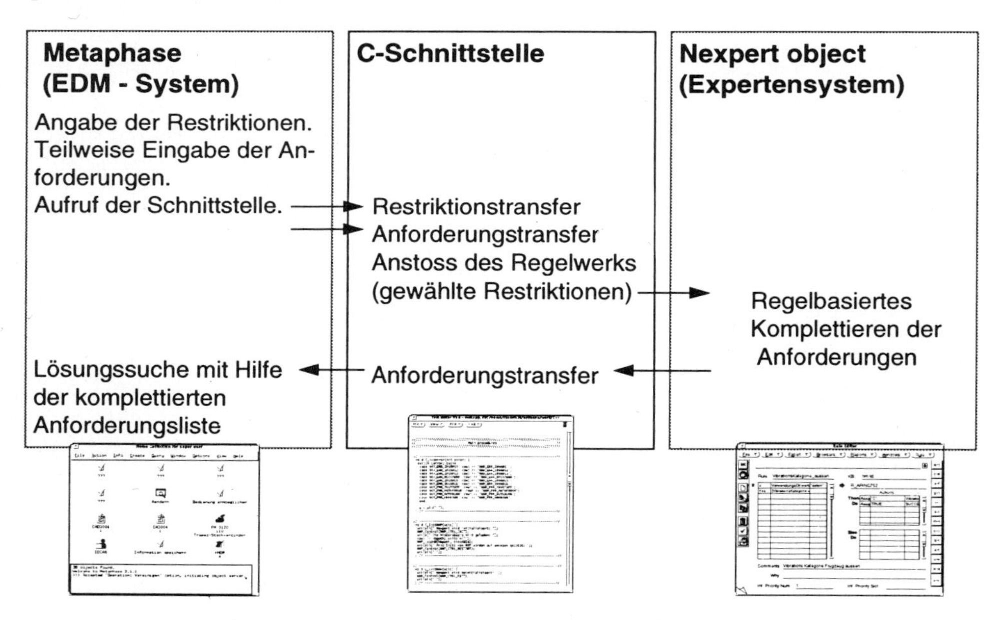

Bild 4.54 Ablauf einer kontextsensitiven Lösungssuche

4.3.5.5 Regelverarbeitung

Zur kontextsensitiven Ergänzung von Merkmalsausprägungen bei der Suche nach Lösungen, wurde das objektorientierte Expertensystem-Tool NEXPERT OBJECT an die Lösungsbibliothek angebunden. Die Aufgabe von NEXPERT OBJECT ist es, auf der Grundlage einer Anforderungsliste mit Hilfe von Regelwerken Merkmale für eine gesuchte Lösung zu ermitteln. Zu diesem Zweck wurden verschiedene Wissensbasen implementiert. Eine Wissensbasis kann dabei eine Norm, eine hausinterne Vorschrift oder auch formalisiertes Erfahrungswissen darstellen.

Der Datenaustausch zwischen beiden Systemen erfolgt über eine in C implementierte Schnittstelle, die auf das jeweilige API der Programmpakete Metaphase und NEXPERT OBJECT zurückgreift. Das folgende Bild zeigt den Ablauf einer kontextsensitiven Lösungssuche.

4.3.5.6 Die Anbindung an das WWW

Der Zugriff auf Inhalte der Lösungsbibliothek ist aufgrund der Metaphase-Architektur lediglich innerhalb eines LANs oder WANs von mit OMF-Clients ausgestatteten Rechnern aus möglich. Durch die Anbindung an das WWW wurde ein globaler Zugriff über mit WWW-Clients ausgestatteten Rechnern ermöglicht. Die Anbindung an das WWW bietet mehrere Vorteile. Unter anderem können dadurch auch einige im Aufbau des Metaphase OMF begründete Schwächen der Lösungsbibliothek behoben werden:

- Die Darstellung der Bauteilhierarchie als Menükaskade ist unübersichtlich. Metaphase besitzt jedoch keine Funktionalität zur vollständigen interaktionsfreien Abbildung einer Baumstruktur. Auch im Tree View kann jeweils nur ein Knoten um eine Ebene „expandet„ werden.
- Ein schrittweises Verkleinern der Lösungsmenge ist nicht möglich. Ist die Lösungsmenge aufgrund einer zu allgemeinen Anforderungsspezifikation zu umfangreich, wäre es hilfreich, durch zusätzliche Einschränkungen die Lösungsmenge schrittweise verkleinern zu können.

Aufbau der WWW-Anbindung

Die WWW-Oberfläche 3Womf („WWW-omf„ „World Wide Web - Object Management Framework - Kopplung„) ist modular aufgebaut. Für jede der drei Suchstrategien (familienorientierte, lösungsorientierte und merkmalorientierte Suche) steht jeweils ein Modul zur Verfügung, welches wiederum aus mehreren Komponenten besteht, wie Bild 4.55 zeigt.

Die Implementierung der meisten Module von 3Womf erfolgte in der Programmiersprache PERL. PERL verfügt über mächtige Funktionen zur Manipulation von regulären Ausdrücken, ermöglicht jedoch gleichzeitig aufgrund seiner C-ähnlichen Syntax die Erstellung strukturierter Programme. Damit eignet es sich zum Filtern und „Parsen„ des

Outputs der Metaphase-Schnittstelle und zum Generieren von HTML-Code. Die beiden Module Quomf (query omf) und Quomf_REL, die direkt API-Funktionen aufrufen, sind in C geschrieben.

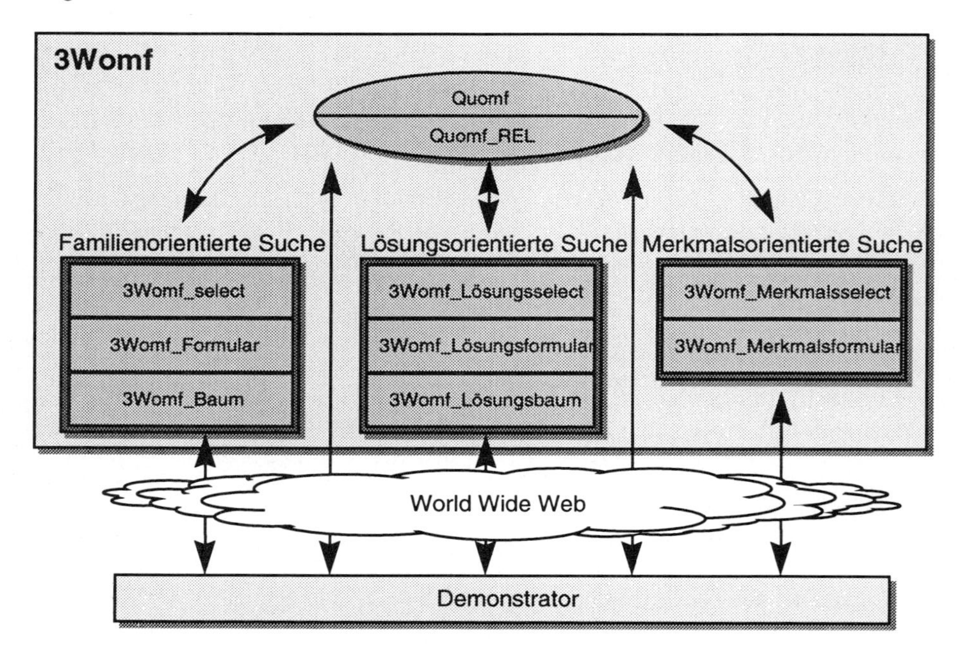

Bild 4.55 Der modulare Aufbau von 3Womf

Abbildung des Klassifizierungssystems

Die Abbildung des Klassifizierungssystems in Form eines hierarchischen Baumes erfolgt durch das Modul 3Womf_Baum. Es prüft zunächst, ob noch ein aktuelles Hierarchie-File vorhanden ist. Falls das nicht zutrifft, wird mit Hilfe des Metaphase-OSQL-Utilities eine neues File erzeugt. Dieses wird daraufhin eingelesen und schrittweise ein HTML-Baum generiert. Durch das Selektieren einer Teilefamilie erfolgt der Aufruf des Moduls 3Womf_Formular zur Erzeugung einer Eingabemaske mit dem Namen der ausgewählten Familie als Übergabeparameter.

Die Eingabemaske

Das Modul 3Womf_Formular prüft, ob die Bauteilhierarchie noch aktuell ist und erstellt, falls erforderlich, eine neue. Anschließend „scannt„ es die Hierarchie nach den Attributen der angeforderten Teilefamilie. Da in Metaphase Attribute an untergeordnete Klassen weitervererbt werden, müssen auch die Attribute der Vater-Familien bis hin zur

Wurzel nach Attributen abgesucht werden. Einige Attribute in Metaphase verfügen über *value sets* zur Einschränkung des Wertebereichs auf wenige diskrete Ausprägungen. Diese werden direkt aus dem MODeL-source-code gefiltert, da keine Funktionalität zur Ausgabe der *value sets* für eine Klasse in Metaphase vorhanden ist. Schließlich wird das zur jeweiligen Klasse gehörende Metaphase-Icon gesucht und ein *link* zur HTML-Abbildung erzeugt. Aus den somit vorhanden Informationen wird eine Maske, generiert. Durch Anklicken des Buttons „Suche Starten„ wird das Modul 3Womf_select mit der aktuellen Klasse, den Attributen sowie deren Ausprägungen als Übergabeparameter gestartet.

Die Teilesuche in der Datenbank

Das Modul 3Womf_select filtert zunächst die nicht mit Ausprägungen versehenen Attribute aus den Übergabeparametern aus. Anschließend startet es das Modul Quomf mit den verbliebenen Attributen als Kommandozeilenparameter. Das Modul Quomf führt die Suche in der Datenbank mit Hilfe der Metaphase-API-Funktionen durch und schreibt das Suchergebnis auf die Standardausgabe.

Der Output von Quomf wird durch 3Womf_select abgefangen und weiterverarbeitet. Dazu müssen die Metaphase-Attributnamen mit Hilfe der OSQL-Übersetzungstabelle durch die verständlichen Namen (z. B. Schsch durch Schiebeschalter) ersetzt werden. Desweiteren werden die leeren Attribute (Attribute ohne Ausprägungen) herausgefiltert, um das Suchergebnis möglichst übersichtlich zu halten. Die so generierten Daten werden schließlich als HTML-Code in einem neuen Browser ausgegeben.

Der Ausbau zu einem allgemeinen Metaphase-Gateway

Die Anbindung der Lösungsbibliothek an das WWW bietet sowohl für den Anwender, als auch für den System-Administrator Vorteile. Es war daher wünschenswert, ein allgemeines Metaphase-Gateway für das WWW zu schaffen. 3Womf wurde als Gateway für die Lösungsbibliothek KONSUL konzipiert. Durch die Modularisierung lassen sich jedoch die meisten Module für einen allgemeineren Metaphase-Gateway verwenden.

Das Modul 3Womf_Baum erzeugt aus der Klassenhierarchie eine strukturierte Liste. Es läßt sich für jede mit der Definitionssprache MODeL generierte Klassenstruktur verwenden. Dafür muß lediglich der Einstiegspunkt des OSQL-Utilities entsprechend geändert werden (z.Z.: Klasse: „Super„).

Falls die Klassenhierarchie nicht für den Anwender sichtbar sein darf, sondern die Metaphase-Menüstruktur im WWW abgebildet werden soll, wurde ein Modul zur Filterung der Browserdefinitionen entwickelt. Die Menüs könnten im WWW als Java-Pull-Down-Menüs oder wiederum als strukturierte Listen dargestellt werden.

Das Modul 3Womf_Formular ist zur Erzeugung von Eingabemasken weiterhin verwendbar. Gleichfalls sind die API-Module Quomf und Quomf_rel zur Recherche nach

Objekten und Relationen der Datenbank für beliebige Suchfunktionalitäten nutzbar. Lediglich die Namen der Wurzelklasse (z.Z.: Klasse: „Super„) und der Relationsklasse (z.Z.: Klasse: „ConsistR„) sind zu ändern. Das Modul 3Womf_select erzeugt aus dem Rechercheergebnis ein HTML-Dokument. Es kann aufgrund der objektorientierten Programmierung auf einfache Weise an beliebige Darstellungsanforderungen angepaßt werden.

Die Module von 3Womf lassen sich auch für einen Gateway nach Vorbild des W3-mSQL-Gateways verwenden. Dies geschieht mit Hilfe eines Parsers, der Rechercheaufrufe aus HTML-Dokumenten filtert und die entsprechenden 3Womf-Module aufruft. Dadurch ist die Gestaltung eines Metaphase-Gatways auch ohne Programmierkenntnisse ausschließlich mit einem HTML-Editor möglich.

4.3.6 Integration

4.3.6.1 Integrationsebenen

Schwerpunkt der ersten Phase des Projektes CAD-Referenzmodell war die Erarbeitung von Integrationskonzepten. Diese Arbeiten führten u. a. zu den in Bild 4.56 dargestellten Integrationsebenen [Dietrich, Kehrer 1995]. Dieses Modell der Integrationsebenen stellt ein Rahmenkonzept für eine stufenweise Realisierung einer integrierten CA-Umgebung dar. Die Integration von DV-Systemen bzw. Systemkomponenten auf den verschiedenen Ebenen besitzt ein enormes Rationalisierungspotential innerhalb des Engineering-Prozesses und war daher Querschnittsthema für die meisten Teilprojekte innerhalb des Gesamtvorhabens. Innerhalb dieses Kapitels sollen die bisher beschriebenen Arbeiten in den verschiedenen Teilprojekten diesem Modell zugeordnet werden. Diese Zuordnung ist dabei in der Regel aufgrund unterschiedlicher Betrachtungsweisen und bestehender Abhängigkeiten zwischen den einzelnen Ebene nicht eindeutig. So erfordert die Integration von CA-Systemen auf höherer Ebene (Benutzer- oder Prozeßebene) in der Regel auch die Umsetzung der Integration auf den niederen Ebenen (Daten, Funktionen oder Produktmodelle).

Wesentliches Anliegen von Standardisierungsbestrebungen, z. B. der für die Durchführung verschiedener Teilprojekte relevanten Standards der OMG (CORBA) oder der ISO (STEP), ist die Umsetzung der Integration in komplexen Softwaresystemen. Das durch die OMA vorgegebene einheitliche Kommunikationsmodell bietet eine leistungsfähige Grundlage für die Entwicklung offener objektorientierter Systeme, die auch die nachträgliche Integration externer Komponenten bzw. die Einbringung neuer Dienste komfortabel unterstützt. Der durch die ISO 10103 spezifizierte Ansatz eines integrierten Produktmodells hat bereits zu in der Praxis nutzbringenden Lösungen geführt, ohne dabei alle Probleme der Integration von CA-Systemen auf der Produktmodellebene lösen zu können. So gesehen bieten die Standards allein durch ihre Verwendung ein umfassendes Integrationspotential und setzen bei konsequenter Nutzung einen Teil der in Phase 1 des Leitvorhabens formulierten Integrationsanforderungen um.

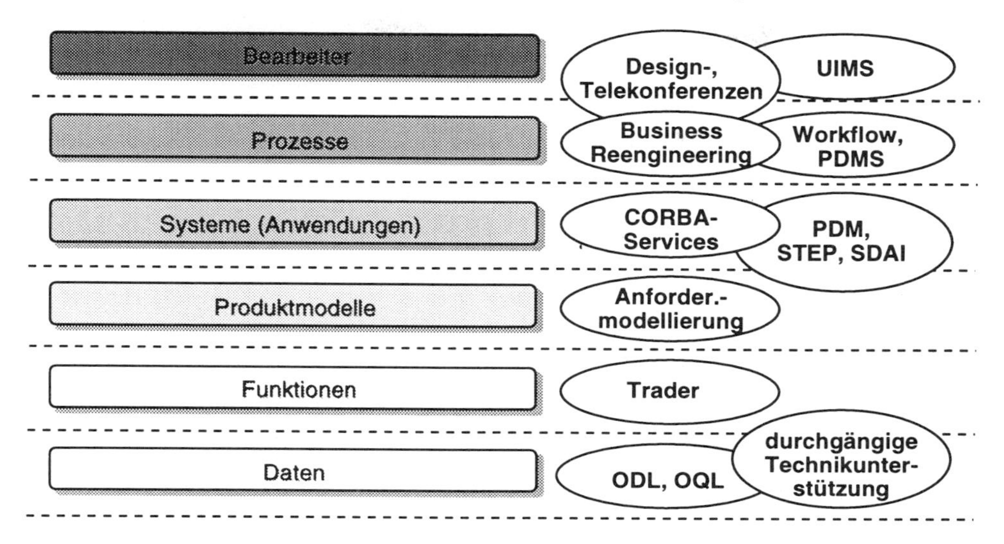

Bild 4.56 Integrationsebenen

Zielsetzung der Integration auf der *Benutzerebene* ist die Vereinheitlichung und Vereinfachung von Benutzungsoberflächen durch die Anwendung standardisierter Werkzeuge für die Spezifikation, Verwaltung und Konfigurierung von Benutzungsoberflächen. Kapitel 4.3.1 beschreibt die Konzipierung und Umsetzung eines solchen Benutzungsoberflächensystems (UIMS) zur Anpassung von Oberflächen von CA-Komponenten.

Darüber hinaus zielt die Integration auf dieser Ebene auf eine arbeitsorientierte Zusammenführung (ggf. räumlich entfernter) Benutzer zu kooperativ arbeitenden Benutzergruppen. Diese Bestrebungen werden durch Standardisierungsgremien gegenwärtig nicht direkt unterstützt. Die Realisierung kann allerdings zum einen durch die Verwendung verschiedener durch den CORBA-Standard ausgezeichneten Dienste wie den Event Service, den Transaction Service und den Concurrency Control Service [Dietrich, von Lukas 1996] und zum anderen durch eigene CORBA-basierte Dienste realisiert werden. Die Arbeiten innerhalb eines realen Anwendungsumfeldes bei der Firma Grote & Hartmann zeigen, wie durch vorhandene Entwicklungen und eigenentwickelte Werkzeuge in den Bereichen Telekommunikation und Computer Supported Cooperative Work die Integration auf der Benutzerebene realisierbar ist.

Die Integration auf der Bearbeiterebene besitzt aber nicht nur den beschriebenen technischen Aspekt, sondern verlangt vor allem die Einführung neuer organisatorischer Formen der Zusammenarbeit. Diese Aspekte wurden in Kapitel 4.2.1 beschrieben.

Die Integration auf der *Prozeßebene* betrifft alle Werkzeuge zur Integration der Engineering-Prozesse in die Gesamtheit der betrieblichen Prozeßketten, d. h. zur Unterstützung der Durchgängigkeit und Parallelisierbarkeit von Prozeßketten. Die Integration auf dieser Ebene wird heute bereits durch verschiedene Werkzeuge (Workflowsysteme, entsprechende Komponenten in EDM-Systemen) und durch entsprechende Standardisierungsbestrebungen unterstützt (siehe Kapitel 4.2.2), ohne jedoch bereits alle Problemfelder einer durchgängigen Prozeßunterstützung abdecken zu können. Innerhalb des Gesamtvorhabens wurden in diesem Zusammenhang folgende Probleme als Schwachstellen erkannt und in verschiedenen Teilprojekten bearbeitet: die mangelnde Unterstützung eines durchgehenden Konstruktionsprozesses durch adäquate Technikunterstützung (Kapitel 4.1.2), die Isolation von Werkzeugen zur Modellierung von Geschäftsprozessen und entsprechenden Workflowkomponenten (Kapitel 4.2.2) sowie die mangelhafte Unterstützung paralleler Prozeßketten (Kapitel 4.2.3) durch vorhandene Workflow- oder EDM-Systeme.

Die Einführung von Integrationswerkzeugen zur durchgängigen Unterstützung bzw. Parallelisierung von Prozeßketten muß auch auf dieser Ebene mit der Einführung neuer Arbeitsorganisationsformen einhergehen, um die gewünschten Ergebnisse zu erreichen. Kapitel 4.1.1 beschreibt die Verbesserung der Koordination von Produktentwicklungsprozessen, die Einbeziehung der an der Produktentwicklung beteiligten Experten sowie die Sicherstellung der Kommunikations- und Informationsflüsse durch innovative organisatorische Konzepte und deren Einführung bei einem Anwender. Die Einführung dieser neuen Formen der Arbeitsorganisation führt dabei zusätzlich zu verbesserter Kooperation der Mitarbeiter, einem Aspekt der Integration auf der Benutzerebene.

Bei der Integration auf der *Systemebene* werden die systemtechnischen Voraussetzungen für die Kommunikation und Kooperation von CAD-System- und Anwendungskomponenten untereinander und mit externen Komponenten bzw. Systemen geschaffen. Innerhalb der Referenzarchitektur wird diese Aufgabe durch das Kommunikationssystem realisiert. Kapitel 4.3.3 beschreibt verschiedene Dienste eines solchen Kommunikationssystems. Die Integration erfolgt durch die Nutzung der von CORBA spezifizierten einheitlichen Zugriffsmechanismen und Schnittstellenbeschreibungen. Basierend auf einem standardisierten Kommunikationsmodell wird die plattformübergreifende Interaktion aller Objekte realisiert.

Neben der Bereitstellung von Werkzeugen für den Austausch von Nachrichten und Funktionalitäten zur Interaktion der Komponenten umfaßt die Integration auf der Systemebene auch eine einheitliche Verwaltung und Zugriffskontrolle für Produktdaten. Aspekte der Umsetzung mit Hilfe eines Produktdatenmanagementsystems werden in Kapitel 4.3.3 dargestellt.

Arbeiten zur Integration auf der *Produktmodellebene* waren ein wesentlicher Schwerpunkt innerhalb des Gesamtprojektes. Diese Integrationsebene umfaßt die Methoden zur Spezifikation und Bereitstellung eines integrierten, den gesamten Produktlebenszyklus umfassenden Produktmodells. Die Konzipierung eines solchen einheitlichen Produktmodells, insbesondere an der Schnittstelle zwischen Entwicklung und Fertigung sowie zum Austausch von Entwicklungsdaten zwischen mechanischer und elektrischer Konstruktion, war z. B. Inhalt eines der Teilprojekte bei dem Anwender Rohde & Schwarz.

Ein integriertes Produktmodell ist wesentliche Voraussetzung für die Integration auf der System-, Prozeß- und Benutzerebene. Insbesondere im Bereich der Prozeßintegration sind Effekte nur auf der Basis integrierter Produktmodelle zu erwarten. Die Methoden zur Verwaltung eines solchen Produktmodells sowie seiner Instanzen werden z. B. durch ein Produktdatenmanagementsystem (Kapitel 4.3.3) realisiert. Auf diese Art und Weise stellt das Produktdatenmanagementsystem Dienste für die Integration von Systemen und Systemkomponenten auf der Produktmodellebene bereit und übernimmt damit ähnliche Aufgaben wie das Kommunikationssystem auf der Systemebene.

Wesentlicher Aspekt eines umfassenden Produktmodells ist seine Gültigkeit über den gesamten Produktlebenszyklus. In diesem Zusammenhang wurde bereits mehrfach auf die Bedeutung der frühen Konstruktionsphasen sowie die auf die Modellierung und Erfassung der Produktdaten innerhalb dieser Phasen hingewiesen. Unter diesem Gesichtspunkt können die Arbeiten zur Anforderungsmodellierung (Kapitel 4.1.2.1) sowie deren Integration mit anderen DV-Systemen dieser Integrationsebene zugeordnet werden.

Für die Integration auf der Produktmodellebene gehen wichtige Impulse von den Normungsaktivitäten der ISO im Bereich STEP aus, die innerhalb dieses Projektes berücksichtigt wurden. An dieser Stelle sei auf Kapitel 4.2.4 verwiesen, in dem u. a. ein STEP-basierter Produktdatenaustausch nach AP214, einem zukünftigen Standard, beschrieben wird.

Die zunehmende Bereitstellung CORBA-konformer Schnittstellen für kommerzielle Systeme [SDRC 1996, META 1997] fördert die Integration sowohl auf der Produktmodell- als auch auf der Systemebene. Das System wird damit selbst zum Server und stellt seine Funktionalitäten CORBA-konform in einer heterogenen Umgebung zur Verfügung. Auf diese Art und Weise werden Produktstrukturen, Workflows und Lifecycles über IDL-Schnittstellen zugreifbar.

Mit der Integration auf der *Funktionsebene* wird die Zielsstzung verfolgt, die Mehrfachverwendbarkeit von Funktionen (insbesondere Ressourcen und generische Anwendungen) durch verschiedene Methoden zur Vereinheitlichung der Anwendung und zur Erhöhung der Verfügbarkeit von Funktionen in einer Systemumgebung zu unterstützen. Ein wichtiger Ansatz hierfür sind objektorientierte Techniken.

Das Konzept eines offenen Kommunikationssystems zur Unterstützung verteilter heterogener Systemumgebungen nach Kapitel 4.3.2 stellt einen Ansatz zur Integration von Systemen und Systemkomponenten auf dieser Ebene dar. Hilfreich dafür sind die darin beschriebenen Dienste zum Management verteilter Umgebungen bzw. die Mechanismen zur semantikbasierten Dienstvermittlung.

Diese Integration auf der *Datenebene* als niedrigste Integrationsebene zielt auf eine einheitliche rechnerinterne Darstellung von Produktdaten (Instanzen von Produktmodellen) und die Sicherung der Konsistenz. In Kapitel 4.1.2 wird die Optimierung des Produktentwicklungsprozesses durch seine durchgängige DV-technische Unterstützung mit einem besonderen Fokus auf den Prozessen Anforderungsmodellierung, Wissensbereitstellung bzw. der Einheit von Berechnung und Gestaltung beschrieben. Wesentliche Voraussetzung für die Durchgängigkeit des gesamten Prozesses ist dabei die Integration aller an diesem Prozeß beteiligten Systeme auf der Ebene der Daten.

Die Integration auf der Datenebene ist u. a. Ziel der Standardisierungsbestrebungen der ODMG (Object Database Management Group). Hier erfolgen Spezifikationen für eine gemeinsame Anfrage- (Object Query Language, OQL) und Objektbeschreibungssprache (Object Definition Language, ODL) sowie den Aufbau und das Management von objektorientierten, verteilten Datenbanken.

4.3.6.2 Integrationstypen

Ein zweiter Bestandteil des Integrationskonzeptes aus Phase 1 des Leitvorhabens umfaßte die Definition von drei Integrationstypen [Dietrich, Kehrer 1995], der direkten, der gekapselten und der gekoppelten Integration. Diese erlauben Aussagen über die Qualität und den Aufwand der realisierten Integrationsmechanismen. Die Instanziierung dieser Typen in der bereits in Kapitel 4.3.2. beschriebenen heterogenen CAD-Umgebung aus Sicht der Kommunikation zeigt Bild 4.57.

Charakteristisch für die *direkte* Integration ist der volle Zugriff auf alle im System verfügbaren Dienste. Dieser Integrationstyp kann durch ein offenes System entspechend der Architektur des CAD-Referenzmodells realisiert werden. Voraussetzung für diesen Integrationstyp sind allgemein zugängliche Zugriffsmechanismen und offene, CORBA-konforme Schnittstellen. Solche Schnittstellen für kommerzielle Systeme befinden sich i.a. gerade in der Phase der Einführung und standen zur Realisierung nicht zur Verfügung. Voraussetzung für die erfolgreiche direkte Integration kommerzieller Systeme ist außerdem die Fortsetzung der oben beschriebenen Standardisierungsbestrebungen.

Die *gekapselte* Integration erfolgt über sogenannte Wrapper. Ein solcher Wrapper ist ein CORBA-Server, der auf der einen Seite mit dem Event Channel verbunden ist und auf der anderen Seite in verschiedenster Weise mit der entsprechenden CA-Applikation kommuniziert. Über ein Consumer-Objekt empfängt der Wrapper alle Nachrichten und leitet diese im systemspezifischen Format an die angeschlossene Komponente weiter. Dieser Integrationstyp wurde mit kommerziellen CA-Systemen, ihren Schnittstellen bzw. teilweise verfügbarem Quellcode verwirklicht.

Die niedrigste Stufe der Integration ist die *gekoppelte* Integration. Sie ist beim Fehlen einer prozeduralen Programmierschnittstelle erforderlich. Die autonomen Komponenten sind nur in der Lage, Daten über definierte Austauschformate zu transferieren. Ein CORBA-Server (z. B. das PDMS) empfängt in diesem Falle die Nachrichten und steuert die Datenkonvertierung über entsprechende Prozessoren. Diese Form der Integration ermöglicht jedoch nur den Offline-Datenaustausch und ist für Formen synchroner Zusammenarbeit nicht geeignet.

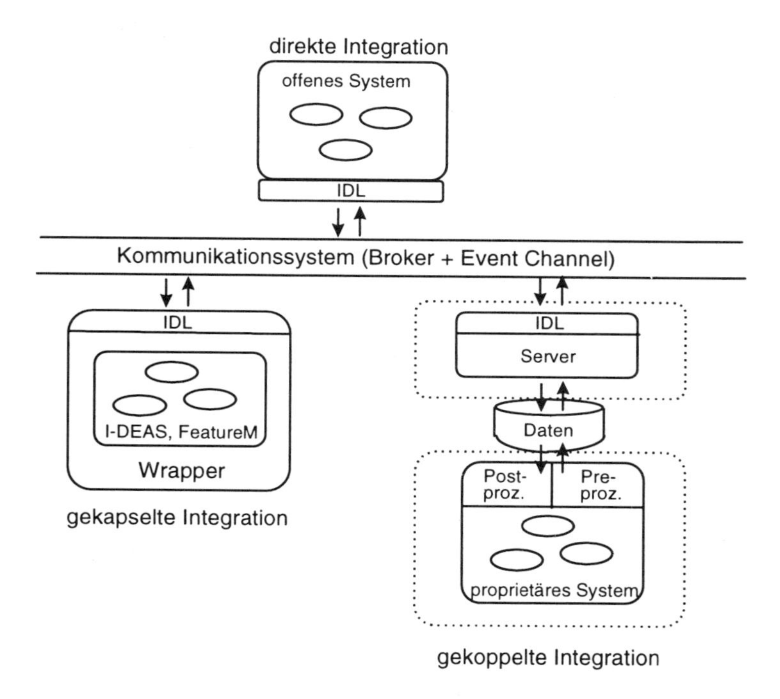

Bild 4.57: Umsetzung der Integrationstypen aus Sicht der Kommunikation

5 Umsetzung in den Unternehmen

Den Zielen des beschriebenen Verbundprojektes entsprechend galt es, die Übertragbarkeit und das Wertschöpfungspotential der in Phase 1 erarbeiteten Ergebnisse zu zeigen und ein Verbundprojekt mit Beteiligung von CAD-System und -Lösungsanbietern, CAD-Anwendern und den bisher beteiligten Forschungsinstituten zu bilden. Bei der Zusammensetzung des zugehörigen Konsortiums waren einige Randbedingungen zu erfüllen:

Alle beteiligten Firmen sollten ihren Hauptsitz in Deutschland haben, d. h. eigentumsrechtlich in Deutschland geführt werden. Die Anbieter sollten über eigenentwickelte Software bzw. Customizing-Rechte verfügen, um Systemanpassungen in eigener Entscheidung durchführen zu können. Darüber hinaus sollten sie das komplette Spektrum von Engineering-Prozessen entlang der Auftragskette von Entwicklung und Fertigung abdecken. Zudem galt es, branchenübergreifende Lösungen anzubieten. Als Anbieter beteiligten sich am Projekt :

- die Business Unit Engineering-Systeme von SNI und
- die *strässle* Informationssysteme GmbH (ab 1997 *CAD/CAM strässle* Informationssysteme GmbH).

Die CAD-Anwender sollten aus dem mittelständischen Industriekreis stammen und die wichtigsten Branchen deutscher Industrie vertreten. Auch sollten sie mit den Anbieterfirmen im direkten Softwareverbund stehen, um den Transfer von Lösungen zu erleichtern.

Auf der Anwenderseite beteiligte sich die Firma Grote und Hartmann als typischer Vertreter eines im engen Systemverbund mit der Automobilindustrie verknüpften Zulieferers auf den Gebieten der Feinmechanik und elektrotechnischer Komponenten mit eigener Werkzeugkonstruktion.

Als weitere Firma trat die Firma Rohde & Schwarz als typischer Branchenvertreter von elektronischen und elektrischen Geräten und Systemen hinzu. Mit einem hohen Anteil an Engineering-Aufgaben aus dem Umfeld der „Mechatronik“ vertritt dieser Partner die vielfach gewünschte Integration von mechanischer und elektronischer Konstruktion.

Dritter Anwendungspartner ist die Deutsche Waggonbau AG, Werk Niesky (DWA). Dieses Unternehmen gilt als typischer Vertreter eines Stahl- und Maschinenbauers, in diesem Fall von schienengebundenen Transportsystemen mit hohem Anteil an Eigenfertigung. Bei der DWA handelt es sich darüber hinaus um ein Unternehmen aus den neuen

Bundesländern, das vor einschneidenden Reorganisationsmaßnahmen und auch Softwareanpassungen im Umfeld des Engineerings stand.

Durch diese Konstellation war sichergestellt, daß die erarbeiteten Ergebnisse im Rahmen einer öffentlichen Förderung einem großen Kreis deutschen Anbieter- und Anwenderindustrie in geeigneter Weise zur Verfügung gestellt werden können.

Natürlich läßt sich bei einer mehrjährigen Projektarbeit nicht immer vermeiden, daß Reorganisation und veränderte Marktziele zu Veränderungen bei den Partnern führen. So ist der ehemalige CAD/CAM Teil der Firma SNI heute mit der Siemens Business Services-Unit in dem Projekt vertreten. Auch die Firma strässle hat im Rahmen von Firmenveränderungen und Umstrukturierungen neue Organisationsformen gefunden. Aus der Zusammenarbeit der beiden letztgenannten Unternehmen während des Projektes ist eine Neuverteilung von Aufgaben und Software entstanden, die der Konzeption des Verbundprojektes entspricht. Dieses äußert sich darin, daß sich die heutige Business Services-Unit von Siemens weit stärker auf Engineering- und Workflow-Prozesse sowie das Produktdatenmanagement konzentriert, während strässle einen Teil der CAD-Basis-Software von SNI übernehmen und in ihr Produktspektrum einbauen konnte.

Es mag angemerkt werden, daß die Zahl der beteiligten Unternehmen zu beschränkt sei. Aus organisatorischen Gründen und in Hinblick auf die Transparenz und flexible Handhabbarkeit eines derartigen Projektes mit so vielen Partnern ist eine Begrenzung zweifellos notwendig, wenn man den Anteil an Projektmanagement- und Koordinationsaufwendungen in Grenzen halten will. Durch die getroffene Auswahl vor allem der Anwenderfirmen ist jedoch eine sehr hohe Repräsentanz von typischen Branchen deutscher Industrie in diesem Projekt gesichert.

5.1 CAD/CAM strässle Informationssysteme GmbH

5.1.1 Firmenvorstellung

Die *strässle* Informationssysteme GmbH wurde 1966 gegründet und stieg zu einem der führenden deutschen Softwarehäuser mit internationaler Präsenz im Umfeld des computergestützten Engineerings mit Softwarewerkzeugen für CAD/CAP/CAM/NC und PPS auf. Mit über 3400 Kunden und 340 Mitarbeitern sind drei Geschäftsbereiche zu nennen, die betrieblichen Informationssysteme, die technischen Informationssysteme und die Personalmanagementsysteme. Als Markt ist die mittelständische Fertigungsindustrie mit vollständiger und durchgängiger Abdeckung der Geschäftsprozesse in den Kernphasen Konstruktion, Logistik und Produktion zu sehen. Zielsetzung ist die Schaffung integrierter Lösungen aufgrundlage offener Industriestandards bei Konzentration auf die führenden Hardwareplattformen.

Im Februar 1997 wurde der Geschäftsbereich Technische Informationssysteme ausgegründet - es entstand die *CAD/CAM strässle* Informationssysteme GmbH, die sich auf die Entwicklung, Vertrieb und Support von CAD/CAM-Softwareprodukten und -Systemlösungen konzentrierte. Die Gesellschaft mit ihrem Hauptsitz in Stuttgart beschäftigt z. Zt. ca. 90 Mitarbeiter und hat Niederlassungen in Berlin, Düsseldorf, Frankfurt, Lahr, München, Nürnberg, Rastatt, Zürich und Singapur.

Zu den Produkten der technischen Informationssysteme gehört das Softwaresystem Konsys 2000 als durchgängige CAD/CAM-Lösung für die Entwicklung, Konstruktion und Fertigung. Das Softwaresystem ObjektD als objektorientiertes 2D-Engineering-/Konstruktionssystem und das Software-Paket FeatureM als formelementbasierter und parametrisierbarer 3-D-Modellierer sind weitere Schwerpunkte. Darüber hinaus gibt es eine Reihe von NC-Systeme für Bohren, Fräsen und Drahterodieren sowie Simulationsmodule für die NC-Bearbeitung.

strässle repräsentiert einen Engineering-Software-Anbieter. Dieser Anbieter behauptet auf dem deutschen Markt seine Position und baut sein internationales Geschäft stetig aus. Das Verbundprojekt CAD-Referenzmodell leistete auch für strässle einen wichtigen Beitrag zur Stärkung seiner Innovation und verbessert somit die Wettbewerbsfähigkeit des Unternehmens.

5.1.2 Produktinnovation

5.1.2.1 Einleitung

In Vorbereitung des Förderprojektes wurden umfangreiche Analysen über CAD-Anforderungen bei Anwendern durchgeführt. Dabei hat sich gezeigt, daß die derzeit auf dem Markt befindlichen CAD-Produkte die Anforderungen der Anwender nur zum Teil abdecken. Auf dem Markt sind keine Komponenten erhältlich, die in der Praxis eine sinnvolle Erfassung sämtlicher produktrelevanter Informationen unterstützen oder gar einen vollständigen und fehlerfreien Austausch von Produktmodelldaten zwischen beliebigen Systemen gestatten.

Ein Ergebnis der Analysearbeiten war die Strukturierung des CAD-Refernzmodelles in acht Innovationsfelder. Im nachfolgenden Bild sind diese Innovationsfelder aufgeführt.

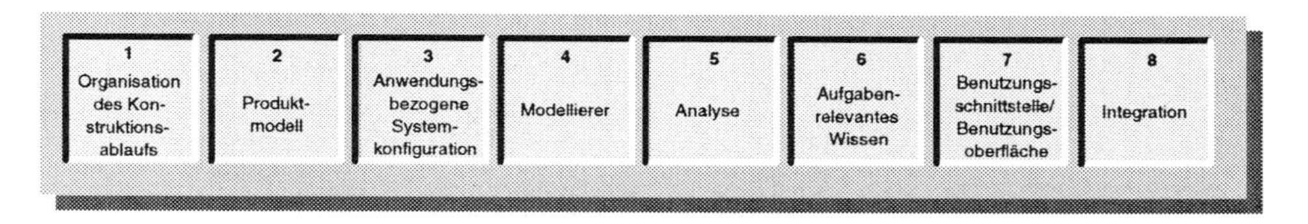

Bild 1.1 Die acht Innovationsfelder des CAD-Referenzmodells

Auf der Basis der durchgeführten Analyse wurde ein allgemeingültiges, integratives Konzept entwickelt, das die vielfältigen Aspekte unterschiedlicher wissenschaftlicher Disziplinen in einem praxisnahen Modell vereinigt. Auf Universalität und Praxistauglichkeit des Konzeptes wurde bei der Konzepterstellung besonderen Wert gelegt.

In Zusammenarbeit mit den am Projekt beteiligten Instituten wurden Prototypen entwickelt, die bei den am Projekt beteiligten industriellen Partner getestet wurden und in eine routinemäßige Nutzung überführt werden.

Die geforderte offene Architektur des CAD-Referenzmodelles wurde bei der Entwicklung des Technischen Objekt Modells (TOM) übernommen.

Dieses impliziert eine Umkehrung der Prioritäten im Vergleich zu herkömmlichen CAD-Komponenten. Die bisher dominierende Rolle der Geometrie wird zugunsten des Produktmodells aufgegeben. Diesem obliegt es nun, ein Geometriemodell als eines (von mehreren) Applikationsmodellen zu verwalten.

Als Integrationskomponente des TOM auf der einen und der Applikationskomponenten auf der anderen Seite dient eine objektorientierte Datenbank. Im Rahmen des Vorhabens wurden zu diesem Zweck die entsprechenden *strässle*-Produkte eingesetzt.

Die folgende Skizze visualisiert die Grobarchitektur der integrierenden Komponenten und ihrer Umgebung:

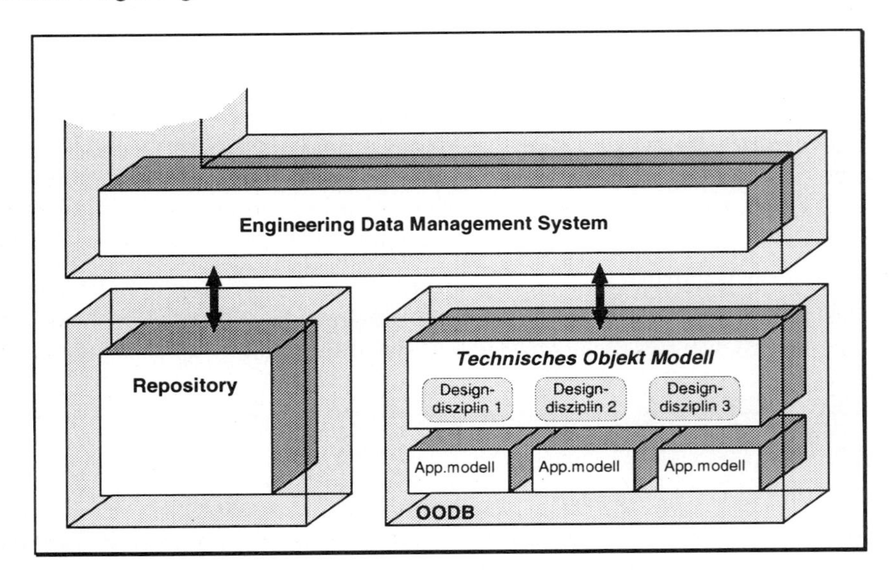

Bild 1.2 Das Technische Objekt Modell im Rahmen der CAD-Referenzarchitektur

Bei den Applikationsmodellen, denen im TOM jeweils eine sog. Designdisziplin gegenübersteht, kann es sich sowohl um generische (z. B. Zeichnungserstellung, Featuremodellierer) im Sinne der Terminologie des CAD-Referenzmodells , wie auch um spezifische Datenmodelle (z. B. Blechbearbeitung, Getriebeentwurf) handeln. Im Rahmen des Projektes wurden die Modelle eines 2D- und eines Feature-Modellier-Systems prototypisch in das Gesamtsystem integriert.

5.1.2.2 Beschreibung der Innovationsfelder

Innovationsfeld 2: Produktmodell, Systemintegration

Das Produktmodell stellt eine logische, aber nicht unbedingt physikalische Gesamtheit aller Daten dar, die die Struktur eines Produktes repräsentieren, und zwar mit gestalts-, funktions- und technologiebeschreibenden sowie fertigungstechnischen und administrativen Daten.

Folgende Teilfunktionen des Produktmodells wurden berücksichtigt:

- Interaktive Spezifikation von Produktmodellstrukturen
- Erfassung und Verwaltung des Wissens über die Struktur von Produktmodelldaten

- Interaktive Modellierung und Speicherung von Produktmodelldaten
- Berechnung, Analyse und Bewertung von Produkteigenschaften anhand der Produktmodelldaten
- Spezifikation von Verfahren für die Berechnung von Eigenschaften aus Produktmodelldaten
- Übertragung von Produktmodelldaten in angrenzende Gebiete entlang der Auftragsabwicklung z. B. in der Fertigung
- Werkzeuge zur Speicherung, Verwaltung und Dokumentation von Produktmodelldaten

Teile der realisierten Arbeiten zu diesen Punkten sind in die Entwicklungen des Technischen Objektmodelles eingeflossen. Das Technische Objektmodell beinhaltet semantische Informationen. Im geometrischen Modell werden nur die reinen Geometrien gespeichert, alle nichtgeometrischen Informationen werden im Technischen Objektmodell abgelegt.

Daraus ergeben sich nachfolgende Vorteile:

- Das Geometriemodell wird entlastet
- beide Modelle können unterschiedliche Strukturen haben. Nicht jedes technische Objekt benötigt Geometrie, nicht jede geometrische Gruppierung muß notwendigerweise einen eindeutig beschreibbaren Teil eines Produktes darstellen.

Damit lassen sich realistische Produktmodelle abbilden:

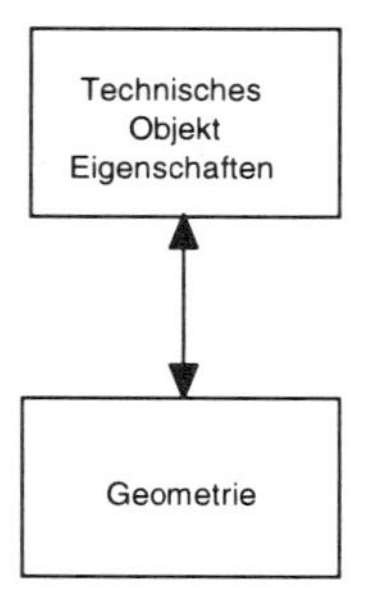

Bild 1.3 Technisches Objekt - Geometrie

Durch die Anwendung des Technischen Objektmodelles kann der Konstrukteur seine Ideen durch die Kopplung von Anweisungen in den Computer eingeben. Dazu ist es aber erforderlich, die Rahmenbedingungen einmal zu definieren. Diese stehen dann für weitere Konstruktionen zur Verfügung.

Umgekehrt können während der frühen Designphase diese Rahmenbedingungen mit dem CAD-System skizziert werden. Im Hintergrund entsteht dann das entsprechende technische Objektmodell automatisch. Dieses kann später mit weiteren Informationen gefüllt werden.

Das Technische Objektmodell besteht aus vielen einzelnen Technischen Objekten. Diese Objekte bestehen aus zwei Komponenten:

- den Attributen
- den Designdisziplinen

Die nachfolgende Skizze gibt einen Überblick über die Architektur des Technischen Objektmodelles.

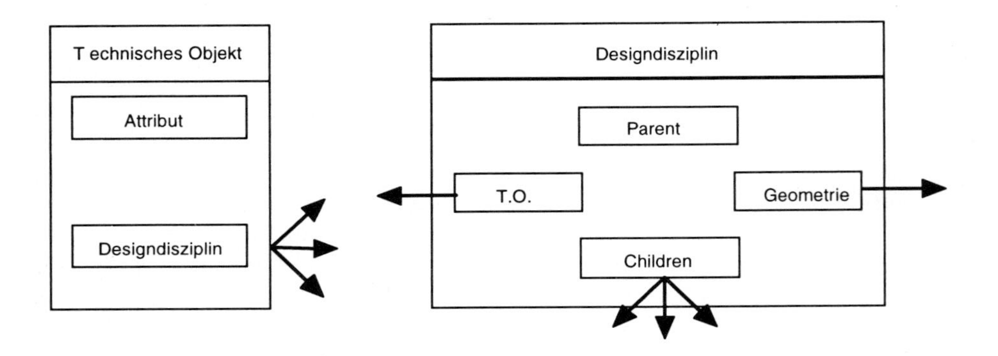

Bild 1.4 Das Technische Objekt

Die Attribute

Die Attribute sind als Attributklassen und daraus resultierenden Instanzen realisiert. Die Attributklassen sind vom Anwender frei definierbar. Der Zugriff erfolgt über spezielle Schnittstellen (AQL, MCL+) des jeweiligen CAD-Systems. Die Attributklassen selber können wiederum Prozeduren enthalten.

Die Designdisziplin

Unter einer Designdisziplin versteht man eine Sicht auf das Produktmodell. Durch den Einsatz unterschiedlicher Designdisziplinen kann das Technische Objektmodell auf unterschiedliche Geometriemodelle zugreifen. Das sind zum Beispiel Modelle der CAD-Systeme ObjectD oder FeatureM.

Das erarbeitete Modell ist produktübergreifend und definiert vom Benutzer bekannte Datentypen wie zum Beispiel Kontur, Feature oder Arbeitsschritt. Es wurden nur diejenigen Typen definiert, die beim Datenaustausch benötigt werden und von mehr als einem Produkt erkannt werden.

Die allgemeinste Sicht auf ein Objekt ist das Teil. Ein Teil entspricht zum Beispiel in Infosys einem Artikel. In Bezug auf das Technische Objektmodell entspricht ein Teil einem Technischen Objekt. Auf ein Teil sind verschiedene Sichten definiert. Eine Sicht eines Teiles kann zum Beispiel ein Werkstück mit Features, eine oder mehrere Konturen oder bestimmte NC-Arbeitsgänge sein.

Die Informationen werden als Objekte abgelegt. Diese Objekte heißen Entities. Zwischen den einzelnen Entities werden Änderungsbeziehungen gebildet.

Beispiel:

Ändert sich eine Kontur, so ändern sich:

- dessen Kontur-Formfeature
- dessen Werkstück
- dessen Baugruppe
- die zugehörige Zeichnungen
- die zugehörigen Arbeitsschritte

Der Zusammenhang zwischen den einzelnen Objekten, Teilen, Baugruppen und Features ist vielschichtig. Zumal man auch ein Teil als Baugruppe und eine Baugruppe als Feature auffassen kann. Die nachfolgenden Abbildung zeigt eine mögliche Abbildungsstruktur dieser Zusammenhänge.

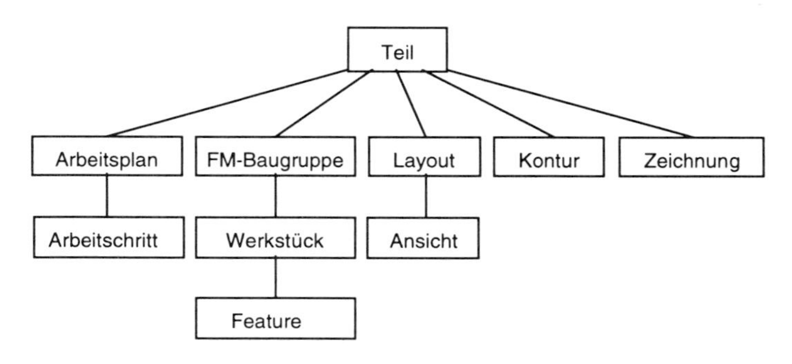

Bild 1.5 Darstellung einer Baugruppe innerhalb von FeatureM

Baugruppen werden zwischen verschiedenen Teilen gebildet. Somit kann ein Teil also auch eine Baugruppe sein, welche aus Sub-Teilen besteht. Für das Arbeiten mit Baugruppen ist ein angeschlossenes EDM-System erforderlich.

Bei der Nutzung des technischen Objektmodelles für ObjectD kann man zum Beispiel nachfolgend genannte Attribute definieren, die dann auch in dem Geometriemodell referenziert sind:

- Varimetrik-Werte
- Stücklistenattribute
- Referenztexte
- Ergebnisse der Flächenberechnung

Werden 2D-Zeichnungen in einer Datenbank abgespeichert, so kann man ObjectD-Constraints über mehrere Zeichnungen hinweg anwenden. Dabei können auch Attribute getauscht, gelöscht oder modifiziert werden. So kann man eine Zusammenstellungszeichnung ändern und automatisch ändern sich die betreffenden Details in den Einzelteilzeichnungen.

Mit ObjectD ist es möglich, eine komplette Struktur eines Erzeugnisses abzubilden. Konstruktionen kann man semantisch beschreiben. Ändern sich die Konstruktionsgrundlagen, so braucht man nur die Änderung in semantischer Form dem System mitteilen. Automatisch werden dann Zusammenstellungs-, Einzelteilzeichnungen, Stücklisten und weitere Konstruktions- und Fertigungsunterlagen erstellt.

Einige Anwender von ObjectD haben sich diese Eigenschaften sehr weitgehend zu Nutze gemacht. Sie nutzen ihre Applikationslösung bereits in der Angebotsphase und können mittels ihreres Anwendungssystems eine sehr exakte Preiskalkulation durchführen.

In KONSYS 2000 gibt es die geometrische Modellierung, die Zeichnungsverwaltung, Stücklistenprozessoren, NC-Systeme und andere Tools. Mittels ManageR ist eine gemeinsame Verwaltung von Produktinformationen, die auch semantisch sein können, möglich. Hier obliegt es dem Anwender die gebotenen Möglichkeiten auszuschöpfen. Ein weiterer Teil der Entwicklungsarbeiten bezog sich auf die Integration von NC mit ObjectD. Das betraf u. a. die Verknüpfung der geometrischen und auch semantischen Produktinformationen innerhalb der beiden Systeme.

Als zukünftige Entwicklungsumgebung empfiehlt sich das System BEA (Basic Environment for interactive grafical Applications). Das System BEA besteht aus den Komponenten Entwicklungsumgebung BEA-Tool, der Klassenbibliothek „Basicapplication“ und dem Kern BEA Run. Es ist offen für Erweiterungen durch Anwendungs-Entwickler und End-User.

Bei der Evaluierung von BEA wurden insbesondere Aspekte der Eignung für die virtuelle Systemmodellierung, die Möglichkeiten der dynamischen Konfigurierbarkeit der GUI, die Anpassung und Austauschbarkeit von Komponeneten sowie die „Flexibilität“ und Erweiterungsfreundlichkeit des Applikationskonzeptes untersucht.

Für eine breite Anwendung von CAD-Systemen in den Unternehmen ist die Verfügbarkeit der Systeme auf unterschiedlichen Plattformen eine wichtige Voraussetzung. Hierzu wurden im Rahmen des Projektes spezielle Problemfälle zu Portierungen untersucht.

Innovationsfeld 3: Anwendungsbezogene Systemkonfiguration

CAD-Systeme müssen dem Anwendungsfall leicht zuzuordnen sein und dem-entsprechende Hilfsmittel zur Systemkonfiguration umfassen. Dazu gehören:

- Das Kreieren und Aktivieren neuer Anwendungsprozesse
- Leichte Modifikation von installierten CAD-Systemen
- Organisation, Abwicklung und Überwachung aller Daten und Informationsflüsse zwischen den einzelnen CAD-Verfahren
- Ausgliederung und Konservierung nicht benötigter Anwendungspakete
- Abbildung zunächst logisch gefundener Systemkonfigurationen auf verfügbare Hardware mit Hilfe entsprechender Basisdienste

Jeder Anwender von CAD-Systemen hat i.a. spezielle Aufgabenstellungen. Die Nutzung eines Standard-CAD-Systemes ohne Möglichkeiten betriebsspezifischer Lösungen ist bei weitem nicht so effektiv, wie eine betrieblich integrierte Anwendung von CAD-Systemen mit Kopplung zu vor- und nachgelagerten Prozessen.

Bereits die allgemein übliche Kopplung von CAD zu NC-Systemen hat ganz entscheidende Vorteile für den Anwender:

- Einsparung an Arbeitszeit
- weitestgehende fehlerfreie Datenbereitstellung für die NC-Bearbeitung
- Verkürzung der Durchlaufzeiten
- Schnelles Reagieren auf Kundenwünsche
- Bei Variantenkonstruktionen ist es möglich, daß die NC-Dokumentation auf Basis der übertragenen Daten nahezu vollständig automatisch erstellt werden kann.

In zunehmenden Maße werden innerhalb beriebsspezifischer Lösungen applikationsbezogene Formelemente angewendet, wobei diese vielfach gemeinsam in der Konstruktion und Technologie verwendet werden. Werden diese Formelemente bei der Kopplung von CAD zu NC mit übertragen, so wird der Nutzen aus der Arbeit mit den Formelementen noch größer. Häufig handelt es sich dabei um parametrisierbare Formelemente, die in anwenderspezifischen Bibliotheken abgespeichert sind.

Ein Ziel der Entwicklungen bestand darin, daß der Anwender seine Konstruktionsbibliotheken grafisch interaktiv erstellen, ergänzen und ändern kann. Dazu kann er Formelemente-Editoren verwenden.

In ObjectD ist ein Formelemente-Editor auf der Basis der Makrotechnik integriert. Im Rahmen der Entwicklungen wurden die Makrotechnik und Editierfunktionen ausgebaut.

Innerhalb des Projektes wurde prototyphaft ein Formelemente-Editor entwickelt. Die Lösung untergliedert sich in nachfolgend genannte einzelne Funktionen:

- Definition benutzerspezifischer Formelemente durch Editieren
- Grafische Repräsentation der editierbaren Elemente
- Zusammenstellen von zusammengesetzten Formelementen
- Angabe von Abhängigkeiten (Parameter) zwischen Formelementen
- Ablage der anwenderspezifischen Formelemente in Bibliotheken

Die Nutzung von Feature und Feature-Editor ist ein Teil der anwenderbezogenen Systemkonfiguration.

Bei komplexen Konstruktionen kann man die Konstruktionsarbeiten durch ein verteiltes Arbeiten an ein und derselben Konstruktion unterstützen. In ObjectD wird dieses „concurrent Engineering" durch die Arbeit mit verteilten Layers unterstützt. Wobei der Anwender die Zugriffsrechte und -bedingungen auf Daten sowie die Relationen der Daten untereinander frei definieren kann. Somit können an unterschiedlichen Arbeitsorten zeitgleich mehrere Konstrukteure an der selben Konstruktion arbeiten. Ebenso kann man diese Arbeitsweise bei der Projektierung von zum Beispiel Anlagen und Fertigungsstätten sehr effektiv anwenden.

Auch kann der Nutzer die Oberfläche von ObjectD an seine Anforderungen an diese Arbeitsweise sehr einfach anpassen.

Nicht selten entwickeln die Anwender spezielle Lösungen, zum Beispiel wenn sich Schritte im Konstruktionsprozeß automatisieren lassen und auch spezielle Berechnungen erforderlich sind. Zur Unterstützung der Integration dieser Anwenderlösungen in den CAD-Prozeß besitzt die Version von ObjectD auf NT sehr gute Voraussetzungen. Über die AQL-Aufrufe lassen sich Anwenderlösungen in den unterschiedlichsten Programmiersprachen aufrufen und abarbeiten. Die Ergebnisse der Berechnungen werden dann im ObjectD-Modell abgebildet und am Bildschirm visualisiert.

Die hier kurz geschilderten Anwendungsmöglichkeiten und Eigenschaften von ObjectD wurden zum Teil im Rahmen des Forschungsprojektes entwickelt.

Innovationsfeld 4: Modellierer

Im Rahmen der Arbeiten an dem Verbundprojekt wurde ein hybrides Datenmodell entwickelt. Diese Datenmodell umfaßt zwei unterschiedliche Darstellungen:

- *die implizite Darstellung*: Features werden durch Daten beschrieben, die sie technologisch definieren

- *die explizite Darstellung*: Features werden durch geometrische Daten, wie Randflächen und deren topologische Verknüpfung beschrieben

Die impliziten Darstellung entspricht datentechnisch der construktive solid geometry-representation (CSG-Modell). Bei dieser Abbildungsform wird die Entstehungsgeschichte der Features mit abgespeichert. Das betrifft die Grundelemente aus denen die jeweiligen Features zusammengesetzt sind, den Transformationen, denen sie im Laufe der Modellierung unterworfen waren und die mengentheoretischen Operationen mit deren Hilfe die Features und Modelle gebildet wurden. Wobei ein Features durchaus auch als Modell aufgefaßt werden kann.

Diese Darstellungsform hat den wesentlichen Vorteil, daß die Änderungen in den Maßen der an der Modellierung beteiligten Grundelemente problemlos und sehr schnell im Gesamtmodell berücksichtigt werden können.

Bei der expliziten Darstellung (B-Rep-Modell) werden die Oberflächen des Features, deren topologische Verknüpfungen und die Richtungen, in der sich das Material bzw. das Äußere des Objektes befindet, gespeichert. Diese Darstellungsform enthält die geometrischen Wechselbeziehungen zwischen den einzelnen Features (z. B. Durchdringungsflächen, Schnittkurven) und führt zu einer schnellen grafischen Präsentation.

Die Vereinigung beider Darstellungsformen zu einem hybriden Datenmodell bildete die Grundlage für die feature-orientierten Entwicklungsarbeiten.

Neben der schnellen, technologieorientierten Unterstützung von technischen Applikationen bietet der hybride Ansatz den weiteren Vorteil, daß die bisher nur mit Hilfe von parametriesierten MCL-Prozeduren (Macro Command Language) mögliche Varianten- und Anpassungskonstruktion optimal unterstützt wird. Die Änderung eines Feature-Parameters führt zu einem Neuaufbau des Modells oder eines Teiles des Modells.

Zwischen den Feature-Parametern kann man Abhängigkeiten definieren. Mit diesen sogenannten constraints kann man zum Beispiel die Abhängigkeit eines Bohrungsdurchmesser von einem Wellendurchmesser festlegen.

Das entwickelte hybride Datenmodell wurde bei der Entwicklung von Features und Komplex-Features angewandt. Bei den Entwicklungsarbeiten zu den Komplex-Features galt es nachfolgende Anforderungen zu berücksichtigen:

- Möglichkeit zur Definition von komplexen Formelementen
- Parametersteuerung für zusammengesetzte Formelemente
- Abgleich von Parameteränderungen von 3D nach 2D
- Assoziativität von 2D nach 3D, sofern es sich um 3D parametrisierte Formelemente handelt

Die hier genannten Eigenschaften wurden in den prototyphaft realisierten Feature-Katalog mit integriert. Mit Hilfe des Kataloges ist der Anwender in der Lage Features individuell zu modifizieren, zu erweitern, Zusammenhänge als auch zwingende Abhängigkeiten von Features zu definieren. Weiterhin kann der Anwender sogenannte Vererbungskriterien den Features zuordnen. So kann z. B. das Feature Stufenbohrung die Eigenschaft „Bohrung" erben.

Neben der interaktiven grafischen Arbeitsweise für die Definition von anwenderspezifischen Features können Features selbstverständlich in der objektorientierten Kommandosprache MCL+ definiert und konfiguriert werden.

Zusammengesetzte Features kann man auch als „technische Objekte" bezeichnen. Diese dienen der Darstellung, Manipulation und Speicherung von Konstruktionsaufgaben. Diese Objekte enthalten die Erfassung, Verwaltung und Wiedergabe aller im Rahmen des beschriebenen Produktmodells anfallenden

- gestaltsorientierten
- funktions- und technologieorientierten
- fertigungstechnologischen
- administrativen

Daten.

Innovationsfeld 7: Benutzungsoberfläche und Benutzerunterstützung

Bereits in den vorhergehenden Punkten stand der Aspekt der anwenderspezifischen Gestaltung des CAD-Systems im Vordergrund. Die Ausarbeitung und Ablage von aufgabenspezifischen Formelementen einschließlich von Komplex-Features erlaubt dem Anwender eine betrieblich orientierte konstruktions- und fertigungsbezogene Arbeitsweise. Auch kann der Anwender Zusammenhänge und Abhängigkeiten innerhalb von Konstruktionen definieren. Mit diesen Tätigkeiten hat er sich aber noch keine anwenderbezogene Benutzungsoberfläche geschaffen.

Die Benutzungsoberflächen bestehender CAD-Systeme sind mit dem Erwerb der Systeme in der Regel nicht an die konkreten Anwenderbedürfnisse angepaßt. Im Zuge der Nutzung von CAD-Systemen gilt es, die Oberfläche der Systeme den Anforderungen und Arbeitsweisen in den Unternehmen anzupassen. Die Oberflächen der Systeme muß sich an den Konstruktionsabläufen und an den Arbeitsweisen der Konstrukteure orientieren.

An die Benutzungsoberfläche sind nachfolgend genannte Anforderungen gestellt:

- Akzeptanzförderung und Produktivitätserhöhung des Konstruktionsablaufs müssen verbessert werden.
- Die Benutzungsoberfläche bildet das wichtigste Kommunikationsmedium des CAD-Konstrukteurs und hat sich dementsprechend nach seiner Arbeitsweise zu richten.

- Benutzungsoberflächen müssen die Integration verschiedener Aufgabenarten und Konstruktionsphasen nach einheitlichem Sprachgebrauch erleichtern.
- Benutzungsoberflächen müssen arbeitsplatzbezogen definierbar und konfigurierbar sein und damit eine individuelle Anpassung an den Konstruktionsablauf und an die Arbeitsweise des Konstrukteurs ermöglichen.
- Benutzungsoberflächen müssen die Einarbeitung und Schulung der Anwender verbessern.

Die Ausarbeitung der betrieblichen Anforderungen an die Benutzungsoberflächen erfolgt in Zusammenarbeit von Konstrukteur und Systemadministrator. Die Umsetzung sollte in Zusammenarbeit zwischen Anwenderfirma und Anbieterunternehmen vorgenommen werden.

Bei der Festlegung der Anforderungen gilt es nachfolgende Arbeitsschritte und Aspekte zu berücksichtigen:

- Festlegung der speziellen aufgabenbezogenen Konstruktionsgebiete in Zusammenarbeit mit möglichst vielen Unternehmensbereichen im Hinblick auf mögliche durchgängige Lösungen, da diese im Normalfall die größten Rationalisierungseffekte bringen.
- Festlegung und Strukturierung der Features und Komplex-Features
- Festlegung der CAD-Konstruktionsoberfläche für die Arbeit mit den Features
- Festlegung der zu verwendenden CAD-Befehle für die Detaillierungsarbeiten
- Definition der Bearbeitungsgrenzen: Funktionslevel - Teilelevel - Objektlevel
- Definition der Bearbeiterrollen
- Festlegung der Rechte der einzelnen Rollen in Bezug auf
  - Zugriffsrechte (Lesen, Erzeugen, Referenzieren, Ändern, Löschen...)
  - Bearbeitungsrechte (welche Prozessabschnitte für welche Rollen)
- Festlegung der Verfahrensweise und der Rechte bei verteilter Konstruktion
- Einbindung von Produktentwicklungsprozessen d. h. Einbringung o.g. Funktionalität in zeitliche Abläufe die konfigurierbar und dokumentierbar sind
- Datenverfügbarkeit im Netz / Rechnerverbund / www
- Sicherstellung der Datensicherheit
- Bereitstellung von Bibliothektsfunktionen mit o.g. Rollen und Rechten
- Festlegung der Verfahrensweise mit Updates

Die Bearbeitung der genannten Punkte kann nur in einer Teamarbeit erfolgen. Wichtig ist hierbei möglichst viele Mitarbeiter in die Ausarbeitung der Systemlösung mit einzubeziehen, damit bei der Einführung und späteren Nutzung die Akzeptanzschwelle so niedrig wie möglich gehalten wird.

Für die Implementation und Nutzung der Anwendersystemlösung sind nachfolgende Funktionen zur Verfügung zu stellen:

- Funktion zur Verwaltung von Bauteilen, Normteilen und Zeichnungen sowie deren Referenzen
- Funktion für die Teamunterstützung
- Funktion für die Steuerung des Entwicklungsprozesses
- Funktion für die Verwaltung von Bibliotheken
- Einbindung von Normteilen
- Funktion für die Einbindung eines PPS -Tools

Im Rahmen der Entwicklungsarbeiten wurden die unterschiedlichsten Tools und Funktionen entwickelt.

Eine weitere Möglichkeit, die Konstruktionsarbeit durch eine CAD-Benutzerunterstützung zu vereinfachen, besteht in der zeitgleichen Bearbeitung eines Bauteiles an verschiedenen CAD-Arbeitsstationen. Besonders interessant wird es, wenn diese Arbeitsstationen an unterschiedlichen Standorten stehen. Durch die zunehmende Spezialisierung von Konstruktionsleistungen, der weiteren Auslagerung von Konstruktionskapazitäten in Ingenieurbüros, der Zusammenführung der unterschiedlichen Konstruktionsgebiete bei den Baugruppenkonstruktionen, wird die CSCW-Arbeitsweise rasch an Bedeutung gewinnen.

Ein bis in die jüngste Vergangenheit hinderlicher Grund für die Einführung dieser Arbeitsweise bestand in der ungenügenden Kapazität an die Datenübertragungsleistungen. Dieser Umstand hat sich erfreulicherweise wesentlich gebessert. Heute haben schon etliche Anwender leistungsfähige Datennetze zwischen verschiedenen Standorten installiert.

Das Ziel der verteilten Konstruktion an unterschiedlichen CAD-Arbeitsplätzen besteht in der Verkürzung der Entwicklungszeiten, der Senkung der Fehlerrate sowie der Vermeidung von mehrfachen Konstruktionsleistungen. Zu mehrfachen Konstruktionsaufwendungen an einer Aufgabe kann es häufig kommen, wenn fachlich dicht benachbarte Konstruktionsabteilungen lokal weit von einander getrennt sind und somit der Aufwand für die Durchführung von Absprachen recht hoch ist.

Zur Erreichung dieser Ziele sind folgende Maßnahmen beim Anwender durchzuführen:

- Ergänzung der Bedienerführung um „Concurrent Elemente“
- Steuerung von zwei parallel gestarteten Konstruktionssystemen
- Zugriffskontrolle über mehrere verteilte Prozesse
- Konsistente Verwaltung „gleichzeitig“ bearbeiteter Modelle

Die in dem Projekt realisierte CSCW-Lösung wurde bei der Firma Grote & Hartmann installiert.

Innovationsfeld 8: Integration

Die Integration von CAD-Systemen in den betrieblichen Wertschöpfungsprozeß beeinflußt ganz entscheidend die Effizienz des Einsatzes von CAD-Systemen. Werden zum Beispiel die mit Hilfe eines CAD-Systemes erarbeitete Daten lediglich im Konstruktionbereich verwendet, so hat man eine sogenannte Insellösung. Die Daten, die der Einkauf, die Technologie für die Erstellung ihrer Unterlagen aus dem Konstruktionsbereich benötigt, müssen dann ohne CAD-Hilfestellungen erarbeitet werden. Über die technische Zeichnungen hinaus kann es sich dabei unter anderem um Stücklisten, Montageanleitungen, Aufstellpläne, Wartungsvorschriften, 2D-, 3D-Geometriedaten handeln. Wie problematisch bei Änderungen, Aktualisierungen im laufenden Produktionsprozeß eine fehlerfreie Datenweitergabe ist, ist vielen Anwendern hinlänglich aus eigener Erfahrung bekannt.

Kann man die mit einem CAD-System aktualisierten Daten an benachbarte Bereiche rechentechnisch übergeben, so wird nicht nur die Arbeitszeit, die zur Erfassung der Daten erforderlich wäre, gespart sondern es werden auch Fehlerquellen vermieden. Der letztere Aspekt ist schlecht quantifizierbar. Unternehmen, die durchgängige Lösungen im Einsatz haben, schätzen diese einfache Art der Vermeidung von Übertragungsfehlern sehr.

Viele Unternehmen haben aus unterschiedlichen Gründen verschiedene CAD-Systeme im Einsatz, die sie miteinander koppeln möchten. Auch zwingt die Kooperation mit anderen Unternehmen, einen Datenaustausch zwischen den unterschiedlichen CAD-Systemen zu organisieren.

Unter der Integration von CAD-Systemen sollte man nicht nur den Datenaustausch zu vor- und nachgelagerten Bereichen verstehen, sondern auch zu konstruktionsbegleitenden Abläufen wie zum Beispiel der Anbindung von Berechnungsprogrammen, von konstruktiven Applikationslösungen, von Test- und Simulationsabläufen.

Unter Integration kann man nachfolgende Gesichtspunkte verstehen:

- Datenintegration innerhalb des CAD-Systems bzw. außerhalb zu anderen CAD-Systemen über die beschriebenen Produktmodelle
- Prozeßintegration innerhalb eines CAD-Systems mit automatischer Aktivierung von Folgeprozessen außerhalb über die jeweiligen Anwendungsgebiete
- Definierbarkeit und Konfiguration von Pre- und Post-Prozessoren für die Datenverknüpfung, z. B. innerhalb von CIM-Systemen

Im Rahmen des Förderprojektes wurden verschiedene Entwicklungsarbeiten zum Thema Integration und Produktdatenaustausch durchgeführt.

Die Produktfamilie KONSYS 2000 spiegelt die Integration unterschiedlicher CAD-Systeme wider. Die nachfolgende Grafik zeigt wie *strässle*-Produkte miteinander kommunizieren können.

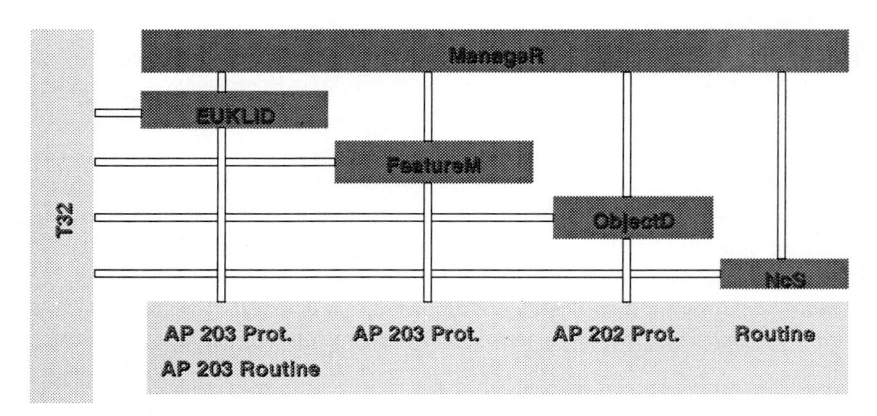

Bild 1.6 Auszug aus Produktatenaustausch innerhalb KONSYS 2000

Das Datenformat T32 ist ein internes Datenformat der Firma strässle Informationssysteme GmbH. Dieses Format berücksichtigt besonders die Eigenschaften der strässle-Systeme.

Die Datenformate AP 202 und AP 203 sind Informationsmodelle (STEP-Application Protocols). Die entwickelten Datentransferlösungen dienen zum Austausch nachfolgend genannter APs:

- AP 202 bei ObjectD für Zeichnungsdatenaustausch
- AP 203 bei FeatureM für Modelldatenaustausch
- AP 203 bei EUKLID für Flächendatenaustausch

5.1.2.3 Analyse, Konzeptionen für zukünftige Entwicklungen

In dem Verbundprojekt „CAD-Referenzmodell Phase II“ arbeiteten Forschungseinrichtungen, Systemanbieter und Anwenderfirmen an unterschiedlichen Aufgabenstellungen zusammen. Ein Teil der entwickelten Lösungen wurde in dem vorstehenden Text erläutert. Weiterhin wurden Arbeiten für zukünftige Entwicklungen durchgeführt.

Im Rahmen dieses Verbundprojektes hat *strässle* Informationssysteme unterschiedliche Kernsysteme, mathematische Tools, Softwaretools und Entwicklungsumgebungen analysiert, sowie konzeptionelle Arbeiten für die künftige Entwicklung eines zukunftsweisenden CAD-Systems vorgenommen.

In einem ersten Schritt wurden wichtige am Markt verfügbare CAD-Systeme sowie *strässle*-eigene Produkte analysiert. Weiterhin wurden die verschiedenen einzelnen Komponenten von CAD-Systemen analysiert und wiederum deren einzelne Bausteine untersucht.

Des weiteren wurden unter anderem die Kernsysteme Cascade und HP Solid Designer bezüglich ihrer Vor- und Nachteile evaluiert. Bei diesen Untersuchungen waren die Robustheit, Funktionalität und die Erweiterbarkeit von wesentlicher Bedeutung.

Insbesondere im Hinblick auf Erweiterungen der Freiformflächenmodellierung wurden verschiedene mathematische Tools und hier besonders spezielle Geometrie-Bibliotheken untersucht und bewertet.

Im Rahmen des Forschungsverbundprojektes wurden prototyphafte Lösungen erstellt. Ein Teil der erarbeiteten Lösungen wurde bereits von den Entwicklungsbereichen des TIS-Bereiches von *strässle* Informationssysteme analysiert, überarbeitet und in Komponenten der Produktfamilie KONSYS 2000 integriert. Das betraf insbesondere Entwicklungen, die inhaltlich den nachfolgend genannten Innovationsfelder zugeordnet sind:

- Produktmodell, Systemintegration
- Anwenderbezogene Systemkonfiguration
- Modellierer
- Benutzungsoberfläche und Benutzungsunterstützung
- Integration

Erste Arbeitsergebnisse konnten bereits auf der CeBIT`96 demonstriert werden.

5.2 Siemens Business Services

5.2.1 Firmenvorstellung

Siemens Business Services (im folgenden auch SBS genannt) ist eine neue, im Oktober 1995 gegründete Geschäftseinheit der Siemens AG, die das komplette Spektrum der *Outsourcing-Dienste* im Bereich der Informationstechnik anbietet. Die gesamte Kette hiermit verbundener *Dienstleistungen* von Consult (Beratung), Design (Entwurf), Build (Realisierung), Operate (Betreiben) und Manage (Führen) wird unterstützt. Die Siemens Business Services ist eine schnell wachsende Einheit mit über 4200 Mitarbeitern und einem Umsatz von 1,5 Mrd. DM im Geschäftsjahr 95/96. Ab November 97 wird Siemens neben dem Outsourcing auch das IT-Lösungsgeschäft in der SBS bündeln.

5.2.1.1 Das Geschäftsfeld Produktengineering

Innerhalb des Bereiches Informationssysteme der Siemens Business Services stellt die Abteilung Produkt-Engineering informationstechnische Dienstleistungen und Softwarelösungen für die Industrie bereit. Das zentrale Kernthema ist hierbei das Produktdatenmanagement (PDM, siehe auch 4.2.3.), das ein neues, stark wachsenden Marksegment im CAD-Umfeld darstellt. Um diesen Markt optimal bedienen zu können, werden weitgehend alle PDM-Aktivitäten des Hause Siemens innerhalb der SBS zusammengeführt. In diesem Rahmen ist auch das Projekt CAD-Referenzmodell von Siemens Nixdorf in die SBS übergegangen.

5.2.1.2 Das Lösungsangebot Produktdatenmanagement

PDM steuert Abläufe und verwaltet alle Daten, die im Entwicklungsprozeß eines diskreten mechanischen oder mechatronischen Produktes anfallen. Insbesondere verbindet PDM getrennte CAD-Inseln zu einer gemeinsamen produktorientierten Arbeitsumgebung für Ingenieure. Als spezifisches Werkzeug für Produktentwicklung grenzt sich PDM von PPS-Systemen und SAP/R3 ab:

- PDM unterstützt den dynamischen, von vielzähligen Ändererungszyklen betroffenen Entwicklungsprozeß.
- PPS unterstützt die der Entwicklung nachgelagerten Aktivitäten wie Arbeitsplanung, Einkauf und Lagerhaltung.
- SAP/R3 unterstützt vor allem die betriebswirtschaftlichen und logistischen Abläufe eines Industrieunternehmens.

PDM und PPS, SAP/R3 besitzen somit ihre Schwerpunkte und Stärken in komplementären Phasen und Sichten des Produklebenszyklus. Das wesentliche verbindende Element hierbei ist die Stückliste. Sie wird - vereinfacht geschildert - im PDM als Konstruktionsstückliste erstellt und im PPS, SAP/R3 als Fertigungsstückliste nach logistischen und produktionstechnischen Gesichtspunkten ausgewertet.

Produktdatenmanagement (PDM):
Integration aller Produktdaten in der Produktentwicklung

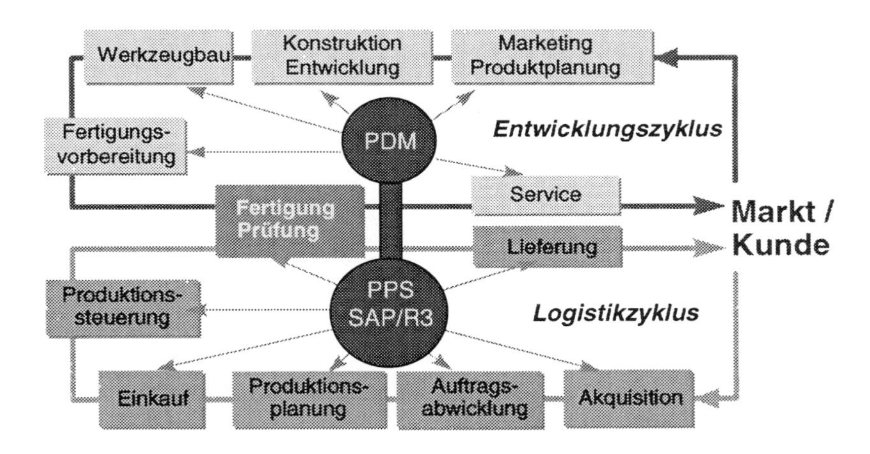

Bild 1.7 Die komplementären Aufgaben von PDM und PPS

Für PDM-Systeme hat sich die in Bild 1.8 dargestellte Architektur herausgebildet.

Neben den zentralen Funktionen Datenverwaltung, Produktstruktur, Ablaufsteuerung (Work Flow) und Integrationsstechniken finden auch weitere wichtige Aufgaben der Produktentwicklung wie Teileklassifizierung, Variantenbildung und Änderungsmanagement ihren Ausdruck in der Architektur.

Ein besonderes Merkmal von PDM sind - ähnlich wie bei SAP/R3 im betriebswirtschaftlichen, logistischen und produktionstechnischen Bereich - kundenspezifische Lösungen. Diese Lösungen werden als Kundenprojekte grob in zwei Schritten realisiert. Zuerst werden die Prozesse, Daten und die Systemlandschaft des Fertigungsunternehmens analysiert, an der Branche reflektiert und Optimierungsvorschläge erarbeitet. Im zweiten Schritt werden die ggf. optimierten Prozesse und Daten in das PDM-System abgebildet und die notwendige Systemumgebung wie Office-, CAD-, PPS-Anwendungen integriert.

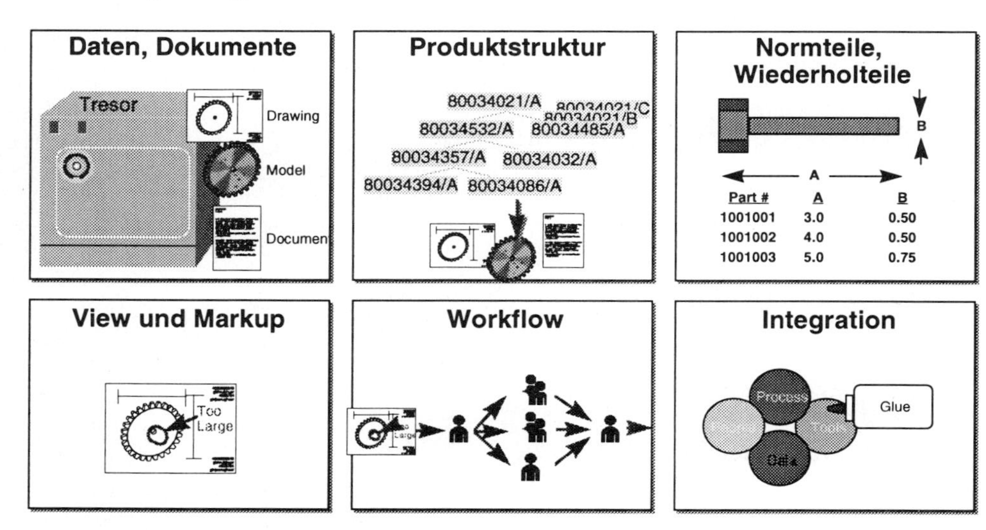

Bild 1.8 *Allgemeine Architektur eines PDM-Systems*

5.2.2 Innovation in den Diensten

Als Dienstleister ohne eigene Produkthoheit im CAD/PDM-Markt strebt SBS an, eine hohe, zukunftsweisende Lösungskompetenz zu erlangen. Das Verbundprojekt CAD-Referenzmodell, das Forschungsinstitute, Anbieter und Anwender vereint, bietet ein hervorragendes Feld zur Konzeption und ersten Erprobung innovativer Lösungsansätze. Im Rahmen der Phase I des CAD-Referenzmodells wurden von den assoziierten Forschungsinstituten die wichtigsten acht Problemfelder (Konstruktionsprozeß, Produktmodell, Systemintegration, Modellierer, Analyse, Konstruktionswissen, Bedienoberflächen und Integration) im heutigen Einsatz von informationstechnischen Systemen für die Produktentwicklung durchleuchtet. Innerhalb der Phase II des Projektes hat sich SBS als Systemintegrator und Dienstleister im besonderen Maße für Lösungen in den Problembereichen

1. Konstruktionsprozeß
2. Produktmodell

3. Konstruktionswissen
4. Integration

eingesetzt. In enger Kooperation mit den Projektpartnern wurden für diese Bereiche innovative Lösungsansätze entworfen und in realistischen Szenarien erprobt.

Thematisch werden diese Ansätze folgendermaßen umrissen:

- Prozeßmodelle und PDM (zu 1.)
- Concurrent Engineering (zu 1. und 2.)
- Anforderungsmodellierung und Angebotserstellung (zu 1., 2. und 3.)
- PPS-gesteuerte Konstruktion (zu 2. und 3.)

5.2.2.1 Prozeßmodelle und PDM

Im Rahmen des Business Reengineering und von R3-Einführungsprojekten haben sog. Prozeßmodellierer an Bedeutung gewonnen. Mit ihnen können grafisch interaktiv Modelle der Daten, Funktionen, der Organisation und der Geschäftsprozesse eines Unternehmens erstellt werden. Diese Modelle werden zur Dokumentation und Optimierung von Geschäftsprozessen verwendet. Bei der Einführung betriebswirtschaftlicher IT-Verfahren wie R3 hat sich die Nutzung branchenspezifischer Referenzmodelle bewährt. Diese beschreiben in generalisierter und idealisierter Form die Geschäftsprozesse und Daten einer Branche, erlauben eine schnelle Spezialisierung auf Kundenmodelle und lassen sich einfach in operative betriebswirtschaftliche IT-Verfahren abbilden.

Eine vergleichbares Vorgehen wird innerhalb des Projektes CAD-Referenzmodell für den Entwicklungsprozeß von Produkten angestrebt. Industrielle und wissenschaftliche Untersuchungen belegen nämlich, daß die Fertigung von Produkten durch Automatisierung und DV-gestützte Verfahren um den Faktor 1000 und mehr seit Beginn der Industrialisierung rationalisiert wurde. Gleichzeitig sprechen diese Studien davon, daß trotz der Einführung von CAD sich die absoluten Entwicklungszeiten nicht signifikant reduziert haben, und bis zu 70% der Zeit im Produktentstehungsprozesses in der Entwicklung verbraucht wird.

Prozeßmodellierer eignen sich grundsätzlich, um die Abläufe im Entwurf und der Entwicklung zu optimieren. Auch hier lassen sich branchenspezifische Referenzmodelle unterscheiden, die als Ausgangsbasis für kundenspezifische Prozeßoptimierungen herangezogen werden können. So sieht z. B. der Entwicklungsprozeß in der elektronischen Hochtechnologie, der Elektronik, Software und Mechanik umfaßt (vgl. Partnerunternehmen Rohde &Schwarz), anders aus als beim Auftragsfertiger in der mittleren Technologie, der kostenoptimiert kundenspezifische Varianten anhand eines Baukastens vordefinierter Lösungskomponenten erstellt (vgl. Partnerunternehmen Deutsche Waggonbau).

Innerhalb des Teilprojektes Prozeßmodell und PDM wurde in Zusammenarbeit mit der IGD, Darmstadt eine offene Schnittstelle erstellt, die es erlaubt Prozeßketten des Unternehmensmodellierers ARIS in die Ablaufsteuerung des PDM-Systems Metaphase abzubilden. Beide Systeme gehören zu den Technologie- und Marktführern auf ihrem Gebiet. Eine einführende konzeptionelle Beschreibung der Thematik Prozeßmodell, Work Flow und PDM findet sich in Kapitel 4.2.

Technische Beschreibung

Durch die Kopplung eines Werkzeugs zur Geschäftsprozeßmodellierung mit einem PDM-System entsteht eine durchgängige informationstechnische Lösung von der Beschreibung bis zur Ausführung von Prozessen. Die speziellen Stärken von Geschäftsprozeßmodellierern (Entwurf und Optimierung von Prozessen) können direkt dem ausführenden Work Flow des PDM-Systems zugeführt werden. Die Definition der Prozesse erfolgt nur einmal, mögliche Inkonsistenzen werden vermieden.

Als Kopplungstechnik zwischen ARIS und Metaphase wurde folgender Ansatz gewählt: die ARIS-Prozeßdaten werden in eine Exportdatei geschrieben und anschließend von einem Kopplungsmodul interpretiert und der korrespondierende Life Cycle (durch API-Aufrufe) in Metaphase erzeugt.

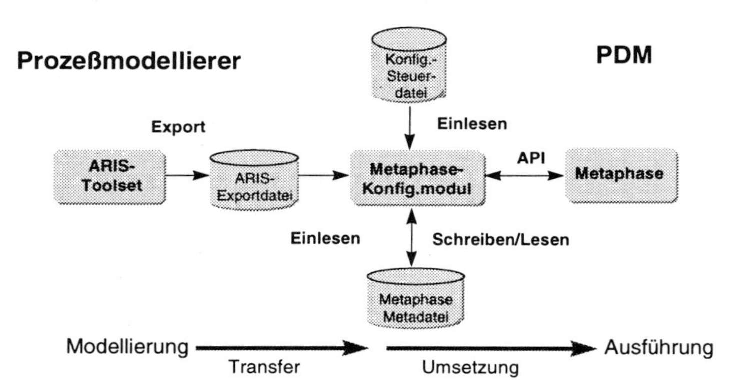

Bild 1.9 Prinzip der Kopplung

Um das Kopplungsmodul möglichst änder- und erweiterbar zu halten, wird er durch eine separate Konfigurations- und Steuerdatei gesteuert, die das spezifische Umfeld konfiguriert und die „Semantik" der Übertragung beschreibt. Die in dieser Datei enthaltenen Regeln erlauben es dem Kopplungsmodul, die eingelesenen Daten zu verstehen und eine Transferstruktur aufzubauen. Weitere Regeln definieren die Abbildungsvorschrift für die Umsetzung der ARIS-Objekte zu einer semantisch adäquaten Repräsentation in Metaphase, mit deren Hilfe der Kopplungsmodul die entsprechenden API-Aufrufe zur Erzeugung der Metaphase-Strukturen generiert.

Nachdem die Kopplungsarchitektur umrissen wurde, wird auf die semantische Abbildung zwischen Geschäftsprozessen in ARIS und Lyfe Cycles in Metaphase eingegangen. Der Lebenszyklus in Metaphase beschreibt den Werdegang eines Produktes unter zwei Gesichtspunkten, nämlich in welchem Zustand sich das Produkt befindet, und welche Tätigkeiten durchzuführen sind, um es von einem Ausgangszustand (z. B. der Produktidee) in den beabsichtigten Zustand (etwa Übergabe Fertigung) zu überführen. Sowohl „Zustand“ als auch „Tätigkeiten“ beziehen sich immer auf das Produkt und dessen Daten. Dem Life Cycle in Metaphase liegt somit ein datenorientierter Modellieransatz zugrunde. Geschäftsprozesse in ARIS hingegen stellen Tätigkeiten dar, um (Unternehmens)-Ziele in koordinierter Weise zu erreichen. Es handelt sich hier um einen prozeßorientierten Modellieransatz.

Grundsätzlich lassen sich Metaphase-Lebenszyklen durch ARIS-Geschäftsprozesse beschreiben, da sie sich als Prozeßketten mit dem Ziel „Produkterstellung“ auffassen lassen. Allerdings führen die unterschiedlichen Informationsgehalte der beiden Modelle Geschäftsprozess und Life Cycle zu gewissen Inkompatibilitäten. Die von ARIS als Geschäftsprozessmodellierer bereitgestellte Semantik, die das gesamte Unternehmen hinsichtlich Daten, Funktionen, Organisation und steuernden Ereignissen beschreibt, ist reichhaltiger als die auf Produktlebenszyklen beschränkte von Metaphase, die mit einfachen Mitteln beschreibt, was (Activity), wer (Actor), wann (Rules) macht. Nichtsdestotrotz lassen sich weitgehend Abbildungsregeln für den Übergang von EPK-Elementen (ereignisgesteuerte Prozeßkette) in den Life Cycle von Metaphase finden. So wird die Abbildung einer „Funktion“ aus ARIS nach Metaphase z. B. durch den assoziierten Objekt- und Kantentyp bestimmt.

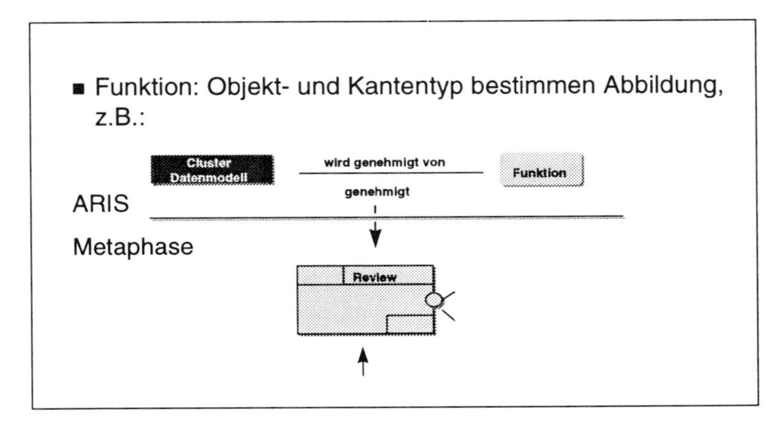

Bild 1.10 Beispiel einer Abbildungsregel Prozeßmodell → Lebenszyklus

Abbildungsprobleme kann man präventiv durch Konventionen schon beim Modellieren in ARIS abfangen oder später durch pragmatische interaktive Entscheidungen während der Übertragung weitgehend korrigieren kann.

Hilfreiche Modellierungsvorgaben ARIS, die die Abbildung nach Metaphase vereinfachen, sind:

- Klassifiziere Funktion als Assignment, Distribution, Message, Review
- Verwende in ARIS keine Objekte, die Daten repräsentieren
- Kennzeichne Ereignisse mit relevantem Produktzustand
- Verknüpfe Funktionen/ereignisse nur durch XOR/XAND-Regel.

Bewertung

Die Ergebnisse des Teilprojektes Prozeßmodelle und PDM wurden bereits auf mehreren Veranstaltungen und Workshops vorgeführt und stießen auf äußerst positive Resonanz:

- namhafte deutsche Unternehmen erwägen eine Einführung in ihrem Hause
- die IDS Prof. Scheer (ARIS-Toolset) diskutiert den Ausbau zu einer Standardschnittstelle
- das EU-Projekt ROCHADE wird die Ergebnisse bei der Optimierung des Änderungsprozeß in der europäischen Luftfahrtindustrie berücksichtigen.

5.2.2.2 Organisatorische Produktdaten und STEP

Der zunehmende Wettbewerbsdruck auf die Unternehmen führt zur Forderung nach kürzeren und effizienteren Produktentwicklungszeiten. Neben Reengineeringmaßnahmen, die Organisation und Betriebsabläufe optimieren, suchen die Unternehmen immer stärker auch nach DV-technischen Hilfsmitteln, die Prozesse im Produktlebenszyklus unterstützen und eine konsistente Produktdatenhaltung sicherstellen. PDM wächst deshalb zur zentralen organisatorischen DV-Lösung für die Produktentwicklung. Sie gewährleistet eine schnelle und sichere unternehmensweite Bereitstellung von Produktinformationen, integriert CAD/CAM-Werkzeuge in Prozeßketten und liefert ein Bindeglied zu PPS und Logistiksystemen.

Liegt der anfängliche Fokus für die Einführung von PDM in der unternehmensweiten Optimierung der Produktentwicklung, so erweitert sich das Blickfeld schnell, falls das Unternehmen in strategischer Abhängigkeit von extern entwickelten und zugelieferten Produktkomponenten steht, Produkte im festen Verbund erstellt (wie die europäische Luftfahrtindustrie) oder sich vorübergehend mit Partnern zu einem virtuellen Unternehmen zusammenschließt.

Die Beziehungen zwischen Unternehmen und ihren Zulieferern sind einer starken Veränderung unterworfen. Sie sind auf der einen Seite geprägt von einen großen Preisdruck auf die Zulieferer, auf der anderen Seite bilden die Unternehmen strategische Allianzen und übertragen dem Zulieferer die Verantwortung für die Entwicklung und Fertigung ganzer Einheiten. Um die gewünschten positiven Effekte bzgl. Zeit, Kosten und Qualität zu erzielen, sind das Unternehmen und seine Zulieferer gezwungen, ihre Prozesse von der frühen Entwicklung bis zur abschließenden Montage eines Produktes miteinander zu vernetzen. Aus diesem Grund sind wechselseitige Prozesse wie z. B. das Änderungswesen abzugleichen und unterschiedlichste Produktdaten wie CAD, Berechnungsergebnisse, AV-Pläne, NC-Programme, Produktstrukturen, Teilestammdaten und Stücklisten auszutauschen.

Der junge Markt für PDM-Systeme ist sehr inhomogen und durch eine relativ große Anzahl von Mitbewerbern geprägt, von denen jeder - im Detail der Implementierung - ein anderes Datenmodell realisiert. Außerdem wird dasselbe PDM-System aus Effizienzgründen in jedem Unternehmen bis ins Datenmodell unterschiedlich konfiguriert. Aus diesen Gründen fällt dem Austausch von Produktdaten im standardisierten Format eine zunehmend große Bedeutung zu.

Nach anfänglichen Euphorien und nachfolgender ernüchterter Zurückhaltung beginnt sich der Datenaustausch auf Basis von STEP zu etablieren. Hierbei konzentriert sich der Einsatz bisher in der Hauptsache auf die Übertragung gestaltrepräsentierender Informationen. Neben den geometrischen Daten erlaubt STEP aber auch die standardisierte Abbildung organisatorischer Daten und stellt deshalb eine geeignete Grundlage für den Datenaustausch zwischen PDM-Systemen dar.

Beim Geometriedatenaustausch zwischen CAD-Systemen besteht die Schwierigkeit, unterschiedliche, komplexe (je System allerdings fest definierte) mathematische Repräsentationen aufeinander abzubilden. Der Austausch zwischen PDM-Systemen hingegen bezieht seine Schwierigkeit aus der Tatsache, daß das Produktmodell je Unternehmen anders aufgebaut ist.

In Zusammenarbeit mit dem ZGDV, Rostock wurden Entwürfe und Prototypen für ein generisches STEP-Toolkit erarbeitet. Da AP 203 als 3D-Austauschformat von mehreren CAD-Anbietern unterstützt wird (und aus Aufwandsgründen), wurden die (relativ beschränkten) produktbezogenen, organisatorischen Beschreibungen dieses Anwendungsprotokolls herangezogen.

Technische Beschreibung

Bei der Betrachtung der Ausgangssituation zur Realisierung eines STEP-Toolkits für Metaphase wurden die Erfahrungen des PDMI-Projektes von ProSTEP, CDC, SDRC und Siemens beachtet. Das PDMI-Projekt hat einen AP214-Prozessor sowie STEP-konforme Modellierwerkzeuge für Metaphase als Ziel definiert. Aus den Analysen des Datenmodells von AP214 und Metaphase ergaben sich Anregungen für die Abbildung von AP 203 nach Metaphase.

Die Konzeption des Toolkits folgt zwei wichtigen Voraussetzungen:

Abbildung eines erweiterten Metaphase-Datenmodells auf STEP

Metaphase (wie auch alle anderen PDM-Systeme) wird jeweils bis ins Datenmodell an die konkreten Unternehmensanforderungen angepaßt. In den meisten Fällen handelt es sich hierbei um die Erweiterung vorhandener Klassen durch zusätzliche Attribute oder die Generierung neuer Objekttypen für die Einbindung branchen- und unternehmensspezifischer Daten. Es existiert somit ein erweitertes Metaphase-Datenmodell. Diese Erweiterungen werden in einer MODeL-Spezifikation (Sprache zur Erstellung von Metaphase-Modellen) beschrieben. Die grundlegende Abbildungsvorschrift des Metaphase-Standarddatenmodells nach STEP ist im Toolkit realisiert. Ein MODeL-Parser liest die spezifischen Modifikationen ein und erzeugt mit Hilfe von Zusatzinformationen neue zusätzliche Abbildungsvorschriften. Diese Zusatzinformationen können automatisch generiert, z. B. unter Benutzung von Klassenhierarchien oder Vererbungsmechanismen, oder vom Benutzer interaktiv nachgefordert werden. Die generierte Abbildungsvorschrift dient zur Steuerung des Prozessors, der die STEP-Austauschdatei erzeugt bzw. einliest.

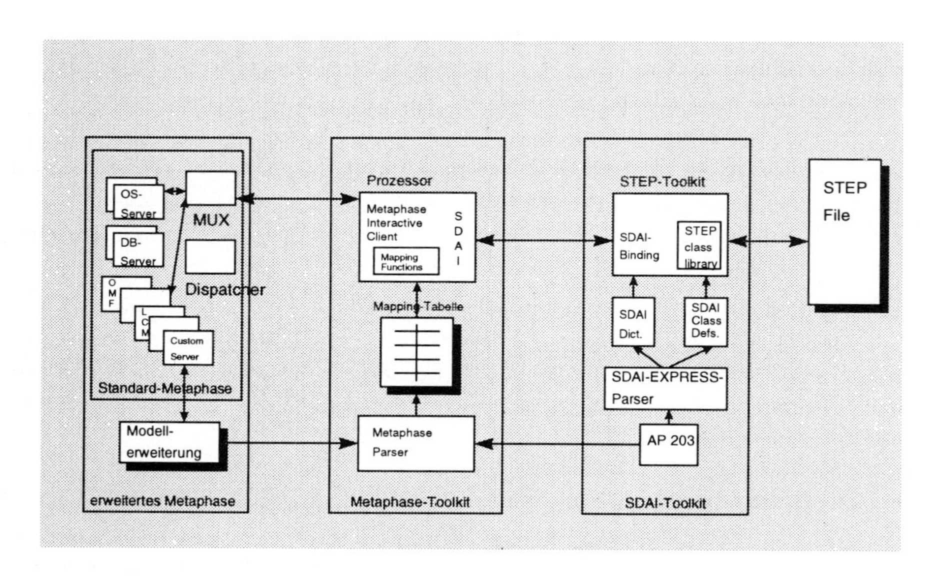

Bild 1.11 Realisierungskonzept

SDAI-Interface

SDAI stellt eine Sammlung normierter Funktionen zur Datenverwaltung und Datenmanipulation bereit, so daß Applikationen unter Verwendung dieser Schnittstelle unabhängig von einem bestimmten Repository entwickelt werden können. Es wurde ein SDAI-Interface für Metaphase entwickelt. Dieses extrahiert bzw. übergibt Daten und nimmt die Abbildung auf das zugrundeliegende EXPRESS-Informationsmodell vor.

Bewertung

1. Mit Hilfe des Prototypen können Daten zur Dokumenten- und Produktkonfiguration zwischen Metaphase und STEP AP 203 ausgetauscht werden. Eine vollständige Umsetzung erfordert weitere Arbeiten. Dies betrifft insbesondere Erweiterungen an der Abbildungsvorschrift zwischen Metaphase und STEP. Es wurde ein einfacher Ansatz zur Beschreibung einzelner Abbildungsvorschriften gewählt, um die Machbarkeit zu zeigen.
2. Weiterhin sind in den Prozessor eine Reihe von Regeln zu integrieren, die z. B. beschreiben:
   - wie der Prozessor mehrdeutige Daten überführen kann
   - wie der Prozessor mit zur Objekterzeugung fehlenden Daten umgeht
   - wie der Prozessor weitere, zur eindeutigen Beschreibung notwendige Daten innerhalb von Metaphase findet.
3. Bei einer produktiven Version sollte der neu in Metaphase bereitgestellte CORBA-Gateway benutzt werden.
4. Die vorliegenden Arbeiten der STEP-Metaphase-Integration werden das EU-Projekt ROCHADE beeinflussen, in dem der Änderungsprozeß im multinationalen Eurofighter-Projekt untersucht wird. Wesentlicher Bestandteil hierbei ist der Austausch der organisatorischen Daten zwischen unterschiedlichen PDM-Systemen (DASA: Metaphase; BAe: ProductManager; CASA: Optegra) mit Hilfe von STEP.

5.2.2.3 Concurrent Engineering

Concurrent Engineering ist zum zentralen Mittel geworden, um die Produktentwicklungszeit zu verkürzen. Der Schwerpunkt liegt auf einer früheren Markteinführungnach der neuen Maxime „der Schnelle frißt den Langsamen“. Die wesentliche Vorgehensweise ist die Bildung von Teams aus vornehmlich Marketing, Entwicklung und Fertigung, die sich durch vertrauensvolle Kooperation sowie Teilung von Informationen und Ressourcen auszeichnen. Sie müssen geografisch nicht mehr an einem Ort zusammengefaßt sein, sondern können über ein elektronisches Netzwerk miteinander in Verbindung stehen. Um ihre Aufgaben erledigen zu können, müssen die Mitglieder des Teams eine Vielzahl an Tätigkeiten durchführen: nachschlagen und suchen, berechnen und veranschlagen, planen und beschließen, kommunizieren und verhandeln sowie archivieren.

Neben den einschneidenden organisatorischen Maßnahmen, die die in Jahrzehnten aus der tayloristischen Arbeitsteilung erwachsenen Grenzen zwischen Marketing, Entwicklung und Fertigung aufbrechen, müssen diese Aktivitäten durch eine Vielzahl von informationstechnischen Diensten unterstützt werden.

In Zusammenarbeit mit dem IPK, Berlin wurden die Anforderungen des Concurrent Engineering an PDM definiert, der Erfüllungsgrad des PDM-Systems Metaphase gemessen und Lösungsvorschläge erarbeitet, wie noch fehlende Funktionalität erreicht werden kann.

Klassifikation der Anforderungen

Die Anforderungen, die das Concurrent Engineering an PDM stellt, lassen sich in 5 Klassen zusammenfassen:

- Kommunikation

  Bei sich ständig wandelnden Besitz- und Organisationsstrukturen moderner Unternehmen sowie der wachsenden Komplexität hochwertiger Produkte, ist die Entwicklung an nur einem Standort nicht mehr durchführbar. Elektronische Kommunikationsmittel wie Intranet, Video und Multimedia werden zu entscheidenden Faktoren für eine erfolgreiche Produktentwicklung

- Koordination

  Nur das Wechselspiel verschiedener Disziplinen ermöglicht die termingerechte Entwicklung qualitativ hochwertiger Produkte. Dienste zur Koordination umfassen die Projektplanung, die Projektdurchführung und die Geschäftsprozesse.

- Informationsmanagement

  In Unternehmen liegen die Infomationen verteilt und redundant in heterogenen Datenformaten auf heterogenen Plattformen. Das Informationsmangement muß einen transparenten, auch parallelen Datenzugriff ermöglichen, und Aufgaben wie Versionskontrolle und Änderungsmanagement im Entwicklungsprozeß beherrschen.

- Corporate History

  Unter Corporate History subsummiert sich die komplette Dokumentation eines Produktes und seiner Entstehung.

- Integration

  Da das PDM-System nicht alle Dienste selbst anbieten kann oder auch Dienste, die im Unternehmen bereits erfolgreich eingesetzt werden, unterstützen muß, spielt seine Fähigkeit, andere Systeme zu integrieren, eine herausragende Rolle. Neben den oben erwähnten Diensten müsen insbesondere auch CAD und PPS angebunden werden können.

Analyse und Maßnahmen

Die Analyse ergab, daß die PDM-Systeme grundsätzlich für Concurent Enginnering ausgelegt sind, aber teilweise erhebliche Schwächen und Einschränkungen bzgl. der Erfüllung relevanter Concurrent-Engineering-Anforderungen zeigen, die durch Workarounds, durch Integrationen (etwa Projektmanagement, Archivierung) oder durch interne Systemerweiterungen gelöst werden müssen.

Eine unerfüllte Anforderung bzgl. Metaphase war z. B. die nicht vorhandene Unterstützung paralleler Work Flows. Hierzu konnte einerseits mit Messages ein zufriedenstellender Workaround erstellt werden (siehe nächsten Abschnitt), andrerseits wurde ein entsprechendes Change Request an die Metaphase-Entwicklung gestellt, daß inzwischen umgesetzt wird. Erste Funktionalität in Richtung paralleler Work Flows wird in der neuesten Version 2.3 von Metaphase bereits zur Verfügung gestellt.

Fallbeispiel Rohde & Schwarz

Der Projektpartner Rohde & Schwarz ist einer der weltweit führenden Hersteller von Produkten für die Funkkommunikations- und Meßtechnik. Die Entwicklung solcher Produkte bedingt eine intensive Zusammenarbeit der elektrischen und mechanischen Konstruktion, der Softwareentwicklung sowie der Fertigung. Rohde & Schwarz verfolgt deshalb die Einführung von Concurrent Engineering. Wie ein Concurrent-Engineering-Ablauf mit PDM durchgeführt werden kann, ist im Kapitel 4.2.3 am Beispiel der Entwicklung einer Leiterplatte beschrieben.

Ein Parellelisierungspotential im Sinne von Concurrent Engineering ist in der beschriebenen Prozeßkette gegeben, da die einzelnen Phasen weitgehend überlappend bearbeitet werden können. Beispielsweise kann nach der Stücklistengenerierung parallel zu der Realisierungsphase mit der Materialbeschaffung angefangen werden.

Für die exemplarische systemtechnische Unterstützung dieses Concurrent-Engineering-Szenarios wurde das PDM-System Metaphase herangezogen. Im folgenden betrachten wir, welche wesentlichen Voraussetzungen Metaphase hierfür erfüllen muß:

- Erstellung einer alle benötigten Daten umfassenden Dokumentkonfiguration
- eine hinreichende Integration der beteiligten ECAD und MCAD-Systeme
- Abbildung der parallelisierten Prozeßkette.

Während die beiden ersten Anforderungen hinlänglich erfüllbar sind, mußte für die Abbildung der parallelen Prozeßketten der Life-Cycle-Manager (Workflow-Komponente) von Metaphase erweitert werden.

Als Beispiel für die erforderlichen Erweiterungen gehen wir hier kurz auf die Behandlung überlappender Prozesse ein. Das Überlappen von Prozessen führt zum Arbeiten mit „unsicheren“ Daten. Die Zwischenergebnisse eines Prozesses werden an andere Prozesse weitergegeben, um eine Parallelverarbeitung zu ermöglichen. Da diese Ergebnisse meist keine endgültigen Daten darstellen, die im weiteren Verlauf des ersten Prozesse noch Änderungen unterzogen werden, werden sie als „unsicher“ bezeichnet. Ein Beispiel hierfür ist die Gehäusekonstruktion eines elektromechanischen Gerätes. In der mechanischen Konstruktion werden die Konturen für die Platinen festgelegt und an die elektrische Konstruktion zur Bestückung weitergegeben. Es kann z. B. aus fertigungstechnischen Gründen erforderlich sein, die Konturen noch nachträglich zu ändern.

Dieser Fall enthält zwei mit Hilfe von Metaphase zu lösende Aufgaben:

- Die erste Aufgabe, vor der Beendigung eines Prozesses einen weiteren Prozeß zu starten und Dokumente zu übergeben, kann unter Zuhilfenahme der hierarchischen Workflows zufriedenstellend gelöst werden. Der Prozeß „Gehäusekonstruktion“ wird auf der untersten Workflow-Ebene in weitere Prozesse zerlegt, wobei ein erweiterter Submit-Prozeß das Anstoßen des überlappenden Prozesses und die Übergabe der Dokumente bewerkstelligt.
- Die zweite Aufgabe, der gleichzeitige schreibende Zugriff auf Daten stellt ein komplexeres Problem dar. Einen Lösungsweg bietet hierfür das Arbeiten mit unterschiedlichen Versionen. Der Zustand bei der Weitergabe wird versioniert und jeweils neue Versionen an die parallel laufenden Prozesse zur Bearbeitung weitergegeben. Der oben beschriebene Submit-Prozeß muß hierfür erweitert werden, was einen weitreichenden Eingriff in Metaphase-Funktionalität bedeutet. Weiterhin bleibt das Merging-Problem zu lösen, falls beide Versionen wieder zusammengeführt werden müssen. Dieser kann in der Praxis erheblich verringert werden, falls den verschiedenen Prozessen nur disjunkte Modifikationsbereiche zugewiesen werden.

Bewertung

PDM ist zu einer informationstechnischen Grundlage für Concurrent Engineering geworden. Die vorliegende Bewertung zeigt allerdings, welche Defizite hinsichtlich Integration, Kommunikation, Koordination und Informationsmanagement die (alle noch recht jungen) PDM-Systeme aufweisen, und welche Integrations- und Erweiterungsarbeiten notwendig sind.

5.2.2.4 Anforderungsmodellierung in der Auftragsfertigung

Den frühen Definitionsphasen kommt im Bereich der Produktentwicklung hinsichtlich der Auswirkungen auf Kosten und Qualität des späteren Produktes eine überproportional starke Bedeutung zu. Unscharf formulierte Anforderungen führen zu unpräzisen oder falschen Konstruktionsaufgaben, die Zeit und Geld verschlingen.

Der VDI beschreibt dieses Problem folgendermaßen: „Nach übereinstimmender Meinung von Experten sind weit über die Hälfte, einzelne sprechen von 80% aller Beanstandungen und Reklamationen vermeidbar, wenn im Vertrieb vom Angebot bis zur Auftragsbestätigung mit derselben Sorgfalt, Genauigkeit und Vollständigkeit gearbeitet würde, wie dies bei der finanziellen Abwicklung durch die Buchhaltung selbstverständlich ist."

Ursache für die vom VDI angeführten Beanstandungen und Reklamationen ist oftmals nicht mangelnde Fachkompetenz, sondern eine unvollständige oder fehlerhafte Anforderungsliste.

Auch bei Fehlern und Mängeln die noch vor Auslieferung oder Inbetriebnahme erkannt werden, entstehen hohe Kosten. Untersuchungen zeigen eindrucksvoll: Je später im Produktlebenszyklus ein Fehler erkannt wird, desto aufwendiger sind die Korrekturen: Dieser Sachverhalt wird durch die Zehnerregel der Fehlerkosten verdeutlicht. Wenn die Beseitigung eines Fehlers in der Aufgabenklärung 1 DM kostet, so kostet sie in der Entwicklung 10 DM, in der Arbeitsvorbereitung 100 DM, in der Fertigung 1000 DM und bei der Endprüfung 10.000 DM.

In der Auftragsfertigung stellt ein sorgfältig ausgearbeitetes, attraktives Angebot mit Bezug auf das Kundenproblem die Voraussetzung für den Auftragserhalt dar. Am Beispiel der Deutschen Waggonbau wurde in Zusammenarbeit mit den Instituten AIW, Dresden, KTC, Dresden und RPK, Karlsruhe ein KI-basierter Ansatz zur Anforderungsmodellierung während der Angebotsphase für Auftragsfertiger entworfen und prototypisch realisiert. Die zugrunde liegenden Konzepte sind in Kapitel 4.1 beschrieben.

Technische Beschreibung

Bereits in den sechziger Jahren haben Japaner die QFD-Methode (Quality Function Deployment) entwickelt, die in einer Matrizentechnik Kundenanforderungen auf technische Funktionen und in weiteren Stufen bis auf Entwurfdetails abbildet. QFD hat sich insbesondere bei den Serienfertigern der Automobilindustrie als Methode zur Sicherung der Qualität durchgesetzt. Im folgenden verfolgen wir einen wissensbasierten Ansatz zur Handhabung und Verarbeitung von Anforderungen.

Der Ablauf der Angebotsbearbeitung bei der Deutschen Waggonbau, Werk Niesky kann verkürzt folgendermaßen beschrieben werden:

Phase 1

- Erhalt Kunden-/Vertriebsanfage
- Einstufung der Anfrage
- Suche nach vergleichbaren Angeboten/Lösungen über Schlüsselkriterien

Ergebnis: Angebotsentwurf

Phase 2

- Aufbau einer Produktstruktur
- Verknüpfen der Produktstruktur mit den Anforderungen

- grobe Auslegung unter Nutzung vorhandener Lösungen

  Auftragsfertiger können meist bei der Konzeption einer kundenspezifischen Lösung auf einen Fundus bereits existierender Lösungen zurückgreifen, wodurch die Bearbeitungszeit reduziert, das technische Risiko minimiert und die Produktqualität langfristig gesteigert wird.
- Prüfung der Anforderungen

Ergebnis: Überprüftes Angebot mit einer Produktstruktur und erster Untersuchung kritischer Punkte.

Als Einblick in das Realisierungskonzept betrachten wir das benutzte Anforderungsmodell. Es beruht auf strukturierten Listen mit Informationen über das angestrebte Produkt. Die Anforderungsliste hat im vorliegenden Fall eine enge Beziehung zur Produktstruktur. Die Anforderungen werden Teilen und Baugruppen zugeordnet.

Die Aufgabenklärung unterscheidet zwischen expliziten und impliziten, d. h. abgeleiteten, Muß- und Wunsch-Anforderungen. Stets wird eine Anforderung soweit zerlegt bis sog. Elementaranforderungen vorliegen. Jede Anforderung wird als quantitativ (meßbar, z. B. Gewicht) oder als qualitativ (z. B. formschön) eingeteilt.

Die verwendete Wissensbasis (KI-System Smart Elements) wird zu folgenden Aufgaben benutzt:

- Sie leitet Elementar- aus Zwischenanforderungen ab.
- Sie erstellt logische Ursache-Wirkungs-Ketten und erkennt Widersprüche, die der Benutzer auflösen muß.
- Sie triggert Anforderungsänderungen auf abhängige Elemente.
- Anhand einer Anforderungsliste sucht sie in der Datenbasis nach bereits verfügbaren Lösungen.

Bewertung

1. Wie bei allen wissensbasierten Anwendungen steht und fällt das vorliegende Projekt mit der Genauigkeit und Vollständigkeit der Wissensaquisition. Nicht eingepflegte Lösungen können vom System auch nicht gefunden werden. Bei der Akquisition sind Strukturen und Regeln zu erstellen, die gleichzeitig umfangreiches Fach- und Informatikwissen voraussetzen. Nicht effiziente Implementierungen von Wissensbasen führen zur Ansammlung unbrauchbarer Daten oder zumindest zu erheblichen Performanzproblemen.
2. Da Lösungen in operativen Unternehmensdatenbasen wie Logistiksystemen (R3) oder PDM-Systemen (Metaphase) bereits vorgehalten werden, ist ein Andocken der Anforderungsmodellierung an Logistiksysteme (R3; bereits prototypisch realisiert; s. Kapitel 4.1) oder PDM-Systeme (Metaphase unerläßlich, um eine konsi-

stenten, aktuellen, möglichst nicht unnötig redundanten Fundus an Lösungen vorliegen zu haben).

5.2.2.5 PPS-getriebene Konstruktion: RATIO-ENGINEERING

Noch vor wenigen Jahren galt CAD allein als der Schlüssel zur Lösung aller Probleme in der Konstruktion, als unbedingtes Muß, um mit dem Automatisierungsfortschritten in der Fertigung gleichzuziehen. Oft stellte sich jedoch heraus, daß die tatsächlichen Produktivitätsfortschritte mit 10% oder darunter bescheiden ausfielen. Gefordert sind heute jedoch vielfach Produktivitätsfortschritte um Faktoren. Die PPS-geführte Konstruktion ist ein Ansatz, der insbesondere beim Auftragsfertiger, der Varianten ein und desselben Produktstamms anhand eines Baukastens erstellt, zu hohen Steigerungen der Produktivität und drastischen Verkürzungen der Entwicklungszeit führt.

Technische Beschreibung

Ziel des RATIO-ENGINEERING genannten Konzeptes ist es, funktionsübergreifende Methoden und Verfahren zur Nutzung vorkonfigurieter Lösungen bereitzustellen. Gleichzeitig soll das Teilespektrum standardisiert und minimiert werden. Hierzu werden CAD und PPS integriert, sowie eine konsequente Analyse und Restrukturierung des vorhandenen Teilespektrums durchgeführt.

Als CAD-Basissystem dient bei folgendem Ansatz SIGRAPH-DESIGN (jetzt ObjectD), da sich mit diesem relationalen System am einfachsten Bauteile- und Gruppen definieren, manipulieren und über Tabellen automatisiert steuern und generieren lassen, eine der wichtigsten Voraussetzungen, um Teilefamilien „generisch“ abzubilden.

PPS-Systeme, mit ihrer zentralen Bedeutung für den Auftragsabwicklungsprozeß, werden als führendes System betrachtet („PPS-geführte Konstruktion“). Die eingesetzten PPS-Systeme bieten Funktionen zur Definition und Verwaltung von Sachmerkmalleisten, Stücklisten, Zeichnungsdaten sowie Teilestammdaten.

Schlüssel zur Realisierung der integrierten Prozeßkette CAD/PPS ist der Modul SIGRAPH-RATIO zum online Datenaustausch zwischen CAD und PPS. Die im folgenden vorgestellte Lösung ermöglicht dem Konstrukteur die Pflege von Teile- und Dokumenten-Stammdaten, sowie Stücklisten im PPS-System. Damit entfallen zeitaufwendige Doppeleingaben. Umgekehrt kann der Konstrukteur in der PPS-Grunddatenverwaltung komfortabel nach Teilen und Zeichnungen suchen und direkt nach CAD laden. Die einfache Wiederholteilverwendung spart Zeit und Kosten.

Technisch erfolgt der Datenaustausch zwischen CAD und PPS ohne zeitliche Verzögerung über Programm-Programm-Kommunikation. Vorteil ist, daß die vom Konstrukteur eingegebenen Daten im Dialog verarbeitet und sofort im PPS-System geprüft werden, u. a. unterliegt der CAD-Anwender den PPS-Zugriffsberechtigungen. Bestätigungen und Fehlermeldungen werden dem Konstrukteur unmittelbar nach der Dateneingabe angezeigt.

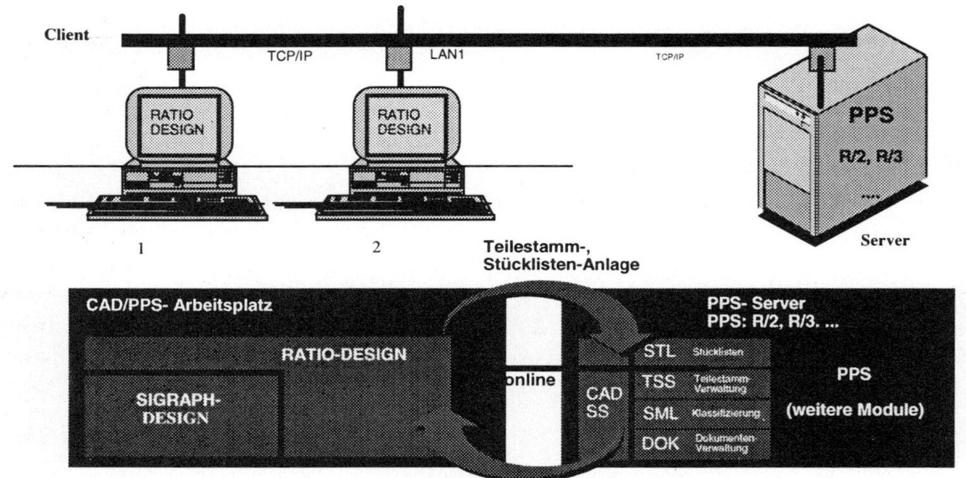

Bild 1.12 Prinzip-Konfiguration und Datenfluß

Mit den genannten Verfahren lassen sich die wichtigsten von einem nachfrageorientierten Markt aufgestellten Forderungen erfüllen, wie Referenzanwendungen beweisen:

Mit den genannten Verfahren lassen sich die wichtigsten von einem nachfrageorientierten Markt aufgestellten Forderungen erfüllen, wie Referenzanwendungen beweisen:

- schnellere und genauer kalkulierte Angebote
- schnellere Auftragsabwicklung
- geringere Kosten durch Reduzierung des Teileumfangs
- mehr Qualität durch automatisierte Konstruktion
- gesteigerte Produktivität durch höhere Auftragseinlastung

Die zentralen Funktionen

Generell gilt, daß die konstruktionsrelevanten Funktionen des PPS-Systems mit SIGRAPH-RATIO durch eine menügeführte Benutzeroberfläche in das CAD-System integriert sind und die Arbeitsabläufe des Konstrukteurs optimal abbilden. Spezielle PPS-Systemkenntnisse sind nicht erforderlich.

Stammdatenbearbeitung

In der Konstruktion werden Sachstammdaten festgelegt, die in der PPS-Datenbank abgelegt werden müssen. Zur Sicherstellung der Datenkonstistenz ist es mit SIGRAPH-RATIO möglich, den Sachstamm bei seiner Festlegung vom CAD ins PPS-System zu übergeben. Die Stammdaten - zum Beispiel Sachnummer, Bezeichnung, Zeichnungsnummer - können ohne Doppeleingabe automatisch aus der Zeichnung übernommen, vom Konstrukteur ergänzt und online an PPS übergeben werden.

Im Rahmen von Auskunfts- und Änderungsfunktionen werden Stammdaten online aus PPS übernommen und in der Bedienoberfläche von SIGRAPH-RATIO angezeigt. Relevante Daten können in Folgefunktionen direkt nach CAD übernommen werden.

Stücklistenbearbeitung

Mit SIGRAPH-RATIO können Stücklistendaten direkt aus CAD übernommen werden. Diese können in SIGRAPH-RATIO unter Nutzung der komfortablen interaktiven Bedienoberfläche ergänzt und editiert werden. Das System stellt dem Anwender die Datenkonsistenz sicher. Die fertige Stückliste wird dann online an das PPS-System übergeben.

Umgekehrt kann eine im PPS-System vorhandene Stückliste in der Bedienoberfläche von SIGRAPH-RATIO dargestellt werden. Verschiedene Folgefunktionen sind möglich, z. B. Stücklistenausdruck oder Stücklistenausgabe in die Zeichnung.

Teile- , Zeichnungssuche

Abhängig von den Möglichkeiten des PPS-Systems, kann der Konstrukteur über die Bedienoberfläche von SIGRAPH-RATIO direkt über die Klassifizierungsstruktur und Sachmerkmale oder über Matchcodeselektion nach vorhanden Teilen oder Dokumenten suchen. Zur erleichterten Suche sind Schemabilder in die Bedienoberfläche von SIGRAPH-RATIO integrierbar.

In Folgefunktionen kann der Konstrukteur die gefundenen Zeichnungen oder Teile direkt nach CAD laden.

Bewertung

Die PPS-geführte Konstruktion ist vorrangig eine Lösung für den Auftragsfertiger wie z. B. dem Projektpartner DWA, der nach einem mehr oder wenig festen Schema kundenspezifische Varianten erstellt. Ihre Effizienz hängt wesentlich vom Aufbau und der Pflege eines gut organisierten Baukastens von Teilen und Komponenten im PPS-System ab. Bei Pilotprojekten im Anlagenbau konnten enorme Erfolgsfaktoren durch die Einführung einer PPS-geführten Konstruktion erzielt werden: Minderung der Konstruktionszeit um 66%, Durchlaufzeitverkürzung um 37% und Senkung der Herstellkosten um 25%.

5.3 Deutsche Waggonbau, Werk Niesky

Die Deutsche Waggonbau AG, DWA ist ein ostdeutscher Anbieter von Schienenfahrzeugen. Der Firmensitz der Unternehmensgruppe befindet sich in Berlin. Verschiedene Werke liegen verteilt in den neuen Bundesländern, u. a. in Görlitz und Niesky. Das Sortiment des Konzerns umfaßt alle Schienenfahrzeuge, wie z. B. Reisezugwagen für den Hochgeschwindingkeitsverkehr, Doppelstockwagen, S- und U-Bahnen, Straßenbahnen, Güterwagen usw. Der Konzern erzielt jährlich etwa eine Milliarde Umsatz mit einer Stammbelegschaft von derzeit 3.800 Mitarbeitern.

Das Sortiment des Unternehmens ist auf die einzelnen Standorte zugeschnitten. Als Partner des Verbundprojektes CAD-Referenzmodell trat das Werk Niesky mit allen Güter- und Spezialgüterwagenfertigungen hinzu. Die Zusammenarbeit bezieht sich somit auf dieses Werk.

Das Unternehmen, das 1835 aus einem Handwerksbetrieb gegründet wurde, hat eine sehr lange und bewegte Geschichte. Während man sich in den Anfängen den Dampfmaschinen und dem Brückenbau zuwandte, wurden erst in diesem Jahrhundert die ersten Güterwagen gebaut. Nach Ende des letzten Weltkrieges war das Unternehmen als volkseigener Betrieb vor allem auf die Neuproduktion von Güterwagen auch in Verbindung mit den osteuropäischen Staaten fixiert. Nach der Wiedervereinigung erfolgte die Umwandlung in die Deutsche Waggonbau Niesky GmbH, erst im Jahre 1995 die Zusammenfassung dieser unterschiedlichen Werke zur Deutschen Waggonbau AG (DWA).

Seit 1950 wurden ca. 40.000 Güter- und Spezialgüterwagen und über 100.000 Drehgestelle an Kunden in über vier Kontinenten in 26 Ländern geliefert, was von einer langen Erfahrung auch in weltweiter Zusammenarbeit spricht. Besondere Leistungen erbrachte das Unternehmen im Know-how-Transfer einschließlich technischer Assistenz. So wurde in den Jahren 1987 bis 1994 eine griechische Werft qualifiziert, selbstständig über 400 Güterwagen zu fertigen. Seit 1983 wurde systematisch eine Aluminiumfertigung für die Herstellung der wichtigsten qualitäts- und leistungsbestimmenden Baugruppen für Güterwagen und andere Produkte aufgebaut. Neben dem Engineering-Bereich stellt diese Art von Fertigung heute ein wesentliches Geschäftsfeld dar.

Zum Leistungsangebot des Werkes in Niesky gehören über 125 Güter- und Spezialgüterwagentypen, die kundenspezifisch als Variantenkonstruktion konfiguriert und gefertigt werden.

So unter anderem:

- Flachwagen

- Fahrzeuge für den kombinierten Verkehr zwischen Straße und Schiene
- Kesselwagen und Schüttgutwagen
- Offene und geschlossene Doppelstock-Autotransportwagen
- Großraumgüterwagen mit öffnungsfähigen Systemen

Bild 1.13 Ausschnitt aus Produktpalette von Spezialgüterwagen

Die Unternehmensstrategie ist zielorientiert auf folgende Faktoren ausgerichtet:

- Grundsätzlich wird die Entwicklung von Schienenfahrzeugen in engem Kontakt mit dem Kunden betrieben. Dabei fließen laufend die Erfahrungen aus dem Betriebseinsatz der von dem Unternehmen gelieferten Güterwagen ein.
- Die Hauptrichtungen in der Entwicklung zielen auf die Weiterentwicklung des vorhandenen Produktprogrammes und auf die Neuentwicklung von kundenspezifischen Lösungen für alle Formen des schienengebundenen Güterverkehrs.
- Zur Erhöhung der Wettbewerbsfähigkeit wurde die Personalstruktur zugunsten des produktiven Bereiches verändert, die Investitionspolitik gezielt auf Produktivitäts- und Qualitätszuwachs konzentriert und die betrieblichen Prozeßabläufe mittels der Logistik optimiert sowie die Fertigungstiefe verringert.
- In der Entwicklung und Konstruktion, der Arbeitsvorbereitung und Fertigung stehen moderne Kommunikationssysteme und hochproduktive Maschinen und Anlagen zur Verfügung.

5.3.1 Ausgangssituation und Problemstellung

Der Großteil der Unternehmensziele im Engineeringbereich spiegelt sich in den Zielen und Ansprüchen des CAD-Referenzmodells wider. Insbesondere der Ansatz, die Unternehmensprozesse in ihrer Gesamtheit zu betrachten, ist eine erfolgversprechende Strategie bei der Lösung der im Unternehmen auftretenden Probleme.

Von den im Rahmen des CAD-Referenzmodells identifizierten Innovationsfelder war ein großer Teil auch für das Werk Niesky von Bedeutung.

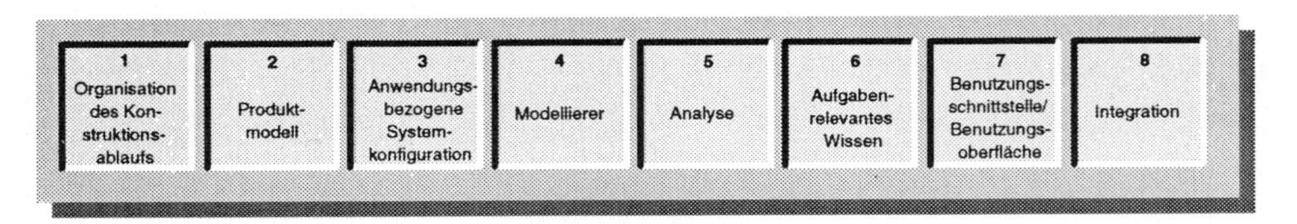

Bild 1.14 Innovationsfelder

Im Werk Niesky auftretende Problemfelder:

- Organisation des Konstruktionsablaufes
- Produktmodell
- Analyse, Berechnung, Simulation
- Aufgabenrelevantes Wissen, Dokumentation
- Integration

Im Rahmen des CAD-Referenzmodells wurden für diese Probleme prototypische Lösungen gefunden, wobei auf den späteren produktiven Einsatz großen Wert gelegt wurde.

Das Produktprogramm ist nicht nur durch die große Anzahl von verschiedenen Spezialgüterwagen bestimmt, sondern auch durch sehr verschiedene Bearbeitungsstände der einzelnen Produkte. Auslieferungsformen für diese sind u. a.:

- Neukonstruktion des Produktes
- Variantenkonstruktion eines vorhandenen Wagentyps
- Komponentenlieferung
- Kooperation in Produktion
- Konsortialgeschäfte mit Mitbewerbern

Das Unternehmen ist einem verstärktem wirtschaftlichen Druck ausgesetzt. Dieser resultiert aus den allgemeinen wirtschaftlichen Veränderungen in den letzten Jahren und wird hervorgerufen durch den harten Verdrängungswettbewerb in der Schienenfahrzeugbranche. Zur Sicherung der Wettbewerbsposition wurden im Werk Niesky der Deutschen Waggonbau AG umfangreiche Rationalisierungsmaßnahmen durchgeführt. Diese führten einerseits zu:

- einer Verringerung der Fertigungstiefe durch die Auslagerung von Fertigungsaufgaben,
- der Vertiefung von Kooperationsbeziehungen
- einem einschneidenden Personalabbau.

Zur Verbesserung der technischen Unterstützung der Unternehmensprozesse wurden große Anstrengungen zur Einführung von DV-Systemen unternommen. Im Unternehmen wurde ein computergestütztes Informationssystem aufgebaut. Betriebswirtschaftliche Aufgabenstellungen, einschließlich PPS, werden jetzt durchgängig durch die Standardsoftware SAP/R2 unterstützt. Im Bereich Entwicklung und Konstruktion wurde das CAD-System Sigraph Design eingeführt., Dieses stand zu Beginn der Arbeiten nur einem Teil der Mitarbeiter zur Verfügung. Im Ausgangszustand existierten diese beiden Systeme als Insellösungen.

In organisatorischer Hinsicht war der Produktentstehungsprozeß von Optimierungsmaßnahmen jedoch nicht betroffen. Somit war die Ausgangssituation in diesem Bereich charakterisiert durch:

- Koordinationsdefizite zwischen den Fachbereichen
- hohe Änderungsaufwände im gesamten Engineeringbereich
- lange Produktentwicklungszeiten.

Gründe hierfür sind einerseits in der rein funktional gegliederten Aufbaustruktur zu suchen. Desweiteren wurden die Aufträge sequentiell abgearbeitet, was zu großen Durchlaufzeiten führte. Insgesamt resultierten vielfältige Änderungsintervalle, welche wiederum die begrenzten Kapazitäten binden und Kosten verursachten.

Die aus Gründen der Kostenminimierung erforderliche Intensivierung von Kooperationsbeziehungen mit Firmen in Osteuropa bewirkt andererseits eine Erhöhung der Kapazitätsbindung im Engineering zur Betreuung externer Partner. Grund sind abweichende Rahmenbedingungen in diesen Ländern, die es im Interesse einer beidseitigen erfolgreichen Zusammenarbeit, eine intensive Koordination und einen Know-how Transfer notwendig machen. Aufgrund der unterschiedlichen Charakteristik der Produktanläufe bei unterschiedlichen Partnern ist eine genaue Planung der benötigen Kapazitäten nur schwierig möglich. Die gebundenen Ressourcen fehlen entsprechend zur Vorbereitung der eigenen Produktion im Unternehmen. Ein Verzicht auf die Zukäufe aus Osteuropa ist derzeit nicht möglich, da das vorhandene Preisniveau eine Realisierung der Aufträge nur in Deutschland derzeit nicht zuläßt.

Zur Sicherstellung eines optimalen Produktentwicklungsprozesses wurden im Rahmen des CAD-Referenzmodells Konzepte zur Verbesserung der Arbeitsorganisation und deren Unterstützung durch ein adäquates Technikkonzept erarbeitet. Ausgangspunkt war dabei zunächst die Gestaltung der Arbeitsabläufe, die in einem zweiten Schritt durch eine entsprechende DV-Technik unterstützt werden müssen.

5.3.2 Lösungsansatz und Umsetzung

Zur weiteren Verbesserung der Wettbewerbsposition war die Optimierung des Produktentwicklungsprozesses eine dringende Aufgabe. Aufgrund der in Kap. 5.3.1 aufgeführten unterschiedlichen Möglichkeiten der Produktentstehung besteht die Notwendigkeit, daß speziell für das Herzstück des Unternehmens, die Produktentwicklung, eine sehr flexible Organisationsform gefunden werden muß. Dies ist auch infolge der Personalsituation in diesem Bereich und wegen der kurzen Projektlaufzeiten erforderlich.

Zur Umsetzung wurden unterschiedliche Lösungsansätze entwickelt. Ein wesentlicher Bestandteil des Konzeptes ist die Projektorganisation in Form von Produktentwicklungsgruppen. Zur Realisierung dieser Projektorganisation ist auch aufgrund der kapazitiven Situation eine Reorganisation der Aufbaustruktur in der Produktentwicklung erforderlich. Zur Entlastung der Produktentwicklung von Fertigungsbetreuungsaufgaben ist die Einrichtung einer Produktmanagementstelle vorgesehen. Weiterhin sind für die Verbesserung der Koordination und Kommunikation der Produktentwicklung im gesamtbetrieblichen Rahmen entsprechend angepaßte Koordinierungsinstrumentarien entwickelt worden. Das zugrundeliegende Konzept und die angewendeten Methoden bei der Bearbeitung des Teilprojektes sind in Kapitel 4.1.1.3 dieses Buches detailliert beschrieben. Deshalb wird auf eine ausführliche Darstellung an dieser Stelle verzichtet und stattdessen die praktische Umsetzung im Unternehmen beschrieben.

Zur Durchführung der Optimierungsmaßnahmen wurde im Unternehmen als erstes ein Lenkungsausschuß ins Leben gerufen, welcher für die Koordinierung aller Aktivitäten verantwortlich ist. Zur Bearbeitung der Projektaufgaben konstituierten sich Arbeitsgruppen, in welchen interdisziplinär Firmenvertreter und externe Partner zusammenarbeiteten. Dies ermöglichte eine sehr schnelle Beschaffung der benötigten Informationen und erlaubte es, die Lösungsansätze auf die firmenspezifischen Gegebenheiten anzupassen. Zur Sicherung der Akzeptanz der Umgestaltung ist es sehr wichtig, alle relevanten Bereiche des Unternehmens von Anfang an in die Arbeiten zu integrieren. Von besonderer Bedeutung bei organisatorischen Umgestaltungsmaßnahmen ist die Information und Unterstützung durch den Betriebsrat.

Der Produktentwicklungsprozeß umfaßt im Werk die Arbeiten von der Kundenanfrage bis zur Fertigung eines Fertigungsmusters, beziehungsweise des ersten Serienfahrzeuges. Dieser Prozeß wurde in mehreren Stufen betrachtet, wobei in jeder Stufe der Detaillierungsgrad der Untersuchungen zunahm. Dabei wurden jeweils die gewonnenen Erkenntnisse evaluiert, und in die weiteren Arbeiten einbezogen bzw. sofort im Unternehmen umgesetzt.

In der ersten Phase erfolgte eine Grobanalyse. Dafür wurde ein ausgewählter Personenkreis aus den entsprechenden Fachbereichen zu ihren Aufgaben und Integration in den vorhandenen Prozeß befragt. Dies diente dazu, den externen Partner einen Überblick über den Prozeß zu vermitteln, und gleichzeitig konnte im Projektteam eine gemeinsamen Basis aufgebaut werden. Im Interesse einer Verständigung zu Zielen und zur Lösungsfindung ist dies eine wesentliche Voraussetzung. Desweiteren können Kommunikationsprobleme aufgrund verschiedener Begriffsdefinitionen abgebaut werden. Basierend auf den Ergebnissen der Grobanalyse wurden die Analyseinstrumente für die Feinerhebung erarbeitet. Dabei wurden vorhandene Instrumentarien genutzt, und auf die entsprechenden firmenspezifischen Belange adaptiert. Die Feinanalyse erfolgte unter Einbeziehung aller Mitarbeiter. Die Ergebnisse der zurückgeflossenen Fragebögen lieferten eine Momentaufnahme zu den unterschiedlichen parallel bearbeiteten Aufträgen. Zu deren Vertiefung wurden weiterführende Interviews mit einzelnen Mitarbeitern geführt. Diese Methode ist bedeutend arbeitsintensiver, hat aber den großen Vorteil, daß auch Details der Arbeitsinhalte richtig erfaßt werden. Dadurch entstehen sichere Ergebnisse für ein Konzept.

Danach wurde durch das Projektteam ein Grobkonzept für die zukünftige Arbeit erstellt. Es nimmt von der funktional orientierten Aufbauorganisation Abstand und schlägt eine prozeßbezogene und gruppenorientierte Organisationsform vor (vgl. Kap. 4.1.1). Im Kern handelt es sich dabei um die Auflösung der verrichtungsorientierten, statisch festen Strukturen in den Bereichen der Produktentwicklung zugunsten von projektbezogenen interdisziplinären Projektteams. Aufgrund der kurzen Projektlaufzeiten werden diese Teams nur temporär gebildet, und lösen sich nach Beendigung wieder auf. Verbessert werden können damit die Prozeßorientierung der Unternehmensorganisation, wodurch Koordinationsdefizite abgebaut werden.

Teile dieses neuen Konzeptes wurden bereits an einem zeitkritischen Entwicklungsauftrag prototypisch umgesetzt. Im Rahmen einer Zwischenanalyse wurden die Ergebnisse erfaßt und die gewonnenen Erkenntnisse sind in die Erarbeitung des Feinkonzeptes eingeflossen. Als Ergebnis der prototypischen Umsetzung mußte festgestellt werden, daß ein langsamer Übergang von der alten zur neuen Organisationsform nicht möglich ist, da es zu Kompetenzüberschneidungen kommt, welche ein Scheitern des Konzeptes zur Folge haben können. Daher wurde beschlossen, die Einführung des Gesamtkonzeptes zu realisieren. Dessen Umsetzung im Unternehmen wird derzeitig vorbereitet. In diesem Zusammenhang werden das Optimierungskonzept vorgestellt und die zur Umsetzung notwendigen Arbeitsschritte durchgeführt. Diese umfassen u. a. die Erarbeitung von Stellenbeschreibungen, die Ausschreibung neu zu besetzender Stellen und die Durchführung der zur Umstrukturierung notwendigen Maßnahmen.

Weitere, bereits vollständig realisierte, Aktivitäten betreffen die räumliche Zusammenlegung von Konstruktion und Arbeitsvorbereitung in ein gemeinsames Großraumbüro und eine vollständige Umstellung der Konstruktion auf Arbeit mit dem CAD-System.

Die Realisierung von organisatorischen Optimierungsmaßnahmen ist ein langfristiger, komplexer Prozeß, der von sehr vielen Einflußfaktoren bestimmt wird. Die Arbeiten zur Restrukturierung des Engineeringbereiches sind deswegen noch nicht abgeschlossen. Dennoch kann zum heutigen Arbeitsstand ein positives Resümee gezogen werden. Das bereits in Teilen umgesetzte Organisationskonzept hat generell zur Verbesserung der Koordinierung und Kommunikation zwischen den einzelnen Fachdisziplinen und Experten der Produktentwicklung geführt. Entscheidungs- und Informationswege konnten verkürzt und Kooperationsdefizite abgebaut werden. Entscheidend hierfür war einerseits die Sensibilisierung und Identifikation der Mitarbeiter mit den Zielen der Restrukturierung. Andererseits tragen die Maßnahmen zur räumlichen Zusammenfassung und Umstellung auf durchgängige CAD-Arbeit schon heute Früchte und haben Rationalisierungspotentiale erschlossen. Mit vollständiger Realisierung der Optimierungsmaßnahmen werden weitergehende positive Effekte erwartet, welche Produktivität und Effizienz dieses Kernprozesses des Unternehmens verbessern.

Für das Unternehmen ebenso wichtig waren die Erkenntnisse und Erfahrungen, welche über die gesamte Projektbearbeitung gewonnen werden konnten.

Restrukturierungsmaßnahmen greifen stark in die Abläufe und Arbeitsweisen im Unternehmen ein und stellen somit auch einen gewissen Risikofaktor dar. Vertraute Arbeitsweisen und Abläufe werden durch diese in Frage gestellt sowie Verantwortlichkeiten und Kompetenzen neu definiert. Hinzu kommt, daß es für die Gestaltung der Unternehmensorganisation keine Patentrezepte gibt. Die damit in Zusammenhang entstehende Unsicherheit impliziert zwangsläufig Veränderungswiderstände subjektiver und auch objektiver Natur. Von besonderer Bedeutung ist daher die sorgfältige Vorbereitung aller Optimierungsmaßnahmen.

Wesentliche Voraussetzung für das Gelingen ist die umfassende Nutzerpartizipation von Anfang an. Diese umfaßt das ständige Bemühen um Transparenz und Information zum Projektfortschritt, sowie die aktive Einbeziehung aller Betroffenen in die Lösungserarbeitung. Organisatorische Veränderungen müssen durch alle Ebenen des Unternehmens, von der Werksleitung bis zu den Mitarbeitern, getragen und aktiv umgesetzt werden. Zur Vermeidung von Konflikten ist auch der Betriebsrat ein wichtiger Partner. Durch die Einbeziehung aller Ebenen wird die Kompetenz aller Beteiligten für die Projektbearbeitung zusammengefaßt und ein praktikables Lösungskonzept möglich. Aufgrund der gemeinsamen Erarbeitung der Restrukturierungsmaßnahmen wird die Konsensfindung vorangetrieben und auch die notwendige Überzeugungsarbeit geleistet. Wichtig ist, daß als Ergebnis ein Konzept vorliegt, welches von allen Parteien voll getragen wird, sonst ist ein erfolgreiche Umsetzung nicht möglich.

Die Befragungen der Mitarbeiter müssen gründlich vorbereitet sein, und mit allen Entscheidungsträgern abgestimmt werden. Denn die Ergebnisse sind nur so gut, wie die befragten Mitarbeiter sich in das Projekt einbringen. Dabei sind auch persönliche Belange der Mitarbeiter zu berücksichtigen, weil diese Befragungen vorhandene Defizite im Ablauf aufdecken sollen und damit auch Befindlichkeiten zu diesen Themen bei den einzelnen Mitarbeitern entstehen können.

Ebenso wichtig ist eine iterative Vorgehensweise, die eine Überprüfung der Erkenntnisse erlaubt und eine zielgerichtete Definition der weiteren Vorgehensweise gestattet. Damit können spezifische Rahmenbedingungen des Unternehmens immer wieder Berücksichtigung finden und eine Risikoabschätzung vorgenommen werden. Desweiteren ist dies die Voraussetzung für ein besseres Verständnis der Mitarbeiter zur Umsetzung der neuartigen Organisationsformen.

Die Umsetzung des Übergangs in die neue Organisationsform muß sehr sorgfältig vorbereitet werden. Wichtig ist auch die Definition von Übergangsmechanismen bei der Einführung der Restrukturierung in die laufenden Prozesse.

Durch die verschiedenen parallel zu bearbeitenden Projekte wird es nicht nur eine allgemeingültige Organisationsform geben. Statt dessen stellt das neue Konzept einen Rahmen dar, der in Abhängigkeit von den aktuellen Bedingungen eines jeden einzelnen Projekte angepaßt werden muß.

Eine neue Organisationsform entwickelt nur dann den richtigen Nutzen für das Unternehmen, wenn parallel dazu die entsprechenden Arbeitsmittel vorhanden sind und richtig eingesetzt werden. Deshalb ist neben der Suche nach einer neuen Organisationsform auch die Gestaltung der entsprechenden Hilfsmittel von großer Bedeutung. Deshalb wurde parallel zu der Analyse in der Ablauforganisation auch eine Analyse der vorhandenen Arbeitsmitteln durchgeführt. Dabei stellte sich heraus, daß die eingesetzten DV-Systeme im Engineeringberiech des Werkes effektive Einzellösungen sind.

Eine direkte Kopplung der Systeme war nicht vorhanden, obwohl es Daten (Stücklisteninformationen) gibt, welche für beide Systeme relevant sind. Für die Mitarbeiter ist nur eine parallele Nutzung beider Systeme durch eine Terminalemulation des PPS-Systems auf dem CAD-Arbeitsplatz möglich. Dabei besteht aber keine online-Verbindung der Systeme, und eine Datenübergabe ist nicht möglich.

Zur Senkung der Durchlaufzeiten und Minimierung der Selbstkosten ist es unumgänglich, daß immer alle Mitarbeiter eines Unternehmens auf die aktuellen Daten zugreifen können. Dies wird auch durch die sinnvolle Integration von DV-Systemen erreicht, weil die Daten nicht mehrfach erfaßt bzw. nachgearbeitet werden müssen.

Eine weitere Möglichkeit ist die Schaffung von branchen- oder werkspezifischen DV-Lösungen auf Basis der eingesetzten Software, welche immer für einen breiten Anwenderkreis durch die Anbieter entwickelt wird. Damit können wiederkehrende Aufgaben sehr effizient und mit hoher Qualität gelöst werden. Außerdem kann das entstehende Know-how besser für das Unternehmen dokumentiert werden, und es ist nach Verlassen einzelner Mitarbeiter weiterhin verfügbar. Deshalb ist eine Integration von verschiedenen DV-Systemen ein wichtiger Bestandteil zum Erreichen dieser Ziele.

Als Teil eines Konzernes ist das Werk in der Wahl der Hilfsmittel bestimmtem Restriktionen unterlegen. So sind einheitliche DV-Systeme ein sehr gutes Mittel einen reibungslosen Datenaustausch zwischen den einzelnen Standorten zu gewährleisten und die entstehenden Kosten zu minimieren. Deshalb wird konzernweit für die betriebswirtschaftliche Datenverarbeitung die Standardsoftware SAP/R2 eingesetzt. Da auch alle Logistikprozesse mit dieser Software gesteuert werden, müssen die Mitarbeiter der Produktentwicklung mit dieser Software arbeiten. Derzeit werden die Anwendungen harmonisiert und auf SAP/R3 migriert. Damit sollen für den Konzern weitere Rationalisierungspotentiale erschlossen und der Datenaustausch zwischen den verschiedenen Standorten weiter verbessert werden.

Im Bereich der technischen DV-Systeme sind an den Standorten verschiedene Systeme im Einsatz. Dies liegt an den verschiedenen Geschäftsfeldern und der historischen Entwicklung der einzelnen Standorte. Für die Zukunft ist auch in diesem Bereich eine Harmonisierung von sehr großen Nutzen, weil die Datenübergabe bei technischen Daten (z. B. CAD-Daten) sehr schwierig und kostenintensiv ist. Der Austausch über Standardschnittstellen ist meist sehr ungenügend. Allerdings ist im Bereich der technischen Datenverarbeitung eine solche Harmonisierung wie bei der betriebswirtschaftlichen viel komplexer, da der Datenaustausch mit Partnern und Lieferanten viel größer ist als im Bereich der betriebswirtschaftlichen Datenverarbeitung.

Zu einer optimalen Arbeitsweise müssen diese beiden DV-Welten verbunden werden. Insellösungen können für die Zukunft nicht die Lösungen sein. Leider gibt es derzeitig kaum produktive Standardlösungen, welche diesen Prozeß aktiv unterstützen. Die am Markt vorhandenen Lösungen sind meist projektbezogene Einzellösungen, welche sich schlecht adaptieren lassen. Der Einsatz von Einzellösungen ist zu vermeiden, da diese meist sehr hohe Kosten in der Pflege der Software hervorrufen und gleichzeitig im Unternehmen erhebliche Kapazitäten binden.

Eine weitere Möglichkeit zur Kopplung der beiden Welten ist die Einführung eines EDM-Produktes. Dieses hat den Vorteil, daß am Markt eingeführte Lösungen vorhanden sind. Allerdings ist es aus der Sicht eines Auftragsfertiger die Zwischenschaltung einer dritten DV-Welt. Aufgrund der kurzen Projektzeiten werden alle Informationen direkt aus dem PPS-System entnommen und direkt in die Auftragssteuerung übergeben. Deswegen ist eine Zwischenschaltung eines EDM-Systems eine weitere Gefahr zur Datenredundanz.

Unabhängig vom Einsatz der einzusetzenden Software für die Kopplung von CAD und PPS-System, wurden im Unternehmen umfangreiche Vorarbeiten für einen reibungslosen Einsatz der Lösung vorangetrieben. Dazu gehören das Harmonisieren von Bauteilen und das Klassifizieren bestimmter Elementgruppen. Dies sind Voraussetzungen für eine effektive Teilewiederverwendung, und damit zur Senkung der Selbstkosten. Die Teilewiederverwendung ist eins der effektivsten Mittel zur weiteren Stärkung der Wettbewerbssituation für jedes Unternehmen.

Ein weiterer Ansatzpunkt für die effektive Unterstützung der einzelnen Mitarbeiter ist die Implementierung von Spezialanwendungen auf Basis vorhandenen Systeme, bzw. in Verknüpfung mit diesen.

Diese Anwendungen können für einzelne Einsatzfälle sehr große Effekte erbringen. Da diese Anwendungen nur einem begrenzten Kundenkreis zur Verfügung gestellt werden können, sind sie nicht am freien Markt verfügbar. Leider erzeugen sie aber auch hohe Betreuungskosten, da sie am entsprechenden System arbeiten und bei jedem Update des Systems eventuell mit überarbeitet werden müssen. Daher sollte der Einsatz dieser Anwendungen sehr genau geprüft werden.

Für das im Einsatz befindliche CAD-System Sigraph Design gibt es keine schienenfahrzeugtypischen Spezialanwendungen. Aber der relationale Kern des Systems erlaubt mit relativ wenig Aufwand die Schaffung der selbigen. Deshalb wurden für wichtige Spezialfälle diese Lösungen geschaffen.

Als gemeinsame Datenbasis für die verschiedenen Anwendungen muß ein Datenverwaltungstool geschaffen werden, das die Datenverwaltung ermöglicht und gleichzeitig als effektive Benutzungsoberfläche dient. Zu diesem Zweck wurde das Programmpaket EDACON entwickelt. Eine genaue Beschreibung des Programmsystems EDACON findet sich im Kapitel 4.1.2.3. dieses Buches.

Ein großer Vorteil von EDACON ist die Abbildung der Produktstruktur des Erzeugnisses. Damit kann bereits zu Beginn der Bearbeitung die Erzeugnisstruktur modelliert werden, die als Basis für die gesamte Entwicklung dient. Durch die vorhandenen einfachen Möglichkeiten kann die Struktur jederzeit modifiziert, ergänzt und in den benötigten Ansichten dargestellt werden. Eine Abbildung von Varianten ist möglich, damit Vergleiche zur Kostenoptimierung durchgeführt werden können. Die abgebildete Produktstruktur dient außerdem als Basis für die Kommunikation zwischen den einzelnen Projektbearbeitern.

Die implementierten Spezialanwendungen decken prototypisch bestimmte wiederkehrende Aufgaben ab, z. B. die Bremsberechnung eines Güterwagens und gleichzeitig die Simulation der unterschiedlichen Betriebszustände des mechanischen Teils eines Bremssystems.

Aufgrund der hinterlegten Wissensbasis ist der Bearbeiter bereits in der Angebotsphase in sehr kurzer Zeit in der Lage, ein exaktes Bremsprojekt zu erzeugen. Da das Bremssystem ein wichtiges Sicherheitssystem am Fahrzeug ist, ist eine genaue Festlegung in der Angebotsphase ein wichtiges technisches und kostenkalkulatorisches Detail. In der Phase der späteren Konstruktion des Fahrzeuges kann auf diese Unterlagen zurückgegriffen werden, und die Fertigungsunterlagen entstehen in kürzester Zeit.

Das Programmsystem EDACON dient als Rahmen und kann jederzeit durch weitere Spezialanwendungen ergänzt werden. Dabei ist es egal, ob die Anwendungen auf der

Basis des CAD-Systems beruhen oder ob es davon unabhängig programmierte Anwendungen sind.

Nach einer erfolgreichen Testung der Prototypen werden die Erkenntnisse als Basis zur Implementierung in am Markt befindliche Produkte genutzt.

5.3.3 Betrieblicher Nutzen

Nach einer sehr intensiven Mitarbeit kann für das Unternehmen insgesamt eine positive Bilanz gezogen werden. Die bis jetzt erzielten Ergebnisse zeigen die Richtigkeit des gegangenen Weges. Die umgesetzten Maßnahmen werden von den Mitarbeitern getragen und in der täglichen Arbeit genutzt.

Die neue Arbeitsorganisation für den Bereich der Produktentwicklung ist Bestandteil der gesamtbetrieblichen Organisation geworden. Die erarbeiteten Optimierungsansätze auf organisatorischem Gebiet stellen ein Rahmenkonzept dar, welches anhand der konkreten Gegebenheiten auf jedes neue Projekt adaptiert wird.

Die Einführung innovativer Organisationsstrukturen ist ein sehr komplexer und langwieriger Prozeß. Kurzfristig können nur qualitative Aussagen getroffen werden, da erst nach einem längeren Zeitraum eine Kontrolle der erreichten Ergebnisse möglich wird.

Im Ergebnis der ersten Evaluierungsphase wurden bereits Verbesserungen bezüglich der Kommunikations- und Informationsflüsse festgestellt. Die Mitarbeiter hatten die Grundsätze der neuen Organisationsform verinnerlicht und aktiv umgesetzt. Dies ist zurückzuführen auf die erreichte Akzeptanz der Mitarbeiter gegenüber den Optimierungsmaßnahmen, die ihren Ausdruck in einer aktiven Mitarbeit bei der Umsetzung und veränderten Verhaltensweisen während der Projektbearbeitung fand. Damit konnte die Anzahl von Konstruktionsänderungen gesenkt und die Durchlaufzeiten minimiert werden.

Weitere Rationalisierungspotentiale wurden zum Beispiel durch die räumliche Zusammenlegung aller Mitarbeiter der Produktentwicklung erschlossen. Die Mitarbeiter können jetzt viel schneller kommunizieren und ihre Probleme auf direktem Weg lösen.

Ein sehr postiver Aspekt ist das Erreichen einer optimalen Ausstattung mit CAD-Arbeitsplätzen. Dadurch sind die Mitarbeiter in der Lage, alle Konstruktionsdokumente für Neuentwicklungen per CAD zu erstellen. Die lästige Mischarbeit gehört der Vergangenheit an, und die Mehrfachnutzung der vorhandenen Daten bewirkt eine deutliche Verringerung der Entwicklungszeit.

Die entwickelten Prototypen der Spezialanwendungen werden in der täglichen Praxis genutzt, um bestimmte Teilaufgaben zu lösen. Sie dienen unter anderem auch als Basis für die Integration der beiden DV-Systeme, CAD und PPS.

Die Integration kann erst nach der erfolgreichen konzernweiten Migration von SAP/2 auf SAP/3 erfolgen und muß eine konzernweite einheitliche Lösung darstellen, damit sie auch Basis für den Datenaustausch zwischen den einzelnen Werken des Konzerns genutzt werden kann.

Zusammenfassend kann festgestellt werden, daß die Mitarbeit in diesem Verbundprojekt für das Unternehmen von Nutzen war. Dies betrifft einerseits die Projektergebnisse selbst, welche wichtige Schritte zur Verbesserung der Geschäftsprozesse darstellen. Andererseits hat das Unternehmen auch vom Transfer von Forschungsergebnissen in die betriebliche Praxis profitiert.

Letztlich tragen damit die im Vorhaben geleisteten Arbeiten zur Festigung des Marktposition des Unternehmens bei.

5.4 Grote & Hartmann

Grote & Hartmann ist eine weltweit tätige Unternehmensgruppe. Unter dem Markenzeichen GHW entwickelt, fertigt und vertreibt Grote & Hartmann elektromechanische Verbinder und Verbindungssysteme sowie auf den Mechanisierungsgrad abgestimmte Verarbeitungsmittel. Den Anwendern in der Automobil-, Hausgeräte- und Kommunikationsindustrie sowie in vielen anderen Bereichen bietet GHW ein umfassendes Produktprogramm.

Die GHW-Gruppe besteht aus mehreren eigenständigen Unternehmen. Die Muttergesellschaft, die Grote & Hartmann GmbH & Co. KG, hat ihren Stammsitz in Wuppertal. Sie verfügt über 4 weitere Fertigungsstandorte in Deutschland. Ein international ausgerichtetes Vertriebsnetz mit zentralem Warenverteilzentrum beliefert alle Kunden rund um den Globus. Im Stammhaus laufen auch die Fäden der Tochtergesellschaften in 5 Industrienationen zusammen.

Produktionsstätten in Frankreich, Großbritannien und Südafrika mit eigenständigen Entwicklungs- und Vertriebsabteilungen gewährleisten die Nähe zum Kunden und eine höhere Verfügbarkeit der Produkte in den regionalen Märkten. Vertriebsgesellschaften in Italien, Portugal, Türkei, USA, Mexiko und eine Vielzahl von Verkaufsbüros und Vertretungen weltweit sichern die Präsenz bei den dortigen Abnehmern.

Die stetig fortschreitende Technisierung in allen Lebensbereichen stellt immer höhere Anforderungen an die Verbindungstechnik. Der Einsatz von Spitzentechnologie und modernen, rationellen Fertigungsverfahren in den Entwicklungs- und Produktionsabteilungen macht es möglich, hierbei Schritt zu halten. Die Produktpalette der von Grote & Hartmann angebotenen Bauelemente und Verarbeitungsmittel reicht von Kontakten mit Stahlfeder (FeCrNi) für größte Beanspruchung und höchste Betriebssicherheit über wasser- und/oder ölgedichtete Systeme für den Einsatz in extremen Umgebungen bis zu prozessorgesteuerten Voll- und Mehrfunktionsautomaten für die rationelle Fertigung von Einzelleitungen, Leitungsketten und Leitungssätzen in Großserien. Hochleistungsstanzautomaten mit Präzisionsverbundwerkzeugen fertigen täglich Millionen von Kontakten. Galvanikautomaten veredeln die Oberflächen. Selektivbeschichten mit hochwertigen Edelmetallen gewährleistet wirtschaftlichen Materialeinsatz. Kunststoffgehäuse ergänzen in mehrfacher Hinsicht eine elektrische Verbindung. Auf engstem Raum vereinen sie eine Vielzahl von Kontakten. Sie schützen vor Berührung, Kurzschluß und vor Umwelteinflüssen und erleichtern die Handhabung. Die erforderlichen Spritzgieß- und Stanzwerkzeuge entstehen weitgehend im eigenen Haus. Montageeinrichtungen aus eigener Entwicklung komplettieren Kontaktteile und Gehäuse.

Grote & Hartmann besitzt seit mehr als 14 Jahren Erfahrungen mit CA-Systemen. Derzeit sind über 50 CAD-Arbeitsplätze mit 2D und 3D-Anwendungen im Einsatz. Ausgehend von den CAD-Daten werden mit Hilfe der Stereolithografie ohne jedes Werkzeug

Prototypen erstellt. Neben zahlreichen PC-Anwendungen werden EDV-Anwendungen für FEM, für CAM, für technische Datenbanken, für CAQ und für PPS genutzt.

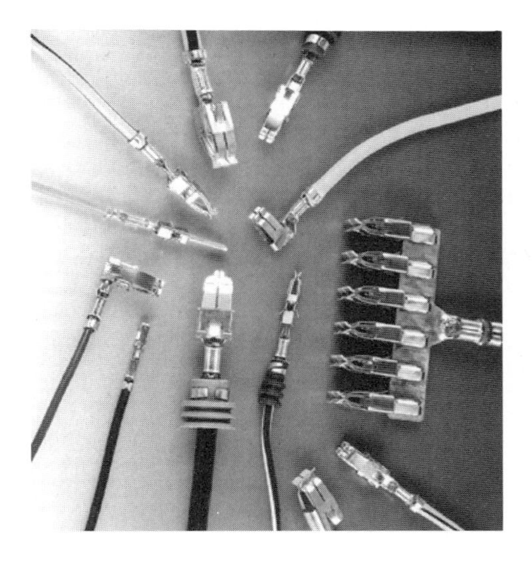

Bild 5.15 Produktbeispiele

5.4.1 Ausgangssituation und Problemstellung

Grote & Hartmann entwickelt und fertigt kundenspezifische Lösungen zur Übertragung von elektrischen Leistungen oder Signalen zur Informationsübermittlung. Dabei läuft die Entwicklung neuer Verbindungssysteme häufig parallel zur Produktentwicklung des Kunden. Ein Prozeß, der viele technische Stellen außerhalb sowie innerhalb des Hauses, wie z. B. Kunde, Vertrieb, Produktkonstruktion, Werkzeugkonstruktion und Produktion zur Zusammenarbeit zwingt. Die Innovationsfelder finden wir innerhalb der Prozeßkette der Neuproduktentwicklung. Angefangen vom ersten Kundenkontakt über die entsprechenden Lösungsvorschläge bis hin zur Vorschlagskonstruktion und anschließendem Bestellumlauf sind große Defizite innerhalb der Informationstechnik zu finden. So ist eine Prüfung der technischen und wirtschaftlichen Aspekte bzgl. des Kundenwunsches fachbereich-übergreifend im Hause GHW unbedingt erforderlich. Die Menge und die Qualität der Anfragen erfordern neue Konzepte zur Bewältigung der sog. Anfrage-Untersuchung (AU). Die Zusammenarbeit zwischen Kunden und Vertrieb bzw. Entwicklung hat eine neue Dimension erreicht. Der Kunde gibt nur noch einen Rahmen vor und delegiert die Aufgaben. Anschließend erhält der Kunde alle Konstruktionsarbeiten u. a. in Form von CA- und ORG-Daten. Darüber hinaus wird immer mehr die Präsenz von GHW-Entwicklern und -Konstrukteuren beim Kunden vor Ort gefordert. Dies geht so weit, daß ein GHW-Resident-Engineer 30 % und mehr seiner Arbeitszeit direkt in der Konstruktionsabteilung des Kunden verbringt. Hierbei müssen Konstruktionsvorschläge und Änderungen direkt in das kundenspezifische CA- und PDM-System eingebracht werden. Die aktualisierten Daten müssen dann ohne Verluste in das GHW-Datenverarbeitungssystem schnellstmöglich eingebracht werden.

Ein weiteres Problem stellt die Dezentralisierung der Konstruktionsabteilungen bei Grote & Hartmann dar. Abteilungen, die sehr eng miteinander kooperieren müssen, sind ca. 200 km voneinander entfernt. Das betrifft in erster Linie die Konstruktionabteilungen für Kunststoffprodukte in Wuppertal und für Spritzgießwerkzeuge in Bersenbrück in Niedersachsen. Hierunter leidet der notwendige Abstimmungsprozeß zur Erstellung werkzeuggerechter Produktkonstruktionen.

Grundsätzlich läßt sich die Prozeßkette in die in Bild 5.16 dargestellten Meilensteine aufteilen. Auf die Prozesse nach der Fertigungsfreigabe wird im Rahmen des CAD-Referenzmodelles Phase II nicht eingegangen. Es wird nun vielmehr auf die Problematik der ersten vier Meilensteine eingegangen.

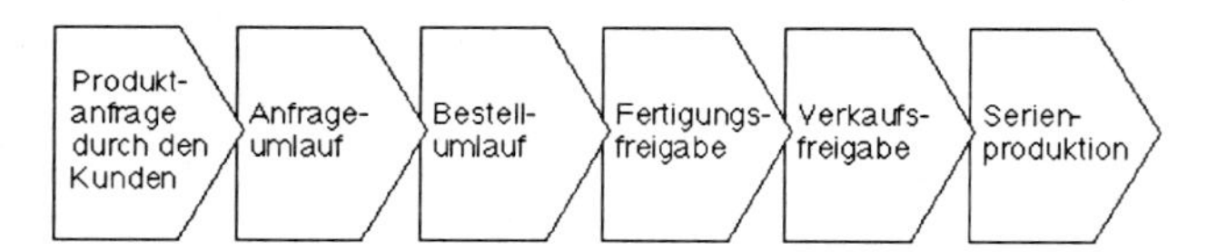

Bild 5.16 Prozeßschritte der Neuproduktentwicklung

Aufteilung der Neuprodukt-Prozeßkette in ihre Innovationsfelder

Aus dem oben beschriebenen Szenario kristallisieren sich 3 Innovationsfelder heraus, die gleichzeitig für den Entwicklungsprozeß bei GHW entscheidend sind.

Der gesamte organisatorische Ablauf der Neuprodukt-Prozeßkette bis zur Fertigungsfreigabe ist bzgl. der Informationsbereitstellung zu träge, weist große Informationslücken auf und basiert zum großen Teil auf der Haltung redundanter Informationsinseln.

Der CA-Produktdatenaustausch heterogener Systeme zwischen Kunde und GHW ist aufgrund großer Datenverluste völlig unzureichend. Die Schaffung eines gemeinsamen Produktdatenmodells wird nicht erreicht.

Eine Kooperation und Abstimmung zwischen Produkt- und Werkzeugkonstruktion im Bereich Kunststoff erfolgt aufgrund der großen Entfernung nur sehr umständlich bzw. in vielen Fällen überhaupt nicht.

Die ersten vier Prozeßschritte der Neuproduktprozeßkette können zusammen mit den prinzipiellen Innovationsfelder wie folgt stark vereinfacht dargestellt werden:

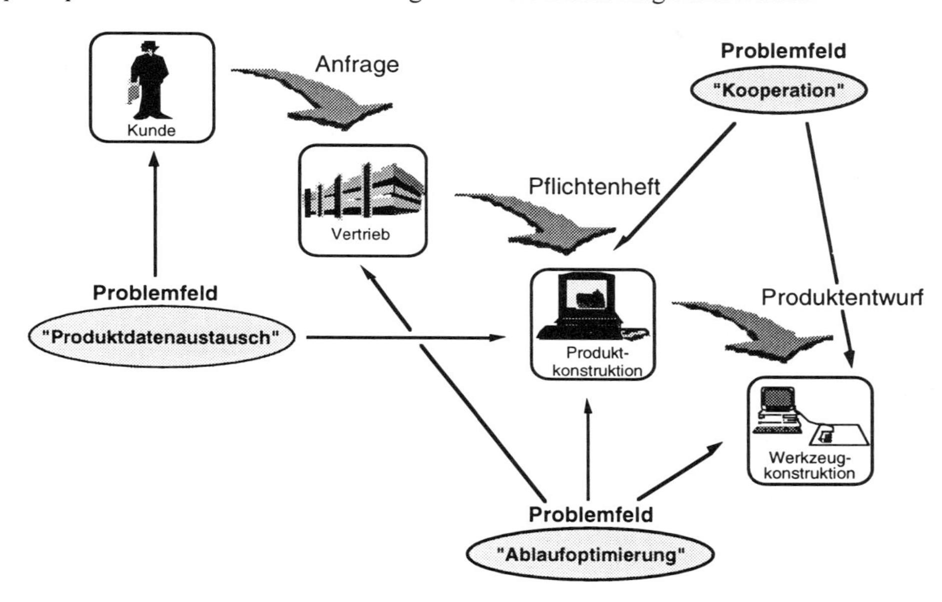

Bild 5.17 Innovationsfelder der Neuprodukt-Prozeßkette

Istsituation des Problemfeldes „Neuprodukt-Prozeßkette"

Im Rahmen des Projektes wurde eine Ist-Analyse der o.g. Punkte durchgeführt. Im Ergebnis der Befragungen stellten sich folgende Sachverhalte hinsichtlich der Informationen heraus:

Informationsdefizite werden von allen Unternehmensbereichen beklagt, dies betrifft insbesondere:

- Informationstransparenz zu geplanten bzw. neu eingesteuerten Projekten ist nicht gegeben
- fehlende Informationen zu Produktanforderungen, Kundenwünschen und Randbedingungen für die Entwicklung (Pflichtenheft)
- fehlende Informationen zu Anforderungen an Verarbeitungsmittel
- fehlende Informationen zum Status der Anfragebearbeitung

- fehlende Informationen zu Prüfbedingungen.

Abhängig von der Stellung und den Aufgaben im Prozeß haben die Informationsdefizite eine unterschiedliche Wertigkeit. Daher werden im folgenden die wesentlichen Innovationsfelder für die einzelnen Fachbereiche beschrieben.

Für den *Entwicklungsbereich* (Konstruktion, teilweise Arbeitsvorbereitung) ist hauptsächlich das Fehlen von Informationen zu Produktanforderungen, Kundenwünschen sowie Randbedingungen für die Entwicklung relevant. Die diesbezüglich benötigten, für alle Aufträge verallgemeinerbaren Informationsinhalte sind jedoch zum größten Teil bereits im Formular "Neuproduktpflichtenheft" abgebildet. Darüber hinausgehende Inhalte sind stark auftragsabhängig, ergeben sich erst während der Bearbeitung sowie im Dialog mit dem Kunden und können somit nur schwer vordefiniert werden. Erweiterungsbedarf wurde benannt hinsichtlich technischer und kaufmännischer Merkmale von Produkten der Mitanbieter, Patentinformationen, Preisübersichten, speziellen Kundenanforderungen und dem Vermerk zur Freistellung von Fremdrechten.

Die vom *Maschinenbau* benötigten Zusatz-Informationen zu Anforderungen an Verarbeitungsmittel sind im Fragebogen "Technisches Anforderungsprofil" (für Sondermaschinen) und im "AU-Begleitblatt für Crimpwerkzeuge" (AU = Anfrageuntersuchung) bereits definiert. Hinsichtlich der auftragsspezifischen Informationen ist die Situation mit der im Bauelementebereich vergleichbar.

Im Ergebnis der Erhebung muß festgestellt werden, daß zu Beginn der Anfragebearbeitung Informationsdefizite bezüglich Pflichtenheftdaten im wesentlichen aus der unvollständigen Erhebung, Pflege und Weitergabe der Daten resultieren. Anzumerken ist, daß für den Vertrieb diese Daten oft nicht verfügbar sind, da sie vom Kunden nicht bereitgestellt werden. Desweiteren ergibt sich erst während der Auftragsbearbeitung ein Bedarf nach Zusatzinformationen, die auftragsspezifisch recherchiert und meist informell weitergegeben werden.

Für die verschiedenen *Versuchs- und Prüfabteilungen* ist hauptsächlich das Fehlen von Pflichtenheftinformationen und Vorgaben zu Prüfbedingungen von Relevanz. Die Prüfbedingungen werden dabei entweder in Firmennormen des Kunden definiert oder durch speziell vom Kunden zu spezifizierende Vorgaben bestimmt.

Aus Sicht des *kaufmännischen Bereiches* - hier Controlling- sind die zur Bearbeitung der Kalkulation im Anfrage-Umlauf benötigten Informationen im wesentlichen vollständig verfügbar. Zusätzlich sollte eine frühzeitige Definition und Vorabinformation zu geplanten Verkaufspreisen durch den Vertrieb erfolgen. Auf dieser Basis könnten durch hypothetische Berechnungen Kostenziele ermittelt und als Richtwerte den beteiligten Bereichen vorgegeben werden.

Allen Unternehmensbereichen fehlen in stärkerem oder geringerem Maße für die Planung und die Koordinierung der Aktivitäten Informationen zum Auftragsstatus und zu geplanten bzw. aktuell angelaufenen Projekten.

Die AU-Runde kann infolge steigenden Auftragsumfangs und zunehmender Produktkomplexität, sowie aufgrund fehlender AU-Vorselektion und mangelnder Vorbereitungsmöglichkeit die konzipierte Zielstellung nicht mehr realisieren. Verstärkt wird diese Entwicklung dadurch, daß die Akzeptanz der Beteiligten gegenüber der AU-Runde sinkt.

Notwendige Informationsinhalte

Die im Prozeß der Anfrage-Untersuchung bis zur Freigabe der Ferigungmittel (F-FM) verwendeten Informationen müssen in folgende Kategorien eingeteilt werden:

Administrative Daten zur AU, Kundeninformationen, Terminvorgaben, Technische Anforderungen (Pflichtenheft, Geometrie, Stoff, mechanische Eigenschaften, elektrische Anforderungen, Umgebungsbedingungen, mitgeltende Unterlagen), FMEA, Anforderungen an Verarbeitungsmittel (Verarbeitungsmaschine, Crimpwerkzeug), technische und geldwerte Kalkulationsdaten, Daten der Projektgenehmigung, Daten zum Status der Auftragsbearbeitung (Anfrage-Umlauf, Bestell-Umlauf), Datenblatt-Umlauf zur F-FM, Daten zu den Statements der involvierten Bereiche bei der F-FM.

Informationsverteilung und -ablage

Die aktuelle für die Arbeitsaufgaben im Prozeß benötigte Informationsverteilung und -ablage erfolgt vorwiegend als konventioneller Verteiler in Form von diversen GHW-standardisierten und unstandardisierten (abteilungsinternen) Papier-Formularen. Hierbei ist insbesondere zu berücksichtigen, daß die hausinterne Postverteilung längere Zustellzeiten benötigt, was wiederum längere Durchlaufzeiten verursacht. Daher wird i.d.R. bei zeitkritischer Informationsverteilung die persönliche Zustellung oder Vorabinformation durch ein persönliches Gespräch per Telefon oder Vorabinformation per Fax bevorzugt. Die Informationsverteilung und -ablage per EDV über die Host-, Oracle-Anwendungen oder über die zum Teil eingesetzten dezentralen PC-Lösungen erfolgen im allgemeinen parallel oder zeitverzögert. Sie werden vorwiegend zur Informationsarchivierung und nicht für den Informationsaustausch verwendet.

Dies hat zur Folge, daß die Datenhaltung dezentral verteilt (verstreut) ist. Die Datenhaltung ist dadurch teilweise redundant, teilweise inkonsistent und nur durch hohen administrativen Abgleichungsaufwand und Pflegeaufwand konsistent zu halten, z. B. durch diverse Formularabgleiche und -umläufe. Hierdurch resultiert letztendlich auch lange Laufzeiten durch einen entsprechend hohen Mehraufwand verursacht im wesentlichen durch manuelle Dateneingabe in lokale Softwareanwendungen, manuelle Datenübertragung zwischen oder nach diversen Formularen sowie den Mehraufwand für die ständige Prüfung und den Abgleich der übertragenen Daten.

Die informelle Kommunikation ist zusätzlich dadurch problembehaftet, daß individuell erhobene Informationen teilweise nicht verteilt und auch nicht "unternehmensweit oder zentral" dokumentiert werden und das der Informationsfluß von subjektiven Faktoren beeinflußt wird.

Istsituation Problemfeld „Produktdatenaustausch“

Auch hier wurde zunächst der Entwurfs- und Modellierungsprozeß im Rahmen der Anfrage-Untersuchung analysiert.

Der Entwurfs- und Modellierungsprozeß wird in auftragsbezogenen Projektgruppen durchgeführt. Dabei spricht der Konstrukteur zunächst das Pflichtenheft mit den Fachabteilungen durch und skizziert das Teil grob auf Papier oder in CAD. Der Technische Zeichner erstellt dann einen 3D-Entwurf mit Konsys und leitet ggf. Varianten ab.

In einer Design-FMEA werden zusammen mit der Qualitätssicherung und der Arbeitsvorbereitung mögliche Fehler und Beseitigungsmöglichkeiten ermittelt und der Entwurf gegebenenfalls nachgebessert.

Im Pflichtenheft sind keine Zeichnungen und nur selten Skizzen enthalten. Die Geometrie (Einbauraum, Anschlußgeometrie) wird überwiegend im Catia-Format vorgegeben. Manche Sachverhalte sind nur implizit bekannt, z. B. verlangt der Kunde einen ”Tüllenkragen” an den Steckern. Diese Information ist jedoch in keinem Pflichtenheft zu finden. Sie ist den Konstrukteuren aufgrund ihrer Erfahrung mit dem Kunden bekannt. Zahlreiche Informationen, wie z. B. das Material von Dichtungen, usw. liegen weder in schriftlicher Form noch gesammelt und strukturiert vor. Auch hier zählt die Erfahrung der Konstrukteure. Manche Vorgaben, die nicht im Pflichtenheft festgeschrieben sind, sind dem Abteilungsleiter aus Gesprächen mit dem Kunden bekannt. Sie werden mündlich mitgeteilt.

Für die Detail-Konstruktion im Rahmen des Bestellumlaufs des Bauteils werden vom Konstrukteur und Zeichner weitere Informationen beschafft: Zeichnungen, Normenblätter (Hausnormen und Kundennormen). Das bereits bestehende 3D-Modell des Entwurfs wird vom Zeichner anhand der Angaben des Konstrukteurs detailliert (Radien etc.). In dieser Phase stimmen sich die Beteiligten aus der Konstruktion direkt mit den Fachabteilungen ab.

Der Konstrukteur wählt den Werkstoff aufgrund bestimmter Kundenanforderungen aus.

Bei Steckverbindern wird ausgehend von den fest vorgegebenen Kontakten von innen nach außen modelliert. Die Vorgehensweise ist von den vorgegebenen Forderungen abhängig; wenn die Bauraumgrenzen eine ”härtere” Forderung darstellen, dann ist die Modellierung von außen nach innen sinnvoll.

Bei der Modellierung wird, wenn möglich, von bereits erstellten Teilen ausgegangen, z. B. werden Rastarme häufig benötigt.

Die CAD-Daten liegen lokal beim Bearbeiter solange sie in Bearbeitung sind. Nach Fertigstellung werden sie in ein abteilungsspezifisches ”Lager” eingebracht, auf welches auch die Betriebsmittelkonstruktion zugreifen kann. Die Daten sind nicht global verfügbar. Aus dem 3D-Modell leitet der Zeichner eine technische Zeichnung ab.

Zusammen mit Arbeitsvorbereitung und Qualitätssicherung wird eine Konstruktions-FMEA durchgeführt. Bei Bedarf findet eine FEM-Berechnung statt. Die Toleranzbetrachtung wird auf dem Papier erstellt. Parallel wird die Musterfertigung veranlaßt. 3D-Modelle können per Stereolithografie (SLA) gefertigt werden.

Vorgehensweise beim CAD-Datenaustausch

Die Automobilindustrie als wichtigster Auftraggeber stellt immer höhere Anforderungen an die Produktqualität und an das Produktmodell. War in der Vergangenheit die Plazierung der Steckverbinder noch von untergeordnetem Interesse, werden heute bereits Produkte exakt unter Beachtung komplizierter Geometrien in die Karosserie bzw. das Armaturenbrett eingepaßt. Daher müssen die vom Auftraggeber bereitgestellten CAD-Modelle der Einbauumgebung zu Referenzzwecken in das Konsys-System übernommen werden. Diese verfügen nicht über die dazu erforderliche Schnittstellenqualität für den 3D-Geometrie- bzw. Produktdatenaustausch. Die Modelle müssen unter großem Zeitaufwand in dem entsprechenden CAD-Brückenkopf Catia nochmals nachgebildet werden.

Der Austausch von 3D Modellen über VDA-FS scheitert teilweise an der mathematischen Repräsentation der Flächen in VDA-FS. Um hier trotzdem ein exaktes Solid zu erhalten sind umfangreiche Anpassungen erforderlich. Benötigt wird möglichst eine verlustfreie Übernahme der 3D-Konstruktionsdaten, ohne zusätzlichen Pufferzeiten.

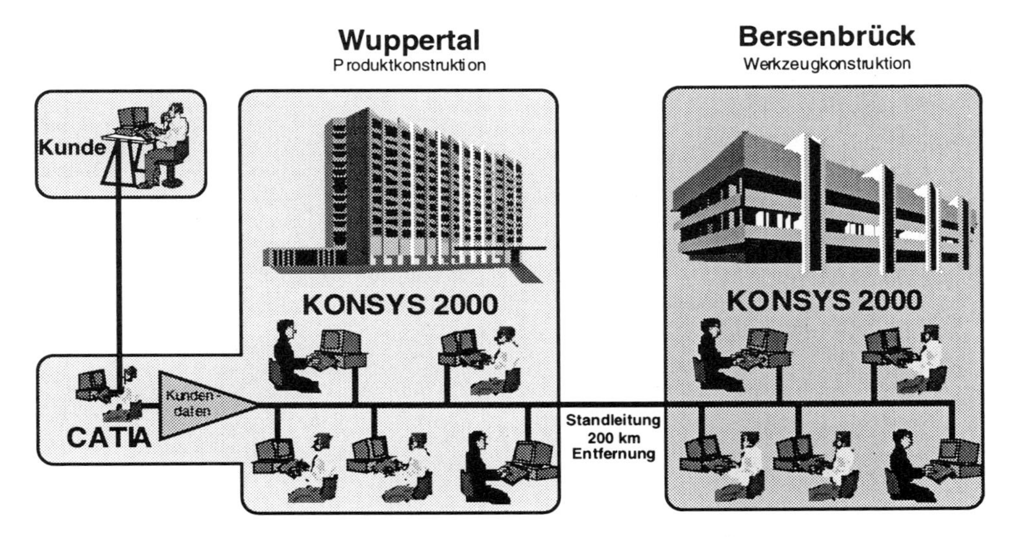

Bild 5.18 CAD-Datenaustausch

Istsituation Problemfeld „Kooperation"

Zwischen der Produktkonstruktion und der Spritzgießwerkzeugkonstruktion sind bzgl. einer fertigungsgerechten Gestaltung unbedingt intensive Absprachen erforderlich. Die beiden Abteilungen sind in unterschiedlichen Werken mit einer Entfernung von ca. 200 km tätig. Eine räumliche Zusammenlegung der Abteilungen ist nicht möglich. Der Informationsaustausch mit dem weit entfernten Kollegen der Spritzgießwerkzeugkonstruktion ist daher nur per Telefon und Fax bzw. nur durch aufwendige Dienstreisen möglich. Die Nutzung der konventionellen Kommunikationsmedien führt zu einer zeitlichen Verzögerung bei der Abstimmung und dem Austausch von Informationen, es macht die Handhabung umständlich und erschwert den Abstimmungsprozeß zusätzlich zu der fachlich-inhaltlichen Lösungsfindung. Hinzu kommt die Problematik der zum Teil fehlenden Dokumentation hinsichtlich der Vereinbarungen bei Verwendung von Fax und Telefon. Die Neukonstruktion eines Teils nimmt je nach Komplexität bis zu drei Wochen in Anspruch. In dieser Zeit steht der Produktkonstrukteur 5-10 mal vor Entscheidungen, die die Werkzeugkonstruktion beeinflussen. Meist entscheidet er in solchen Situationen allein oder konsultiert die Arbeitsvorbereitung. Eine Abstimmung mit einem Werkzeugkonstrukteur wird aus o.g. Gründen oft gemieden.

Später kommt es dann während der anschließenden Werkzeugkonstruktion im Werk Bersenbrück sehr oft zu Fragen über Maße, Radien, Toleranzen und zum generellen Verständnis, da aufgrund gefaxter CAD-Zeichnungen diskutiert wird und es immer zu Mehrdeutigkeiten bei der Interpretation der Faxe kommt. Teilweise werden die Probleme erst spät im Werkzeugkonstruktionsprozeß erkannt. In diesem Fall wird wiederum mit Fax und Telefon in umgekehrter Richtung eine Abstimmung versucht.

Zusammenfassend stellt man fest, daß

- die Kommunikation zwischen den Standorten stark verbesserungswürdig ist,
- die notwendigen Reisen zwischen den Werken Wuppertal und Bersenbrück kosten- und zeitintensiv sind,
- die Fertigungsprobleme erst spät erkannt werden und zu aufwendigen Änderungen am Produkt führen,
- die Konsultation per Telefon bzw. Fax schwierig und fehlerträchtig ist und ein Großteil der Zeit darauf verwendet werden muß, den relevanten Bereich der Konstruktion zu identifizieren.

5.4.2 Lösungsansatz und Umsetzung

Im Rahmen des Verbundprojektes CAD-Referenzmodell wurde zur technischen und organisatorischen Optimierung der nachfolgend dargestellte interdisziplinäre Lösungsansatz entworfen und umgesetzt. Einige detaillierte Darstellungen des Lösungsansatzes und der Ergebnisse der Umsetzung sind im Kapitel 4 enthalten.

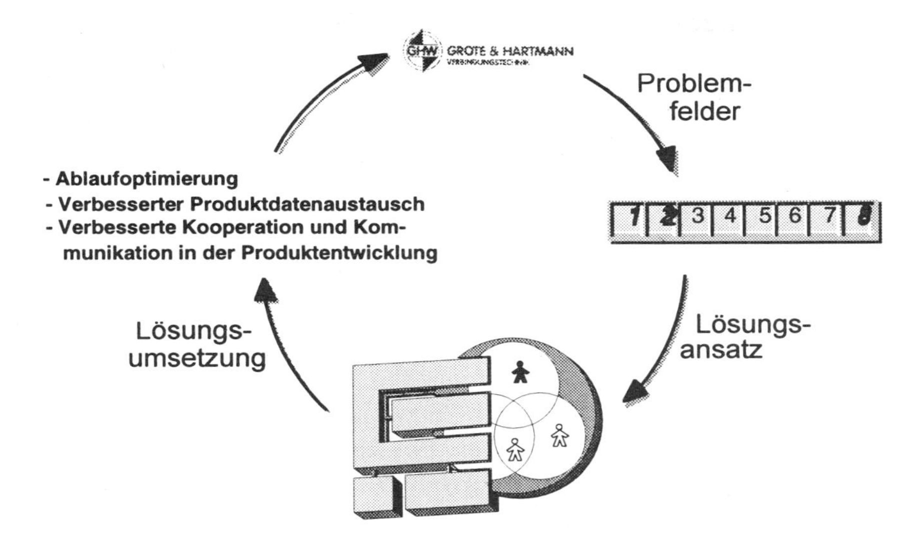

Bild 5.19 Lösungsablauf

5.4.2.1 Optimierung der Neuprodukt-Prozeßkette

Zur Verbesserung der Neuprodukt-Prozeßkette mußte zunächst die Ablauforganisation optimiert werden. Die damit verbundene Neukonzeption der Prozesse erfordert eine einheitliche technische Unterstützung . Die Abläufe werden mit anderen Worten hinsichtlich der Vorgangssteuerung (workflow), d. h. im Hinblick auf Vorgangsbearbeitung, Vorgangsinformation und Vorgangsverwaltung optimiert. Bei der Vorgangsbearbeitung wird untersucht, wie die stark arbeitsteilige Abwicklung von Kundenanfragen zumindest teilweise integriert und prozeßorientiert abgewickelt werden kann. So können (u. a. personelle) Schnittstellen verringert, Fehlermöglichkeiten minimiert und Abläufe beschleunigt werden. Hier war zunächst nicht die informationstechnische Unterstützung angesprochen, sondern die Verbesserung der organisatorischen Abläufe, einschließlich des Formularwesens. Über eine Vorgangsinformation kann der inhaltliche und terminliche Status einzelner Anfragen oder Aufträge verfolgt werden. Die Vorgangsverwaltung schließlich soll u. a. abgearbeitete Anfragen oder Aufträge dokumentieren, die Recherche ermöglichen und Aufträge (bei ähnlichen Fällen) wieder zur Verfügung stellen. Die Vorgangssteuerung (des Kundenauftrags) wird informationstechnisch unterstützt, so daß mit vollständigen und konsistenten Informationen gearbeitet wird, Medienbrüche und Doppeleingaben vermieden, Fehlerquellen minimiert und Durchlaufzeiten reduziert werden. Durch die Integration der im Auftragsumlauf gehandhabten wesentlichen Daten werden die Informationsdefizite behoben.

Der Lösungsansatz zur organisatorischen und technischen Optimierung gliedert sich in folgende vier Arbeitsphasen:

In der *ersten Arbeitsphase "Ist-Analyse"* wurde die Ist-Situation der Auftragsbearbeitung analysiert und entsprechende betriebliche und praxisorientierte Anforderungen abgeleitet. Die Analysen wurden interdisziplinär durchgeführt. Die Erhebungsschwerpunkte lagen hierbei im Bereich der Arbeitsaufgabe und -tätigkeit, dem Zeitpunkt der Bearbeitung bzw. der Informationserstellung, der verwendeten Ressourcen (Mitarbeiter, Arbeitsmittel), der Eingangsinformationen, der Informationsbearbeitung und -auswertung sowie der erzeugten Ausgangsinformationen. Hierzu wurden die Daten mit Hilfe von strukturierten Interviewleitfäden im Rahmen von Experteninterviews mit der Abteilungsleitung und Beobachtungsinterviews mit den Mitarbeiterinnen und Mitarbeitern erhoben, Formulare und Dokumente ausgewertet, Optimierungswünsche aufgenommen, die tatsächlich notwendigen Informationen ermittelt und der Leistungsumfang von einsetzbaren EDV-Tools für ein effizientes Workflow-Management getestet. Die Ergebnisse wurden abschließend in Form eines Anforderungskataloges dokumentiert.

In der *zweiten Arbeitsphase*, der *Konzeptionierung*, wurden die Erkenntnisse der Analyse unter Einbindung der Mitarbeiterinnen und Mitarbeiter strukturiert und interdisziplinär in Konzepte zur Organisationsverbesserung und äquivalenten Technikunterstützung umgesetzt. Zur Bewertung und Detaillierung der Konzepte wurde ein Arbeitskreis gegründet. Die Konzepte umfaßten eine genaue Festlegung des Auftragsumlaufs mit der Benennung von Arbeitsaufgaben, Verantwortungsbereichen, Entscheidungsbefugnissen, notwendigen Daten, zeitlichen Rahmen usw. Für die technischen Konzepte wurden in einem ersten Schritt die erhobenen Daten zusammengefaßt, entsprechend ihres Typs definiert und bezüglich ihrer inhaltlichen Zusammengehörigkeit, den gegenseitigen Wechselbeziehungen und bezüglich des Bedarfs seitens der Prozeßschritte strukturiert. Basierend auf diesen Arbeiten zur logischen Strukturierung erfolgte durch das Unternehmen und die beteiligten Institute die Auswahl der für die Konzeptionierung und späteren Implementierung zu berücksichtigenden Daten. Für diese wurde eine formalisierte Informationsstruktur erarbeitet und das relationale Datenmodell umgesetzt.

In der *dritten Arbeitsphase "Realisierung und Implementierung"* wurden die für den optimierten Auftragsumlauf notwendigen organisatorischen Änderungen vorbereitet und realisiert, z. B. durch Einrichtung entsprechender Teams oder Arbeitsgruppen. Anhand von ausgewählten Anfragen wurde kontrolliert, wie die organisatorischen Veränderungen greifen. Ebenso erfolgte die Umsetzung der optimierten Formulare, der Bildschirmmasken und deren Verknüpfungen in der Datenbank. Nach einer lokalen Testinstallation wurde die Datenbank für den Auftragsumlauf gleichzeitig mit den organisatorischen Veränderungen in Betrieb genommen.

In der *vierten und letzten Arbeitsphase*, der *Evaluierung*, wurde die Wirkung der eingeführten Veränderungen in Organisation und Technik über einen begrenzten Zeitraum beobachtet. Es wurde untersucht, welche Art und Anzahl von Aufträgen beschleunigt durchlaufen und wo es weiterhin Probleme und Hemmnisse gibt. Dazu wurden weitere Experten- und Beobachtungsinterviews geführt und die individuellen Meinungen zu den positiven und negativen Veränderungen bei den beteiligten Mitarbeiterinnen und Mitarbeitern erhoben. Für die aufgedeckten Schwachstellen wurden Verbesserungsvorschläge erarbeitet, soweit wie möglich optimiert und die weitere zukünftige Verfahrensweise beratend vorbereitet.

Die Vereinheitlichung der Informationshaltung beinhaltete als Zielvorgabe, allen beteiligten Bereichen während des Prozesses die tatsächlich benötigten Informationen bedarfs- und termingerecht bereitzustellen.

Die Ablage dieser Informationen in einer logischen zentralen Datenbank schaffte die Voraussetzung dafür. Wesentlich für die erfolgreiche Einführung und Anwendung ist jedoch auch hier, daß die Mitarbeiterinnen und Mitarbeiter im Unternehmen zu einem kooperativen und besseren Informationsaustausch motiviert werden.

5.4.2.2 Lösungsansatz zum CAD-Produktdatenaustausch

Die wichtigste Anforderung an die zu entwickelnden oder zu erweiternden Konvertierungsbausteine war die Anwendung des ISO-Standards für den Produktdatenaustausch STEP. Auf der Basis verschiedener Analysen bzgl. bestimmter Anwendungsprotokolle wurde ein Konzept erarbeitet, in dem eine Stufenlösung für den Datenaustausch, durchzuführende Testreihen, notwendige Erweiterungen an Werkzeugen bzw. erforderliche Implementierungen vorgeschlagen werden. In Betracht kamen dabei die Anwendungsprotokolle AP203 bzw. 214 sowie möglicherweise AP212, wobei AP203 bereits den Status eines internationalen Standards besitzt. Seitens der Automobilindustrie wurde jedoch das für sie spezifische AP214 favorisiert.

Das erarbeitete Stufenkonzept beinhaltet die Integration von Daten, Systemen und der Ablauforganisation. Nur mit dieser zusammengefaßten Darstellung konnte einerseits die technische Integration der Daten gewährleistet und andererseits die reibungslose Einbindung in vorhandene Abläufe organisiert werden. Das Stufenkonzept beschrieb darüber hinaus die für zukünftige Erweiterungen der realisierten Architektur notwendigen Schritte. Für die Spezifikation eines Konzeptes zum Datenaustausch gibt es unterschiedliche Möglichkeiten. Stufen können theoretisch hinsichtlich

- der auszutauschenden Produktdaten,
- der verschiedenen Partner,
- der Datenformate und Prozessoren,
- der CAD-Systeme,
- der Informationen oder

- der organisatorischen Einbettung des Datenaustauschs in eine vorhandene Prozeßkette

definiert werden. Einige der genannten Punkte beeinflussen sich gegenseitig. So bestimmt die auszutauschende Information entscheidend die Wahl des Datenformates, mit dem die Information ausgetauscht werden soll, und der Partner die Produktdaten, die ausgetauscht werden sollen. Innerhalb der Analyse bzw. der Konzeptionsphase wurden einige der Anforderungen bzw. Randbedingungen deutlicher definiert. Dies betraf sowohl das zu verwendende Anwendungsprotokoll (AP214) als auch die zu unterstützenden Systeme (FeatureM und CATIA). Die Definition der Leistungsstufen für den Datenaustausch erfolgt daher im Hinblick auf den Informationsinhalt der Daten, da dies die beste Übertragbarkeit auf zukünftige Anforderungen ermöglicht. Die Grote & Hartmann-spezifischen Anforderungen werden in den ersten vier Stufen hinsichtlich der auszutauschenden Informationen sowie der organisatorischen Einbettung der Lösungen berücksichtigt. Das erarbeitete Konzept beinhaltete danach folgende Stufen:

- STEP-basierter Datenaustausch von einfachen Geometrien in Form von Regelflächen zwischen den CAD-Systemen CATIA und FeatureM,
- STEP-basierter Datenaustausch von komplexen Geometrien in Form von Freiformflächen zwischen den CAD-Systemen CATIA und FeatureM,
- Austausch weiterer produktrelevanter Daten, z. B. Produktstruktur und Technologie,
- Beschreibung und Realisierung einer offenen Architektur,
- Einbettung des Konzeptes in die CAD-Referenzmodell-Architektur.

Die Stufen 1-3 werden durch verfügbare Prozessoren realisiert, die somit den Informationsumfang des Datenaustauschs bestimmen. Die vierte Stufe zielt auf einen offenen Systemrahmen zur eigenständigen Erweiterung des Konzeptes und zur Einbettung der organisatorischen Komponente. Die fünfte Stufe dient der Präsentation der realisierten Architektur im Rahmen des CAD-Referenzmodells. Zur Realisierung standen verschiedene Prozessoren zur Verfügung. Im einzelnen wurden für das System CATIA die Prozessoren der Firmen debis sowie Dassault getestet, wobei für den Dassault-Prozessor noch keine AP214-Implementierung verfügbar war. Für das ACIS-basierte System FeatureM konnten die AP214-Prozessoren der Firmen INC bzw. ITI evaluiert werden.

Das Konzept für den Datenaustausch berücksichtigt eine Reihe von verschiedenen Produkten aus dem umfangreichen Produktspektrum der Firma Grote & Hartmann, das sich grob in Steckverbinder, Steckverbindersysteme und Verarbeitungsmittel einteilen läßt. Die einzelnen Sparten stellen dabei Produkte unterschiedlicher Komplexität dar. Neben dem Austausch von firmeninternen Daten ist darüber hinaus die Verarbeitung von Daten der Kunden bzw. Zulieferer von großer Bedeutung. Solche Daten beschreiben z. B. die Einbauumgebung in einem Fahrzeug. Zur Durchführung der erforderlichen Testreihen wurde eine Reihe typischer Daten aus dem Produktspektrum bereitgestellt.

Organisation des Datenaustausches

Der Datenaustausch kann in mehreren Stufen in die Prozeßkette Konstruktion integriert werden. In der ersten und einfachsten Stufe erfolgt die Erstellung einer Austauschdatei mit bestimmten Prozessoren manuell, d. h. auf Kommandozeilenebene. Die erstellte Austauschdatei wird dann über Netz oder auf einem bestimmten Medium an den Partner verschickt. Existieren mehrere Prozessoren für den Datenaustausch, können diese in einer nächsten Stufe über eine gemeinsame Umgebung, z. B. eine gemeinsame Benutzungsoberfläche, integriert werden.

Die beiden genannten Vorgehensweisen sind u.U. sehr fehleranfällig. Die korrekten Einstellungen der Prozessoren müssen für jeden Austauschpartner bekannt und gesetzt sein. Für einen einfachen und sicheren Ablauf sind leistungsfähigere Werkzeuge zum Datenaustausch erforderlich. In einem solchen Tool können die verschiedenen Prozessoren nicht nur über eine gemeinsame Oberfläche integriert werden, sondern über eine Datenbasis mit für den Datenaustausch relevanten Informationen verfügen. Solche Informationen sind beispielsweise Daten über den Austauschpartner und seine CAD-Systeme sowie die für den jeweiligen Partner zu verwendenden Medien. Zusätzlich sind für jeden Austauschpartner auch die korrekten Prozessoreinstellungen hinterlegt. Alle notwendigen Aktionen beim Datenaustausch, z. B.

- Erstellung der Austauschdatei,
- Kopieren auf das entsprechende Medium,
- Versenden über E-Mail,

können zu einem Auftrag zusammengefaßt und automatisch abgearbeitet werden. Mit Hilfe eines solchen Werkzeuges ist dann der Datenaustausch „auf Knopfdruck“ möglich, ohne daß manuelle Nacharbeit erforderlich ist.

Innerhalb des Lösungskonzeptes wurden verschiedene Varianten zur Umsetzung vorgeschlagen, sowohl basierend auf kommerziellen Werkzeugen (ProSTEP Data Exchange Manager) als auch eine eigenentwickelte Intranetlösung. Beide Werkzeuge wurden für einen möglichen Einsatz bei der Firma Grote & Hartmann evaluiert.

Alternativen

Das vorliegende Stufenkonzept basiert auf AP214 und setzt die Verfügbarkeit geeigneter Prozessoren voraus. Die Realisierung eigener Prozessoren erschien innerhalb dieses Projektes unrealistisch. Verfügbare Prozessoren sollten zunächst Stufe 1 des Stufenkonzeptes unterstützen. Es ist damit zu rechnen, daß die Entwicklung von AP214-Prozessoren während der Laufzeit des Projektes sowie auch darüber hinaus weiter vorangetrieben wird, so daß weitere Stufen mittelfristig als umsetzbar einzustufen sind.

Erfüllt kein Prozessor bzw. keine Prozessorpaarung die Anforderungen lt. Stufe 1 bzw. ist kein geeigneter Prozessor verfügbar, kann auf AP203 ausgewichen werden. Bei der

AP203-Alternative sollte der Datenaustausch zwischen CATIA und FeatureM zunächst beidseitig mit kommerziellen AP203-Prozessoren realisiert werden. Langfristig wird jedoch davon ausgegangen, daß beidseitig AP214-Prozessoren verfügbar sein werden, so daß das Stufenkonzept vollständig eingehalten werden kann.

5.4.2.3 Verbesserung der CAD-Kooperation

Im Vordergrund des Lösungsansatzes steht die Optimierung der Kooperation und Kommunikation mit geeigneten technischen und organisatorischen Maßnahmen. Grundlage für alle Optimierungsvorhaben ist zunächst eine Analyse der Ist-Situation und eine Konzeptionierung der betrieblichen und arbeitsorientierten Gestaltungsvorgaben für die Arbeitsaufgaben, die Arbeitsplätze und Arbeitswerkzeuge. Die hieraus interdisziplinär mit den Konstruktionswissenschaftlern und Informationstechnologen abzuleitenden Anforderungsspezifikationen bilden die Basis für die Erarbeitung des betriebsspezifischen Realisierungskonzeptes zur Einführung und zur Umsetzung der computerunterstützten kooperativen Konstruktionsarbeit mit Hilfe von CSCW-Komponenten. Anschließend erfolgt eine beratende Begleitung der partizipativen Realisierung, die Qualifizierung. Die Einführung wird vorbereitet und begleitet, der Pilotbetrieb betreut und der Wirkbetrieb mit Hilfe geeigneter Methoden evaluiert, um abschließend die organisatorischen und technischen Lösungen für die zukünftige betriebsweite Anwendung zu optimieren.

Für die Umsetzung dieses Lösungsansatzes wurde ein Stufenkonzept konzipiert, das drei Ausbaustufen für die technische und organisatorische Optimierung beinhaltete. Die drei Ausbaustufen unterschieden sich in der bereitgestellten Funktionalität, in der Architektur und dem Aufwand, der mit der Umsetzung verbunden ist. Auch das Datenaufkommen, das während der Konferenz anfällt, war unterschiedlich. In dem nachfolgenden Abschnitt werden die drei Ansätze kurz beschrieben. Das Stufenkonzept war aus der Analyse abgeleitet und berücksichtigt sowohl technische als auch organisatorische Lösungsansätze. Wesentlicher Bestandteil des Stufenkonzeptes war die Skalierbarkeit der Lösung bezüglich technischer Randbedingungen sowie anderer Kriterien, wie z. B. den damit verbundenen Kosten. Ein weiterer Vorteil des Stufenkonzeptes war die schrittweise Einführung von CSCW-Funktionalität in den Konstruktionsabteilungen, so konnten schon frühzeitig erste Erfahrungen gesammelt und den weiteren Stufen vorteilhaft zur Verfügung gestellt werden.

Stufe 1: Einführung von Audio- und Video-Verbindungen sowie einer Sketchingkomponente

In der ersten Leistungsstufe wurden Audio- und Video-Tools eingeführt und eine Sketchingkomponente bereitgestellt. Damit wird es möglich, eine Bild- und Sprachverbindung zu seinem Konferenzpartner aufzunehmen und mit Hilfe der Sketchingkomponente am Bildschirm über konstruktive Entscheidungen zu diskutieren. Das Bild einer Konstruktion/eines Modells kann gemeinsam mit Annotationen versehen werden, die die Diskussion unterstützen und gedruckt oder gespeichert werden können. Die in Betracht kommenden Komponenten beinhalteten einen Remote Cursor sowie skalierbares Audio und Video.

Vorteile:
Die erste Stufe stellt eine Alternative zum bisherigen Vorgehen mit Fax und Telefon dar. Eine Diskussion mit Hilfe der Sketchingkomponente bietet gegenüber dem Fax und Telefon eine Reihe von Vorteilen. Sie ist schneller und direkter, da nicht erst Zeichnungen ausgedruckt werden müssen. Sie ist relativ flexibel, da ein Partner die Zeichnung ändern kann, um es daraufhin wieder in die Sketchingkomponente zu übernehmen und weiter zu diskutieren. Außerdem lassen sich Entscheidungsprozesse dokumentieren, um dann ihren Weg in dem betrieblichen Ablauf zu nehmen.

Auch konnten Erfahrungen im Umgang mit herkömmlichen Videokonferenzen gesammelt werden. Die Sketchingkomponente unterstützt den Online-Informations- und Meinungsaustausch. Hiermit lassen sich auch Erkenntnisse über Akzeptanz und Nutzen bei den Anwendern gewinnen. In einer späteren Ausbaustufe können die Video-, Audio- und Sketchingkomponenten auch für standortübergreifende FMEA-Diskussionen bzw. FMEA-Sitzungen per Videokonferenz genutzt werden. Hierzu wird die im Rahmen dieses Projektes erarbeitete FMEA-Applikation auf Basis Oracle angewandt. Bei Teilnahme mehrerer Personen aus einer Abteilung wäre langfristig vorteilhaft, vorhandene Besprechungszimmer zur Nutzung als Videokonferenzraum zu erweitern.

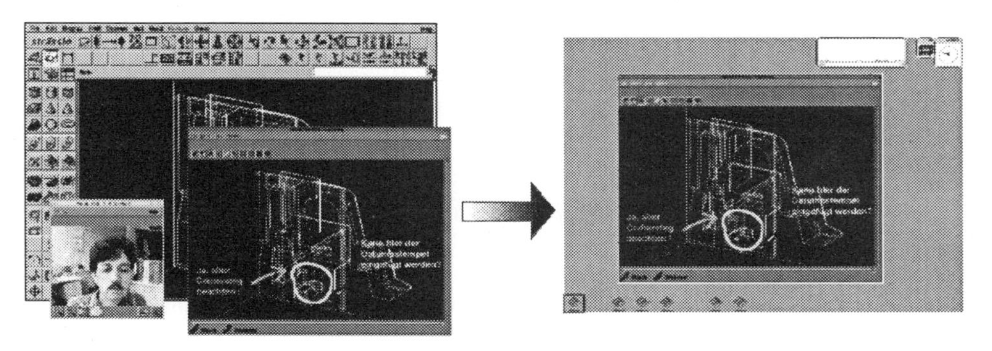

Bild 5.20 Modellieren mit einer Sketchingkomponente

Für kurze Anfragen, die primär auf Interpretationsproblemen beruhen, ist diese Lösung ausreichend. Bei der Änderung der Modellansicht muß allerdings das Darstellungsfenster erneut ausgeschnitten werden, um anschließend zum Partner übertragen werden zu können. Zudem ist diese Aktion in der Regel nur durch einen der Partner auszulösen, nämlich dem, der die Konferenz gestartet hat. Diese Stufe ist somit geeignet, frühzeitig eingeführt zu werden und als Einstieg in den Umgang mit CSCW-Werkzeugen zu dienen.

Nachteile:
Mit dieser Ausbaustufe ist kein gemeinsames Modellieren in 3D-CAD möglich. In bezug auf eine integrierte Lösung, wie sie in Stufe 2 und 3 beschrieben wird, ist das beschriebene Vorgehen zudem relativ umständlich und als komplette Lösung nicht ausreichend. Die Kopplung der Konferenzpartner und des Konferenzgegenstandes ist beim Sketching zu indirekt. Die anfallende Datenmenge wird primär durch die Audio- und Videoverbindung bestimmt. Hinzu kommt ein kurzzeitiges hohes Datenaufkommen bei der Übertragung des Fensterinhalts an die Partner. In der Annotationsphase ist die verursachte Netzlast gering.

Stufe 2: Kooperatives Modellieren basierend auf einem Sharing-Ansatz

Die Stufe 2 ergänzt die erste Leistungsstufe um die Möglichkeit, kooperativ modellieren zu können, d. h. beide Partner - an verschiedenen Orten - können nun abwechselnd ein Modell modifizieren und direkt verfolgen, was der Partner gerade macht. Dabei wird die Aus- und Eingabe von FeatureM mittels eines sogenannten Application-Sharing-Tools verteilt.

Vorteile:
Auch eine Sharing-Komponente läßt sich schon sehr frühzeitig einsetzen, um Erfahrungen im Kooperations-, Kommunikations- und Gruppenverhalten zu gewinnen. Das kooperative Arbeiten erfolgt durch die Nutzung des vertrauten Modellierers. Dabei steht der komplette Leistungsumfang zur Verfügung. Da es nur eine Instanz des bearbeiteten Modells gibt, sind Inkonsistenzen ausgeschlossen. Durch das Sharing-Tool werden unterschiedliche Rollen definiert, die für unterschiedliche Konferenzsituationen genutzt werden können. Es sind darüber hinaus keine Programmierarbeiten notwendig.

Nachteile:
Bei der Bedienung der Sharing-Komponente ist der Benutzer mit einem weiteren - zunächst noch unbekannten - User-Interface neben dem CAD-System konfrontiert. Weiterhin legt die verwendete Sharing-Komponente das Maß an Flexibilität fest. Hier gibt es z. B. vordefinierte Benutzerrollen, die auf die Anforderung passen können, aber nicht müssen. Zudem zieht dieser Ansatz insbesondere in Kombination mit Audio und Video eine sehr hohe Netzbelastung nach sich, so daß sich hier ATM empfiehlt. Bei dieser Leistungsstufe ist die Frage, welche Netzkapazität zum sinnvollen gemeinsamen Arbeiten mit FeatureM nötig ist und wie hoch die damit verbundenen Kosten sind, besonders interessant. Man kann Audio und Video wahlweise an- bzw. abschalten und somit die Netzlast gezielt beeinflussen. Es treten u.U. Probleme mit der Farbverwaltung bei gleichzeitiger Nutzung der Videokomponenten bei 8bit-Grafikkarten auf.

Neben der hohen Netzlast und der damit verbundenen Forderung nach breiten Netzen hat der Application-Sharing-Ansatz ein paar weitere Nachteile. Die Sharing-Komponente muß zuerst laufen, d. h. die Applikation muß aus der Sharing-Komponente heraus gestartet werden. Nur wenn dies geschehen ist, können sich weitere Konferenzpartner aufschalten, ansonsten muß der Benutzer FeatureM erst verlassen, die Sharing-Komponenten starten und dann erneut FeatureM aufrufen. Bei der relativ langen Startzeit von FeatureM ist dies ein nicht zu unterschätzender Zeitfaktor, allerdings absolut unbedeutend im Vergleich zum bisherigen Vorgehen beim Informationsaustausch oder einer Dienstreise von Wuppertal nach Bersenbrück.

Anmerkung:
In Stufe 1 und 2 kommen kommerzielle Komponenten zum Einsatz.

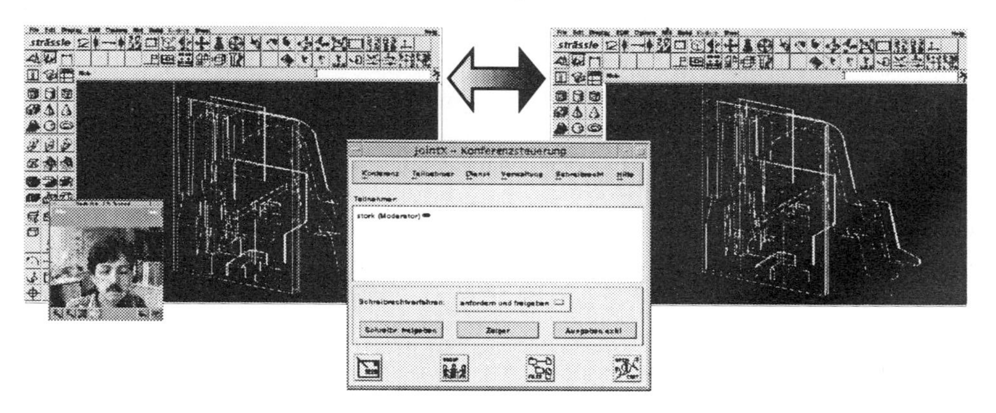

Bild 5.21 Kooperatives Modellieren basierend auf einem Sharing-Ansatz

Stufe 3: Kooperatives Modellieren basierend auf einem Nachrichtenaustausch

In der dritten Stufe wurde FeatureM so erweitert, daß es CSCW-fähig wird. Hierzu laufen zwei oder mehr FeatureM-Instanzen an unterschiedlichen Standorten. Diese tauschen untereinander Nachrichten aus, was eine Duplizierung der Aktionen eines Teilnehmers bei allen Partnern ermöglicht. Auf diese Weise entstehen identische Replikate des modifizierten Modells. Es wird ein auf MCL+ basiertes Protokoll definiert, das die komplette Bandbreite der Aktionen widerspiegelt. Ein Kommunikationsdienst nutzt dann dieses Protokoll zur Verteilung der Aktionen.

Bei diesem Ansatz lassen sich noch weitere Ausbaustufen unterscheiden. Die optimale Version, die den kompletten Leistungsumfang des Modellierers auch kooperativ zur Verfügung stellt und zudem etliche Parameter für die Anpassung der CSCW-Funktionalität an die aktuelle Situation bereitstellt, konnte im Rahmen dieses Projektes nicht realisiert werden. Es wird daher eine abgespeckte Version konzipiert, die die wesentlichen Leistungsmerkmale besitzt, jedoch weniger Freiheiten zum Einsatz ermöglicht. So wird beispielsweise nur die Kommunikation zwischen zwei Partnern unterstützt und eine feste Einstellung der Kopplungsparameter vorgenommen.

Vorteile:
Ein solcher Ansatz hat gegenüber dem vorhergenannten den Vorteil, daß er flexibler ist und genau auf die Bedürfnisse hin angepaßt entwickelt werden kann. So kann der Wirkungsbereich von Funktionen gezielt global oder lokal gewählt werden. Der Grad der Kopplung kann ebenso optimiert werden, wie die Wahl der Konsistenzsicherung. Kleine Ergänzungen und Modifikationen der Benutzungsoberfläche sind ausreichend, um die neuen Funktionen anzubieten. Desweiteren ist die durch Nachrichtenaustausch entstehende Netzlast bedeutend geringer, so daß der Ansatz auch auf schmalbandigen Netzen einsetzbar und somit kostengünstiger ist. Das Antwortverhalten der Anwendung ist der Application-Sharing-Variante (Stufe2) deutlich überlegen.

Nachteile:
Für diese Lösung ist ein erheblicher Implementierungsaufwand nötig. Alle Aspekte des kooperativen Arbeitens (Benutzungsoberfläche, Kommunikation und Konsistenzsicherung) liegen in der Hand des Entwicklers. Alle Bereiche müssen selbst erstellt werden, ohne daß auf vorgefertigte Softwarekomponenten zurückgegriffen werden kann. Außerdem muß explizit der Datenkonsistenz Rechnung getragen werden, da die Daten redundant gehalten werden und somit Inkonsistenzen potentiell vorhanden sind. Ein weiterer Aufwand besteht in der Integration der CSCW-Funktionen mit der zugrundeliegenden Applikation - in diesem Fall FeatureM. Die zu duplizierenden Ereignisse müssen abgefragt und bei der Zielinstanz eingespeist werden können.

Auch bei dieser Lösung wird die Netzlast primär von der Audio-/Videoverbindung erzeugt. Hier kommt in der Vorbereitungsphase noch die Übertragung der Modelldaten hinzu, die bei komplexen Modellen nicht vernachlässigt werden kann. Das Datenaufkommen durch den Versand von Kommandos zur Kopplung der Instanzen ist gering.

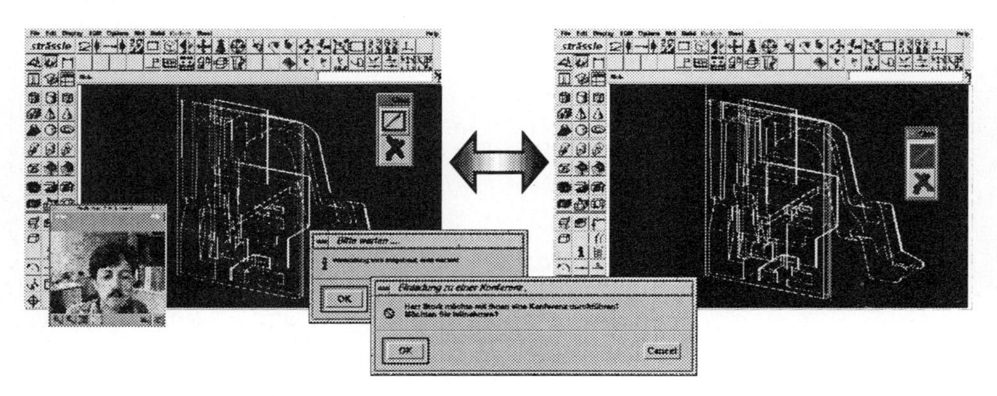

Bild 5.22 Kooperatives Modellieren basierend auf einem Nachrichtenaustausch

5.4.3 Betrieblicher Nutzen

Durch die Realisierung der im Rahmen des „CAD-Referenzmodelles, Phase II“ interdisziplinär erarbeiteten GHW-spezifischen Optimierungskonzepte ist festzustellen, daß zum Teil enorme Zeiteinsparungen, über die gesamte Neuprodukt-Prozesskette bis hin zur Fertigungsmittel-Freigabe erreicht werden. Dabei sind Verlagerungen von Tätigkeiten in andere Abteilungen unvermeidbar. Eine erfolgreiche Anwendung der techischen Lösungskonzepte ist nur durch die Umsetzung der entsprechenden organisatorischen Konzepte möglich. Erst durch den Einklang von Organisation und Technik wird der gewünschte Erfolg erreicht.

5.4.3.1 Neuprodukt-Prozesskette

Der Umgang mit technischen Informationen für die Entwicklung von Neuprodukten hat sich durch die Realisierung der Optimierung vollkommen geändert. Die für die Entwicklung neuer Produkte entscheidenden Informationen über

- Anfrage-Untersuchungen,
- Pflichtenhefte bzw. technische Anforderungsprofile,
- Datenblätter, FMEA u. a.

werden nun in einem zentralen System erfaßt und verarbeitet. Sämtliche Abläufe bzgl. der Anfrage-Untersuchungen unterliegen nun der Vorgangssteuerung des Systems. Dadurch und aufgrund der sofortigen Verfügbarkeit der technischen Informationen sind die Liegezeiten deutlich gesunken.

Der Konstrukteur erhält nun direkt von seinem CAD-Arbeitsplatz Einblick in technische Informationen zu einer Neuproduktentwicklung. Alle Informationen können sowohl mit Unix- als auch mit PC-Workstations bearbeitet werden. Die Arbeitsvorbereitung und die Produktion erhalten frühzeitig Kenntnis über ihre kommenden Aufgaben und können somit alle entsprechenden Voraussetzungen in der Fertigung schaffen.

Die Anzahl der Formulare reduzierte sich durch den Einsatz des neuen Systems. Die noch notwendigen Ausdrucke (z. B. für externe Partner) werden auf Knopfdruck erzeugt. Die erarbeiteten Lösungen sind alle recherchefähig. Suchzeiten, wie sie früher zur Auffindung von technischen Daten in Ordnern, Excel-Sheets o.ä. üblich waren, reduzierten sich auf ein Minimum. Auf die Pflege zahlreicher Schnittstellen kann verzichtet werden, da das System - bis auf den Datenaustausch mit der kommerziellen Datenverarbeitung- keine weiteren Interfaces benötigt. Durch die Umsetzung der technischen und organisatorischen Optimierungskonzepte ist eine deutliche Verkürzung der Auftragsdurchlaufzeiten bereits jetzt absehbar.

5.4.3.2 CAD-Produktdatenaustausch

Für die Entwicklung von Neuprodukten werden vom Kunden Einbauraum- und Anschlußgeometrien in Form von exakten SolidE-Modellen im Catia-Native-Format vorgegeben. Auch die fertiggestellten 3D-Modelle eines Neuproduktes müssen im o.g. Format an den Kunden geliefert werden (z. B. für ein Digital Mockup). Die dadurch notwendige 3D-Kopplung zwischen Konsys und Catia mit Hilfe der bisher eingesetzten Flächenschnittstelle VDA-FS 2.0 ist für diese Aufgabe kaum geeignet. Aus diesem Grund mußten die Modelle sowohl in Konsys als auch in Catia komplett neu aufgebaut, zumindest aber angepaßt werden. Diese aufwendige Prozedur wird nun mit der wesentlich schnelleren Datenkopplung basierend auf STEP-AP214 und WEBis abgelöst. WEBis ist ein im Rahmen dieses Projektes entstandenes Verwaltungstool, in dem alle Übertragungsdaten bzgl. der verwendeten Medien, Austauschpartner und Prozessoreinstellungen hinterlegt sind. 70-80% der Modelle können z. Zt. ohne manuelle Nacharbeit übertragen werden. Durch den Wegfall dieser Arbeitsschritte konnte die Durchlaufzeit in der Produktkonstruktion deutlich verkürzt werden. Die restlichen 3D-Modelle müssen weiterhin angepaßt werden.

5.4.3.3 CAD-Kooperation

Die Qualität der Zusammenarbeit zwischen Produkt- und Werkzeugkonstruktion ist entscheidend für die Erreichbarkeit kurzer Entwicklungszeiten bei Neuprodukten. Ein kritischer Punkt ist die geografische Entfernung der zwei Konstruktionsabteilungen. Um eine optimale CAD-Kooperation zu erreichen, wurden alle drei Möglichkeiten des multimedialen Stufenkonzeptes im CAD-Bereich eingeführt. Als die effizientesten Lösungen stellten sich die Stufen 1 und 3 heraus. Das kooperative Modellieren mittels „Application Sharing" (Stufe 2) ist aufgrund des hohen zu übertragenen Datenvolumens und der hohen Kosten performanter Datenleitungen im Telekommunikationsnetz der Deutschen Telekom nicht zufriedenstellend. Der ATM-Dienst und der Zugang zu den wenigen ATM-Knoten der Deutschen Telekom ist z. Zt. für Unternehmen mittlerer Größe nicht finanzierbar.

Doch schon mit der Einführung von Audio, Video- und Sketchingkomponenten im CAD-Umfeld (Stufe 1) erreicht man eine schnellere und qualitativ hochwertige CAD-Kooperation. Dabei werden herkömmliche und aufwendige Kommunikationsverfahren, wie

- Plotten ⇒ Formatanpassung auf DIN A4 ⇒ Faxen,
- kopieren ⇒ paralleles Laden von CAD-Zeichnungen und gleichzeitiges Telefonieren,
- Reisen

von Stufe 1 größtenteils abgelöst.

Die Stufe 3 erlaubt das kooperative Modellieren auf Basis eines Kommunikationssystems. Hierbei ist es möglich, auf replizierten geometrischen 3D-Modellen gemeinsam an verschiedenen Orten synchron zu arbeiten. Die geringe Netzlast bringt hierbei ein gutes Antwortzeitverhalten bei einer Übertragungsgeschwindigkeit von 2 MB/sec. Die Kosten für ein solches System amortisieren sich sehr schnell, wenn man bedenkt, daß viele aufwendige Reisen entfallen. Darüber hinaus entsteht folgender nichtquantifizierbarer Nutzen:

- Häufigere Besprechungen zwischen Produkt- und Werkzeugkonstruktion während der Produktentwicklung ⇒ bessere Kooperation.
- Unklarheiten können in frühen Phasen beseitigt werden ⇒ nachträgliche Produkt- und Werkzeugänderungen reduzieren sich auf ein Minimum.
- Reduzierung der Zeit- und Kostennachteile.

Durch die Einführung und Anwendung der CSCW-Techniken wird neben der zusätzlichen Steigerung der Produktqualität langfristig eine deutliche Einsparung bei den produktkorrigierenden Nachbearbeitungszeiten in der Produkt- und Werkzeugkonstruktion erwartet.

5.5 Rohde&Schwarz

Die in München ansässige Firma Rohde&Schwarz ist ein international tätiges Unternehmen der Kommunikations- und Meßtechnik. Seit über 60 Jahren entwickelt, fertigt und vertreibt die Firmengruppe eine breite Palette von Elektronikprodukten und Systemen für den Investitionsgüterbereich.

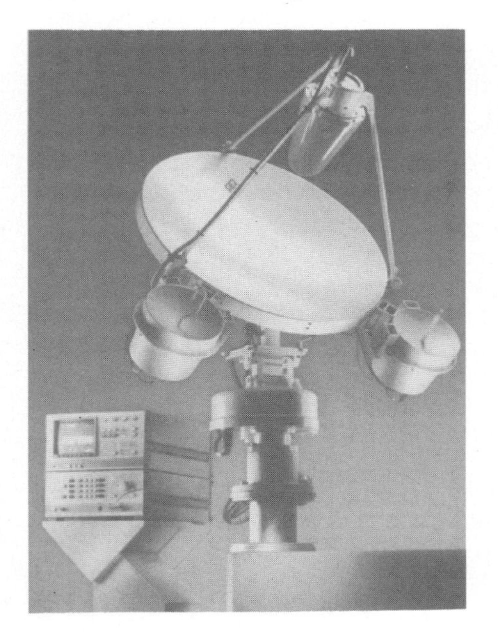

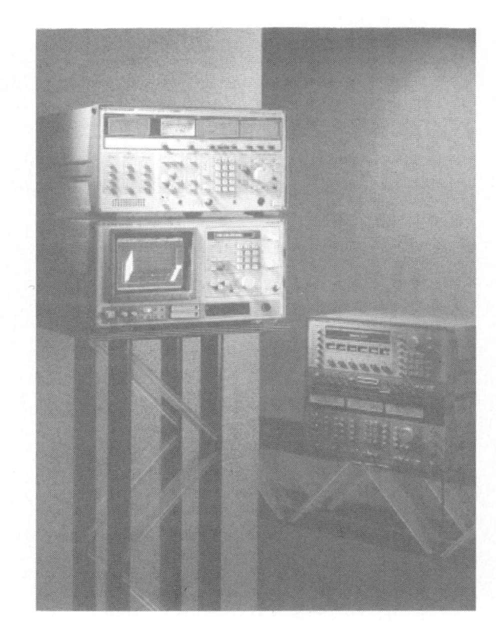

Bild 1.23 Produkte von Rohde&Schwarz

Mit weltweit 4400 Mitarbeitern und Vertretungen bzw. Repräsentanzen in über 70 Ländern erzielt die Firmengruppe einen Jahresumsatz von mehr als einer Milliarde DM. Das Unternehmen ist in hohem Maße exportorientiert: Mehr als zwei Drittel des Umsatzes werden außerhalb Deutschlands realisiert. Aufgrund des technologischen Vorsprungs seiner Produkte zählt das Unternehmen in vielen seiner Arbeitsgebiete zu den Marktführern.

Aus der großen Anzahl von elektrisch/mechanischen Produkten der Kommunikations- und Meßtechnik seien einige beispielhaft genannt:

So ist Rohde&Schwarz in Europa größter Hersteller von elektronischer Meßtechnik. Die Geräte dienen der Mobilfunk-, der EMV-, der HF-Meßtechnik und auch den Produktionstestsystemen.

Professionelle HF-, VHF- und UHF-Funksysteme findet man weltweit im Einsatz von stationären und mobilen Landstationen, auf Schiffen und Flugzeugen als Flugsicherungs-, Weitverkehrsfunk-, Schiffkommunikations- und Verkehrsmanagementsysteme.

Die Hörfunk- und Fersehtechnik ist seit über 40 Jahren ein wichtiges Spezialgebiet der Firma Rohde&Schwarz. Beispiele dafür sind Hörfunk- und Fernsehsender, Breitband-Übertragungssysteme und Betriebs-und Überwachungssysteme mit Audio, Video- und Rundfunk-Meßtechnik.

Als weitere Techniken sind die Empfänger, Peiler und Antennen der Überwachungs- und Ortungstechnik sowie Bündelfunk- und Funkrufsysteme für den Mobilfunk zu nennen.

Alle genannten Produkte und Anlagen zeichnen sich durch eine hohe Integration von elektronischen, elektrischen und mechanischen Bauteilen aus, die gesamtheitlich zu komplexen Systemen entwickelt, konstruiert und gefertigt werden, wobei ein großer Anteil an Zukaufteilen des Weltmarktes berücksichtigt werden. Computergestützte, integrierte Engineering-Methoden und deren SW-Systeme bilden auch hier die wichtigste Stütze in Entwicklung und Fertigung, wie das CAD-Referenzmodell es vorsieht.

5.5.1 Ausgangssituation und Problemstellung

Für die Arbeiten im Rahmen des Verbundprojektes CAD-Referenzmodell wurde eine dreistufige Vorgehensweise gewählt. In der ersten Stufe wurden die betrieblichen Problemfelder erfaßt und gewichtet. Die zweiten Stufe diente zur Erarbeitung von Lösungsansätzen für die als besonders wichtig erachteten Probleme. In der dritten Stufe erfolgte die Umsetzung dieser Ansätze und deren Einführung in die betriebliche Praxis.

Ein Arbeitskreis wählte für die Betriebsanalyse zwei repräsentative Abteilungen aus den Bereichen Kommunikationsgeräte (große Stückzahlen) und Anlagen (Einzelfertigung) aus. Für die Analysen in den Fachabteilungen wurde das in Kapitel 6 vorgestellte Erhebungsmaterial (Teile 1 bis 7) angewendet und einige wenige spezifische Fragestellungen ergänzt, sowie unerhebliche Fragen gestrichen.

5.5.1.1 Problemfeld "aufgabenrelevantes Wissen"

Eines der Hauptprobleme im Konstruktionsbereich bei R&S ist, wie bei vielen anderen Unternehmen auch, die unzureichende Dokumentation und Bereitstellung von sogenanntem aufgabenrelevantem Wissen. Daraus ergeben sich für den Konstrukteur und das Unternehmen vielfältige Schwierigkeiten.

Betrachtet man das Wissen über bereits im Unternehmen realisierte konstruktive Lösungen für eine bestimmte Aufgabenstellung, so ist es für die Konstrukteure entweder sehr zeitaufwendig oder aber gar nicht möglich, die benötigten Informationen darüber zu finden. Der einzelne Konstrukteur hat keinerlei Überblick, welche Lösungen ihm bereits zur Verfügung stehen. Daraus ergibt sich oft die Notwendigkeit, für eine konstruktive Problemstellung eine neue Lösung zu realisieren, obwohl vielleicht bereits eine Lösung dafür existiert.

Diese Tatsache hat erheblichen Einfluß auf die Qualität der entwickelten Produkte. Die Güte einer konstruktiven Lösung ist somit nämlich vom Wissensstand und der Erfahrung des einzelnen Konstrukteurs abhängig. Gute konstruktive Lösungen sind nur den Konstrukteuren bekannt, die sie erarbeitet haben, sie werden im Unternehmen nicht verbreitet.

Darüberhinaus muß das Unternehmen hohe Kosten durch die durch viele Neukonstruktionen entstehende große Teilevielfalt tragen. Die Angaben über die Kosten zur Verwaltung eines Bauteiles schwanken zwischen 1000.- und 3000.- DM pro Jahr.

Aus diesen Gründen ist es sinnvoll, konstruktive Lösungen konsequent zu dokumentieren und wieder zu verwenden. Dadurch wird nicht nur der Verwaltungs- und Pflegeaufwand geringer, sondern auch die Kosten gesenkt, die Entwicklungszeit verkürzt und die Qualität der Produkte durch die Anwendung bewährter Lösungen verbessert.

Ein weiteres Problem vieler Firmen ist der hohe Aufwand bei der Verwaltung und Pflege von Zulieferердaten. Die Datenbestände müssen in der Regel vom Kunden gepflegt werden. Ihre Aktualität ist daher nicht immer gewährleistet. Zulieferteile sind oft nicht am Rechner verfügbar. Informationen über diese Produkte können nur über Papierkataloge beschafft werden. Werden digitale Zulieferkataloge zur Verfügung gestellt, so sind sie meist nur mit sehr großem Aufwand oder gar nicht in den firmeneigenen Datenbestand integrierbar, da es sich in der Regel um nicht formalisierte, meist gescannte Daten handelt, die nicht vom Rechner interpretierbar sind. Die Vollständigkeit und Aktualität der Daten über Zulieferteile ist - ob sie nun digital oder auf Papier vorliegen - ein Problem.

Die Konstrukteure bei R&S benötigen über Systemgrenzen (elektrisches und mechanische CAD) und eine feste hierarchische Struktur (Sachmerkmalleisten) hinausgehende Möglichkeiten zur Lösungssuche. Es besteht der Bedarf nach rechentechnischer Unterstützung bei der Suche nach im Unternehmen oder bei Zulieferern verwendeten Bauteilen und Baugruppen sowie nach neuen Lösungen für konstruktive Aufgaben. Die Umsetzung einer Lösung für dieses Problemfeld wird in Kapitel 5.5.2.1 beschrieben.

5.5.1.2 Problemfeld Integration CAD Mechanik/Elektrik

Ein für R&S typisches Produkt (System, Anlage, Gerät, Baugruppe) ist aus verschiedenen mechanischen (Blechteile, Bohr-, Dreh-, Frästeile, Spritzgußteile) und elektrischen (gedruckte Schaltung, Kabel, Dünnfilm-Baugruppe) Komponenten zusammengesetzt. Die Einzelkomponenten des Produktes beinhalten definierte Schnittstellen zu anderen Komponenten des Systems.

Die Entwicklung der Einzelkomponenten des Endproduktes erfolgt mit Hilfe der jeweiligen auf die Bedürfnisse der Einzelkomponenten zugeschnittenen Entwicklungssysteme (CAx-Systeme). Fehlende, unvollständige oder inkompatible Austauschformate der einzelnen Entwicklungswerkzeuge verhindern den Datenaustausch und damit die Einhaltung der geforderten Schnittstellen bzw. Vorgaben. Die hierdurch entstehenden Fehler werden erst am Ende der Entwicklung festgestellt und verursachen hohe Kosten.

Die konstruktive Bearbeitung erfolgt (zeitlich asynchron) durch spezialisierte Sachbearbeiter (elektrischer Konstrukteur, mechanischer Konstrukteur), die u.U. verschiedenen auch räumlich getrennten Fachabteilungen zugeordnet sein können. Der Mangel an geordneter und durch Life-Cycles synchronisierter Kommunikation der Bearbeiter erschwert zusätzlich den Entwicklungsprozess.

Ein Ansatz zur Lösung dieses Problemfeldes und dessen Umsetzung ist in Kapitel 5.5.2.2 und 5.5.2.3 dokumentiert.

5.5.1.3 Problemfeld Kopplung CAD/Fertigung

Bei R&S basieren die bisherigen Verfahren zur Übergabe von Produktionsdaten an die Fertigung auf einer Produktionsorganisation, die Ende der vierziger Jahre eingeführt wurde. Diese baute im wesentlichen darauf auf, daß die Produktion eines Produkts inklusive aller benötigten Zwischenprodukte im Rahmen einer einzigen Kommission abgewickelt wurden. Die Verwaltung der benötigten Unterlagen erfolgte mit Hilfe eines dem Endprodukt zugeordneten Geräteverzeichnisses, das zentral archiviert wurde. Notwendige Änderungen an einzelnen Teilen oder Baugruppen wurden kommissionsbezogen mit Änderungsmitteilungen abgewickelt, wobei diese allerdings nicht archiviert wurden, sondern zum Beginn der nächsten Gerätekommission, der den Konstruktionen durch eine Auflageinformation mitgeteilt wurde, die Änderungen in die Unterlagen eingearbeitet und mit einem neuen Geräteverzeichnis freigegeben und archiviert wurden.

Im Laufe der Jahre wurden die Produktionsverfahren bedingt durch größere Teilevielfalt, kürzere Lieferzeiten u.ä. in vielen Punkten verändert: Verkleinerung der Losgrößen, Produktion nach Bedarf (Just in Time), Zusammenfassung von Vorfertigungsaufträgen. All dies führte zur Einführung der "permanenten Freigabe". Hieraus ergeben sich die aktuellen Probleme der Dokumentenverwaltung:

- Bei Erstfreigabe kann eine Archivierung frühestens bei der Freigabe des letzten Teilprodukts erfolgen. Dadurch werden Änderungen vor der ersten Archivfreigabe nicht erfaßt.

- Da keine Auflageinformation mehr erstellt werden kann, fehlt die Information, wann eine Änderungsmitteilung abzuschließen ist. Damit werden Archivfreigaben nicht durchgeführt, Änderungen gehen am Archiv vorbei.
- Folgende Forderungen der DIN Normen ISO 9001 sind nicht oder nur teilweise erfüllbar:
  - Produkte sind eindeutig mit ihrem Änderungszustand identifizierbar.
  - Zusammengehörige Produkte sind identifizierbar.
  - Änderungsaktionen sind identifizierbar und verfolgbar.
  - Eindeutige Zuordnung von Dokumenten zu einem Produkt in allen Produktlebensphasen ist möglich.

In Kapitel 5.5.2.4 wird über die Kopplung der CAD-Systeme mit den Systemen der Fertigung bei R&S berichtet, welche dazu beiträgt, die vorgenannten Problembereiche zu lösen.

5.5.1.4 Problemfeld Organisation der Projektarbeit

Die Projektarbeit, wie sie bei R&S seit kurzer Zeit realisiert ist, stößt bei den Beschäftigten in den untersuchten Bereichen auf breite Zustimmung und liefert gute Projektergebnisse hinsichtlich Zeiteffizienz und Innovationskraft. Sie sollte daher auf die anderen Bereiche ausgedehnt werden. Die Gestaltung der Projektarbeit ist, auch im Sinne des zugrundeliegenden Projekthandbuchs, in folgenden Punkten zu verbessern:

- Nachdem die betriebliche Entscheidung, flächendeckend Zielvereinbarungen abzuschließen, bereits gefallen ist, muß die Umsetzung vorangetrieben werden. Der Abschluß von Zielvereinbarungen stellt - auch in Hinblick auf die Erweiterung der Handlungs- und Entscheidungsspielräume in der Projektarbeit - ein wichtiges Planungsinstrument für die Beschäftigten dar.
- Sachbearbeiter haben zum Zeitpunkt der Analysen keine Projektleitung oder Teilprojektleitung innegehabt. Entsprechend dem Projekthandbuch sollten diese Funktionen auch von Sachbearbeitern wahrgenommen werden. Dies kann in Zielvereinbarungen abgesichert und durch Qualifizierungmaßnahmen begleitet werden.
- Die bestehende Terminplanung ist konsequent auf alle Mitarbeiter auszudehnen. Die Anzahl der Projekte je Mitarbeiter sollte mit Hilfe der Terminplanung auf maximal drei eingeschränkt werden.

Die Beschäftigten sehen die Arbeit in Projekten insgesamt positiv, da sie kundenorientiert und zielgerichtet ist. Diese Bewertung entsteht zum Teil daraus, daß ein Bewußtsein über die Notwendigkeit der Entwicklungszeitverkürzung und größerer Kundennähe vorhanden ist.

Nach Verbesserung der Projektarbeit in den genannten Punkten, sollte der nächste Schritt die Ausweitung der Projektarbeit auf die anderen Bereiche des Unternehmens sein, da Projektarbeit als erste Stufe der Umsetzung der organisatorischen Konzepte des CAD-Referenzmodells ist. Wenn die Projektarbeit bei R&S flächendeckend eingeführt ist (was erst nach Ende des Verbundprojektes erwartet wird), und die Beschäftigten dadurch ihre sozialen und fachlichen Kompetenzen erweitert haben, kann die Umsetzung von Produktentwicklungsgruppen, wie in Kapitel 5.3 beschrieben, erfolgen. Der bei R&S verfolgte Ansatz zur Verbesserung der Organisation im Bereich der Produktentwicklung wird in Kapitel 5.5.2.5 vorgestellt.

5.5.2 Lösungsansatz und Umsetzung

5.5.2.1 Bereitstellung von aufgabenrelevantem Wissen

Problematik konventioneller Systeme

Für die Wiederholteilesuche in CAD-Systemen existieren bereits seit langer Zeit verschiedenste Systeme. Diese setzen meist auf die in der DIN 4000 genormte Sachmerkmalleistentechnik auf. Voraussetzung für die Anwendung eines solchen Systems bei der täglichen Konstruktionsarbeit ist es jedoch, daß der Konstrukteur bereits weiß, welches Bauteil bzw. welche Art von Lösung für seinen speziellen Anwendungsfall am besten geeignet ist. Eine Lösung für ein bestimmtes konstruktives Problem muß also vom Konstrukteur zunächst aufgrund seines Erfahrungsschatzes selbst erdacht bzw. ausgewählt werden, bevor sie mit Hilfe eines Wiederholteilesuchsystems in das CAD-Modell der aktuellen Konstruktion eingebracht werden kann.

Bei der eigentlichen Lösungssuche existiert somit kaum Rechnerunterstützung. Da die Auswahl einer Lösung bzw. eines Bauteiles durch den Konstrukteur erfolgt, besteht für ihn unter Umständen noch eine Unsicherheit, ob die gestellten Anforderungen an die Lösung von dieser auch erfüllt werden können. Dies ist insbesondere der Fall, wenn eine neuartige Lösung zum Einsatz kommt oder der Konstrukteur über einen noch relativ geringen Erfahrungsschatz verfügt.

Ein weiterer Nachteil konventioneller Systeme zur Wiederholteilsuche ist deren (in der Regel) hierarchische Strukturierung. Aufgrund dieser Strukturierung ist es schwierig, zu einer gefundenen Lösung direkt Alternativen zu finden, die zu einer anderen Kategorie von Lösungen gehören.

Lösungsansatz

Zur Lösung der oben beschriebenen Problematik bietet sich die Implementierung einer Lösungsbibliothek an. In einer Lösungsbibliothek sollen alle im Unternehmen bekannten konstruktiven Lösungen zentral dokumentiert und verwaltet werden. Dabei kann es sich um

- Normteile,
- Werknormteile,
- Zulieferteile oder
- Eigenfertigungsteile

handeln. Die Beschreibung dieser Teile erfolgt mit einer vom System vorgegebenen standardisierten Menge von Merkmalen. Diese Merkmale bilden eine Beschreibungssprache, mit der konstruktive Lösungen und die Anforderungen an diese Lösungen vollständig beschrieben werden können. Durch die Standardisierung der Merkmale ist eine einheitliche Beschreibung des Inhalts der Bibliothek sichergestellt.

Die Suche in der Bibliothek ist hierarchisch und merkmalorientiert möglich. Eine hierarchische Suche über Suchfamilien entspricht der üblichen Vorgehensweise in Teilebibliotheken. Sie ist dann sinnvoll, wenn das gesuchte Element bereits bekannt ist und ein schneller Zugriff darauf erfolgen soll. Die merkmalorientierte Suche ist vorzuziehen, wenn nicht eine bestimmte Lösung für ein Problem gesucht wird, sondern alle bekannten Lösungen zu einer Aufgabenstellung. Dem System wird dabei eine Liste von Suchmerkmalen übergeben und der Benutzer erhält alle Elemente, die den angegebenen Merkmalen entsprechen. Die Suchmerkmale können dabei geometrische, funktionale, technologische oder organisatorische Daten beinhalten. Das Ergebnis sind Lösungen, die unterschiedlichen Teilefamilien angehören können.

In die Bibliothek sollen auch Zulieferkomponenten integriert werden können. Die Voraussetzung dafür ist ein standardisiertes Format zu deren Beschreibung. Die ISO 13584 Parts Library (PLIB) bietet ein solches Format. Deshalb soll bei der Umsetzung der Lösungsbibliothek auf dieses Format aufgebaut werden. Eine vollständige Umsetzung einer PLIB kompatiblen Bibliothek ist innerhalb des Projektes jedoch aufgrund der noch unzureichenden Unterstützung sowohl von Zuliefererseite als auch durch Softwarehäuser nicht möglich.

Ein wichtiger Aspekt ist die Frage der Organisation des Einsatzes und der Erweiterung einer solchen Bibliothek. Die Qualität dieses Werkzeugs hängt in erster Linie von seinem Inhalt ab. Durch den starken Zeitdruck ist es problematisch für die Konstrukteure, neu erarbeitete Lösungen ausreichend zu dokumentieren und in eine Bibliothek zu integrieren. Hier mußten praktikable organisatorische Lösungen gefunden werden, die den Konstrukteuren im Tagesgeschäft die Anwendung und Erweiterung der Bibliothek ermöglichen.

Umsetzung

Für die Implementierung der Lösungsbibliothek wurde es als sinnvoll erachtet, auf vorhandene Standardwerkzeuge zurückzugreifen. Als Wissensmanagement-System zur Verwaltung der Informationen in der Bibliothek und als Anwendungssystem zu ihrer Benutzung bot sich das PDM-System Metaphase an. Dieses System ist modular und objektorientiert aufgebaut. Es bietet vielfältige Möglichkeiten zur benutzerspezifischen Anpassung und Erweiterung der Funktionalität ("customizing").

Die Verwaltung und Dokumentation konstruktiver Lösungen erfolgt in Metaphase durch neu geschaffene Klassen, deren Strukturierung und Attributierung sich am Format der Entities der PLIB orientiert. Dadurch ist langfristig die Kompatibilität zu dieser Norm sichergestellt.

Zur Beschreibung einer konstruktiven Lösung dienen Merkmale, die als Metaphase-Objekte einer eigenen Klasse realisiert wurden. Sie werden über Relationen den Lösungen zugeordnet. Die Merkmalsausprägungen (Werte) für eine Lösung sind den Relationen zugeordnet. Dadurch ist es möglich, ausgehend von einer Liste von Suchmerkmalen über die jeweiligen Relationen in einem Schritt alle Lösungen zu finden, die die geforderten Eigenschaften haben.

Eine Lösungsbibliothek ohne Inhalt ist wertlos. Eine Voraussetzung ist daher, daß digitale Produktdaten von Zulieferern in einem standardisierten Format vorliegen. Diese Daten werden durch firmenintern erarbeitete Lösungen ergänzt.

Die Konstrukteure müssen in der Lage sein, die von ihnen erarbeiteten konstruktiven Lösungen in die Bibliothek zu integrieren. Dies erfordert einerseits eine angemessene systemtechnische Unterstützung in Form einer ergonomischen Benutzungsoberfläche und andererseits entsprechende organisatorische Maßnahmen. Als solche Maßnahmen wurden die Möglichkeiten:

- Befüllen durch eine Zentralstelle,
- Abrechnung des Aufwandes über ein internes Projekt und
- Einführung eines Bonussystems für die Anwendung der Bibliothek

diskutiert. Als am besten geeignete Lösung wurde die Abrechnung der aufgewendeten Zeitanteile über ein internes Projekt (Kostenstelle) ausgewählt.

Die Vorteile einer Lösungsbibliothek – Nutzen für das Unternehmen

Eine Lösungsbibliothek bietet vielfältige Vorteile für das Unternehmen. Durch die wiederholte Anwendung bewährter Lösungen und die damit verbundene wiederholte Verwendung von Bauteilen, werden Kosten gesenkt. Die Kostenersparnis betrifft sowohl die Verwaltung, da die Teilevielfalt reduziert wird, als auch die Fertigung, da hier die Losgrößen zunehmen.

Die Verwendung einer Lösungsbibliothek kann die Qualität der entwickelten Produkte steigern. Den Konstrukteuren stehen damit bewährte Lösungen für die Umsetzung ihrer Aufgaben zur Verfügung. Durch die funktions- und aufgabenorientierte Suche und Bereitstellung der Lösungen, entsprechen diese stets den Anforderungen der jeweiligen Konstruktion.

Die funktionsorientierte Sicht einer Lösungsbibliothek erlaubt die Unterstützung der frühen Konstruktionsphasen, da bereits mit relativ wenigen bekannten Merkmalen einer benötigten Lösung eine Suche gestartet werden kann. Die Lösungsvielfalt wird mit konkreter werdenden Anforderungen im Verlauf des Konstruktionsprozesses weiter eingeschränkt.

Im Rahmen einer Lösungsbibliothek kann eine zentrale und umfassende Dokumentation des firmeninternen Konstruktionswissens erfolgen. In der Regel ist dieses Wissen derzeit lediglich in Form von Zeichnungen dokumentiert. Informationen, die über das Wissen in den Zeichnungen hinausgehen, wie beispielweise:

- welche Anforderungen erfüllt diese Lösung,
- warum wurde sie ausgewählt und
- welche Alternativen gibt es

sind kaum dokumentiert und nicht unternehmensweit verfügbar. In einer Lösungsbibliothek werden diese Informationen abgelegt und es besteht zentraler Zugriff darauf. Das hier dokumentierte Wissen geht dem Unternehmen darüber hinaus durch Personalfluktuation nicht mehr verloren, wie dies meist beim Erfahrungswissen der Konstrukteure der Fall ist. Es ist zentral dokumentiert und kann jederzeit wieder angewendet werden.

Durch die Verwendung eines standardisierten Formats für die Strukturierung und Archivierung der Informationen in einer Lösungsbibliothek, können Zuliefererdaten problemlos integriert werden. Diese Integration kann auch über engineering Netze erfolgen. Dadurch sind stets aktuelle und vollständige Daten über Zukaufteile verfügbar.

Eine schnellere Produktentwicklung (HZM, halbe Zeit zum Markt) ist möglich, da ein schneller und eindeutiger Zugriff auf das Konstruktionswissen des Unternehmens erfolgen kann. Dies wird dadurch gewährleistet, daß die in der Bibliothek enthaltenen Lösungen durch fest vorgegebene Merkmale beschrieben werden. Sie sind daher eindeutig klassifiziert und schnell auffindbar.

5.5.2.2 Integriertes Produktmodell

Die Betriebsanalyse hat die mangelnde Integration der verschiedenen Konstruktions- und Fertigungsbereiche als ein Problemfeld aufgezeigt. Da die unterschiedlichen Aufgabenstellungen (Mechanik, Elektrik, Software) den Einsatz unterschiedlicher Entwicklungssysteme bedingen, die zu isolierten Konstruktionsprozessen und uneinheitlichen Kommunikationsverfahren innerhalb der Konstruktionen und zwischen Konstruktion und Fertigung führen, ist die Datenintegration hier ein wesentliches Problem. Erhöhte Zeit- und Ressourcenaufwände sind die Folge. Eine signifikante Reduzierung dieser Defizite ist durch die Integration der im Entwicklungsprozess benutzten Systeme mit Hilfe eines integrierten Produktmodelles zu erreichen. Dabei ist nicht nur das Produktmodell selbst zu definieren, sondern es sind auch die Verfahren und Prozesse zu vereinheitlichen, die die Daten dieses Produktmodells verarbeiten. Bei der Realisierung wurden die Schwerpunkte einerseits auf die datentechnische Kommunikation innerhalb der Konstruktionsabteilungen und andererseits auf die Kommunikation der Konstruktionsabteilungen mit der Fertigung gelegt. Die zwei Felder in denen die Umsetzung erfolgte, sind:

- Integration CAD Mechanik/Elektrik,
- Kopplung CAD/Fertigung.

Die Ergebnisse der Betriebsanalyse, in der die Organisation des Unternehmens, Produktpalette, Ablauforganisation, Dokumententypen, CAD-Systeme und deren Schnittstellen, Datenübergabeverfahren u.ä. untersucht wurden, konnten anhand eines konkreten Produktes (Industriecontroller PSM) untermauert werden.

Der Schwerpunkt der Arbeiten wurde auf die Integration des CAD elektr. mit dem CAD mech. gelegt, da dieser Ansatz gute Möglichkeiten bot, Hauptanforderungen des CAD-Referenzmodells umzusetzen und auch vorhandenen Wissensvorsprung in die industrielle Praxis zu überführen.

Sowohl bei der Integration CAD Mechanik/Elektrik (Kapitel 5.5.2.3), als auch bei der Kopplung CAD/Fertigung (Kapitel 5.5.2.4) spielt das PDM-System Metaphase eine entscheidende Rolle, wie Bild 1.24 zeigt.

5.5.2.3 Integration CAD Mechanik/Elektrik

Die konstruktive Struktur eines typischen Produktes von R&S wird in der Mitte von Bild 1.25 gezeigt. Um diese Produktstruktur sind die verwendeten CAx-Werkzeuge angeordnet, mit dem dieses Produkt entwickelt wird. Die Aufteilung in zwei mechanische und vier elektrische CAD-Systeme zeigt die Komplexität auf, die bei der Integration der CAD-Systeme zu berücksichtigen ist.

Datenstruktur der Produkte

Aus den bei R&S entwickelten (Teil-)Produkten (Gerät/Anlage, Gedruckte Schaltung, mechanische Baugruppe, Kabel, Schilder, Dünnfilm Baugruppe) bzw. deren CAD-Werkzeugen sowie zugehöriger Bibliotheksdaten und Grunddaten wurden die Anforderungen an die Kopplungslösung Elektrik und Mechanik ermittelt.

Die Analyse der Bibliotheksdaten der elektrischen und mechanischen Systeme ergab keine nennenswerten Abhängigkeiten. Aus diesem Grund wurde eine weitergehende Integration der Bibliotheksdaten nicht weiter verfolgt.

Es zeigte sich, daß die größte Abhängigkeit der Produktdaten beim mechanischen Geräteentwurf und der elektrischen Schaltungsentwicklung bestehen. Beim Ansatz der Integration in diesem Bereich werden die größten Synergieeffekte erzielt.

Der angestrebte Datenaustausch zwischen den Systemen besteht demnach aus zwei Teilen:

- Übernahme mechanischer Vorgaben ins CAD elektrisch
- Kollisionsuntersuchungen bzw. Verifikation des GS-Entwurfes im CAD mechanisch.

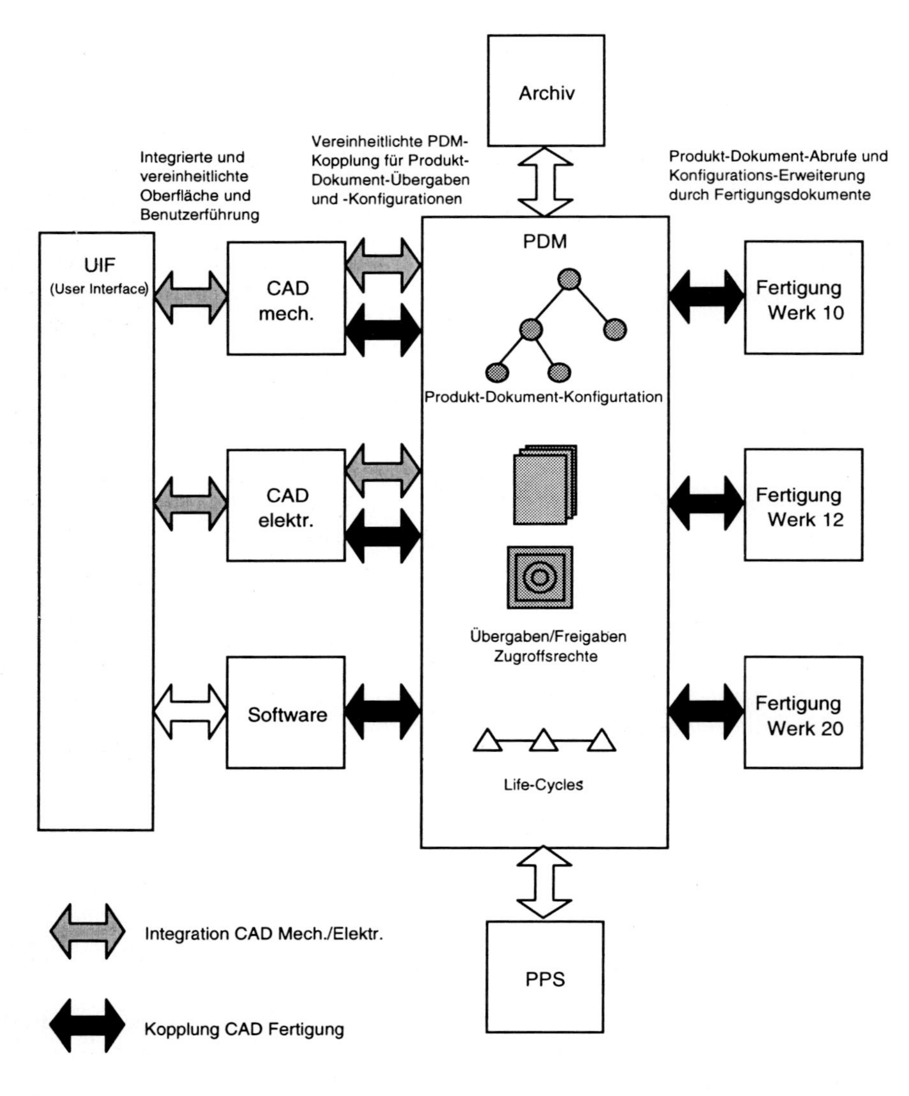

Bild 1.24 PDM als Integrationswerkzeug

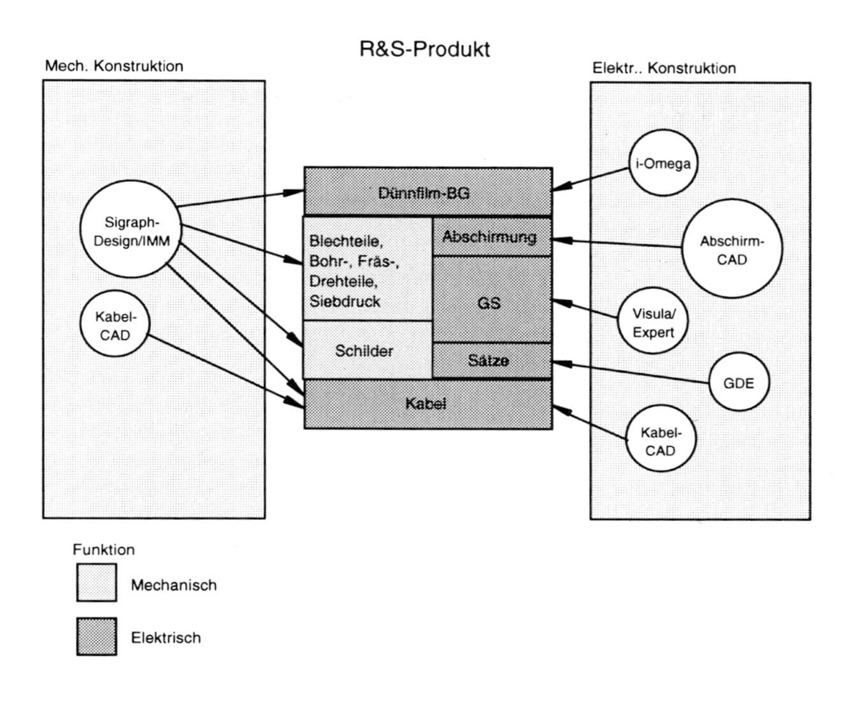

Bild 1.25 R&S-Produkt

Auswahl der zu koppelnden Systeme

Als CAD-Werkzeug für die mechanische Konstruktion (2D) wird bei R&S das Produkt ObjectD (früher IDEAS-Variant-Engineering) der Firma Strässle GmbH eingesetzt

Als Entwurfssystem für die gedruckte Schaltung (PCB-Layout) ist das Produkt Visula/Expert der Firma Zuken-Redac im Einsatz.

Grobkonzept und Auswahl des Integrationsverfahren

Auf der Basis der Analysen und der Anforderungen von R&S wurde ein Lösungsansatz in verschiedenen Leistungsstufen ausgearbeitet.

Die Architektur der ersten Leistungsstufe ist durch folgende Merkmale gekennzeichnet:

- Es wird eine gekapselte STEP-basierte Integration angestrebt.
- Grundlage der STEP-Kopplung ist die Entwicklung des R&S-Datenmodells (Produktmodell, Applikationsprotokoll) auf der Grundlage der R&S-Anforderungen.

- Für jedes angeschlossene System (ECAD,MCAD) müssen jeweils zwei STEP-Prozessoren (STEP-Generator, STEP-Leser) entwickelt werden.
- Für die Entwicklung der STEP-Prozessoren wird die Verwendung des 'PSstep_Caselib' Toolkits der ProSTEP GmbH vorgeschlagen. Die SDAI-Schnittstelle (ISO 10303-22) ist in dem Werkzeug implementiert.
- Die Verwaltung und Übergabe der STEP-Files geschieht mit Metaphase.
- Im Rahmen einer Machbarkeitsuntersuchung wird unter Zugrundelegen der R&S-Anforderungen der Datenaustausch zwischen den Systemen ObjectD und Visula via STEP prototypisch realisiert.
- Die Führung der gemeinsamen Grunddaten in der Neutralschnittstelle für den CAD-Datenaustausch erscheint wenig sinnvoll. Die analysierten gemeinsamen Grunddaten sind in der Dokumentkonfiguration enthalten und werden von Metaphase verwaltet.

Da für die eingesetzten Systeme (Visula, ObjectD) gegenwärtig keine komerziellen STEP-Schnittstellen verfügbar sind, ist die nachfolgende Vorgehensweise vereinbart worden:

- Um die Problemlösung auch kurzfristig bei R&S voranzutreiben, wurde die Weiterentwicklung der Schnittstelle im Rahmen des Verbundprojektes CAD-Referenzmodell mit der bestehenden Kopplung von IDEAS-MM mit Visula und einem Lifecycle über Metaphase betrieben.
- Als langfristige Lösung sollte die Implementierung der STEP-Schnittstellen bei dem Herstellern forciert werden.

Integration der elektrischen und mechanischen Konstruktion über Life Cycles von Metaphase

R&S spezifizierte die Anforderungen an eine Integration der elektrischen und mechanischen Konstruktion über einen Life Cycle. Dieser soll gewährleisten, daß die teilweise nebenläufigen Produktentwicklungsprozesse in der mechanischen und der elektrischen Konstruktion systembedingt über aktuelle, konsistente Produkt- (Austausch-) Daten zu einer konsistenten Produktdokumentation führen. U. a. definiert dieser Life Cycle die Übergabeorte der Austauschdaten, regelt deren Zugriffsrechte und legt die Inter-Prozeßkommunikation fest.

Da unter Metaphase ein Produkt ("Life Cycle Manager") im Hause R&S verfügbar war, das geeignet war, diese Anforderungen zu erfüllen, war von Anfang an an eine Realisierung dieses Life Cycles in Metaphase gedacht.

Tatsächlich bot jedoch Metaphases´ Life Cycle Manager nicht alle Voraussetzungen, die für eine Realisierung der Anforderungen notwendig sind. Daher erfolgte die Konzeption und Realisierung des Life Cycles in Metaphase (unter entsprechender Erweiterung der Funktionalität des Metaphase Life Cycle Managers) im Rahmen des Verbundprojektes.

In Metaphase wurde das Grobkonzept der Life-Cycles erstellt und bei R&S verifiziert. Die Realisierung der Übergabemechanismen der Austauschdaten sowie die Life-Cycles der elektro-mechanischen Produktentwicklung erfolgte ebenfalls im PDM-Metaphase.

5.5.2.4 Kopplung CAD/Fertigung

Einführung eines neuen Änderungsverfahrens

Um die in Kapitel 5.5.1 beschriebenen Probleme zu lösen, wurde im Rahmen des Projektes in Zusammenarbeit mit Vertretern der Konstruktionen und der Fertigungswerke ein neues produktbezogenes Änderungsverfahren entwickelt. Dieses neue Verfahren basiert darauf, daß jede Änderung an einem Produkt einzeln mit einem speziellen Änderungsdokument dokumentiert und archiviert wird. Die Freigabe oder Änderung eines Produkts erfolgt ausschließlich durch die Übermittlung dieses Änderungsdokumentes und der zugehörigen neuen Produktdokumente vom Konstrukteur an das Archiv. Das Änderungsdokument beschreibt folgende Inhalte:

- Dokumentenkonfiguration
- Änderungsbeschreibung
- Änderungsauftrag für die Fertigung
- Auftrag zum Verteilen der Dokumente an Stellen ohne direkten Zugang zum Archiv

Dieses neue Verfahren weist gegenüber dem bisherigen Verfahren folgende Vorteile auf:

- Jede Änderung wird im Archiv erfaßt.
- Jedes einzelne Produkt ist mit einem Änderungszustand eindeutig identifizierbar.
- Die Forderungen der DIN Normen ISO 9001 werden vollständig erfüllt.

Erfahrungen beim manuellen Einsatz des neuen Änderungsverfahrens

Als erster Schritt wurde das Verfahren in manueller Form angewendet, d. h. Erstellung des Änderungsdokumentes mit einer Dokumentvorlage am PC durch den Konstrukteur und Übergabe an das Archiv, wo die Verteilung und Archivierung durchgeführt wird.

Die Produktdokumente werden von den Konstrukteuren in zwei Formen an das Archiv übergeben:

- Gemeinsam mit dem Änderungsdokument in Papierform. Sie werden dann vom Archivpersonal verteilt und eingescannt.
- Dokumente des „CAD elektrisch“ werden in Datenform direkt an das Archiv übergeben. Sie werden von dort nach Eintreffen des Änderungsdokumentes verteilt.

Die Versorgung der Fertigung mit Dokumenten erfolgt durch die Verteilung aus dem Archiv.

Durch Anwendung dieses Verfahrens ergaben sich Einsparungen sowohl in der Fertigung als auch in der Konstruktion:

- Die Mitarbeiter in der Fertigung erhalten zu den von ihnen zu fertigenden Teilprodukten detaillierte Änderungsanweisungen, die sie nicht mehr aus den gerätebezogenen Änderungsmitteilungen heraussuchen müssen.
- Die Konstruktionen ersparen sich die Arbeit des Kopierens und Verteilens der Änderungsmitteilungen sowie die Einarbeitung der Änderungsmitteilungen in die Unterlagen bei der nächsten Archivfreigabe.

Es ergaben sich durch die große Zahl an Änderungen (6000 Änderungsdokumente pro Jahr) aber auch Mehraufwände im Archiv, wo jedes Dokument kopiert und verteilt sowie, falls es nicht in Datenform angeliefert wird, zusätzlich eingescannt und archiviert werden muß.

Einsatz von PDM in den Konstruktionsabteilungen

Beim Einsatz von PDM in den Konstruktionen wurden zwei verschiedene Wege beschritten:

- CAD mechanisch: Hier kommt ein komplett neues CAD-System zum Einsatz, welches die Architektur des CAD-Referenzmodelles im Ansatz umsetzt.
- CAD elektrisch: Hier wurde das bereits existierende CAD-System mittels eigener Module, die auf dem Metaphase API basieren, per Dateiübergabe der Produktdokumente an PDM gekoppelt. Die Kopplungsmodule stellen die Konsistenz der Inhalte der Produktdokumente mit den Metadaten sicher. Das CAD-Datenmodell wird weiterhin innerhalb des CAD-Systems verwaltet, zusätzlich wird bei jeder Übergabe an PDM ein Verweis auf das CAD-Datenmodell in Form eines Papers angelegt.

Einsatz von PDM in den Fertigungen

Im Rahmen einer Metaphase-Vorführung im Werk Memmingen stellten sich folgende Rahmenbedingungen für den Einsatz von PDM in den Fertigungen heraus:

- Unterschiedliche Systeme für gleiche Tätigkeitsfelder,
- Unterschiedliche Zuständigkeiten für diese Systeme
- Unterschiedliche Vorstellungen von den Leistungen der Systeme.

Die im folgenden erstellte detaillierte Ist-Analyse der Dokumentenlenkung in den drei Fertigungswerken von R&S ergab folgende Ansatzpunkte für den Einsatz von PDM in den Fertigungen:

- Die Verteilung der Papierdokumente innerhalb des Werkes soll wie bisher durch die Planung bzw. Steuerung erfolgen, da sonst jede Fertigungsgruppe zu Beginn jedes Fertigungsauftrages im PDM nach Änderungen bzw. neuen Produktdokumenten suchen muß.
- Dokumente, die in Datenformat vorliegen und automatisch verarbeitet werden (Datenmodelle oder gescannte Unterlagen für die Produktion von Handbüchern), können direkt aus PDM abgegriffen werden.
- Unterlieferanten sollen keinen direkten Zugang zum PDM erhalten.
- Die Qualitätssicherung wünscht sich direkten Zugriff auf Produktdokumente am Bildschirm.
- Die Installation von PDM-Arbeitsstationen an allen Arbeitsplätzen in der Fertigung ist nicht sinnvoll, da die Mitarbeiter in der Fertigung Papierunterlagen am Arbeitsplatz bevorzugen.

Zur Erstellung und Umsetzung konkreter Anforderungen an den PDM-Einsatz in den Fertigungen wurde ein PDM-Kern-Team gegründet, das die Aktivitäten der Zuständigen der einzelnen Werke sowie der Zentralstellen koordiniert und sich zu diesem Zweck regelmäßig trifft. Zu den ersten Aktivitäten des Teams gehörte die Koordination der Pilotanwendung der Ankopplung des CAD elektrisch an PDM mit produktiven Daten. Nach der erfolgreichen Pilotanwendung wurde der Regelbetrieb der erarbeiteten Lösung beschlossen.

5.5.2.5 Problemfeld Organisation der Projektarbeit

Die flächendeckende Umsetzungs von Zielvereinbarungen, wie sie in der Analyse als Schwachstelle ermittelt wurde, konnte durch eine Schulungsinitiative der Beschäftigten forciert werden. Im Ergebnis stieg die Zustimmung der Mitarbeiter zur Projektarbeit durch diese Maßnahme an. Die Gründe dafür liegen darin, daß die Beschäftigten nun stärker Einfluß nehmen und mittelfristig planen können.

Ebenfalls durch Schulungsmaßnahmen wurden mehrere Sachbearbeiter auf die Übernahme der Teilprojektleitung von Entwicklungsprojekten vorbereitet. Da die fachliche Kompetenz für die Übernahme von Teilprojektleitungen bereits weitestgehend gegeben war, wurden die Schulungsmaßnahmen zur Stärkung der sozialen Kompetenz durchgeführt. Themen waren Moderation, Gesprächsführung, Konfliktlösung usw.

Der sukzessive Ausbau der Terminplanung wurde durch die Verbesserung der informationstechnischen Infrastruktur vorbereitet. Dies hat dazu geführt, daß die Terminplanung nunmehr fast sämtliche Mitarbeiter in den Entwicklungsbereichen umfaßt. Durch diese Maßnahme können die Projekte von der Nutzung personeller Ressourcen her besser gegeneinander abgegrenzt werden. Außerdem dient die konse-quente Terminplanung dazu, zeitliche Freiräume für das Füllen und die Aktualisierung der Lösungsbibliothek sicherzustellen.

Die Umsetzung von Produktentwicklungsgruppen als Konzept des CAD-Referenzmodells wurde, bedingt durch die angespannte Marktsituation, zunächst verschoben. Es bestand die Befürchtung, daß die Umsetzung zu viele Kapazitäten binden und die Beschäftigten von der Bearbeitung ihrer primären Arbeitsaufgaben fernhalten könnte.

Bei der Analyse der Projektarbeit wurden neben den organisatorischen Schwachstellen auch zahlreiche Anforderungen an die Gestaltung der Hard- und Software ermittelt. Diese Anforderungen wurden in Gestaltungsvorschläge überführt und außerhalb des Rahmens des Verbundprojektes CAD-Referenzmodell umgesetzt. Die Umsetzung der erarbeiteten Gestaltungsvorschläge zur Hard- und Software erfolgte durch einen Arbeitskreis, der aus Vertretern des Betriebsrates, der CAD-Systembetreuer, der Standardisierungsabteilung (für die CAx-Bibliothek), der CIM-Abteilung (für die Integration) und der zentralen EDV (für die Vernetzung) bestand.

Sämtliche Gestaltungsvorschläge wurden in dem Arbeitskreis besprochen und an die jeweils zuständige Fachabteilung zur Bearbeitung delegiert. Im Ergebnis ergaben sich folgende Klassen von Maßnahmen:

- Korrekturmaßnahme war bereits vorgesehen/eingeleitet,
- sofortige Korrekturmaßnahme wurde durchgeführt,
- mittelfristige Maßnahmen (bis ein Jahr) wurden eingeleitet (z. B. durch Bestellung von Hard- oder Software) und
- keine Korrekturmaßnahme wurde durchgeführt, da die Kosten oder die technischen Hindernisse zu groß waren (dieser Anteil ist kleiner 10%).

Mit der Umsetzung der Gestaltungsvorschläge zur Hard- und Software ist das Werkzeug CAD für die Beschäftigten nach ihren Anforderungen und Wünschen verbessert worden. Indirekt wurde, besonders durch die Verbesserung der Antwortzeiten, eine Erleichterung für die Projektarbeit erzielt. Der Gedanke der Partizipation bei der Systementwicklung - im Sinne des CAD-Referenzmodells - wurde durch die intensive Zusammenarbeit mit den Beschäftigten und dem Betriebsrat realisiert.

5.5.3 Betrieblicher Nutzen

Durch die Arbeiten bei R&S konnte gezeigt werden, daß eine informationstechnische Unterstützung der Entwickler und Konstrukteure mit den umgesetzten Konzepten des CAD-Referenzmodells zu einer besseren Arbeitssituation und damit zu höherer Effizienz führen kann.

Die Verwendung der Lösungsbibliothek würde den Zugriff der Entwickler und Konstrukteure auf bereits verwendete Lösungen beschleunigen. So würden Zeit (durch das schnellere Auffinden der Lösungen) und Kosten (durch das Reduzieren der Bauteile/Baugruppen) gespart.

Die Datenübergabe zwischen der mechanischen und elektrischen Produktentwicklung konnte durch die Kopplung der verwendeten CAD-Systeme über die realisierte Schnittstelle erheblich verbessert werden. Auch wenn die Datenübergabe nicht zu 100% fehlerfrei ist, konnte eine deutliche Verbesserung gegenüber dem bisherigen Zustand erreicht werden. Nun sind Abhängigkeiten zwischen den mechanischen und elektrischen Bauteilen der Konstruktionen besser zu ermitteln und abzugleichen.

Der betriebliche Nutzen im Bereich der Kopplung der CAD-Systeme mit der Fertigung wird durch die direkte Erzeugung der Änderungsdokumente aus dem PDM gewonnen. Allen beteiligten Stellen der Fertigung (auch denen ohne direkten Zugang zum PDM) und dem Archiv werden die Änderungsdokumente per Life Cycle übermittelt. Der so realisierte Zeitvorteil wirkt sich in einer kürzeren Durchlaufzeit im Unternehmen und einer schnelleren Reaktionsmöglichkeit auf Kundenbestellungen aus.

Die Umstellung der Organisation mit dem Ziel intensiver Kooperation hatte bereits durch die Einführung der Projektarbeit begonnen. Durch die Ausweitung der Zielvereinbarungen und der Übernahme der Projektleitung auch durch Sachbearbeiter konnte ein weiterer Schritt in Richtung Produktentwicklungsgruppe geleistet werden.

6 Analytisches Erhebungsmaterial und Auswertungshinweise

In diesem Kapitel wird das im Rahmen des Projektes entwickelte analytisches Erhebungsmaterial zur Untersuchung der betrieblichen Ist-Situation vorgestellt und Anwendungshinweise gegeben[8]. Ausgangspunkt für die Aufbereitung von CAD-spezifischem Erhebungsmaterial waren die speziellen Anforderungen in der Produktentwicklung mit CAD. Als erster Schritt zur Umsetzung der Konzepte fanden in den beteiligten Unternehmen Untersuchungen zum betrieblichen Ist-Stand statt. Dazu wurden sowohl im Einsatz befindliche CAx-Systeme als auch vorhandene Organisationsstrukturen analytisch erfaßt. Aufgrund der gesammelten Erfahrungen und durch die Rückmeldungen aus den Unternehmen konnte das Erhebungsmaterial erweitert und verbessert werden, um die betriebliche Ist-Situation genauer bestimmen zu können.

Im Rahmen des Verbundprojektes wurde somit umfassendes Material zur Analyse der Produktentwicklung aufbereitet. Der modulare Aufbau ermöglicht eine Anpassung an die jeweilige betriebliche Problemstellung. Mittlerweile wurden das - aus Interviewleitfäden und Fragebögen bestehende - Erhebungsmaterial auch in anderen Unternehmen erfolgreich zur Analyse der Systemarchitektur und der Arbeitsorganisation eingesetzt.

6.1 Anwendungsgebiet des Erhebungsmaterials

Ein Anliegen des CAD-Referenzmodells ist es, Organisation und Informationstechnologie integriert zu betrachten und gemeinsam zu verbessern. Dafür bietet das Erhebungsmaterial eine Unterstützung, da sie sowohl konstruktionstechnische als auch organisatorische und informationstechnische Aspekte hinterfragt. Dementsprechend läßt sich das Erhebungsmaterial zu zweierlei Zwecken einsetzen:

---

8 Das komplette Erhebungsmaterial umfaßt einen theoretischen Teil, einen Teil mit Hinweisen zur Arbeitsanalyse sowie die Fragebögen und Interviewleitfäden. Es kann über die Universität Gesamthochschule Kassel, IfA bezogen werden.

- organisatorische und technische Schwachstellen im Bereich der Produktentwicklung aufzudecken und diese anschließend zu beheben,
- die unternehmensspezifische Ist-Situation mit den Konzepten des CAD-Referenzmodells abzugleichen und daraus den Gestaltungsbedarf abzuleiten.

Anhand der Konzepte des CAD-Referenzmodells können Unternehmen ihre Organisation und Informationstechnik verbessern. Dazu bedarf es eines gestuften Vorgehens:

- Analyse der betrieblichen Ist-Situation,
- Adaption und Detaillierung der Konzepte des CAD-Referenzmodells und
- Umsetzung der betrieblichen Konzepte und ihre Evaluierung.

Der Erhebungsteil erschließt die unterschiedlichen Problemfelder der Produktentwicklung für die Analyse. Der Textteil gibt eine Anleitung für das Vorgehen bei der Erhebung der Ist-Situation und Hinweise für die Auswertung. Durch die umfassende Problembehandlung und die Modularität kann das Erhebungsmaterial auch für andere Projekte zur Verbesserung von Organisation und Technik eingesetzt werden.

Der betriebswirtschaftliche Nutzen von Analyse, Konzeption und Umsetzung für das Unternehmen läßt sich nicht exakt quantifizieren. Bei der modellhaften Umsetzung in den projektbeteiligten Unternehmen hat sich gezeigt, daß

- die interne Kommunikation zwischen den Fachdisziplinen verbessert und damit die Anzahl der Fehler verringert werden konnte,
- die Schnittstellen zwischen den IT-Systemen optimiert und damit manuelle Nacharbeit reduziert werden konnte und
- die Beteiligung der CAD-Anwender bei der Aufdeckung von Schwachstellen und der Setzung von Prioritäten neue Erkenntnisse brachte und damit die Maßnahmen effektiv und zielgerichtet umgesetzt werden konnten.

6.2 Funktion und Aufbau der Erhebungsteile

Im Verbundprojekt wird das Erhebungsmaterial zur Ermittlung und Spezifizierung der betrieblichen Anforderungen an die CAD-Umgebung eingesetzt. Die gezielte Analyse der Ist-Situation hinsichtlich Organisation, Arbeitstätigkeit sowie Daten- und Produktspektrums wird durch den gestuften Analyseprozeß erreicht. Gleichzeitig wird die Partizipation von Anwendern, DV-Spezialisten und anderen betrieblichen Mitarbeitern erleichtert.

Wie in Bild 6.1 dargestellt, sind die Erhebungsteile so strukturiert, daß in verschiedenen Analyseschritten ein wachsender Detaillierungsgrad der Informationen angestrebt wird. Dadurch läßt sich ein zunehmend realistisches Modell der betrieblichen Organisation und Arbeitsweise aufbauen. Die Fragenkomplexe sind deshalb auf die unterschiedlichen Betriebsbereiche und Gesprächspartner zugeschnitten.

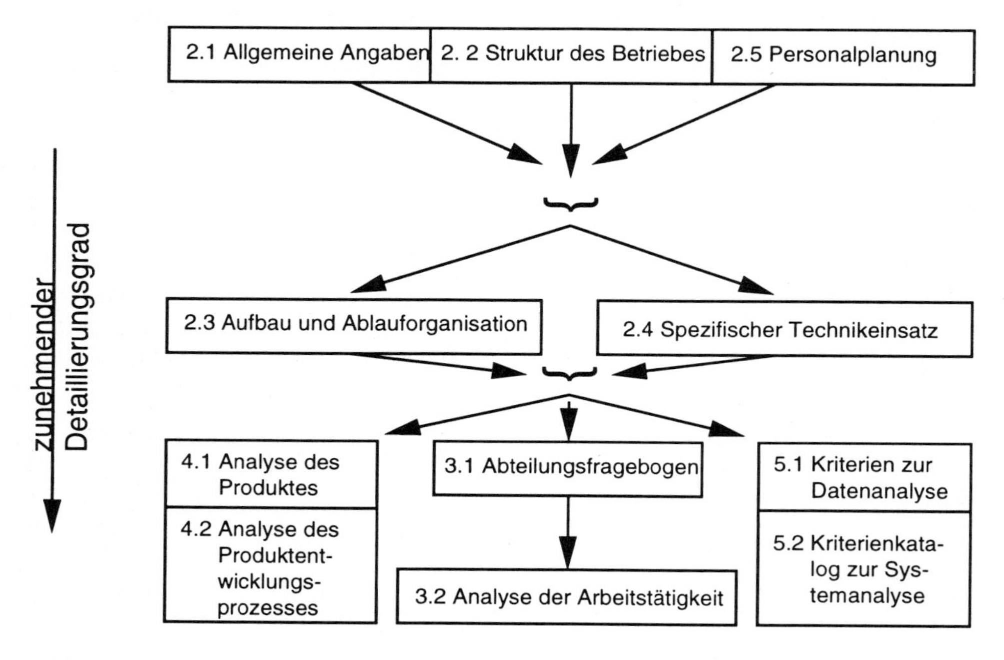

Bild 6.1 Analyseschritte

Vom Aufbau her sind die Erhebungsteile als Interviewleitfäden gedacht. Dennoch können bestimmte Abschnitte von den speziellen Adressaten als Fragebogen ohne Unterstützung seitens der Interviewer bearbeitet werden. Werden bestimmte Analyseteile in Form eines Fragebogens bearbeitet, so ist abhängig vom Anwenderbetrieb noch eine genauere Erläuterung der Fragen und die genauere Spezifikation der Antwortkategorien notwendig.

Die Dopplung der Fragen - z. B. zwischen dem Abteilungsfragebogen und der Analyse der Arbeitstätigkeit - ist gewünscht, da so individuelle Sichtweisen und Konflikte im Unternehmen sichtbar gemacht werden können.

Die einzelnen Module des Erhebungsteils sind an unterschiedliche Adressaten gerichtet, siehe

Tabelle 6.1. Weiterhin aufgeführt sind die unterschiedlichen Erhebungsformen der Module. So läßt sich beispielsweise das Modul „Allgemeine Angaben“ als Fragebogen einsetzen. In der letzten Spalte sind die notwendigen Qualifikationen der Anwender der

Erhebungsteile angegeben. Wenn die notwendigen Qualifikationen im Unternehmen nicht verfügbar oder vorhanden sind, sollten externe Berater hinzugezogen werden. Dies ist (z. B. nach Schwerpunktsetzung durch das Unternehmen mittels Modul 4 und 5) ohnehin von Vorteil, da externe Berater unbefangen in die Untersuchung hineingehen.

Modul im Erhebungsteil	Gesprächspartner/ Interviewpartner	Erhebungsform	besondere Qualifikation der Anwender
1 Allgemeine Angaben	Management	Fragebogen	keine
2 Struktur des Betriebes	Management	Fragebogen	keine
3 Personalplanung	Personalabteilung	Fragebogen	keine
4 Aufbau- und Ablauforganisation	Management, Abteilungsleitung	Interview	Unternehmensorganisation, Prozeßkette
5 Spezifischer Technikeinsatz	Management, EDV-Abteilung (Konstruktionsabt.)	Interview	CAx-Technik, I&K-Technik
6 Abteilungsfragebogen	Konstruktionsabt.	Interview	Konstruktionstechn., K.-systematik
7 Analyse der Arbeitstätigkeit	eingearbeitete Arbeitsperson	Interview	Konstruktionstechn., K.-systematik
8 Analyse des Produktes	Konstruktionsabt.	Interview	Produktentwicklung, Produktgestaltung
9 Analyse Produktentwicklungsprozeß	Konstruktionsabt.	Interview	Produktentwicklung, Prozeßkette
10 Kriterienkatalog zur Datenanalyse	EDV-Abteilung, Konstruktionsabt.	Interview	CAx-Systemanalyse, CAx-Strukturen
11 Kriterienkatalog zur Systemanalyse	EDV-Abteilung, Konstruktionsabt.	Interview	CAx-Systemanalyse, CAx-Technik

Tabelle 6.1 Teile des Erhebungsmaterials

Der Erhebungsteil soll in der vorliegenden Form nicht als unverändertes Ganzes in einem Betrieb eingesetzt werden, sondern betriebsspezifisch angepaßt und in seinen Teilen mit den jeweiligen Ansprechpartnern im Unternehmen bearbeitet werden. Die Fragebögen und Interviewleitfäden sind als Hilfsmittel für die zu gründenden Untersuchungsteams in den Betrieben vorgesehen. Genauere Hinweise zur Arbeit mit dem Erhebungsteil und zum Untersuchungsteam finden sich in den folgenden Abschnitten.

Mit dem jeweiligen Modul des Erhebungsmaterials lassen sich folgende Inhalte erheben:

- Allgemeine Angaben
  Die Struktur des Unternehmens soll anhand bestimmter Merkmale (z. B. Betriebsgröße, Unternehmensform) für Externe transparent gemacht werden. Dieses Ziel wird erreicht, indem Fragen zur Branchenzugehörigkeit, zur Unternehmensform, zu den Eigentumsverhältnissen, zur Anzahl von Unternehmensstandorten, zu den Absätzmärkten, zum Umsatz, zur Werksform und zur Anzahl der Beschäftigten gestellt werden.
- Struktur des Betriebes
  Die betrieblichen Ausgangsbedingungen werden in bezug auf den Konstruktionsprozeß hinterfragt. Dies wird anhand der Analyse verschiedener Merkmale des Herstellungsprozesses bzw. der Herstellungspotentiale erreicht. Es werden Fragen gestellt, die das Produktspektrum, die Fertigungsform, die Auftragstypen, die Fertigungstiefe, den Innovationszyklus, Durchlaufzeiten sowie die Zusammenarbeit mit externen Partnern behandeln.
- Aufbau- und Ablauforganisation
  Die Merkmale der Aufbau- und Ablauforganisation werden aufgearbeitet. Berücksichtigt werden dabei die Bedingungen, in denen der Konstruktionsprozeß stattfindet und denen er untergeordnet ist. Außerdem werden die wesentlichen ablaufbezogenen Verknüpfungen bestimmt. Die Erhebung findet zu den Themenkomplexen Aufbauorganisation, Ablauforganisation, CAx-Systeme in der Prozeßkette, Kooperation im Konstruktionsprozeß, Aufgaben der Konstruktionsabteilungen und Kommunikationsstrukturen statt.
- Spezifischer Informations- und Technikeinsatz
  Die Bestimmung des Einsatzes von informations-technischen Komponenten erfolgt unter Berücksichtigung des historischen Entstehens über die Abteilungsgrenzen hinaus. Die Qualifizierung und deren Strategie werden erfaßt. Weitere Themen sind die CAx-Systeme im Unternehmen, die Anzahl von CAx-Arbeitsplätzen, der Einsatzzweck der CAx-Systeme, die Durchdringung mit CAx-Systemen, die Anwendungsschwerpunkte von CAx-Systemen, die Veränderungen der und durch CAx-Systeme, die Konstruktionstätigkeit mit CAD und die für diesen Bereich notwendigen Schulungen.
- Personalplanung
  Die Rolle der Personalentwicklung wird in der betrieblichen Ist-Situation be-

stimmt. Erhoben werden Merkmale unter denen der Personaleinsatz stattfindet. Entsprechend stehen Fragen zur Fluktuation in Konstruktionsbereichen, dem Zugehörigkeitszeitraum in Konstruktionsabteilungen, der Qualifikation von Konstruktionsmitarbeitern, der Qualifizierung von Konstrukteuren, der Entlohnung in den untersuchten Bereichen und den Arbeitszeitmodellen im Mittelpunkt der Interviews.

- Abteilungsfragebogen
  Die Sichtweise der Abteilungsleitung über den Konstruktionsprozeß wird abgefragt und dient an einzelnen Stellen als Vergleichsposition zur Analyse der Arbeitstätigkeit. Vertiefend werden Personalkriterien, die Aufbau- und Ablauforganisation und der Technikeinsatz ermittelt. Die Dopplung von Fragen ist notwendig um Möglichkeiten, Bedingungen und tatsächliche Nutzung der CAx-Systeme genau bestimmen zu können. Deshalb werden Fragen gestellt, die allgemeine Angaben zur Abteilung, zum Personal, den Informations- und Kommunikationstechniken, dem Auftragsablauf, der Kooperation und dem Zeitbudget zum Gegenstand haben.
- Analyse der Arbeitstätigkeit
  Die Zielsetzungen einer menschengerechten Arbeitsgestaltung werden anhand bestimmter Merkmale auf ihre Erfüllung hin überprüft. Es erfolgt ein Abgleich mit den Ergebnissen der vorangegangenen Auswertungsschritte. Dementsprechend werden Angaben zur Person, zum Jobalter, zur Geübtheit im Aufgabenfeld, zur Schulung auf I&K-Techniken, zu den Arbeitsmitteln, zur Arbeitsaufgabe, zur Bewertung der I&K-Techniken, zur Soft- und Hardware-Ergonomie und zur Kooperation und Kommunikation erhoben.
- Analyse des Produktes und des Produktentwicklungsprozesses
  Inhalt und Umfang der Analyse richten sich in hohem Maße nach den spezifischen Problemstellungen in dem Anwenderunternehmen. Das Spektrum geht dabei von einem groben Überblick über prozeßbeeinflussende Spezifika der Konstruktionsobjekte bis hin zur genauen Abbildung der Produkteigenschaften für die Produktmodellierung. Im Mittelpunkt stehen Fragen, die es ermöglichen, die Produktfunktion und -struktur, die Baustruktur, die Erzeugnisgliederung, die Produktvarianten, Zukaufteile und Norm-, Werknorm- sowie Wiederholteile analytisch zu erfassen und in Verbindung mit dem Konstruktionsprozeß zu setzen.
- Kriterienkatalog zur Daten- und zur Systemanalyse
  Diese Teile des Erhebungsmaterials dienen als Leitlinien und Handlungshilfen der Analyse und Integration der Daten und Systeme zur Unterstützung der Organisationsaufgaben und des Produktentwicklungsprozesses nach dem Konzept des CAD-Referenzmodells. Dabei sollen die allgemeinen Orientierungen, die Datenhaltung, die verteilte Datenhaltung, die Datenkonsistenz, Formen des kooperativen Arbeitens, die Produktdatenmodelle und die Wissensbasis ermittelt werden.

6.3 Vorbereitung der Untersuchung

In der Vorlaufphase der Untersuchung sind zwischen den Betrieben und dem Untersuchungsteam die Ziele grob abzustimmen. Das ist erforderlich, damit auf die unterschiedlichen Zielvorstellungen der Betriebe eingegangen werden kann. Beispielsweise wird von einem Unternehmen eine Schwachstellenanalyse verlangt, von einem anderen die Gestaltung bzw. die Umsetzung von neuen Organisationskonzepten. Nach der Zielbestimmung kann die Anzahl der Interviews und der Zeitrahmen der Untersuchung festgelegt werden.

Während der Vorlaufphase sollte die betriebliche Interessenvertretung in das Projekt einbezogen werden, da Analysen dieser Art mitbestimmungspflichtig sind und bei den Arbeitnehmervertretern angemeldet werden müssen. Durch die Erläuterung von Zielsetzungen und Schwerpunkten der Untersuchung - insbesondere der arbeitsorientierten Aspekte - kann die Akzeptanz der Betriebsräte sichergestellt werden.

Eine zentrale Rolle in der Vorbereitungsphase der Interviews spielt die Kontaktaufnahme mit den betrieblichen Ansprechpartnern. Im Rahmen der Vorgespräche sollten deshalb die folgenden Vereinbarungen getroffen werden:

- Festlegung der Ansprechpartner der Managementebene (Projekt Beauftragte),
- Festlegung der Interviewpartner der Managementebene (Allgemeine Angaben, Struktur des Betriebes, Aufbau- und Ablauforganisation) und
- Festlegung der Abteilungen, die untersucht werden sollen.

Im Vorfeld der Interviews sind insbesondere das Management bzw. die betrieblichen Projektbeauftragten und die Abteilungsleitungen gegenüber der Untersuchung zu sensibilisieren. Dazu sollten Ziele und Hintergründe bzw. Vorteile der Analyse dargelegt werden, damit die Bereitschaft zur Mitarbeit geweckt wird. Analog sind die Interviewpartner zu den Themenkomplexen Spezifischer Technikeinsatz und Personalplanung vorzubereiten. Darüber hinaus sind Fragen nach vorhandenem schriftlichen und grafischen Informationsmaterial hilfreich. So kann die EDV-Abteilung z. B. EDV-Sollkonzepte oder die Personalabteilung Abteilungsstrukturpläne zur Verfügung stellen.

Nach diesen Vorarbeiten sind die Beschäftigten in den Produktentwicklungsabteilungen in den Erhebungsprozeß einzubinden. Die frühzeitige Information der Mitarbeiter fördert den reibungslosen Verlauf der Untersuchung und des Projektes in seiner Gesamtheit. Im Rahmen der ersten Kontaktaufnahme können einerseits erste Beobachtungen der betrieblichen Rahmenbedingungen erfolgen, andererseits lassen sich wichtige Interview-Vorarbeiten erledigen. Beispielsweise die Sammlung betrieblicher Unterlagen, die notwendig sind, um mit dem Analyse- und Auswertungsprozeß erfolgreich beginnen zu können.

Bei dieser Gelegenheit können die Interviewpartner und die Termine für die Bearbeitung des *Abteilungsfragebogens* festgelegt werden. Beobachtungen, die im Rahmen dieser Gespräche gemacht werden, können hilfreiche Zusatzinformationen für die später durchzuführende *Analyse der Arbeitstätigkeit* liefern [Dunckel 1993].

Die Auswahl der Beschäftigten, die zur *Analyse der Arbeitstätigkeit* befragt werden, sollte nach der Auswertung des *Abteilungsfragebogens* erfolgen. Durch diese Vorgehensweise lassen sich repräsentative und nicht-repräsentative Tätigkeiten erkennen, die beide im Verlauf der Untersuchung berücksichtigt werden sollten. Nur auf diese Weise kann die Abteilungsstruktur vollständig widergespiegelt werden. Außerdem sollten, falls in einem vertretbaren Rahmen möglich, mindestens zwei Mitarbeiter gleicher bzw. vergleichbarer Tätigkeiten befragt werden. Durch dieses Vorgehen wird verhindert, daß sich die subjektive Sicht- und Arbeitsweise eines Beschäftigten im Analyseergebnis niederschlägt.

Die Information der Beschäftigten kann in einem Gespräch mit der gesamten Abteilung erfolgen, die durch die zuständige Führungskraft einberufen wird. Diese Vorgehensweise hat sich in anderen Untersuchungen bewährt. Den Mitarbeitern sollten Ziele, Inhalte und Ablauf der Untersuchung erläutert werden, bevor die eigentlichen Interviews stattfinden. Die grundsätzliche Freiwilligkeit der Interview-Teilnahme ist zu betonen. Nach den Erklärungen ist den Beschäftigten eine Bedenkzeit einzuräumen, die es ihnen ermöglicht, sich für oder gegen die Teilnahme zu entscheiden. Auch der Datenschutz sollte im Rahmen des Abteilungsgespräches angesprochen werden. Außerdem muß darauf hingewiesen werden, daß die Befragungen nicht der Ermittlung der Arbeitsleistung bzw. des Arbeitstempos dienen [Dunckel 1993].

In Einzelgesprächen (nach dem Abteilungsgespräch) sollte den Beschäftigten die Möglichkeit zur Nachfrage gegeben werden, um offene Fragen zu klären. Dabei besteht die Möglichkeit zur Vorauswahl der Interessierten. Es sollte darauf geachtet werden, daß die vorausgesetzten Kriterien erfüllt werden, beispielsweise die notwendige Geübtheit mit den I&K-Techniken vorhanden ist. Dadurch kann verhindert werden, daß ein Interview aufgrund mangelnder Voraussetzungen abgebrochen werden muß. Nach der verbindlichen Zusage durch die Mitarbeiter können die Interviewtermine festgelegt werden. Außerdem besteht die Möglichkeit, weitere wichtige Vorarbeiten zu erledigen, z. B. die Verschlüsselung der Arbeitsplätze. Diese Kodierung ist aufgrund datenrechtlicher Bestimmungen notwendig. Es dürfen auf den Interviewleitfäden keine personenbezogenen Daten eingetragen werden. Auch Hinweise, wie die Angabe von Raumnummern der Befragten, dürfen dort nicht schriftlich fixiert werden [Dunckel 1993].

Bei der Planung der Untersuchung muß berücksichtigt werden, daß jeder Interviewer am Tag nur zwei Interviews durchführt, damit ausreichend Zeit zur Nachbereitung bleibt. So läßt sich die Qualität der Untersuchung gewährleisten. Dieser Richtwert ist bei der Planung zu berücksichtigen, um die Anzahl der Interviewer festzulegen und den Zeitaufwand für die Untersuchung einzugrenzen [Dunckel 1993].

6.4 Durchführung der Untersuchung

Der Erhebungsteil ist, wie oben beschrieben wurde, in einzelne Module untergliedert. Dieser Aufbau führt dazu, daß die verschiedenen Teile in der Bearbeitung unterschiedlich zu handhaben sind. Differenziert wird zwischen den Segmenten, die als Fragebogen zu bearbeiten sind sowie zwischen den Interviews mit Abteilungsleitungen und Mitarbeitern.

Die Fragebögen und Interviewleitfäden können flexibel eingesetzt werden, z. B. in Hinsicht auf die spezifischen betrieblichen Besonderheiten. Dies setzt voraus, daß die Interviewer mit Konstruktionstätigkeiten vertraut sind und den Analyseprozeß durchschauen.

6.4.1 Arbeitsanalyse als zentrale Untersuchungseinheit

Für die Umsetzung der integrierten organisatorischen und technischen Konzeption im CAD-Referenzmodell ist die Aufgabenverteilung zwischen Mensch und Computer von wesentlicher Bedeutung [Abeln 1995]. Deshalb soll der Technikentwicklungsprozeß anhand von Humankriterien gestalterisch gelenkt werden. Durch die Berücksichtigung menschlicher Stärken und Besonderheiten, wie sie im Rahmen einer humanen Arbeitsgestaltung praktiziert wird, eröffnet sich die Möglichkeit zur Ausbildung flexibler und effektiver Arbeitsstrukturen. Darum wird der Analyse der Arbeitstätigkeit an dieser Stelle besondere Bedeutung zugemessen[9].

Die Humankriterien, die in

Tabelle 6.2 vorgestellt werden, sind als Leitlinien bzw. -bilder zu verstehen, die dabei helfen sollen, die zukünftigen Arbeitsaufgaben menschengerecht zu gestalten. Die Bewertungsmaßstäbe und die daraus abzuleitenden Gestaltungserfordernisse werden im Zusammenhang mit der jeweiligen Fragestellung thematisiert. Aufgrund der hohen Komplexität von Konstruktionstätigkeiten sind keine pauschalen Aussagen bezüglich notwendiger Veränderungen möglich. Es muß in einem komplexen Analyseprozeß sorgfältig überprüft werden, ob und wenn ja, welche Arbeitsbedingungen verändert werden müssen, und durch welche technischen und organisatorischen Veränderungen dieses Ziel erreicht werden kann.

---

[9] Die theoretische Grundlage des als Referenz genutzten KABA-Verfahrens ist die Handlungsregulationstheorie (HRT). Aus der Grundannahme das menschliches Handeln zielgerichtet, gegenständlich und sozial eingebunden ist, wurden sogenannte Humankriterien abgeleitet [Dunckel 1993].

Grundmerkmale menschlichen Handelns	Humankriterien
Zielgerichtetheit	Entscheidungsspielraum
	Zeitspielraum
	Strukturierbarkeit
	Belastungen
Gegenständlichkeit	Kontakt zu materiellen und sozialen Bedingungen des Arbeitshandelns
	Variabilität von Aufgaben und Aufträgen
Eingebundenheit (soziale)	Kooperation und unmittelbar zwischenmenschliche Kommunikation

Tabelle 6.2 Zusammenhänge zwischen den Merkmalen menschlichen Handelns und den Humankriterien

6.4.2 Fragebögen

Bei diesen Abschnitten des Erhebungsteils handelt es sich um Fragebögen: *Allgemeine Angaben, Struktur des Betriebes, Personalplanung*. Aufgrund ihres Charakters ist die Abwandlung der Fragen auf die betriebsspezifischen Bedingungen nicht zwingend notwendig. Die Interviewer sollten aber auch hier einen persönlichen Kontakt zu den Befragten herstellen. Durch dieses Vorgehen wird gewährleistet, daß vom Analysekonzept abweichende Bedingungen erfaßt werden können. Sie sollten gesondert schriftlich festgehalten werden, damit auch diese Informationen in die Auswertung einfließen können.

6.4.3 Interviews auf Abteilungsleitungsebene

Der erste Schritt der Interviews - *Abteilungsfragebogen, Aufbau- und Ablauforganisation, Spezifischer Technikeinsatz* - ist die Begrüßung und Vorstellung. Diese am Arbeitsplatz durchzuführen ist sinnvoll. Hierbei ist es wichtig, daß die Interviewer gesonderte Notizen ihrer Beobachtungen machen, z. B. in Form von Arbeitsplatzskizzen. Stellt sich dabei heraus, daß die ungestörte Befragung am Arbeitsplatz nicht möglich ist, sollte die Befragung an einem anderen Ort fortgeführt werden. Dies kann in einem

Besprechungsraum geschehen. Wird das Interview am Arbeitsplatz fortgeführt, können die dort gemachten Beobachtungen in Form von Strichlisten dokumentiert werden, um verschiedene Vorgänge zu erfassen. Beispielsweise können die während des Interviews geführten Telefonate oder die Mitarbeitern gestellten Rückfragen an die Befragten in dieser Form aufgezeichnet werden. Diese Beobachtungen liefern wichtige Zusatzinformationen für die Auswertung der Befragung [Dunckel 1993].

Die Interviewer sollten während der Befragung die Vorgehensweise transparent gestalten. So sollte den Befragten jederzeit Einblick in die Notizen gewährt werden. Es kann zur Überprüfung der Ergebnisse sinnvoll sein, Rücksprache mit den Befragten zu halten. Aus Gründen des Datenschutzes ist darauf zu achten, daß niemand, außer den Befragten selbst, Einblick in die Unterlagen erhält [Dunckel 1993].

6.4.4 Vorgehensweise bei der Untersuchung für die Aufgabenanalyse

Der Abschnitt - *Analyse der Arbeitstätigkeit* - des Erhebungsteils basiert auf einer Mischung aus Beobachtung und Interview. Die Komplexität von Konstruktionsaufgaben würde, aufgrund der zur Beurteilung der Tätigkeit benötigten Beobachtungszeit, jeden vertretbaren Erhebungsrahmen sprengen. Die Beobachtung ist zwar weiterhin ein Bestandteil der Analyse, diese hat aber hauptsächlich den Charakter eines Interviews, in das die im Betrieb gemachten Beobachtungen einfließen können und sollen [Martin et al. 1992]. Demgegenüber ist die KABA-Aufgabenanalyse[10], aus der dieser Teil des Fragebogens abgeleitet wurde, ein Beobachtungsanalyseinstrument. Die Interviewer sollen bei diesem Verfahren die Beschäftigten einen ganzen Arbeitstag beobachten und die Fragestellungen anhand ihrer Beobachtungen abarbeiten [Dunckel 1993]. Aus den angeführten Gründen wurde von diesem Konzept abgewichen. Auch die Übernahme von Fragenkomplexen aus anderen Analyseinstrumenten und der Fragebogencharakter einiger Teile legen diese Verfahrensweise nahe.

Die im Interviewleitfaden formulierten Fragen dienen der Orientierung und müssen an die betrieblichen Gegebenheiten angepaßt werden. Der Bezug zur konkreten betrieblichen Situation ist am Arbeitsplatz für die Interviewer leichter herzustellen. Die Durch-

---

[10] In Hinblick auf konstruktive und planerische Tätigkeiten gibt es kein ausgereiftes Verfahren zur Aufgabenanalyse. Das RHIA/VERA-Verfahren klammert explizit Tätigkeiten in der Konstruktion aus [Leitner 1993]. Das VERA-G zur Analyse in diesem Bereich liegt noch nicht vor [Oesterreich 1991]. Aus diesem Grund wurde das von Dunckel et al entwickelte Verfahren zur „Kontrastiven Aufgabenanalyse im Büro“ (KABA) als Referenz genutzt. Aufgrund der großen Komplexität des Verfahrens und der speziellen Anforderungen des CAD-Referenzmodells wurden erhebliche Modifizierungen vorgenommen.

führung der Interviews sollte deshalb am Arbeitsplatz erfolgen. Ein Beispiel aus dem KABA-Manual [Dunckel 1993] verdeutlicht diese Notwendigkeit:

- Orientierungsfrage:
  "Muß die arbeitende Person Entscheidungen treffen?"
- Frage des Interviewers:
  "Können sie nach Sichtung der Aktenlage entscheiden, ob der Antrag befürwortet wird?"

Im Rahmen der Interviews ist es hilfreich sich Unterlagen, wie Hardcopies von Bildschirmmasken und Stücklistenvordrucke, aushändigen zu lassen. Auch die Einsicht in vorliegende Zeichnungen oder Schriftverkehr kann wichtige Informationen vermitteln [Dunckel 1993].

Die Interviews können auch in Form von Kleingruppen- bzw. Paarbefragungen stattfinden. Dabei sollten möglichst nicht mehr als drei Mitarbeiter befragt werden. Diese Vorgehensweise setzt allerdings das Einverständnis der Befragten voraus. Außerdem sollten nur Beschäftigte mit gleichen bzw. ähnlichen Arbeitsaufgaben in dieser Form befragt werden. Im Interviewverlauf muß darauf geachtet werden, ob es Widerstand eines Befragten gibt. Sollte dies auftreten, ist es sinnvoll die Mitarbeiter einzeln zu befragen oder zusätzlich andere Mitarbeiter zu interviewen.

Außerdem gelten hier analog die im Abschnitt *6.2 Vorgehensweise bei den Interviews auf Abteilungsleitungsebene* aufgestellten Verfahrensrichtlinien.

6.5 Auswertung

Mit den Erhebungsteilen werden verschiedene betriebliche Ebenen und Funktionen erfaßt und aus unterschiedlichen Blickwinkeln betrachtet. Daher erfolgt die Auswertung als Prozeß, der im folgenden beschrieben und mit Auswertungshinweisen ergänzt wird.

6.5.1 Allgemeine Hinweise zur Auswertung

Die einzelnen Fragebögen und Interviewleitfäden des Erhebungsteils können in Hinsicht auf die Auswertung nicht getrennt voneinander betrachtet werden. Die Auswertung erfolgt aufgrund der Komplexität und der verschiedenen Bezugspunkte der Untersuchungsschritte in mehreren Schritten in unterschiedlicher Form. Im Analyseprozeß Bild 6.2 auf der Basis der vorangegangenen Auswertung wird der nächste Erhebungsschritt, z. B. durch Anpassen von Fragen oder Auswahl von Interviewpartnern spezifiziert.

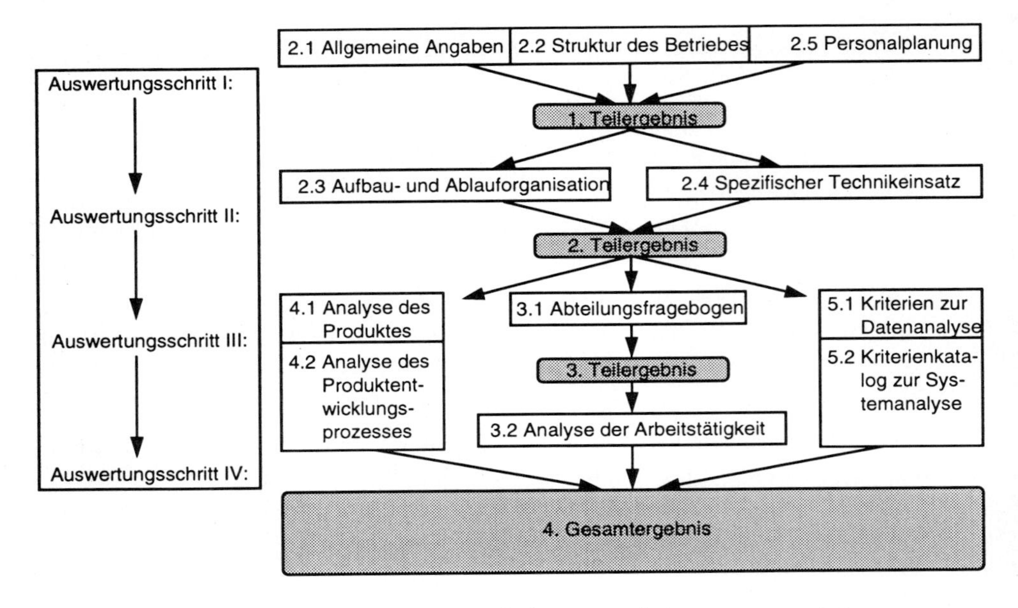

Bild 6.2 Zusammenhang zwischen Erhebungs- und Auswertungsschritten

Einen Überblick über die Zusammenhänge der Befragung und Auswertung findet sich in Tabelle 6.3. Der erste Schritt ist die reine Befragung. Der zweite Schritt ermöglicht, nachdem die Auswertung der vorgeschalteten Befragungen erfolgt ist, eine Thematisierung stark abweichender Einschätzungen und gestattet eine frühzeitige und gezielte Nachbefragung einzelner Mitarbeiter. Subjektive Einschätzungen der Mitarbeiter können im dritten Schritt sichtbar gemacht werden. Durch den Vergleich der Einzelinterviews lassen sich abweichende Einschätzungen erkennen. Im vierten Schritt lassen sich subjektive Einschätzungen der Befragten von objektiven Begebenheiten trennen. Allerdings muß diesem vierten Schritt immer die Anonymisierung der Einzelbefragungsergebnisse vorangehen.

1. Schritt
• Begrüßung und persönliche Vorstellung • Befragung mit der Fragensammlung • Beobachtung während der Befragung (z. B. Strichlisten)

2. Schritt

- Auswertung des Interviews
- Rücksprache mit Beschäftigten über die abgegrenzten Analyseergebnisse
- Nachbefragung der Beschäftigten, wenn Unklarheiten hinsichtlich bestimmter Aspekte bestehen

3. Schritt

- Vergleich der Befragungsergebnisse (thematisieren unterschiedlicher Einschätzungen)
- Zusammenfassung der Einzelergebnisse (dient auch der Anonymisierung)
- Ableitung von Gestaltungserfordernissen
- Erarbeitung von Gestaltungsvorschläge

4. Schritt

- Rückspiegelung der Analyseergebnisse und Gestaltungsvorschläge in die Organisationseinheit (nur wenn mehrere Befragungen stattgefunden haben = Anonymität gewährleisten)

Tabelle 6.3 Methodische Vorgehensweise bei der Analyse der Arbeitstätigkeit

Die Aufarbeitung und Darstellung der gewonnenen Daten sollte in grafischer Form erfolgen, da sie so leichter zu interpretieren sind. Gleichzeitig ist diese Art der Aufarbeitung eine Voraussetzung für die richtige Interpretation der Daten. Außerdem ist es wichtig, mehr als die einzelnen Abschnitte des Erhebungsteils auszuwerten. Es ist erforderlich die ersten betrieblichen Besprechungen, z. B. die Vorbesprechungen zur Projektrealisierung, in den Auswertungsprozeß mit einzubeziehen. Die Begründung findet sich im Auswertungsprozeß, da die betriebliche Ist-Situation nur dann ermittelbar ist, wenn genügend Datenmaterial, also auch sekundäres, zur Verfügung steht [Frieling 1993].

Ein weiterer wichtiger Aspekt im Auswertungsprozeß ist die Einbindung der Befragten, die durch eine gemeinsame Diskussion der Auswertungsergebnisse erreicht werden kann. So lassen sich unzutreffende Interpretationen hinsichtlich der betrieblichen Ist-Situation - die immer noch beim Untersuchungsteam vorhanden sein können - vermeiden. Bestehende Unklarheiten können z.T. durch eine telefonische Nachbefragung - nur wenn es keine allzu komplexen Sachverhalte betrifft - geklärt werden.

Wichtige betriebliche Unterlagen, welche Informationen für die Analyse liefern können, sind in den Zeilen der Tabelle 6.4 aufgeführt. Darüber hinaus lassen sich durch Firmenprospekte, Produktkataloge, Organigramme, Qualitätsmanagementhandbuch, Entwicklungshandbuch, Telefonliste, Raumpläne, Vernetzungspläne, Arbeitsplatzbeschreibungen weitere Informationen ermitteln. Zum einen können die aufgeführten Unterlagen Informationen über verschiedene Rahmenbedingungen geben, die von außen in die Betriebe hineingetragen werden, etwa in Form von Zeichnungsstandards, Datenformaten usw. Zum anderen vermitteln sie Einblicke in die Betriebsorganisation, z. B. Organigramme und Schulungsunterlagen. Auch aus den technischen Unterlagen, z. B. Zeichnungen, Stücklisten, lassen sich für die Untersuchung relevante Informationen gewinnen. In Tabelle 1.4 sind in den Zeilen die zu analysierenden Unterlagen und in den Spalten die Bereiche, zu denen diese Unterlagen Informationen liefern, aufgetragen. Dort, wo eine Unterlage zu einem Bereich Informationen liefert, ist ein "X" eingetragen.

zu analysierende Unterlagen			Organisation		CAD			Spezielle Infos		
			Aufbau	Ablauf	Daten	Anforderungen	Systeme	Q	Möglichkeiten	Prozesse
betriebsinterne Unterlagen	bauteilbezogen	Zeichnungen			X	X		X		
		CAD-Modelle			X	X	X	X	X	
		Versuchsberichte				X		X		X
	nicht bauteilbezogen	Organigramme	X							
		Beschreibungen		X					X	X
		Schulungsunterlag.		X	X	X	X		X	X
allgemein zugängliche Unterlagen	Fachliteratur	zu den Systemen			X	X	X		X	X
		zu den Abläufen			X	X				X
		aktuelle Literatur			X		X		X	X
	Benutzerhandbuch	der CAD-Systeme			X	X	X	X	X	
		der CAM-Systeme			X		X		X	
		Konstrukt.-systematik			X	X				X
	Vorschriften, Richtlinien	Normen/allg.				X		X		
		Vorschriften CAD			X	X		X		
		Richtlinien/Normen			X	X				

Q: Qualifizierungsmaßnahmen

Tabelle 6.4 Zu analysierende betriebliche Materialien nach [Frieling 1993]

6.5.2 Auswertungsschritte

Die allgemeinen Teile der Fragebögen und Interviewleitfäden - *Allgemeine Angaben, Struktur des Betriebes* und *Personalplanung* - dienen der Erfassung der Ist-Situation des Betriebes. Das Datenmaterial des ersten Auswertungsschrittes macht es möglich, die darin enthaltenen Informationen in Form des 1. Teilergebnisses zu dokumentieren. Dies sollte in grafischer Form erfolgen. Die im Betrieb vorhandenen Organigramme und Bildungspläne müssen entsprechend überarbeitet bzw. ausgearbeitet werden, falls keine vorhanden sind. Vorhandene Organigramme sollten nicht verändert, sondern neu gezeichnet werden. Auf diese Weise ist ein schneller Vergleich zwischen dem erfaßten Ist-Stand und dem Soll-Stand möglich. Die Ergebnisse müssen in den folgenden Interviews berücksichtigt werden.

Im zweiten Auswertungsschritt sollen die Informationen konkretisiert werden. Nachdem die Interviews mit dem Management und den Abteilungsleitungen durchgeführt worden sind, wie es in den Abschnitten *Aufbau- und Ablauforganisation* und *spezifischer Technikeinsatz* des Erhebungsmaterials vorgesehen ist, müssen die Organigramme und Bildungspläne erneut überarbeitet werden. Eine erste Darstellung der betrieblichen Prozeßketten wird möglich. Dazu bieten sich Petri-Netze an. Die Arbeitsorganisation und ihr Einfluß auf die Entwicklungsprozesse kann dokumentiert werden, z. B. in Matrixform. An dieser Stelle ist es erforderlich, eine erste Gegenüberstellung zwischen bestehenden Einschätzungen und Planungen und den Analysedaten vorzunehmen. Daraus resultiert das 2. Teilergebnis. An dieser Stelle kann auch ein erster Vergleich von Bildungsangeboten und -bedarf erfolgen.

Im dritten Auswertungsschritt kann die Darstellung der Prozeßkette vervollständigt werden. Die Abbildung der Arbeitsorganisation bis hinunter auf die Abteilungsebene wird möglich. Die Auswertung kann zu einer nochmaligen Überarbeitung von Organigrammen oder Bildungsplanungen führen. Der dritte Auswertungsschritt mit dem 3. Teilergebnis vereinfacht den folgenden Interviewschritt, da durch die Auswertung die Struktur und Arbeitstätigkeiten in der Abteilung abbildbar sind. Das Ergebnis kann, z. B. in Form einer Petri-Netz-Grafik, dargestellt werden. Die einzelnen Tätigkeiten lassen sich als neue Darstellungsebene dokumentieren. Außerdem ist die gezielte Auswahl von Interviewpartnern möglich.

Im vierten Auswertungsschritt werden die zuvor gewonnenen Informationen berücksichtigt. In Hinblick auf die Auswertung der Teilbereiche *Analyse der Arbeitstätigkeit, Analyse des Produktes und Produktentwicklungsprozesses* sowie *der Daten- und Systemanalyse* ist diese Vorgehensweise unerläßlich, da ansonsten ein verfälschtes Bild entstehen könnte. Im 7. Kapitel wird am Beispiel der Arbeitsanalyse detailliert und beispielhaft aufgezeigt, welche Aspekte bei der Auswertung zu beachten sind, und wie sich Gestaltungsmöglichkeiten aus den Antwortkategorien ableiten lassen.

6.5.3 Darstellung der Analyseergebnisse

Der Vorteil der grafischen Auswertung der gesammelten Daten und Informationen liegt in der plastischen Darstellung der Problemaspekte. Außerdem ermöglichen die so aufbereiteten Ergebnisse auch einen Einblick für Nichtfachleute. Diese Forderung wird auch in der VDI-Richtlinie 5003 formuliert [VDI 1987].

Allerdings gibt es eine Vielzahl an Möglichkeiten zur grafischen Darstellung. Dieser Sachverhalt ergibt sich aus den unterschiedlichen Problemstellungen und Analysegegenständen. In Tabelle 6.5 werden verschiedene grafische Auswertungsmöglichkeiten für bestimmte Untersuchungsbereiche vorgestellt und kurz charakterisiert sowie die Einsatzbereiche benannt. In der Praxis haben sich der Ablaufplan und die Schwachstellenliste bewährt, da diese Möglichkeiten von den betrieblichen Praktikern akzeptiert werden. Diese beiden Möglichkeiten sollen anhand zweier Beispiele näher erläutert werden.

Methode	Eigenschaften	Anwendungsmöglichkeit
Petri-Netze [Frieling 1993].	• Darstellung komplexer, entkoppelter und zeitlich paralleler betrieblicher Zusammenhänge • Vermeidung von Unschärfeerscheinungen bei der Datenerhebung	Prozeßkettenanalyse
Prozeßketten-Matrix [Frieling 1993]	• Vergleich verschiedener Prozeßketten miteinander • Analyse der ablaufbezogenen betrieblichen Arbeitsorganisation	Prozeßkettenanalyse
CAD-Datenflußmatrix [Frieling 1993]	• Analyse der Abläufe des Datenaustausches • Berücksichtigung der zeitlichen Abläufe • Übersichtlichkeit	Datenflußanalyse
Organigramme	• Strukturmodell zur Aufbauorganisation des Betriebes	Aufbauorganisation

Tabelle 6.5 Eigenschaften und Anwendungen grafischer Auswertungsmethoden

Im Verlauf der Auswertung bietet es sich an, die Befragungsergebnisse in Form von *Schwachstellenlisten* zu verdichten. Der Vorteil dieser Methode besteht darin, spezifische Probleme in komprimierter Form vorliegen zu haben. Mit den Schwachstellenlisten können die Diskussionsrunden mit den betrieblichen Projektpartnern effektiver gestaltet werden. In Tabelle 6.6 wird ein Beispiel für eine Schwachstellenliste gezeigt. Schwachstellenlisten lassen sich nicht nur auf Abteilungen beziehen, wie im Beispiel dargestellt, sondern auch in Hinsicht auf Schnittstellenprobleme ausarbeiten, die zwischen verschiedenen Abteilungen bestehen.

Schwachstellenliste Betriebsmittel-Konstruktion
• Datenübergabe in die NC-Programmierung erfolgt über Bänder
• Stücklisten müssen von Hand geschrieben werden
• Monitore mit Negativdarstellung für die Auftragsüberwachung
• Plotaufträge dauern bis zu 4 Stunden
• Faxgerät ist nicht vorhanden

Tabelle 6.6 Beispiel für eine Schwachstellenliste

Eine einfache Möglichkeit zur Darstellung von prozeßorientierten Arbeitsschritten bietet der *Programmablaufplan.* Ein Beispiel für die Möglichkeiten dieser Auswertungsmethode zeigt Bild 6.3. Die Rechtecke können zur Dokumentation der abteilungsspezifischen Arbeitsanforderungen im Produktentwicklungsprozeß verwendet werden. Bedingungen, etwa im Beispiel die Festigkeit des Bauteils, können in Form einer Raute angegeben werden. Wenn die Bedingung erfüllt ist, kann der Ablauf fortgesetzt werden. Bei Nicht-Erfüllung der Bedingung muß eine Korrektur erfolgen. Anfang oder Ende einer Ablaufsequenz werden durch eine gesonderte Zeichenform kenntlich gemacht. Mit diesem Verfahren können sowohl die betriebliche Ablauforganisation als auch Daten- und Informationsflüsse abgebildet werden.

Grober Ablaufplan: Produktplanung bis Fertigungsfreigabe

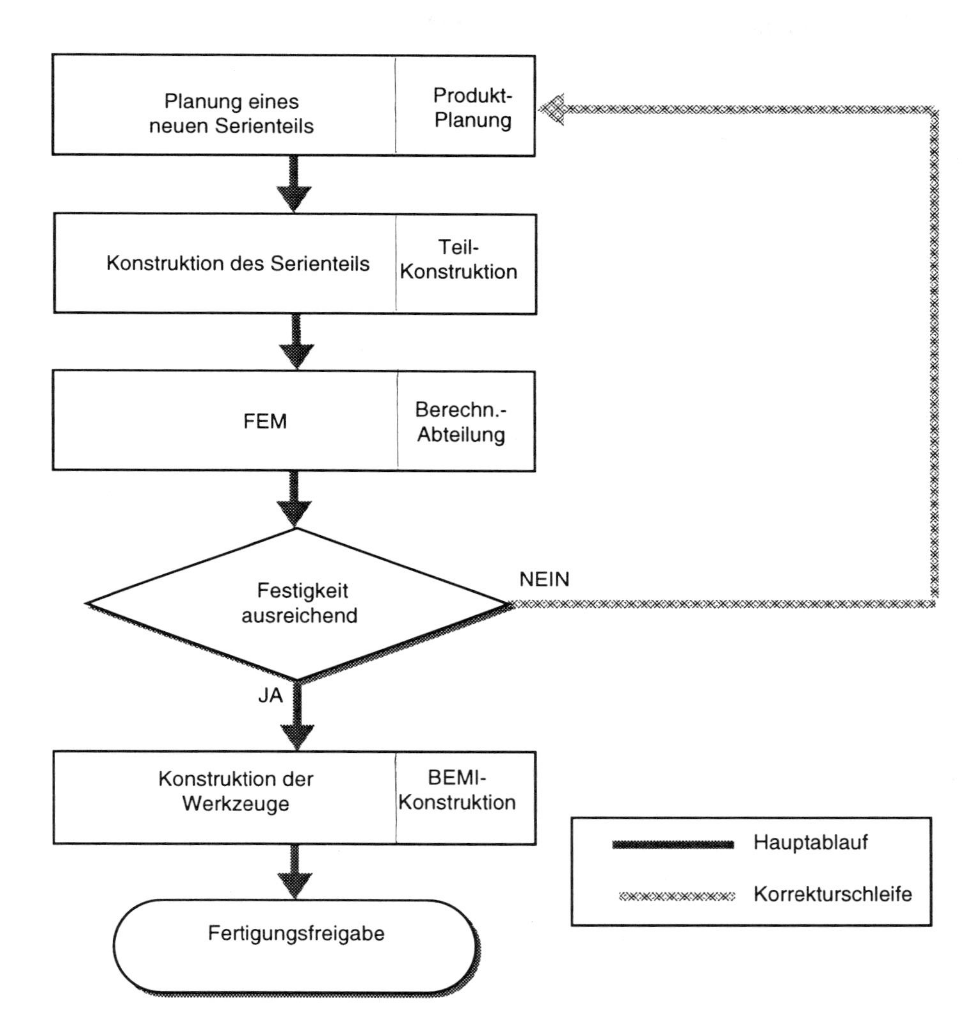

Bild 6.3 Beispiel für einen groben Programmablaufplan (BEMI = Betriebsmittel)

7 Nutzen für Dritte

Das in der ersten Phase des Verbundprojektes CAD-Referenzmodell entwickelte integrierte Organisations- und Technikkonzept wurde in der zweiten Phase umgesetzt. Diese Umsetzung hat gezeigt, daß die entwickelten theoretischen Konzepte bei entsprechender Adaption an die konkreten Belange, Randbedingungen und Fragestellungen der Unternehmen für das Engineering tragfähig sind. Im Vordergrund der betrieblichen Gestaltungsaufgabe einer rechnerunterstützten kooperativen Produktentwicklung steht die integrierte Gestaltung von Organisation und Technik, welche der Zielsetzung der Unternehmen nach Flexibilisierung, Kostenreduzierung und kürzeren Entwicklungszeiten entsprechen.

Ausgangsbasis für die betriebsspezifische Optimierung der Organisations- und Technikstrukturen sind detaillierte *betriebliche Erhebungen und die Analyse aller zur Umstrukturierung* notwendigen Daten und Fakten. Hierzu zählen beispielsweise die Analyse der Aufbau- und Ablauforganisation, des gesamtbetrieblichen Auftragsablaufs, der Arbeitsaufgaben und -tätigkeiten, der Arbeitsbedingungen, der formellen und informellen Informationsabläufe und -zusammenhänge, der gesamtbetrieblichen Prozeßketten sowie die Analyse der datentechnischen Anwendungen und deren betriebliche Integration. Hierbei sind insbesondere die internen und externen Kommunikations- und Kooperationsbeziehungen zu berücksichtigen, wie z. B. die bereichsübergreifenden Informations- und Arbeitsprozesse, die Problemfelder bei der überbetrieblichen Kommunikation und Kooperation, die Zusammenarbeit mit Großbetrieben sowie die speziellen Probleme der Zulieferbetriebe.

Der für diese Analyse notwendige *Fragenkatalog* sowie die für die Wichtung und Bewertung der Ergebnisse notwendige Auswertungsanleitung wurden im Rahmen des Verbundprojektes beispielhaft entwickelt und in den am Forschungsprojekt beteiligten Unternehmen erfolgreich eingesetzt und evaluiert. In Kapitel 6 werden die Bestandteile der Fragensammlung aufgeführt und Hinweise zur Anwendung und Auswertung gegeben. Hierin ist die Vorgehensweise für die Eröffnung des Betriebszugangs, die Beschaffung von Informationsmaterial und die Einbeziehung der Interessengruppen beschrieben. Dieses Analyseinstrument ist auch für andere Unternehmen und Branchen ein effektiv nutzbares Hilfsmittel für die betriebliche Erhebung der Ist-Situation.

Umsetzung der Organisationskonzepte

In der Phase 1 des Verbundprojektes wurde ein Konzept in Form einer selbständigen *Produktentwicklungsgruppe* erarbeitet. Die dabei gestellten hohen Ansprüche für die

Realisierung sind als universeller Modellvorschlag zu verstehen. Das Organisationskonzept ist jeweils an die speziellen Gegebenheiten des Unternehmens anzupassen. Eine weitere Grundlage für die Umsetzung des Organisationskonzeptes der integrierten Produktentwicklung ist die Überwindung der alten Hierarchien und der Abteilungsstrukturen sowie die soziale Akzeptanz innerhalb der Gruppe. Eine frühzeitige Qualifizierung der Mitarbeiter bezüglich ihrer fachlichen, technischen und sozialen Kompetenz ist zwingende Voraussetzung für eine erfolgreiche Optimierung der betrieblichen Organisationsform.

Bei der betriebsspezifischen Umsetzung sind insbesondere folgende *Gestaltungsziele* zu berücksichtigen:

- die Schaffung flacher kooperativer Organisationsstrukturen
- die Schaffung bzw. Erweiterung dezentraler Entscheidungskompetenz
- der Erhalt bzw. die Verbesserung aufgabenbezogener Kooperationsbeziehungen
- der Erhalt zwischenmenschlicher Kommunikation
- die Schaffung bereichsübergreifender Kooperation
- die Wahlfreiheit, bezogen auf die Kommunikationsform und -mittel
- die Erweiterung der Handlungs- und Zeitspielräume
- die Schaffung bzw. der Erhalt ganzheitlicher Arbeitsinhalte
- die Zulassung individueller Spielräume bei der Aufgabenbearbeitung

Bei der betrieblichen Gestaltung der interdisziplinären Organisationsform soll daher zunächst nicht die Informationstechnologie im Vordergrund stehen. Vielmehr ist zukünftig zuerst der Mensch mit seinen Arbeitsaufgaben, seinen Kooperations- und Kommunikationsbeziehungen und seiner sozialen Eingebundenheit als entscheidender Produktionsfaktor zu fördern. Auf der Basis der betriebsspezifischen Gegebenheiten soll daher nach der Aufwertung der "Humanressourcen" ein integriertes Organisations- und Technikkonzept für innovative und interdisziplinäre Organisationsformen partizipativ erarbeitet und umgesetzt werden. Hierbei wird natürlich zukünftig die Leistungsfähigkeit der Informationstechnologie und deren Weiterentwicklung auch die Realisierbarkeit und die Ausprägung zukünftiger interdisziplinärer Organisationskonzepte beeinflussen. Für die betriebsübergreifenden und globalen Kooperationsbeziehungen sind zukünftig geeignete Organisationskonzepte interdisziplinär weiterzuentwickeln.

Neben der eventuell bedeutsamen historischen Entwicklung der bestehenden Organisationsform eines Betriebes sind bei der Umsetzung der integrierten Produktentwicklung insbesondere die vorhandenen *Macht- und Interessenkonstellationen* im Betrieb zu *berücksichtigen*, da ansonsten durch entsprechend auftretende Konfliktsituationen die Einführung und Umsetzung verzögert, stagnieren oder verhindert werden kann. Zur Vermeidung dieser Problemfelder ist daher zunächst frühzeitig eine aktive und für alle Betroffene transparente und verständliche Informationspolitik über die geplanten Veränderungen durchzuführen. Es sollten frühzeitig Projekt- und Beteiligungsgruppen mit Vertretern aller Interessenbereiche eingerichtet werden, die die bei der Umstrukturierung anfallenden Themenbereiche erörtern, Vorschläge erarbeiten, alle weiteren Betroffenen informieren und mit diesen die zu treffenden Entscheidungen beraten und abstimmen. Nur durch eine derartige Nutzerpartizipation sind Lösungen zu finden, welche von allen vertreten und auch mit verantwortet werden.

Zu den *Themenbereichen der Projekt- und Beteiligungsgruppen* zählen z. B.

- die Definition der Zielsetzung
- die Festlegung der Vorgehensweise und eines Zeitrasters
- die Mitarbeit bei der Analyse der betrieblichen Funktionen und Prozesse
- die Mitarbeit bei der Erstellung des Soll-Konzeptes
- die Sicherstellung der durchzuführenden fachlichen, technischen und für die Sozialkompetenz notwendigen Qualifizierungsmaßnahmen
- die Erstellung von Betriebs- bzw. Dienstvereinbarungen
- die Erstellung von Konzepten zur Entgelt- und Arbeitszeitregelung

Eine weitere Aufgabe der Projekt- und Beteiligungsgruppen ist die *Begleitung der Umsetzung und der Einführung*. Die beim späteren Arbeitsablauf feststellbaren Innovationshemmnisse sollen analysiert und Maßnahmen zu deren Minderung oder Aufhebung erarbeitet und umgestzt werden. Zu den langfristigen Folgeaufgaben zählt die kontinuierliche Weiterentwicklung und Verbesserung der betrieblichen Prozesse und Konzepte. Zu den Innovationshemmnissen können z. B. die Konkurrenz zwischen Gruppen, die Konkurrenz in der Gruppe, die Überforderung durch zu hohen Leistungsdruck, zu hohe Leistungsunterschiede innerhalb der Gruppe oder soziale Spannungen bei den Beteiligten zählen.

Von besonderer Bedeutung ist die *Einbeziehung des Betriebsrates, der Geschäftsführung und des mittleren Managements,* um Transparenz und Akzeptanz bezüglich derartiger Projekte zu fördern. Lösungskonzepte sollten nicht von externen Beratern, sondern von den Mitarbeitern unter Leitung der externen Berater erstellt werden.

Zusammenfassend zeigt sich, daß die Umsetzung und Einführung neuer innovativer Organisationsformen zeitlich mittel- bis langfristig realisiert werden können, da zum einen umfangreiche Analysen, Vorbereitungen und Qualifizierungsmaßnahmen im Vorfeld notwendig sind und zum anderen die Umsetzung selbst ein langfristiger komplexer Prozeß ist und stufenweise erfolgen sollte.

Umsetzung der Technikkonzepte

Neben einem betriebsspezifischen Organisationskonzept ist als zweiter wesentlicher Bereich die systemtechnische Umsetzung für die Gestaltung einer menschengerechten Arbeit in der Produktentwicklung zu betrachten. Bei dem heutigen Stand der Informations- und Kommunikationstechniken ist deren Integration in die Arbeitsgestaltung zwingend notwendig. Hierbei soll jedoch nicht vom Technikdeterminismus ausgegangen werden, vielmehr ist die Gestaltung der DV-Technik als aufgabenorientiertes Arbeitswerkzeug zu forcieren. Nur so wird es langfristig möglich sein, die komplexen Systeme so zu gestalten, daß die Benutzer und Benutzerinnen ihre Arbeitsaufgaben ohne zusätzliche Belastungen ausführen können und die Akzeptanz gegenüber dem Einsatz neuer Techniken gefördert wird.

Das Engineering ist demzufolge entlang der Prozeßkette durch entsprechende CAx-Technik zu unterstützen. Einerseits besteht die Zielstellung dabei in der Durchgängigkeit der Unterstützung von der Angebotserstellung bis zur Fertigung, andererseits aber auch in der Unterstützung von Spezialaufgaben durch aufgabenangepaßte Tools.

Basierend auf den Strukturen des in der ersten Phase entwickelten Architekturkonzeptes wurde dieses prototypisch umgesetzt. Nachfolgend werden aus den dazu gewonnenen Erfahrungen einige Schlußfolgerungen gezogen:

Bei der Betrachtung der informationstechnischen Infrastruktur in den Unternehmen ist festzustellen, daß die Unterstützung durch Softwareprodukte für Teilbereiche des Unternehmensprozesses gegeben ist. Diese Unterstützung erfolgt in der Regel jedoch isoliert, das heißt, die Daten einzelner Prozeßschritte können nicht (oder nur unvollständig) an einen anschließenden Schritt weitergereicht werden. Daraus folgt, daß Daten manuell neu erstellt oder bearbeitet werden, und es kommt zu Mehraufwendungen. Konsequenzen sind die redundante Datenhaltung und Inkonsistenzen im Datenbereich, die sich aus der Isolation beziehungsweise fehlenden Möglichkeiten der Propagierung von Änderungen ergeben. Im Rahmen des Projektes wurde u. a. der Übergang zwischen Unternehmensmodellierung und anschließender Verwaltung der Produktdatenströme durch ein EDM-System betrachtet. Durch eine Anwendung werden die Unternehmensprozesse modelliert. Eine weitere Anwendung ist für die Unterstützung und Überwachung der Produktdatenströme zuständig. Zwischen beiden Anwendungen gibt es keine Kopplung, das heißt, die Modelldaten der Unternehmensmodellierung werden manuell auf das Modell zur Datenstromüberwachung abgebildet.

Ein weiterer Schwerpunkt der Forschungs- und Entwicklungsarbeiten war die Optimierung der Kooperation und Kommunikation mit Hilfe geeigneter technischer und organisatorischer Maßnahmen. Basierend auf Standards wurden allgemeingültige Dienste entwickelt, die die nachrichtenbasierte, objektorientierte Kommunikation zwischen verteilten CAD-Komponenten auch unterschiedlicher Hersteller auf heterogenen Plattformen realisieren und für Anwender transparenter machen. Diese Dienste bilden eine wesentliche Grundlage für die Erstellung offener, erweiterbarer und entsprechend dem Anwendungskontext konfigurierbarer Systemumgebungen. Zu diesen Diensten gehören die EventChannel zur indirekten, multiplen, generischen Kommunikation verschiedener Komponenten, ein Trader zu Vermittlung zwischen Dienstanbietern und Dienstkonsumenten auf semantischer Ebene sowie verschiedene anwendungsunabhängige CSCW-

Basisdienste. Weiterhin wurden Werkzeuge erstellt, die die Entwicklung neuer Applikationen erleichtern sowie dem Benutzer eine Kontrolle der Abläufe in hochgradig verteilten Systemen ermöglicht.

Die entstandenen Dienste liefern somit einen Beitrag für die Entwicklung globaler Dienstmärkte. Ihre Verwendung ist zum größten Teil unabhängig vom jeweiligen Anwendungskontext.

Die Nutzung von Standards wie *CORBA* ermöglichen es auch kleinen und mittleren Softwareanbietern, spezielle Komponenten einem breiten Kreis von Anwendern zugänglich zu machen. Weiterhin ist es denkbar, Applikationen im Netz für eine zeitweise Nutzung durch andere zur Verfügung zu stellen. CORBA bietet damit ein großes Potential zur Realisierung offener elektronischer Dienstmärkte. Um die gebotenen Möglichkeiten ausschöpfen zu können, sind allerdings noch eine Reihe von Problemen wie Sicherheitsmechanismen, Firewalls, Billingverfahren, Authentisierung, rechtliche Aspekte und vieles mehr zu lösen. Offen ist bisher auch die Granularität und Beherrschbarkeit so hochgradig verteilter Applikationen.

Eine *Verifizierung und praktische Erprobung der entwickelten Basisdienste* zur Kommunikation in einer verteilten Systemumgebung und zum rechnerunterstützen kooperativen Arbeiten im CAD-Umfeld erfolgte innerhalb des Verbundprojektes bei einem mittelständischen Unternehmen. Das Umsetzungskonzept beinhaltete drei Ausbaustufen.

In der ersten und zweiten Stufe wurden marktgängige Softwareprodukte zum Sketching und ApplicationSharing eingesetzt. Die dritte Stufe beinhaltete die Implementierung der im Projekt entwickelten Basisdienste für das gemeinsame kooperative Arbeiten an räumlich verteilten Instanzen eines CA-Systems durch den Austausch von Nachrichten. Durch die Entkopplung der erforderlichen Kommunikationsdienste vom System sind die erreichten Ergebnisse auch auf andere Anwendungsszenarien bzw. Systemumgebungen übertragbar.

Voraussetzung für die erfolgreiche Umsetzung ist dabei das Vorhandensein erforderlicher Schnittstellen bzw., wie in diesem Fall, die Unterstützung des Systemanbieters. Auch wenn die Ausgangslage und die Problemstellung in jedem Unternehmen unterschiedlich ist, können unbeteiligte Unternehmen von den Ergebnissen dieses Teilprojektes profitieren: Bei der Entwicklung, Umsetzung und Evaluierung hat sich gezeigt, daß das methodische Vorgehen grundlegend für die erfolgreiche Einführung innovativer Techniken ist. Die Modularität und Skalierbarkeit der entwickelten Lösung erlaubt deren Übertragung auch auf ähnliche Szenarien mit hohem Kommunikationsbedarf oder auf Unternehmen unterschiedlicher Branchen.

Die Entwicklungsarbeiten, die Implementierung und die betriebliche Umsetzung der CSCW-Komponenten des CAD-Referenzmodells im Verbundprojekt haben gezeigt, daß die Gestaltungsanforderungen an die Entwicklung der DV-Technik für die verteilte kooperative Produktentwicklung von den betriebsspezifischen Organisationsformen, den

Arbeitsabläufen und den Arbeitsaufgaben ausgehen muß. Hierbei sind die bestehenden Kooperations- und Kommunikationsformen sowie die hierbei notwendigen informellen Beziehungen und Verknüpfungen zu berücksichtigen. Auf dieser Basis können Konzepte für einen kooperativen Einsatz und eine arbeitsorientierte Anwendung der DV-Technik abgeleitet werden.

Demzufolge sollte die *gruppenorientierte und aufgabenspezifische Konfigurierbarkeit und Individualisierbarkeit der Systeme* vorrangig erfüllt werden. Für die Unterstützung der individuellen Problemlösungsprozesse sind jeweils vom Arbeitsstatus abhängige alternative Modellierungsmöglichkeiten anzubieten. Bei der Daten- und Informationsintegration müssen die benötigten Informationen kontextabhängig und verständlich beschafft und präsentiert werden können. Wissensbasen mit formellen und informellen Inhalten sollten hierbei nicht zur Enteignung des eigenen Wissens herangezogen werden und sollen möglichst ihren individuellen Charakter behalten.

Virtuelle Teamarbeit auf der Basis von Netzwerken und der Telekommunikation sollen die ortsweite Kooperation und Kommunikation, z. B. zwischen einem Hauptwerk und Zweigwerken oder zwischen räumlich weit getrennten Abteilungen, erleichtern und nicht die ortsnahe zwischenmenschlichen Beziehungen, Kontakte und Gespräche ersetzen. Benutzungsoberflächen und die Dialoggestaltung der betriebsspezifisch eingesetzten Anwendungsprogramme sollten nach einheitlichen und konsistenten Regeln gestaltet sein. Hierbei sind die unterschiedlichen individuellen Leistungsvoraussetzungen und die benutzerinitiierte Systemsteuerung und -unterstützung zu berücksichtigen.

Durch die *Gestaltung der Anwendungsprogramme als Arbeitswerkzeug* kann, auch bei nur gelegentlicher Benutzung durch geringeren inhaltlichen und zeitlichen Aufwand für die Qualifizierung und Einarbeitung auch der effektive und effiziente Einsatz optimiert werden.

Ausgehend von branchenspezifischen Anforderungen und fachspezifischen Bezeichnungen sowie einer Berücksichtigung national unterschiedlicher kultureller Kommunikationseigenschaften der Beteiligten ist für CSCW-Anwendungen eine benutzungsgerechte Gestaltung der Dialoge und der Benutzungsoberflächen für deren Akzeptanz von besonderer Bedeutung.

Für die effiziente Verwaltung der Produktdaten in den Entwicklungsprozessen ist ein Produktdatenmanagementsystem von großer Bedeutung. Im Rahmen des Verbundprojektes wurde ein zukunftsorientiertes Produktdatenmanagementsystem konzipiert und prototypisch realisiert, das die Belange der integrierten Produktentwicklung weitgehend erfüllt. Die hierbei erarbeiteten Lösungsansätze konzentrieren sich auf die datentechnische Integration der Anwendungssysteme über das PDMS, die STEP-basierte Produktdatenverwaltung, Unterstützung von Concurrent Engineering durch PDM-Systeme sowie auf die Konsistenzsicherung beim parallelen Zugriff auf Produktdaten.

Die Umsetzung erfolgte zur Nutzung der Basisfunktionalität für die Produktdatenverwaltung, aufbauend auf einem kommerziellen PDM-System. Die Lösungsansätze sind auf andere kommerzielle PDM-Systeme übertragbar. Jedoch müssen diese in Abhängigkeit von der jeweiligen Applikationsschnittstelle neu angepaßt werden. Eine Variante des PDMS ist als Stand-Alone-System verfügbar, das speziell für die STEP-basierte Integration der Anwendungen konzipiert ist.

Die praktische Erprobung und die Anpassung der entwickelten PDMS-Komponenten, insbesondere derer für Simultaneous Engineering und für STEP-basierte Produktdatenverwaltung, erfolgte in einem an dem Verbundprojekt beteiligten Unternehmen unter betrieblichen Bedingungen. Die Ergebnisse der Verifizierung und die angestrebte Allgemeingültigkeit der Lösungsansätze lassen die Aussage zu, daß sie auf andere Anwendungsszenarien in unterschiedlichen Unternehmensbranchen übertragbar sind.

Ein weiterer wesentlicher Aspekt der informationstechnischen Unterstützung ist die Wissensbereitstellung und -verarbeitung im Produktentwicklungsprozeß. Es wurden in diesem Zusammenhang mehrere Prototypen entwickelt und getestet. Der Schwerpunkt lag dabei auf der Entwicklung des Anwendungsdemonstrators "KONSUL" (kontextsensitive Suche anforderungsgerechter Lösungen). Nachfolgend werden einige Anregungen aus den Erfahrungen mit diesem Demonstrator gegeben.

Für eine effiziente Bereitstellung von Konstruktionswissen ist die Wissensstrukturierung und Repräsentation von Bedeutung. Das in der Referenzarchitektur definierte Schichtenmodell, bestehend aus den Schichten Wissensressourcen, generisches und spezifisches Wissen, die wiederum in formales und informales Wissen unterteilt wurden, erscheint nicht ausreichend. Bezüglich der Strukturierung gibt es je nach Anwendungsfall unterschiedliche Lösungen. Neben der oben genannten Einteilung ist auch eine Gliederung nach der Konstruktionsphase, verschiedenen Produktkategorien oder funktionalen Aspekten denkbar. Da es keine allgemeingültige Strukturierung des Konstruktionswissens gibt, ist es notwendig, anwendungsspezifische Sichten definieren zu können.

Dies ist beispielsweise mit dem Konzept der Referenzhierarchie machbar. Neben der informationstechnischen Umsetzung der Verwaltung (beispielsweise mit einem PDM-System) ist auch eine geeignete Repräsentationsform von großer Bedeutung. Hier bietet sich zur Beschreibung von informalem Wissen HTML an. Für formales Wissen muß eine geeignete Beschreibungssprache entwickelt werden, beispielsweise bestehend aus vordefinierten Merkmalen. Da sich die Unternehmen heute mehr und mehr auf ihre Kernkompetenzen zurückziehen, gewinnt die Integration externer Wissensquellen in Form von Teilebibliotheken und Zuliefererwissen an Bedeutung. Grundvoraussetzung dafür ist ein standardisiertes Format. Darüber hinaus können ohne standardisiertes Format für die Wissensrepräsentation Wissensbasen nicht anwendungsunabhängig verwaltet werden. Um den Konstrukteur nicht mit einer unüberschaubaren Informationsflut zu konfrontieren, muß das Wissen kontextsensitiv bereitgestellt werden. Der Kontext kann sich dabei aus der Konstruktionsphase, aus der Produktkategorie, dem Einsatzfeld des Produktes usw. ergeben.

In den Unternehmen besteht zunehmender Bedarf an angepaßter rechentechnischer Unterstützung der unternehmensspezifischen Aufgabenstellungen. Eine aufgabenangepaßte Unterstützung könnte durch eine Art Werkzeugkasten für den Entwickler erfolgen. Eine Sammlung von verschiedenen Tools ist nur dann erfolgreich einzusetzen, wenn diese in einem integrierenden Rahmen zusammengefaßt werden, der einerseits den Zugriff auf die jeweilige Anwendung vereinfacht und andererseits über die notwendigen Mechanismen zur Verwaltung der durch die Anwendungen erzeugten Daten verfügt.

Die Bereitstellung eines solchen integrierenden Rahmens ist allgemeingültig möglich und wurde mit dem Basistool des Programmsystems *EDACON* umgesetzt. Die Bereitstellung der spezifischen Anwendungskomponenten ist eng mit dem jeweiligen Aufgabengebiet verknüpft. Obwohl es auch hier möglich ist, eine gewisse Grundfunktionalität bereitzustellen, verbleibt der Hauptteil des zu leistenden Implementierungsaufwandes beim Anbieter. Bei der Erstellung derartiger Anwendungen besteht für den Softwareentwickler in besonders hohem Maße die Notwendigkeit, sich in die zu lösende Problematik einzuarbeiten. Der enge Kontakt mit den im Anwenderbetrieb vorhandenen Spezialisten muß dabei besonders in der ersten Phase intensiv gepflegt werden.

Die im Verbundprojekt CAD-Referenzmodell gesammelten Erfahrungen zielen vordergründig auf die Anforderungen im Maschinenbau und vergleichbare Branchen ab. Durch den prinzipiellen Charakter sind aber ebenso Möglichkeiten der Übertragbarkeit auf andere Branchen gegeben. Dies wird durch die Notwendigkeit zur betriebs-, branchen- und länderübergreifenden Zusammenarbeit verstärkt. Demzufolge sind für die globale Kooperation und Kommunikation zunehmend plattformunabhängige Systemkonzepte notwendig. Das integrierte Organisations- und Technikkonzept kann auch hierfür zukünftig sicherlich als Rahmenvorgabe eingesetzt und weiterentwickelt werden.

8 Zusammenfassung und Ausblick

Das Verbundprojekt CAD-Referenzmodell hat zweifellos in seiner gesamten Laufzeit deutliche Defizite und die wichtigsten Innovationsfelder computergestützter Ingenieurarbeit aufgezeigt. Dabei wurden in den letzten drei Jahren bei den beteiligten Anbieterfirmen neue Entwicklungen ausgelöst, und die Anwenderfirmen konnten mit Hilfe der innovativen Vorschläge ihre Engineeringprozesse deutlich verbessern.

Durch diese Aktivität ist der notwendige Entwicklungsprozeß für neue computergestützte Organisationen, Arbeitsmethoden und Systeme jedoch keineswegs abgeschlossen. Noch stehen wir vor der Situation, daß die meisten Softwaresysteme, die heute im Engineering angeboten werden, den Anforderungen und den Zielen des CAD-Referenzmodells und damit den Bedürfnissen der Benutzer nicht gerecht werden. Insofern ist das Projekt auch als Vorbild für weitere Entwicklungen und Verbreitungen zu sehen. Erste Beispiele von Entwicklungen bei externen Anbietern orientieren sich bereits an diesem Konzept.

Aus der interdisziplinären Zusammenarbeit von Arbeitswissenschaftlern, Konstruktionsmethodikern und Informatikern haben sich neue Wege der Verbesserung des Konstruktionsprozesses ergeben. Im Mittelpunkt dieser Innovationen steht weniger die CAD-Basissoftware für 2-D und 3-D Konstruktionen, sondern die weit engere Integration der Konstruktion in das heute von der Industrie stark beachtete Workflow-Management-Modell. Die Arbeit des Ingenieurs muß sich zukünftig viel stärker prozeßorientiert als ein Teil der industriellen Auftragsarbeit sehen und darf sich nicht in eine eigene computergestützte Welt zurückziehen.

Dieses gilt vor allem für die mittelständische Industrie. Deren Geschäftsprozesse sind in vieler Hinsicht ebenso komplex wie die in der Großindustrie, teilweise, aufgrund ihrer beschränkten Resourcen, sogar komplexer. Andererseits stellen die Mittelständler für die Einführung und Pflege ihrer Engineering-Software weit höhere Anforderungen, was die Schnelligkeit, Flexibilität, Anwendungsfreundlichkeit und auch die Kostenrelation anbelangt. Entschiedener als Großunternehmen sind sie in der Zukunft nicht mehr bereit, lange Anpassungs- und Einführungsphasen und die Realisierung einer aufwendigen Datenintegration zu akzeptieren. Darüber hinaus erwarten sie eine stärkere Vertrautheit der Softwareanbieter mit den Anforderungen ihrer speziellen Branche und deren Engineeringprozesse. Insofern stehen prozeß- und technologieorientierte Systemlösungen eindeutig im Vordergrund.

Die notwendigen Entwicklungen beginnen bereits bei der Erarbeitung und Formalisierung branchenbezogener Engineeringprozesse. Diese sogenannten Workflow-Modelle, die derzeit noch sehr stark aus der Sicht der kommerziellen und technisch-administrativen Auftragsbearbeitung unter großem Aufwand in der Industrie eingeführt werden, gewinnen zukünftig einen viel größeren Einfluß auf das Engineering. So wird das Engineering eigene Workflow-Systeme in diese Prozeßketten einbringen müssen und dafür spezifische rechnerinterne Modelle zur Verfügung stellen. Branchenbezogene Abläufe und deren Systeme müssen somit die Chance bieten, auch im Engineering weitergehend zu Standardprozessen und dafür verwendete Standardsoftware zu gelangen, aus denen sich die individuellen Bedürfnisse einer Firma konfigurieren lassen.

Das Engineering wächst immer stärker zu einer globalen Dienstleistung heran, und diese Dienstleistungssysteme werden netzbezogen mit den lokalen Firmen und Ingenieurbüros verbunden sein. Dieses verlangt auch im Engineering- und CAD-Bereich verteilte Architekturen sowie die Einbindung in internationale Netze. Darüber hinaus sind neue Organisationsformen, wie netzbezogenes Engineering in simultaner Gruppenarbeit durch kommende Softwaregenerationen, zu unterstützen. Interdisziplinäres Arbeiten und die Integration in globale Engineering-Netze fordern firmenübergreifende Organisationen. Mittelständische Unternehmen werden in größerem Maße im internationalen Kleinfirmenverbund zusammengeführt werden.

Bei den technologieorientierten Softwarelösungen steht hier eindeutig der gesamte virtuelle Produktentstehungsprozeß im Mittelpunkt. Virtual Reality als Simulationsmethode einer frühzeitigen Produktgestaltung und die computergestützte Zusammensetzungskonstruktion (Digital Mockup) werden zu einer ganzheitlichen Produktbeschreibung führen. Prototypen liegen dann lediglich noch im Rechner vor und nicht mehr in zweidimensionalen Zeichnungsunterlagen. Hier ist naturgemäß derzeit noch die Automobilindustrie in Vorreiterposition. Andererseits zeigen jedoch erste Erfahrungen, bedingt auch durch die bei vielen Unternehmen enge Zulieferantenbeziehung zur Automobilindustrie, daß diese Entwicklungen auch die mittelständischen Unternehmen erreichen werden.

All dieses setzt natürlich voraus, daß diese Technologie weit einfacher und schneller in die Arbeitswelt der Konstrukteure und Ingenieure eindringen kann. Das bedeutet eine zusätzliche und weit höhere Qualifikation der Mitarbeiter und Benutzerfreundlichkeit zukünftiger Softwaresysteme.

Es ist die erklärte Aufgabe des Referenzmodelles, sich als Vorreiter dieser Entwicklung zu sehen. In Hinblick auf die beschränkte Zeit und die beschränkte Förderung konnten natürlich nicht alle diese Themen gänzlich ausgeschöpft und abgeschlossen werden.

Das vorliegende Projekt will jedoch wesentlich dazu beitragen, diese Entwicklung zu forcieren und Wege zur Umsetzung dieser Technologie aufzuzeigen. Und darin liegt sein besonderer Erfolg. Unsere Volkswirtschaft ist gut beraten, zukünftig dem Engineering einen wesentlich größeren Stellenwert zur Stärkung der industriellen Innovationskraft einzuräumen. Die Erfahrung zeigt doch, daß jede für Ingenieurleistung ausgegebene Deutsche Mark zwangsläufig eine um den Faktor 30 erhöhte und weitergehende Industrieleistung nach sich zieht. Nur modernste computergestützte Methoden und integrierte Prozeßketten werden zukünftig diesen Anspruch erfüllen. Darum ist mit der Dokumentation des CAD-Referenzmodells auch ein Aufruf zur Stärkung nationaler Ingenieurarbeit in internationalen Märkten verbunden. Mögen die nun vorliegenden Ausführungen des Verbundprojektes CAD-Referenzmodell, die im besonderen auf diese Entwicklungspotentiale hinweisen, weitere Anstrengungen und Förderungen in diese Richtung auslösen.

9 Veröffentlichungen / Literaturverzeichnis

Veröffentlichungen im Rahmen des Verbundprojektes CAD-Referenzmodells

Abeln 1995

Abeln, O.: CAD-Referenzmodell, Teubner-Verlag 1995, Stuttgart.

Dietrich, Hayka, Jansen, Kehrer 1994

Dietrich, U.; Hayka, H.; Jansen, H.; Kehrer, B.: Systemarchitektur des CAD-Referenzmodells unter den Aspekten Kommunikation, Produktdatenmanagement und Integration, in: Gausemeier, J. (Hrsg.): CAD'94, Produktdatenmodellierung und Prozeßmodellierung als Grundlage neuer CAD-Systeme, Fachtagung der Gesellschaft für Informatik, 17./18.03.1994, Paderborn, Hanser Verlag, München, Wien, 1994, S. 353-374.

Dietrich, Kehrer 1995

Dietrich, Ute; Kehrer, Bernd: Integration und Kooperation - Stand und Perspektiven, it+ti 5/95

Dietrich, Kehrer, Vatterrott 1995

U. Dietrich, B. Kehrer, G. Vatterrott (Hrsg.): CA-Integration in Theorie und Praxis, Springer 1995

Dietrich, Kindl, Lukas 1998

Dietrich, U.; Kindl, T.; von Lukas, U.: „Systemunterstützung für offene CA-Umgebungen Voraussetzung für Electronic Commerce in der Produktentwicklung"; erscheint in *Tagungsband CAD '98 Produktentwicklung in Netzwerken*, März, 1998.

Dietrich, Lukas 1996

Dietrich, U.; von Lukas, U.: CSCW in einer CORBA-basierten CA-Umgebung, in: Herausforderung Telekooperation, S. 225-242, Krcmar, Lewe, Schwabe (Hrsg) Informatik aktuell, Springer, 1996.

Dietrich, Lukas, Morche, 1997
Dietrich, U.; von Lukas, U.; Morche, I.: Cooperative Modeling with TOBACO, in: Proceedings TeamCAD: GVU/NIst Workshop on Collaborative Design, S. 115-123, 12-13 Mai 1997, Atlanta

Dietrich, Lukas, Morche, 1998
Dietrich, U.; von Lukas, U.; Morche, I.: „Dienste für die Telekooperation im CAD-Umfeld"; erscheint in *Tagungsband CAD '98 Produktentwicklung in Netzwerken*, März, 1998.

Dietrich, Lukas, Morche, Runge 1996
Dietrich, U.; v. Lukas, U.; Morche, I.; Runge, T.: „Telekooperation in der Produktentwicklung", *Zeitschrift für wirtschaftlichen Fabrikbetrieb*, 91. Jahrgang, Ausgabe 12, 1996, pp. 593 - 596

Dobrowolny, Klose 1993
Dobrowolny, V.; Klose, J.: "Anforderungen und Bewertungen der softwaretechnischen Unterstützung aus der Sicht des CAD-Referenzmodells", Berichte des German Chapter of the ACM Band 40, Menschengerechte Software als Wettbewerbsfaktor, Forschungsansätze und Anwenderergebnisse aus dem Programm "Arbeit und Technik", Verlag B. G. Teubner Stuttgart, 1993, S. 260-272.

Encarnaçao, Stork 1996
L.M: Encarna_ao, A. Stork. Adaptionsmöglichkeiten in modernen CAD-Systemen: Bewertung, Konzeption und Realisierung, Tagungsband CAD'96. D. Ruland (Hrsg.), DKFI, 1996.

Gitter, Hirsch, Maskow, Weinhold 1997
Gitter, J.; Hirsch, A.; Maskow, T.; Weinhold, T.: Optimizing the Process Chain in Engineering - The Niesky plant of the Deutsche Waggonbau AG - An example from the CAD-Reference Model. International Conference on Engineering Design ICED97 Tampere, August 19-21

Grabowski, Rude, Gebauer, Krautstein 1997
Grabowski, H.; Rude, S.; Gebauer, M.; Krautstein, T.: Cooperative product development in a suppliers industry example. International Conference on Engineering Design ICED 97 Tampere, August 19-21 1997, S. 819-824

Grabowski, Rude, Gebauer, Rzehorz 1996
Grabowski, H.; Rude, S.; Gebauer, M.; Rzehorz, C.: Modelling of Requirements: The Key for Cooperative Product Development in: Flexible Automation and Intelligent Manufacturing 1996, (Proceedings of the 6th International FAIM Conference) May 13-15, 1996 Atlanta, Georgia USA), S. 382-389

Hirsch, Gitter 1993
Hirsch, A.; Gitter, J.: Perspektiven für die Gestaltung zukünftiger Konstruktionsarbeit durch das CAD-Referenzmodell. Posterbeitrag zur COMTEC'93, Dresden 28.11. - 1.12.1993.

Hirsch, Gitter, Weinhold 1996
Hirsch, A.; Gitter, J.; Weinhold, T.: Prozeßoptimierung in der Produktentwicklung durch verbesserte Organissationsstrukturen und adäquate Technikunterstützung am Beispiel der Deutschen Waggonbau AG Werk Niesky. In: Verteilte und intelligente CAD-Systeme, Fachtagung der Gesellschaft für Informatik e.V., Kaiserslautern, 07./08.03.1996 / CAD´96. Detlev Ruland (Hrsg.) Deutsches Forschungszentrum für künstliche Intelligenz GmbH

Hirsch, Siodla 1994
Hirsch, A.; Siodla, Th.; Widmer, H.-J.: Neuartige Organisationsformen in der Konstruktion als Basis für die arbeitsorientierte Gestaltung des CAD-Referenzmodells. In: Gausemeier, J. (Hrsg.): CAD'94. Produktdatenmodellierung und Prozessmodellierung als Grundlage neuer CAD-Systeme. S. 295 - 316. München, Wien: Carl Hanser Verlag 1994.

Hirsch, Siodla 1996
Hirsch, A.; Siodla, Th.: CAD-Referenzmodell: Betriebsanalyse und Konzepterarbeitung, in Brödner, P. (Hrsg.): Kooperative Konstruktion und Entwicklung, Rainer Hampp Verlag 1996, München, S.55-70.

Hirsch, Siodla, Widmer 1994
Hirsch, A.; Siodla,T.; Widmer, H.-J.: Neuartige Organisationsformen in der Konstruktion als Basis für die arbeitsorientierte Gestaltung des CAD-Referenzmodells, in: Produktdatenmodellierung und Prozessmodellierung als Grundlage neuer CAD-Systeme, Fachtagung der Gesellschaft für Informatik e.V., Paderborn, 17./18.3.1994 / CAD´94. Jürgen Gausemeier (Hrsg.). Heinz-Nixdorf-Institut, Universität-GH Paderborn. München; Wien Hanser Verlag, 1994.

Jansen 97
Jansen, H.: Verteilte kooperative Produktentwicklung auf der Basis innovativer Informations- und Kommunikationstechnologien, in: Proc. „CAT'97 - Innovative Produktentwicklung durch Einsatz neuer Technologien und Organisationskonzepte“, Stuttgarter Messe- und Kongressgesellschaft mbH (Hrsg.), Stuttgart, 1997.

Jasnoch, Anderson 1996
U. Jasnoch, B. Anderson: Integration techniques for distributed visualization within a Virtual, Prototyping Environment, Proceedings IS&T/SPIE Conference on Electronic Imaging, Science & Technology, 2.2.1996, San José, USA.

Jasnoch, Greipel 1997
Jasnoch, U., Greipel, K.-P.: Coupling Enterprise Modelling with EDM:Towards Continues Computer Support"; Concurrent Engineering Europe; 16 - 18 April 1997 Friedrich Alexander University, Erlangen-Nürnberg, Germany

Jasnoch, Klement, Kress, Schiffner 1996
Jasnoch, U.; Klement, E.; Kress, H.; Schiffner, N.: Towards Collaborative Virtual Prototyping in a World Market, Proceedings of the 6th International Conference on Flexible Automation and Intelligent, Manufacturing FAIM '96, May 13-15, 1996, Atlanta, Georgia, USA.

Kehrer, Vatterrott 1995
B. Kehrer, G. Vatterrott: Integration Aspects of STEP and their Expression in the CAD Reference Model in: Modelling and Grafics in Science and Technology, Springer 1995

Klose, Gitter, Abeln 1994
Klose, J.; Gitter, J.; Abeln, O.: CAD-Referenzmodell und effiziente Benutzungsfunktionen aus Sicht konstruktiver Nutzer. Vortrag zur Fachtagung "Datenverarbeitung in der Konstruktion" auf der SYSTEC'94 in München; In: VDI-Berichte Bd. 1148, VDI-Verlag Düsseldorf, 1994

Klose, Gitter, Meerkamm, Storath 1994

Klose, J.; Gitter, J.; Meerkamm, H.; Storath, E.: Perspektiven der Konstruktionsunterstützung durch das CAD-Referenzmodell, in: Produktdatenmodellierung und Prozessmodellierung als Grundlage neuer CAD-Systeme,. Fachtagung der Gesellschaft für Informatik e.V., Paderborn, 17./18.3.1994 / CAD´94. Jürgen Gausemeier (Hrsg.). Heinz-Nixdorf-Institut, Universität-GH Paderborn, Wien Hanser Verlag, München 1994.

Koch, Martin, Siodla 1993

Koch, M.; Martin, H.; Siodla, Th.: Konstruieren als Gruppenarbeit - Anforderungen an eine zukünftige Softwaregestaltung. In: Menschengerechte Software als Wettbewerbsfaktor. "Arbeit und Technik", Berichte des German Chapter of the ACM Band 40, Verlag B. G. Teubner Stuttgart 1993, S. 290 - 307.

Krause, Hayka, Jansen 1994

Krause, F.-L.; Hayka, H.; Jansen, H.: Produktmodellierung als Basis für eine wettbewerbsfähige Produktentwicklung, in: Gausemeier, J. (Hrsg.): „CAD'94 - Produktdatenmodellierung und Prozeßmodellierung als Grundlage neuer CAD-Systeme, Carl Hanser Verlag, München Wien, 1994, 29-54.

Kress, Jasnoch, Stork, Quester 1996

Kress, H.; Jasnoch, U.; Stork, A.; Quester, R.: Eine plattformübergreifende Umgebung zur kooperativen Produktentwicklung; Proceedings of GI-Fachtagung: CAD '96 "Verteilte und intelligente CAD-Systeme", Kaiserslautern, Germany, March 7-8, 1996, pp. 384-399, Informatik Xpress 8, DFKI, Kaiserslautern.

Kruppe, Hirsch 1996

Arbeitsorientierte Gestaltung rechnergestützter Konstruktionsprozesse, In: Wissenschaftliche Zeitschrift der Technischen Universität Dresden. 45 (1996) Heft 1

Lukas, Krautstein, Schultz, Stork 1998

von Lukas, U.; Krautstein, T.; Schultz, R.; Stork, A.: „Einführung von Telekooperationstechniken in der Produktentwicklung" "; erscheint in *Tagungsband CAD '98 Produktentwicklung in Netzwerken*, März, 1998.

Martin, Siodla, Widmer 1994

Martin, P.; Siodla, Th.; Widmer, H.-J. (Hrsg.): Gestaltung zukünftiger computergestützter Konstruktionsarbeit, CAD- Workshop Kassel 1993, Institut für Arbeitswissenschaft, Kassel 1994.

Meerkamm et al. 1997
Meerkamm, Sander, Mogge: Das Internet als Medium zur kontextsensitiven Bereitstellung von Konstruktionswissen auf Basis der ISO 13584. VDI-Tagung: Der Ingenieur im Internet, Karlsruhe 1997.

Sander 1997
KONSUL - Ein System zur kontextsensitiven Suche anforderungsgerechter Lösungen. In: H. Meerkamm (Hrsg.): Fertigungsgerechtes Konstruieren - Beiträge zum 7. Symposium, Erlangen 1997.

Sander, Meerkamm 1997
Sander, Meerkamm: KONSUL - A System for the contextsensitive Search for requirement-oriented Solutions. In: Proceedings of the 11th international Conference on Engineering Design, Tampere 1997.

Siodla, Gitter, Hirsch, Maskow 1997
Siodla, Th.; Gitter, J.; Hirsch, A.; Maskow, T. (1997). Benutzerpartizipation bei der Anpassung von CAD-Systemen. In E. Frieling; H. Martin; F. Tikal (Hrsg.), 1. Kasseler Kolloquium 1997. Neue Ansätze für innovative Produktionsprozesse (S. 161-168). Kassel: University Press

Stork 1996
Stork, A.: Interfacing to a CSG History Graph, Proceedings CSG96, pp. 201-214, Information Geometers, 1996

Stork, Anderson 1995
A. Stork, B. Anderson. 3D-Interfaces in a Distributed Modeling Environment, MVD `95: Modeling - Virtual Worlds - Distributed Grafics, November 27-28, 1995.

Stork, Jasnoch 1997
Stork, A., Jasnoch U.: A Collaborative Engineering Environment, Proceedings TeamCAD: GVU/NIst Workshop on Collaborative Design, pp. 25 - 33, May 12-13, Atlanta, 1997.

Stork, Maidhof 1997
A. Stork, M. Maidhof. Efficient and Precise Solid Modelling using a 3D input device. Proceedings of the 4th ACM Solid Modeling Conference, Atlanta, May, 1997.

Stork, Richter, Quester 1996

Stork, A., Richter, T., Quester, R.: Collaborative design with 3D input devices in a heterogeneous distributed environment, Proceedings of the 1st Annual Conference on Applied Concurrent Engineering, ACE96, Seattle, November, 1996.

Widmer 1996

Widmer , H.-J.: Optimierung der Prozeßkette in der Produktentwicklung mit Hilfe rechnerunterstützter kooperativer Konstruktionsarbeit. In: VDI (Hrsg.): Effiziente Anwendung und Weiterentwicklung von CAD/CAM-Technologien. S. 83 - 106. VDI-Berichte 1289. Düsseldorf: VDI-Verlag 1996.

Widmer 1996

Widmer , H.-J.: Welche Anforderungen stellt die integrierte Produktentwicklung an die Informationstechnik?. In: Bartnik,P.; Brödner, P.; Hamburg, I. (Hrsg.): Technik für die Arbeit von morgen. Tagungsdokumentaion „Technologiebedarf im 21. Jahrhundert". Projektbericht des Instituts Arbeit und Technik Nr. 10. S. 95 - 110. Gelsenkirchen: WZN-IAT-Verlag 1996.

Widmer, Martin 1996

Widmer, H.-J.; Martin, P.: CSCW beim CAD. In: Brödner, P.; Paul, H.; Hamburg, I. (Hrsg.): Kooperative Konstruktion und Entwicklung: Nutzungsperspektiven von CAD-Systemen. S. 71 - 93. München; Mering: Rainer Hampp Verlag 1996.

Literaturverzeichnis

Antoni 1994

Antoni, C. H.: (Hrsg.) Gruppenarbeit in Unternehmen. Weinheim: Psychologie VerlagsUnion, 1994

Apple 1992

Apple Computer Inc. Macintosh Human Interface Guidelines. Addison-Wesley, Reading, MA, 1992.

Barnett, Presley, Johnson, Liles 1994

William Barnett, Adrien Presley, Mary Johnson, D.H. Liles: „An Architecture for the Virtual Enterprise“. *Proceedings of the IEEE International Conference on Systems, Man and Cybernetics*, Vol. 1, 1994: S. 506-511.

Brennan 1993

Brennan, D. UIL: File format, data types, functions. In

Brödner 1985

Brödner, P.: Fabrik 2000. Alternative Entwicklungspfade in die Zukunft der Fabrik. Berlin: Ed. Sigma Bohn, 1985

Bürgel 1995

Bürgel, H.D.: Lean R&D, in: Zahn, E.: Handbuch Technologiemanagement, Schäffer-Poeschl Verlag, 1995.

Bußler, Jablonski 1994

Christoph Bußler, Stefan Jablonski: „An Approach to Integrate Workflow Modeling and Organization Modeling in an Enterprise“. *IEEE Third Workshop on Enabling Technologies: Infrastructure for Collaborative Enterprises (WET ICE)*, Morgantown, WV, USA, April 1994.

CSCW 1988

Irene Greif (Hrsg.) "Computer Supported Cooperative Work: A Book of Readings", Morgan-Kaufmann Publishers, San Mateo, CA, 1988. MfG, Bernd

DIN 88 1998

DIN 66234. Teil 8: Bildschirmarbeitsplätze - Grundsätze der ergonomischen Dialoggestaltung. Beuth-Verlag, Berlin, 1998.

Ebert, et al. 1992
Ebert, G., et al.: Aktuelle Aufgaben des FuE-Controlling in Industrieunternehmen, in: Gemünden H.G., Pleschak, F.: Innovationsmanagement und Wettbewerbsfähigkeit, Gabler-Verlag, Wiesbaden, 1992.

Ehrlenspiel 1994
Ehrlenspiel, K.: Konstruktionslehre I. Skriptum zur Vorleseung an der TU München, 1994

Ehrlenspiel 1995
Ehrlenspiel, K.: Integrierte Produktentwicklung. Carl Hanser Verlag München Wien, 1995

Eversheim 1995
Eversheim W.: Prozeßorientierte Unternehmensorganisation: Konzepte und Methoden zur Gestaltung "schlanker" Organisationen. Berlin, Heidelberg, u. a.: Springer, 1995

Fergusson 1993
P.M. Fergusson, editor, Motif Reference Manual, S. 755-824, O'Reilly & Associates, Inc., 1993.

Fowler, Stanwick 1995
S.L. Fowler und V.R. Stanwick. The GUI Style Guide. AP Professional, 1995.

Galler, Scheer 1994
J. Galler, A.-W. Scheer: „Workflow-Management: Die ARIS-Architektur als Basis eines multimedialen Workflow-Systems". Scheer, A.-W. (Hrsg.): Veröffentlichungen des Instituts für Wirtschaftsinformatik, Heft 108, Saarbrücken 1994.

GI 1996
Gesellschaft für Informatik. Gestaltungsempfehlungen für Benutzungsoberflächen von CAD-Systemen. GI, Bonn, 1996.

Golm 1996
Golm, F.: Gestaltung von Entscheidungsstrukturen zur Optimierung von Produktentwicklungsprozessen, Dissertation TU Berlin 1996, Reihe: Berichte aus dem Produktionstechnischen Zentrum Berlin, FhG/IPK-Berlin, UNZE Verlag, Potsdam, 1996.

Grabowski 1995
Grabowski, H. (Hrsg.): Sonderforschungsbereich 346: Rechnerintegrierte Konstruktion und Fertigung von Bauteilen. Integriertes Produkt / Produktionsmodell, Version 3.1. Universität Fridericiana Karlsruhe (TH) Dezember 1995.

Grabowski, Anderl, Polly 1993
Grabowski, H.; Anderl, R.; Polly, A.: Integriertes Produktmodell. Beuth Verlag, Berlin Wien Zürich 1993

Grabowski, Gebauer, Langlotz 1997
Grabowski, H., Gebauer, M., Langlotz, G.: Umsetzung der Konstruktionsmethodik in CAD-System -Funktionen, Tagungsband Konstrukteurstagung, Rostock, September 1996

Grabowski, Gebauer, Rzehorz 1997
Grabowski, H.; Gebauer, M.; Rzehorz, C.: Wissensbasierte Anforderungsmodellierung zur Erfüllung von Umweltanforderungen, In: Demontagefabriken zur Rückgewinnung von Ressourcen in Produkt- und Materialkreisläufen , Sonderforschungsbereich 281, (Kolloquium zur Kreislaufwirtschaft und Demontage, 30.-31. Januar 1997 Berlin), Hrsg.: TU und HdK Berlin S. 374 - 378

Groth 1994
Groth, A.: CAD und EDM in optimierten Prozeßketten. In: Proceedings der 4. CAD, Chemnitz 1994

Harrison, Schmidt 1996
Harrison, Timothy, H; Schmidt, Douglas, C.: Evaluating thePerformance of OO Network Programming Toolkits, C++Report, SIGS, Vol. 8,No. 7,July/August, 1996

Hayka, Morche 1996
Hayka, H.; Morche, I.: Integrated Electromechanical Design, topics 6/96, Vol. 8, 1996, 22-23.

IEC 1994
IEC 1360-1: Genormte Datenelementtypen mit Klassifikationsschema für elektrische Bauteile, Teil 1: Definitionen - Regeln und Methoden. Berlin: Beuth Verlag, 1994

ISO 1995
ISO 9241-nn. Ergonomic requirements for office work with display terminals (VDTs). Beuth-Verlag, Berlin, 1995.

ISO-1 1994
ISO 10303-1: Industrial automation and systems integration - Product data representation and exchange: Part1: Overview and fundamentals principles, International Organization for Standardization, Geneve, 1994.

ISO-11 1992
ISO 10303-11: Industrial automation and systems integration - Product data representation and exchange: Part11: The EXPRESS Language Referenz Manual, International Organization for Standardization, Geneve, 1992.

ISO-22 1993
ISO 10303-11: Industrial automation and systems integration - Product data representation and exchange: Part22: Implementation methods; Standard data access interface specification, International Organization for Standardization, Geneve, 1993.

Jablonski 1995
S. Jablonski: „Workflow-Management-Systeme: Motivation, Modellierung, Architektur". Informatik Spektrum, Band 18, Heft 1, Februar 1995: S. 13-24.

Jain, Fliess 1994
Adidev Jain, Kevin Fliess: „Information Technology as Enabler for Unification of Process Flows with Concurrent Engineering". IFIP 5.10 Workshop on Virtual Prototyping, Providence, Rhode Island, USA, 21. - 23. September 1994.

Jasnoch 1997
Jasnoch, Uwe: Eine offene, verteilte CAD-System Umgebung zur Unterstützung von Concurrent Engineering, Fraunhofer IRB Verlag, 1997.

Kindl 1997
Kindl, Thomas: Dienstvermittlung in objektorientierten CAD-Systemen, Diplomarbeit an der TH Darmstadt, 1997

Kläger 1993

Kläger, R. K.: Modellierung von Produktanforderungen als Basis für Problemlösungsprozesse in intelligenten Konstruktionssystemen, Dissertation am Institut für Rechneranwendung in Planung und Konstruktion, Verlag Shaker, Aachen, 1993

Klose, Steger 1992

Klose,J.; Steger, W.: Interfaces zwischen CAD-Systemen und Berechnungssoftware für Maschinenelemente. In: VDI-Berichte 993.1, Düsseldorf: VDI-Verlag 1992

Koller 1985

Koller, R.: Konstruktionslehre für den Maschinenbau. Berlin: Springer Verlag, 1985

Krause1994

Krause, F.-L.: Produktgestaltung, in: Betriebshütte, 30. Auflage, Springer-Verlag, Berlin Heidelberg, 1996.

Leger 1995

Lothar Leger: „Katalysator und Initiator für prozeßorientierte Organisation". Computerwoche, 22. Jahrgang, Nr. 37, 15. September 1995: S. 37-38.

Meerkamm 1995

Meerkamm, H.: Integrierte Produktentwicklung im Spannungsfeld von Kosten-, Zeit- und Qualitätsmanagement, in: VDI-Jahrbuch 95, VDI-Verlag, Düsseldorf, 1995.

Meerkamm et al. 1996

Meerkamm, H.; Kasan, R.-D.; Sander, S.; Storath, E.: Die digitale Bereitstellung von Konstruktionswissen auf der Basis von standardisierten Produktmodellen. International Conference on RPD – Rapid Product Development. Stuttgart 1996.

META 1997

N.N., Metaphase 2.3 CORBA Gateway, Product Information, Januray 1997

Microsoft 1992

Microsoft Corporation. The Windows Interface: An application design guide. Microsoft Press, Redmond, WA, 1992.

Milberg 1992
Milberg, J.: Effizienz- und Qualitätssteigerung bei der Produkt- und Produktionsgestaltung, in: Spur, G. (Hrsg.) Proc. PTK'92 „Markt, Arbeit und Fabrik", Berlin, 1992, 59-66.

MODEL 1996
MODeL Reference. Edition C. Arden Hills: Metaphase Technology Inc., 1996

Müller et al. 1992
Müller, J.; Praß, P.; Beitz, W.: Modelle beim Konstruieren. In: Konstruktion 44 (1992), S. 319-324. Berlin: Springer Verlag

Müller-Jones, Merz, Lamersdorf 1996
Müller-Jones, K.; Merz, M.; Lamersdorf, W.: Agents, services and electronic markets: how do they integrate?, in:Distributed Platforms, S. 287-300, Schill, Mittasch, Spaniol, Popien (Hrsg.), Proceedings of the IFIP/IEEE International Conference on Distributed Platforms, CHAPMAN'&HALL, 1996

Ochs 1992
Ochs, B.: Neue Ansätze für die Verwirklichung von Simultaneous Engineering, in: Krause, F.-L. (Hrsg.) Proc. IMT-Seminar „Verkürzung von Produktentwicklungszeiten", Berlin, 1992.

OMG 1995a
Object Management Group: The Common Object Request Broker: Architecture and Specification (Revision 2.0). Framingham MA, July 1995.

OMG 1995b
Object Management Group: Common Object Services Specifications, volume 1. Framingham MA, March 1995.

OMG 1995c
Object Management Group: Common Facilities Specifications (Revision 4.0). Framingham MA, Jan. 1995

OSF 1993
Open Software Foundation. OSF/Motif Style Guide, Rev. 1.2. Prentice Hall, Englewood Cliffs, NJ, 1993.

Pahl, Beitz 1993
Pahl, G., Beitz, W.: Konstruktionslehre - Methoden und Anwendung. Berlin: Springer-Verlag, 1993.

Pahl, Beitz 1997
Pahl, G., Beitz, W.: Konstruktionslehre - Methoden und Anwendung. Berlin: Springer-Verlag, 1997.

PLIB 1995
Industrial Automation Systems and Integration Parts Library – ISO 13584. 1995

Polly 1996
Polly, A.: Methodische Entwicklung und Integration von Produktmodellen, Dissertation am Institut für Rechneranwendung in Planung und Konstruktion, Band 4, Verlag Shaker, Aachen, 1996

Popien 1995
Popien, Claudia: Dienstvermittlung in verteilten Systemen, Verlag B. G. Teubner, Stuttgart, 1995

Redlich 1996
Redlich, Jens-Peter: CORBA 2.0 - Praktische Einführung für C++ und Java, Addison-Wesley, 1996

Rix, Kress, Schroeder 1995
Rix, J.; Kress, H.; Schroeder, K.: Das virtuelle Produkt - neue Präsentations- und Interaktionstechniken in der Produktentwicklung, VDI-Tagung Simulation in der Praxis - neue Produkte effizienter entwickeln, Fulda, Germany, October 11-12, 1995, VDI-Berichte Nr. 1215, pp. 313-324, VDI-Verlag, 1995.

Rodenacker 1991
Rodenacker, W.G.:Methodisches Konstruieren. Konstruktionsbücher Bd. 27. Berlin: Springer Verlag, 1991

Roth 1982
Roth, K.: Konstruieren mit Konstruktionskatalogen. Berlin: Springer-Verlag, 1982

Roth 1988

Roth, K.: Übertragung von Konstruktionsintelligenz an den Rechner. VDI-Berichte 700.1. Düsseldorf: VDI-Verlag, 1988

Roth 1994

Roth, Karlheinz: Konstruieren mit Konstruktionskatalogen; Band 1 Konstruktionslehre; 2. Auflage; Springer Verlag Berlin, Heidelberg, New York, London, Paris, Tokyo, Hong Kong, Barcelona, Budapest, 1994

Schacher 1992

Schacher, D.: Kommunikations-, Qualitäts- und Personalmanagement für Simultaneous Engineering, in: Vortragsband zum Produktionstechnischen Kolloquium PTK92, Berlin, 1992.

Schmelzer 1990

Schmelzer, H.J.: Steigerung der Effektivität und Effizienz durch Verkürzung von Entwicklungszeiten, in: Reichwald, R., Schmelzer, H.J.: Durchlaufzeiten in der Entwicklung, Oldenbourg-Verlag, München, Wien, 1990.

Schuster, Jablonski, Kirsche, Bußler 1994

Hans Schuster, Stefan Jablonski, Thomas Kirsche, Christoph Bußler: „A Client/Server Architecture for Distributed Workflow Management Systems". Technischer Report IMMD VI, Universität Erlangen, März 1994.

SDRC 1996

N.N., "Preliminary Product Information",SDRC, Milford, Ohio, June 1996

Sendler 1996

Sendler, U.: CAD & Office Integration: OLE for Design and Modeling - a new technology for CA-software, Springer 1996

Spur 1994

Spur, G.: Fabrikbetrieb, Carl Hanser Verlag, München, Wien, 1994.

Spur 1996

Spur, G.: Die Genauigkeit von Maschinen, Carl Hanser Verlag, München, Wien, 1996.

Spur, Krause 1984

Spur, G., Krause, F.-L.: CAD-Technik: Lehr- und Arbeitsbuch für die Rechnerunterstützung und Arbeitsplanung. Hanser, München 1984.

Spur, Krause 1997
Spur, G.; Krause, F.-L.: Das virtuelle Produkt - Management der CAD-Technik, Carl Hanser Verlag, München, Wien, 1997.

Storath 1997
Storath, Elmar: Kontextsensitive Wissensbereitstellung in der Konstruktion. Dissertation - Universität Erlangen-Nürnberg 1997.

VDI 1986
VDI-Richtlinie 2221: Methodik zum Entwickeln und Konstruieren technischer Systeme und Produkte. Düsseldorf: VDI-Verlag GmbH, 1986

Veijalainen, Lethola, Pihlajamaa 1995
Jari Veijalainen, Aarno Lehtola, Olli Pihlajamaa: „Research Issues in Workflow Systems". *8th ERCIM Database Research Group Workshop on Database Issues and Infrastructure in Cooperative Information Systems*, Trondheim, Norwegen, August 1995.

Vernadat 1993
F. Vernadat: „CIMOSA: Enterprise Modelling and Enterprise Integration Using a Process-Based Approach". *IFIP Transactions B (Applications in Technology) (Netherlands)*, Vol. B-14, 1993: S. 65-79.

Versteegen 1995
Gerhard Versteegen: „Alles im Fluß: Die Ansätze der Workflow Management Coalition". iX, Nr. 3, März 1995: S. 152-160.

Weule 1996
Weule, H.: Die Bedeutung der Produktentwicklung für den Industriestandort Deutschland, Sonderdruck zur VDI-Tagung „Informationsverarbeitung in der Konstruktion '96", München, 22.-23.10.1996.

Wiendahl 1996
Wiendahl, H.-P.: Betriebsorganisation für Ingenieure, 4. Auflage, Carl Hanser Verlag, München, Wien, 1996.

Workflow Management Coalition 1994
Workflow Management Coalition: „Glossary: A Workflow Management Coalition Specification". November 1994.

Zhang 1994
Aidong Zhang: „Impact of Multimedia Data on Workflows“. CSCW-94 Workshop on Distributed Systems, Multimedia, and Infrastructure Support in CSCW.

Abkürzungsverzeichnis

ARIS	Architektur integrierter Informationssysteme
ATM	Asynchronous Transfer Mode
BEA	Basic Programming Environment for CAE-Applications
BIS	Betriebliche Informationssysteme
BOA	Basis Object Adapter
BOFS	Benutzungs-Oberflächen-System
CDA	Central Data Administration
CFI	CAD Framework Initiative Inc.
COM	Component Object Model
CORBA	Common Object Request Broker Architecture
CSCW	Computer Supported Cooperative Work
CSI	Communication System Interface
DfX-	Design for X
DWA	Deutsche Waggonbau AG
ECAD	Elektr(on)ik-CAD-System
EDACON	Engineering Data Archive and Control
EDM	Engineering-Daten-Management
EWFG	EXPRESS-Workflow-Form-Generators
EWFL	EXPRESS-Workflow-Form-Library
FMEA	Fehler-Möglichkeits und Einlußanalyse
HTML	Hyper Text Markup Language
IDL	Interface Definition Language
IIOP	Internet Inter-ORB Protocol
KABA	Kontrastive Aufgabenanalyse im Büro
KONSUL	kontextsensitive Suche nach anforderungsgerechten Lösungen
LAN	Local Area Network

MCAD	**M**echanical **CAD**
MCL	**M**acro **C**ommand **L**anguage
NSM	**N**ormenausschuß **S**ach**m**erkmale
ODL	**O**bject **D**efinition **L**anguage
ODMG	**O**bject **D**atabase **M**anagement **G**roup
ODP	**O**pen **D**istributed **P**rocssing
OLE	**O**bject**l**inking and **E**mbedding
OMF	**O**bject **M**anagement **F**ramework
OMG	**O**bject **M**anagement **G**roup
OQL	**O**bject **Q**uery **L**anguage
OSF/DCE	**O**pen **S**oftware **F**oundation / **D**istributed **C**ommon **E**nvironment
PDM	**P**rodukt-**D**aten-**M**anagement
PDMS	**P**rodukt**d**aten**m**anagement**s**ystem
PLIB	**P**arts **Lib**rary
PMS	**P**ersonal**m**anagement-**S**ysteme
PPS	**P**roduktions-**P**lanungs-**S**ystem
QFD	**Q**uality **F**unction **D**eployment
SDAI	**S**tandard **D**ata **A**ccess **I**nterface
SE/CE	**S**imultaneous bzw. **C**oncurrent **E**ngineering
SLA	**S**tereo**l**itografie-**A**nlage
STEP	**St**andard for the **E**xchange of **P**roduct Model Data
TCL	**T**ool **C**ommand **L**anguage
TFTS	**T**errestrial **F**light **T**elecommunication **C**ontrol
TIS	**T**echnische **I**nformations**s**ysteme
TOM	**T**echnisches **O**bjekt **M**odell
VDA-FS	**V**erein **D**eutscher **A**utomobilindustrie **F**lächen**s**chnittstelle
WAN	**W**ide **A**rea **N**etwork
WAPI	**W**orkflow **A**pplication **P**rogramming **I**nterface/Interchange

WFMC	**W**orkflow **M**anagement **C**oalition
WFMS	**W**orkflow **M**anagement **S**ystem

Abeln (Hrsg.)

CAD-Referenzmodell

zur arbeitsgerechten Gestaltung zukünftiger computergestützter Konstruktionsarbeit

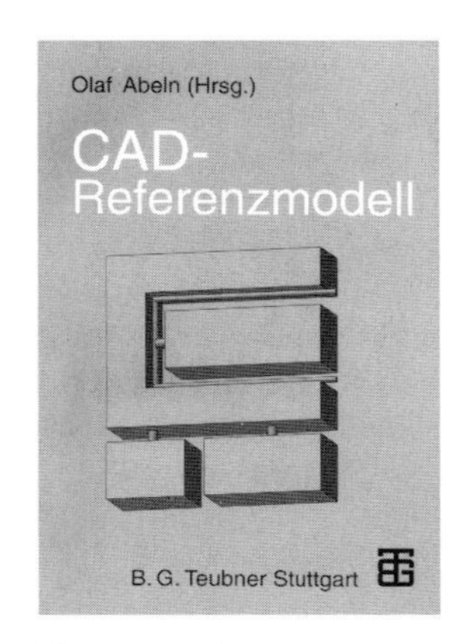

Zwanzig Jahre Erfahrung aus der Anwendung von CAD-Systemen in Deutschland haben gezeigt, daß trotz steigender Nutzung die heute auf dem Markt erhältlichen Systeme den Konstruktionsprozeß noch nicht arbeitsgerecht unterstützen und die Handhabung für den Benutzer einfacher gestaltet werden muß.
Diese Erfahrung führte zu der Notwendigkeit, eine neue CAD-Systemgestaltung vorzuschlagen und leistungssteigernde und systemverändernde Entwicklungen bei künftigen CAD-Entwicklungsaktivitäten mitzubeeinflussen. Unter Beteiligung von zehn Forschungsinstituten aus den alten und neuen Bundesländern wurde ein Architekturmodell entwickelt, das den Anforderungen zur Verbesserung der Konstruktionsarbeit gerecht werden soll.
Das vorliegende Referenzmodell ist das Ergebnis einer fortschreitenden Diskussion, sowohl mit den Anbietern als auch den Anwendern. Es ist auch der Beitrag eines interdisziplinären Kreises von Forschungsinstituten der Informatik, der Konstruktionsmethodik und der Arbeitswissenschaft zur Weiterentwicklung von CAD-Systemen im Interesse der deutschen Industrie.

Aus dem Inhalt

Arbeitswissenschaftliche Gestaltungsansätze – Neue Organisationsformen – Anforderungen aus den Bereichen Arbeitswissenschaft, Konstruktionstechnik und Informatik – Konstruktionsablauf – Produktmodell – Benutzungsoberflächensystem – Konfiguration – Analyse – Aufgabenrelevantes Wissen – Modellierer – Integration – Architekturschema des CAD-Referenzmodells – Umsetzungs- und Anwendungsmöglichkeiten

Herausgegeben von
Prof. Dr.
Olaf Abeln
Forschungszentrum Informatik Karlsruhe (FZI)
Projektleitung Verbundprojekt CAD-Referenzmodell

1995. XVII, 339 Seiten
mit 110 Bildern
und 3 Tabellen.
16,2 x 22,9 cm.
Kart. DM 98,–
ÖS 715,– / SFr 88,–
ISBN 3-519-06356-5

Preisänderungen vorbehalten.

B. G. Teubner Stuttgart · Leipzig